高等学校Java课程系列教材

Java面向对象程序设计

（第4版·微课视频版）

◎ 耿祥义 张跃平 主编

清華大學出版社
北京

内容简介

Java 语言具有面向对象、与平台无关、安全、稳定和多线程等优良特性，是目前软件设计中极为强大的编程语言。本书注重结合实例以及重要的设计模式，循序渐进地向读者介绍 Java 面向对象编程的重要知识。针对较难理解的问题，所列举例子都是由简到繁，便于读者掌握 Java 面向对象编程的思想。全书分为 17 章，分别讲解基本数据类型、数组和枚举类型，运算符、表达式和语句，类与对象，继承与接口，内部类、匿名类与 Lambda 表达式、异常类，面向对象设计的基本原则，设计模式，常用实用类，Java Swing，对话框，输入流与输出流，泛型与集合框架，JDBC 与 MySQL 数据库，Java 多线程机制，Java 网络基础，以及一个基于嵌入式数据库的单词字典实例。

本书可作为高等院校计算机相关专业“面向对象程序设计”课程或“Java 程序设计”课程的教材。

图书在版编目（CIP）数据

Java 面向对象程序设计：微课视频版/耿祥义，张跃平主编. -- 4 版. -- 北京：清华大学出版社，2025. 6.
（高等学校 Java 课程系列教材）. -- ISBN 978-7-302-69431-1

Ⅰ. TP312. 8

中国国家版本馆 CIP 数据核字第 2025MT6296 号

策划编辑：魏江江
责任编辑：王冰飞
封面设计：刘　键
责任校对：李建庄
责任印制：沈　露

出版发行：清华大学出版社
　　网　　址：https://www. tup. com. cn，https://www. wqxuetang. com
　　地　　址：北京清华大学学研大厦 A 座　　**邮　　编**：100084
　　社 总 机：010-83470000　　**邮　　购**：010-62786544
　　投稿与读者服务：010-62776969，c-service@tup. tsinghua. edu. cn
　　质量反馈：010-62772015，zhiliang@tup. tsinghua. edu. cn
　　课件下载：https://www. tup. com. cn，010-83470236
印 装 者：三河市龙大印装有限公司
经　　销：全国新华书店
开　　本：185mm×260mm　　**印　张**：28. 25　　**字　　数**：722 千字
版　　次：2010 年 1 月第 1 版　　2025 年 7 月第 4 版　　**印　　次**：2025 年 7 月第1 次印刷
印　　数：165501～167000
定　　价：79. 80 元

产品编号：108990-01

前　言

党的二十大报告指出：教育、科技、人才是全面建设社会主义现代化国家的基础性、战略性支撑。必须坚持科技是第一生产力、人才是第一资源、创新是第一动力，深入实施科教兴国战略、人才强国战略、创新驱动发展战略，开辟发展新领域新赛道，不断塑造发展新动能新优势。高等教育与经济社会发展紧密相连，对促进就业创业、助力经济社会发展、增进人民福祉具有重要意义。

本书是《Java 面向对象程序设计》一书的第 4 版，使用的 JDK 版本是 JDK 11，增加了 JDK 10 版本之后的“局部变量类型推断”内容，以及 Java 8 之后的 Lambda 表达式内容。在“设计模式”一章增加了责任链模式，将“JDBC 操作数据库”一章更新为“JDBC 与 MySQL 数据库”，同时也介绍了 SQL Server、Derby 和 Access 数据库。另外，增加了一个实训内容，作为本书的最后一章。其他章节也都做了适当调整，包括内容的组织和例子（部分例子的调整是为了适应新的 JDK 版本），使得本书更加适合教学。本书继续保持可读性和实用性，特别强调面向对象的程序设计思想。本书全面地讲解了 Java 的重要知识，尤其强调面向对象的设计思想和编程方法，在内容的深度和广度方面都给予了仔细考虑，在类、对象、继承、接口等重要的基础知识上侧重深度，而在实用类、输入流、输出流、Java 网络技术、JDBC 数据库操作等实用技术方面的讲解上侧重广度。通过本书的学习，读者可以掌握 Java 面向对象编程的思想和 Java 编程中的一些重要技术。

全书共分 17 章。第 1 章主要介绍 Java 产生的背景和 Java 平台，读者可以了解到 Java 是怎样做到“一次写成，处处运行”的。第 2 章和第 3 章主要介绍 Java 的基本数据类型、数组、枚举类型，以及运算符和控制语句。第 4～6 章是本书的重点，讲述类、对象、继承、接口、匿名类、异常类、Lambda 表达式等内容。第 7 章和第 8 章是对第 4 章、第 5 章知识的总结升华，第 7 章讲述面向对象设计的基本原则，第 8 章讲解几个重要的设计模式，以体现面向对象设计的基本原则。第 9 章讲述常用的实用类，包括字符串、日期、正则表达式、模式匹配以及数学计算等。第 10 章和第 11 章是基于 Java Swing 的 GUI，讲解常用的组件和容器，对于比较复杂的组件都给出很实用的例子。第 12 章讲解 Java 中的输入流与输出流技术，特别介绍怎样使用输入流和输出流来克隆对象、Java 的文件锁技术及使用 Scaner 解析文件等重要内容。第 13 章讲解泛型和集合框架，强调如何使用集合框架提供的类有效、合理地组织程序中的数据。第 14 章主要讲解 Java 怎样使用 JDBC 操作数据库，讲解预处理、事务处理等重要技术，以及 Java 的内置 Derby 数据库。第 15 章讲述多线程技术，通过许多有启发的例子帮助读者理解多线程编程。第 16 章讲解 Java 在网络编程中的一些重要技术，涉及 URL、Socket、InetAddress、DatagramPacket 等重要的类，而且特别讲解 Java 远程调用（RMI）。第 17 章采用 MVC 思想讲解怎样设计和实现一个单词字典小系统。

为便于教学,本书提供丰富的配套资源,包括教学大纲、教学课件、电子教案、程序源码、在线作业、习题答案和50小时的微课视频。

资源下载提示

课件等资源:扫描封底的"图书资源"二维码,在公众号"书圈"下载。

素材(源码)等资源:扫描目录上方的二维码下载。

在线自测题:扫描封底的作业系统二维码,再扫描自测题二维码在线做题及查看答案。

微课视频:扫描封底的文泉云盘防盗码,再扫描书中相应章节的视频讲解二维码,可以在线学习。

本书可作为高等院校计算机相关专业"面向对象程序设计"课程或"Java程序设计"课程的教材。

希望本书能对读者学习Java有所帮助,并请读者批评指正。

编　者

2025年1月

扫一扫

源码下载

目录

第 1 章 Java 入门

第2章 基本数据类型、数组和枚举类型

第3章 运算符、表达式和语句

第 4 章 类与对象

第 5 章 继承与接口

第 6 章 内部类、匿名类与 Lambda 表达式、异常类

第 7 章 面向对象设计的基本原则

第 8 章 设计模式

第 10 章 Java Swing

第 11 章 对话框

第 12 章 输入流与输出流

第 13 章 泛型与集合框架

第 14 章 JDBC 与 MySQL 数据库

第 15 章 Java 多线程机制

第 16 章 Java 网络基础

第 17 章 基于嵌入式数据库的单词字典

第 1 章 Java 入门

主要内容：

- ❖ Java 的地位；
- ❖ Java 的特点；
- ❖ 安装 JDK；
- ❖ 简单的 Java 应用程序；
- ❖ 注释；
- ❖ 编程风格。

学习 Java 语言之前需要读者曾系统学习过一门面向过程的编程语言，例如 C 语言。读者学习过 Java 语言之后，可以继续学习和 Java 相关的一些重要内容，如与 Web 设计相关的 Java Server Page(JSP)、与手机程序设计相关的 Android 和 Java Micro Edition(Java ME)、与数据交换技术相关的 eXtensible Markup Language(XML)以及与网络中间件设计相关的 Java Enterprise Edition(Java EE)，如图 1.1 所示。

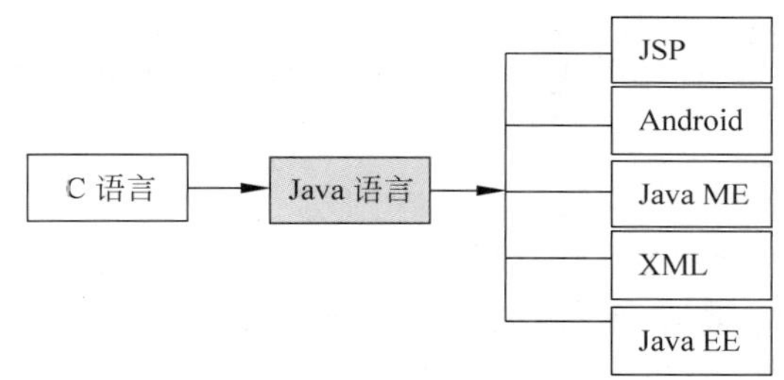

图 1.1 Java 的先导知识与后继技术

本章对 Java 语言做一个简单的介绍，重点讲解 Java 的平台无关性以及 Java 应用程序的开发步骤，有关 Java 语言的细节会在后续的章节中讨论。

1.1 Java 的地位

Java 具有面向对象、与平台无关、安全、稳定和多线程等优良特性，是目前软件设计中优秀的编程语言。Java 不仅可以用来开发大型的应用程序，而且特别适合 Internet 的应用开发。Java 确实具备了“一旦写成处处可用”的特点，这也是 Java 最初风靡全球的主要原因。Java 不仅是一门正在被广泛使用的编程语言，而且许多新的技术领域都涉及 Java 语言，Java 已成为网络时代最重要的语言之一。

▶ 1.1.1 网络地位

网络已经成为信息时代最重要的交互媒介，那么基于网络的软件设计就成为软件设计领域的核心。Java 的平台无关性让 Java 成为编写网络应用程序的佼佼者，而且 Java 也提供了许多以网络应用为核心的技术，使得 Java 特别适合于网络应用软件的设计与开发。

▶ 1.1.2 语言地位

Java 是面向对象编程，并涉及网络、多线程等重要的基础知识，是一门很好的面向对象语言。通过学习 Java 语言不仅可以学习怎样使用对象来完成某些任务、掌握面向对象编程的基本思想，而且也可为今后进一步学习设计模式奠定较好的语言基础。C 语言无疑是最基础和最实用的语言之一，目前，Java 语言已经获得了和 C 语言同样重要的地位，即不仅是一门正在被广泛使用的编程语言，而且已成为软件设计开发者应当掌握的一门基础语言（Java 在 TIOBE 排行榜上经常处于第一位）。

▶ 1.1.3 需求地位

目前，由于很多新的技术领域都涉及 Java 语言，例如用于设计 Web 应用的 JSP、设计手机应用程序的 Android、嵌入式开发的 Java ME 等，导致 IT 行业对 Java 人才的需求正在不断地增长，经常可以看到许多培训或招聘 Java 软件工程师的广告，因此掌握 Java 语言及其相关技术意味着较好的就业前景和工作薪酬。

扫一扫

视频讲解

1.2 Java 的特点

Java 是目前使用最为广泛的网络编程语言之一，它具有语法简单、面向对象、稳定、与平台无关、多线程、动态等特点，而平台无关是 Java 最初风靡世界的最重要的原因。

▶ 1.2.1 简单

如果学习过 C++语言，会感觉 Java 很眼熟，因为 Java 中许多基本语句的语法都和 C++语言一样，像常用的循环语句、控制语句等和 C++几乎相同。需要注意的是，Java 和 C++是完全不同的语言，Java 和 C++各有各的优势，将会长期并存下去，Java 语言和 C++语言已成为软件开发者应当掌握的基础语言。如果从语言的简单性来看，Java 要比 C++简单，C++中许多容易混淆的概念，或者被 Java 抛弃不用了，或者以一种更清楚、更容易理解的方式实现。例如，Java 不再有指针的概念。

▶ 1.2.2 面向对象

基于对象的编程更符合人的思维模式，使人们更容易解决复杂的问题。Java 是面向对象的编程语言，本书将在第 4 章、第 5 章和第 6 章详细、准确地讨论类、对象、继承、多态、接口等重要概念，在第 7 章、第 8 章进一步讲解面向对象的核心理念和重要的设计模式。

▶ 1.2.3 平台无关

Java 语言的出现是源于对独立于平台语言的需要，希望这种语言能编写出嵌入各种家用电器等设备的芯片上且易于维护的程序。但是，人们发现当时的编程语言，例如 C、C++都有一个共同的缺点，那就是只能对特定的 CPU 芯片进行编译。这样，一旦电器设备更换了芯片就不能保证程序正确运行，就可能需要修改程序并针对新的芯片重新进行编译。

Java 语言和其他语言相比，最大的优势就是它的平台无关性，即由 Java 语言编写的软件能在执行码上兼容、在所有的计算机上运行。Java之所以能做到这一点，是因为Java可以在计算机的操作系统之上再提供一个Java运行环境，该运行环境由Java虚拟机(Java Virtual Machine)、类库及一些核心文件组成，也就是说，只要平台提供了Java运行环境，Java编写的软件就能在其上运行。

❶ 平台与机器指令

无论哪种编程语言编写的应用程序都需要经过操作系统和处理器来完成程序的运行，因此这里所指的平台由操作系统(OS)和处理器(CPU)构成。与平台无关是指软件的运行不因操作系统、处理器的变化而发生无法运行或出现运行错误。

每个平台都会形成自己独特的机器指令，所谓平台的机器指令，就是可以被该平台直接识别、执行的一种由0、1组成的序列代码。相同的CPU和不同的操作系统所形成的平台的机器指令可能是不同的。例如，某个平台可能用8位序列代码0000 1111表示加法指令，用1000 0001表示减法指令，而另一种平台可能用8位序列代码10101010表示加法指令，用10010011表示减法指令。

❷ C/C++程序依赖平台

现在分析一下为何C/C++语言编写的程序可能因为操作系统的变化、处理器升级导致程序出现错误或无法运行。

C/C++针对当前C/C++源程序所在的特定平台对其源文件进行编译、连接，生成机器指令，即根据当前平台的机器指令生成可执行文件，那么，可以在任何与当前平台相同的平台上运行这个可执行文件。但是，不能保证C/C++源程序所产生的可执行文件在所有的平台上都能正确地被运行，其原因是不同平台可能具有不同的机器指令(如图1.2所示)。因此，如果更换了平台，可能需要修改源程序，并针对新的平台重新编译源程序。

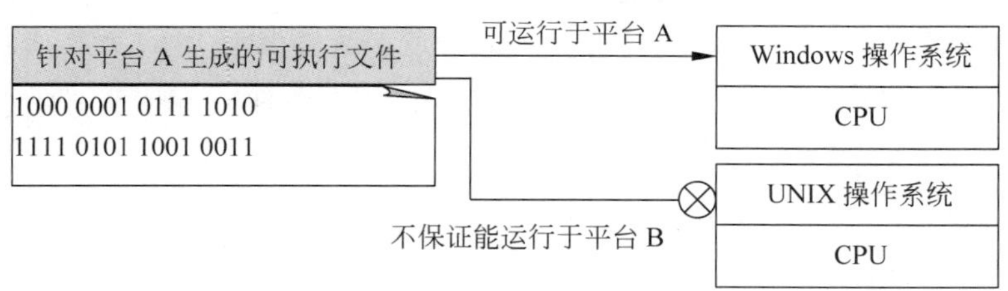

图1.2 C/C++生成的可执行文件依赖平台

❸ Java虚拟机与字节码

Java虚拟机的核心是所谓的字节码指令，即可以被Java虚拟机直接识别、执行的一种由0、1组成的序列代码。字节码并不是机器指令，因为它不和特定的平台相关，不能被任何平台直接识别、执行。Java针对不同平台提供的Java虚拟机的字节码指令都是相同的。例如，所有的虚拟机都将1111 0000识别、执行为加法操作。

和C/C++不同的是，Java语言提供的编译器不针对特定的操作系统和CPU芯片进行编译，而是针对Java虚拟机把Java源程序编译成称为字节码的“中间代码”。例如，Java源文件中的“+”被编译成字节码指令1111 0000。字节码是可以被Java虚拟机识别、执行的代码，即Java虚拟机负责解释运行字节码，其运行原理是：Java虚拟机负责将字节码翻译成虚拟机所在平台的机器码，并让当前平台运行该机器码，如图1.3所示。

在一个计算机上编译得到的字节码文件可以复制到任何一个安装了Java运行环境的计算机上直接使用。字节码由Java虚拟机负责解释运行，即Java虚拟机负责将字节码翻译成

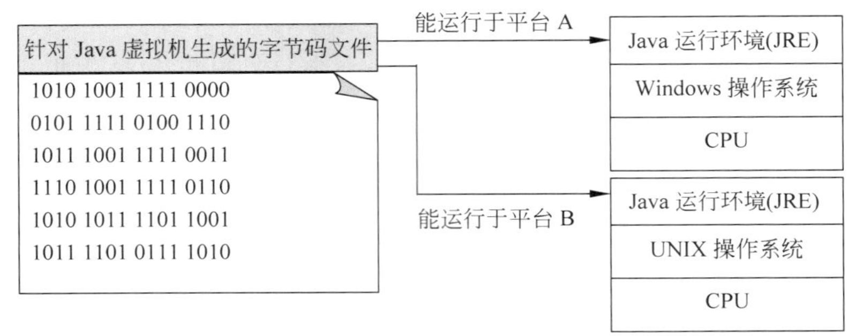

图 1.3 Java 生成的字节码文件不依赖平台

本地计算机的机器码,并将机器码交给本地的操作系统来运行。

1.2.4 多线程

Java 的特点之一就是内置对多线程的支持。多线程允许同时完成多个任务。实际上多线程使人产生多个任务在同时执行的错觉,因为目前的计算机的处理器在同一时刻只能执行一个线程,但处理器可以在不同的线程之间快速地切换,由于处理器速度非常快,远远超过了人接收信息的速度,所以给人的感觉好像多个任务在同时执行。C++没有内置的多线程机制,因此必须调用操作系统的多线程功能来进行多线程程序的设计。

1.2.5 动态

在学习了第 4 章之后,读者就会知道 Java 程序的基本组成单元是类,有些类是自己编写的,有些类是从类库中引入的,而类又是运行时动态装载的,这就使得 Java 可以在分布环境中动态地维护程序及类库。C/C++编译时就将函数库或类库中被使用的函数、类同时生成机器码,那么每当其类库升级之后,如果 C/C++程序想具有新类库提供的功能,程序就必须重新修改、编译。

扫一扫

视频讲解

1.3 安装 JDK

安装 JDK(Java Development Kit)后(同时也安装了 Java 运行环境),就可以编写 Java 程序并编译、运行程序。Java 要实现"编写一次,到处运行"(write once,run anywhere)的目标,就必须提供相应的 Java 运行环境,即运行 Java 程序的平台。目前 Java 平台主要分为 Java SE、Java EE 和 Java ME 3 个版本。

1.3.1 3 种平台简介

❶ Java SE

Java SE(曾称为 J2SE)称为 Java 标准版或 Java 标准平台。Java SE 提供了标准的 JDK。利用该平台可以开发 Java 桌面应用程序和服务器应用程序。当前最新的 JDK 版本为 JDK 22。

❷ Java EE

Java EE(曾称为 J2EE)称为 Java 企业版或 Java 企业平台。使用 Java EE 可以构建企业级的服务应用,Java EE 平台包含了 Java SE 平台,并增加了附加类库,以便支持目录管理、交易管理和企业级消息处理等功能。

❸ Java ME

Java ME(曾称为J2ME)称为Java微型版或Java小型平台。Java ME是一种很小的Java运行环境,用于嵌入式的消费产品中,如移动电话、掌上电脑或其他无线设备等。

无论上述哪种Java运行平台,都包括了相应的Java虚拟机,虚拟机负责将字节码文件(包括程序使用的类库中的字节码)加载到内存,然后采用解释方式来执行字节码文件,即根据相应平台的机器指令翻译一句执行一句。

▶ 1.3.2 安装 Java SE 平台

学习Java最好选用Java SE提供的Java软件开发工具箱——JDK。Java SE平台是学习掌握Java语言的最佳平台,而掌握Java SE又是进一步学习Java EE和Java ME所必需的。

目前有许多很好的Java集成开发环境(IDE)可用,例如IDEA (IntelliJ IDEA)、NetBeans、MyEclipse等。Java集成开发环境都将JDK作为系统的核心,非常有利于快速地开发各种基于Java语言的应用程序。但学习Java最好直接选用Java SE提供的JDK,因为Java集成开发环境(IDE)的目的是更好、更快地开发程序,不仅系统的界面往往比较复杂,而且也会屏蔽掉一些知识点。在掌握了Java语言之后,再去熟悉、掌握一个流行的Java集成开发环境即可(推荐IDEA)。

登录Oracle公司的网站https://www.oracle.com/technetwork/java/javase/downloads/index.html,然后在其主页面上单击Download JDK now进入下载JDK 11的页面,把默认的不接受协议修改为接受协议(选中Accept License Agreement选项)。如果使用Windows操作系统(64位机器),可以下载jdk-11.0.2_windows-x64_bin.zip或jdk-11.0.2_windows-x64_bin.exe,安装其中一个即可(JDK 11是长期支持版本,Long-Term-Support,LTS)。这里,我们下载的是jdk-11.0.2_windows-x64_bin.zip,见图1.4。如果读者使用其他的操作系统,可以下载相应的JDK。

Oracle在JDK 11版本中提供的zip安装文件,使得安装更加便利。将下载的jdk-11.0.2_windows-x64_bin.zip解压到"D:\"磁盘,形成如图1.5所示的目录结构,其中D:\jdk-11.0.2为默认的安装目录,用户可以将这个目录重命名为自己喜欢的名字,这里使用默认的安装目录为D:\jdk-11.0.2。

Java SE Development Kit 11.0.2

You must accept the Oracle Technology Network License Agreement for Oracle Java SE to download this software.

Thank you for accepting the Oracle Technology Network License Agreement for Oracle Java SE; you may now download this software.

Product / File Description	File Size	Download
Linux	147.28 MB	jdk-11.0.2_linux-x64_bin.deb
Linux	154.01 MB	jdk-11.0.2_linux-x64_bin.rpm
Linux	171.32 MB	jdk-11.0.2_linux-x64_bin.tar.gz
macOS	166.13 MB	jdk-11.0.2_osx-x64_bin.dmg
macOS	166.49 MB	jdk-11.0.2_osx-x64_bin.tar.gz
Solaris SPARC	186.78 MB	jdk-11.0.2_solaris-sparcv9_bin.tar.gz
Windows	150.94 MB	jdk-11.0.2_windows-x64_bin.exe
Windows	170.96 MB	jdk-11.0.2_windows-x64_bin.zip

图1.4 下载JDK

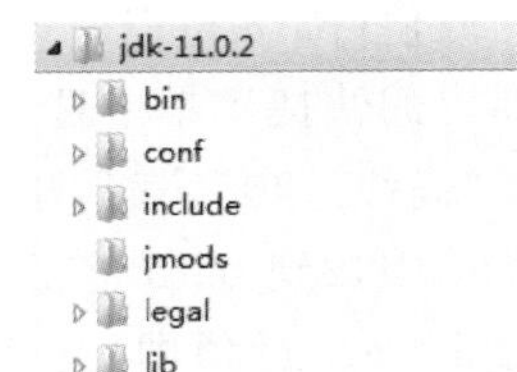

图1.5 JDK的安装目录

JDK的主要内容如下:

(1) bin目录:在bin目录以及子目录中包含Java运行时环境(JRE)的实现。JRE包括Java虚拟机(Java Virtual Machine,JVM)、类库以及其他一些核心文件。该目录还包括用于编译、执行、调试用Java编程语言编写的程序的工具。

(2) conf目录:conf以及子目录包含用户可配置选项的文件。可以编辑此目录中的文件以更改JDK的访问权限、配置安全算法,以及设置可用于限制JDK加密强度的Java

Cryptography 扩展策略文件。

(3) include 目录：include 以及子目录中包含支持使用 Java Native Interface 和 Java Virtual Machine 调试器接口进行本机代码编程的 C 语言头文件。

(4) jmods 目录：jmods 以及子目录中包含 jlink 用于创建自定义运行时的编译模块。

(5) legal 目录：legal 以及子目录中包含每个模块的许可和版权文件。

(6) lib 目录：lib 以及子目录中包含 JDK 所需的其他类库和支持文件。

JDK 本身包含了 Java 运行环境(Java Runtime Environment,JRE)，该环境由 Java 虚拟机、类库以及一些核心文件组成。JDK 11 版本将 Java 虚拟机、类库以及一些核心文件分别存放在 JDK 根目录的\bin 子目录中和\lib 子目录中。

注：(1) JDK 11 和 JDK 8 之前(含 JDK 8)的版本不同，不再单独在 JDK 根目录建立一个 jre 子目录用来存放 Java 虚拟机、类库以及一些核心文件。

(2) API 源代码。src.zip 文件是 Java 核心 API 的所有类的 Java 编程语言源文件，该文件位于 JDK 根目录的 lib 子目录中(JDK 8 或之前的版本位于 JDK 根目录中)。

(3) 建议读者下载 API 帮助文档，例如 jdk-11.0.2_doc-all.zip。

(4) 作者将 JDK 以及 API 帮助文档上传到了自己的网盘，下载地址分别是：

https://pan.baidu.com/s/1B995h-3DLbqSiCKtRnuHrw
https://pan.baidu.com/s/1F57p7NT2BAhiTFP53-iydg

1.3.3 设置系统环境变量

设置系统变量的目的是让编程者方便地使用 JDK 提供的各种命令。

❶ 设置系统环境变量 java_home

右击"计算机"/"我的电脑"，在弹出的快捷菜单中选择"属性"，弹出"系统特性"对话框，再单击该对话框中的"高级属性设置"，然后单击"环境变量"按钮，添加系统环境变量 java_home (不分大小写)，让该系统环境变量的值是安装 JDK 后的根目录，例如 D:\jdk-11.0.2，如图 1.6 所示。

❷ 编辑系统环境变量 path

JDK 提供的 Java 编译器(javac.exe)和 Java 解释器(java.exe)位于 JDK 根目录的\bin 文件夹中，为了能在任何目录中使用编译器和解释器，应在系统中设置 path。

系统环境变量 path 在安装操作系统后就已经有了，所以不需要再添加 path，只需要为其增加新的取值(path 可以有多个值)。对于 Windows 7/Windows XP，右击"计算机"/"我的电脑"，在弹出的快捷菜单中选择"属性"命令，弹出"系统"对话框，再单击该对话框中的"高级系统设置"/"高级选项"，然后单击"环境变量"按钮弹出环境变量设置对话框，在该对话框中的"系统变量"中找到 path，单击"编辑"按钮弹出"编辑系统变量"对话框，如图 1.7 所示，在该对话框中编辑 path 的值即可。这里，我们为 path 添加的新值是%JAVA_HOME%\bin(因为 Java 编译器(javac.exe)和 Java 解释器(java.exe)位于\bin 中)。

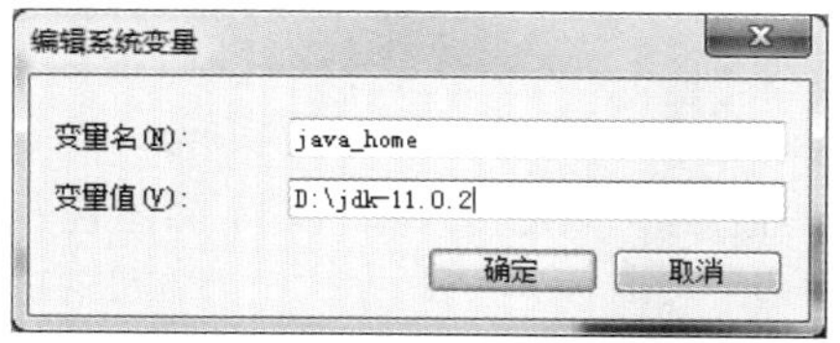

图 1.6　设置系统变量 java_home

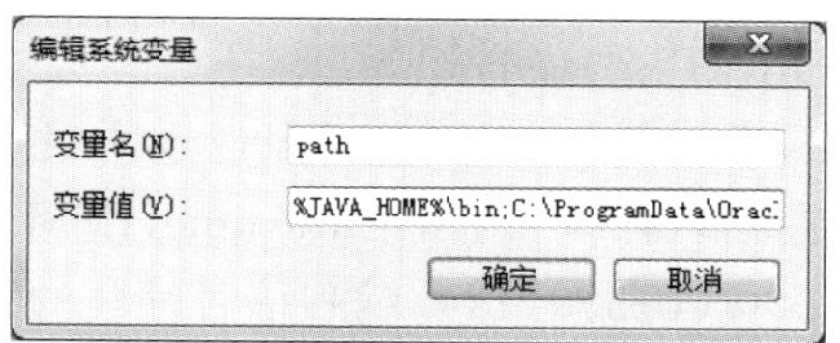

图 1.7　编辑 path

由于已经设置了系统环境变量 JAVA_HOME 的值是 D:\jdk-11.0.2，因此可以用%JAVA_HOME%代替 D:\jdk-11.0.2(%系统环境变量%是该系统环境变量的全部取值)。在弹出的编辑系统环境变量对话框中为 path 添加的新值是%JAVA_HOME%\bin。对于 Windows 7 系统，在编辑系统环境变量 path 的界面中，path 的两个值之间必须用分号(;)分隔。

如果机器没有设置过 JAVA_HOME，那么必须直接将 D:\jdk-11.0.2\bin 作为一个新值添加到 path 的取值中。设置 JAVA_HOME 的好处之一是便于 path 值的维护。例如，如果更改 JDK 版本，那么只要更改 JAVA_HOME 的取值，path 的值就自然更改了。另外也能让其他系统软件找到本机的 JDK。那些需要 JDK 支持的系统软件(例如 JSP 的 Tomcat 引擎、Android 等)都是通过当前机器设置的系统变量 JAVA_HOME 的值来寻找所需要的 JDK 。

对于 Windows 10 系统，在编辑系统环境变量 path 的界面中，单击“新建”按钮就可以为 path 增加新的值，path 每个值独占一行，因此不需要用分号分隔。

1.4 Java 程序的开发步骤

Java 程序的开发步骤如图 1.8 所示。

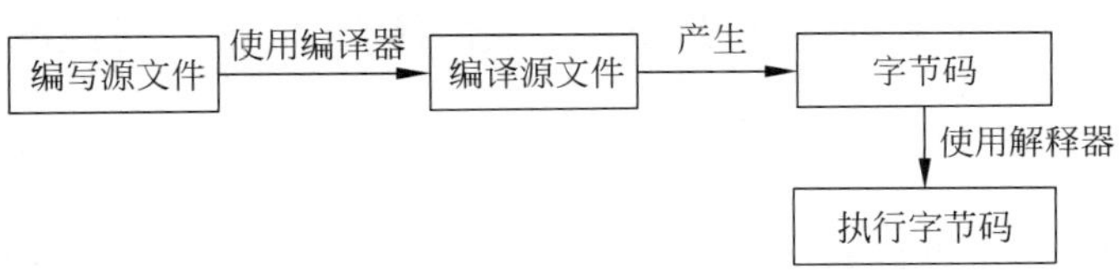

图 1.8 Java 应用程序的开发步骤

❶ 编写源文件

使用一个文本编辑器，如 Edit 或记事本来编写源文件。不可使用非文本编辑器，例如 Word 编辑器。将编辑好的源文件保存起来，源文件的扩展名必须是 java。

❷ 编译源文件

使用 Java 编译器(javac.exe)编译源文件，得到字节码文件。

❸ 运行程序

使用 Java SE 平台中的 Java 解释器(java.exe)来解释执行字节码文件。

1.5 简单的 Java 应用程序

▶ 1.5.1 源文件的编写与保存

Java 是面向对象编程，Java 应用程序的源文件是由若干书写形式互相独立的类组成，有关 Java 应用程序结构在 1.6 节还会讲解，本节的重点是掌握 Java 应用程序的开发步骤。例 1.1 中的 Java 源文件 Hello.java 由两个名字分别为 Hello 和 Student 的类组成。

例 1.1

Hello.java

```
public class Hello {
    public static void main(String args[]) {
        System.out.println("这是一个简单的 Java 应用程序");
        Student stu = new Student();
```

```
            stu.speak("We are students");
        }
    }
    class Student {
        public void speak(String s) {
            System.out.println(s);
        }
    }
```

❶ 编写源文件

使用一个文本编辑器,如 Edit 或记事本编写上述例 1.1 给出的源文件。

Java 源程序中语句所涉及的圆括号及标点符号都是英文状态下输入的括号和标点符号,例如"大家好!"中的引号必须是英文状态下的引号,而字符串里面的符号不受汉字符或英文字符的限制。

❷ 保存源文件

如果源文件中有多个类,那么只能有一个类是 public 类;如果有一个类是 public 类,那么源文件的名字必须与这个类的名字完全相同,扩展名是 java;如果源文件没有 public 类,那么源文件的名字只要和某个类的名字相同,并且扩展名是 java 就可以了。

例 1.1 中的源文件必须命名为 Hello.java。我们将 Hello.java 保存到

```
C:\chapter1
```

文件夹中。

在保存源文件时,不可以将源文件命名为 hello.java,因为 Java 语言是区分大小写的。在保存文件时,必须将"保存类型"选择为"所有文件",将"编码"选择为 ANSI。如果在保存文件时,系统总是自动给文件名尾加上".txt"(这是不允许的),那么在保存文件时可以将文件名用双引号括起,如图 1.9 所示。

图 1.9 保存源文件

▶ 1.5.2 编译

当保存了 Hello.java 源文件后,就要使用 Java 编译器(javac.exe)对其进行编译。

使用 JDK 环境开发 Java 程序,需打开 MS-DOS 命令行窗口。需要使用几个简单的 DOS 操作命令。例如,从逻辑分区 C 转到逻辑分区 D,需在命令行依次输入 D 和冒号并回车确定。进入某个子目录(文件夹)的命令是"cd 目录名";退出某个子目录的命令是"cd.."。例如,从目录 example 退到目录 boy 的操作是"C:\boy>example>cd.."

❶ 编译器(javac)

现在进入逻辑分区 C 的 chapter1 目录中,使用编译器 javac 编译源文件(如图 1.10 所示):

```
C:\chapter1>javac Hello.java

C:\chapter1>
```

图 1.10 编译源文件

```
C:\chapter1 > javac Hello.java
```

如果编译时系统提示:

```
javac 不是内部或外部命令也不是可运行的程序或批处理文件
```

请检查是否为系统环境变量 path 新增了 D:\jdk10\bin 这个值，见 1.3.3 节（重新设置环境变量后，要重新打开 MS-DOS 命令行窗口）。但是，无论是否为 path 新增的值，都可以在当前 MS-DOS 命令行窗口临时设置 path，例如输入

```
path D:\jdk-11.0.2\bin
```

回车确认，然后再编译源文件。这样临时设置的 path 的值只对当前 MS-DOS 命令行窗口有效，一旦关闭 MS-DOS 命令行窗口，所给出的设置立刻失效。因此，如果读者不喜欢设置系统环境变量 path，就可以在当前 MS-DOS 命令行窗口进行临时设置。例如：

```
path D:\jdk-11.0.2\bin;%path%
```

其中%path%是 path 已有的全部的值，而 jdk-11.0.2\bin 是临时新增加的值。如果临时设置不包含 path 已有的值，那么当前 MS-DOS 命令行窗口只能使用新值，而 path 曾有的值就无法使用。

❷ 字节码文件（.class 文件）

如果源文件包含多个类，编译源文件将生成多个扩展名为 class 的文件，每个扩展名是 class 的文件中只存放一个类的字节码，其文件名与该类的名字相同。这些字节码文件被存放在与源文件相同的目录中。

如果源文件有语法错误，编译器将给出错误提示，不生成字节码文件，编写者必须修改源文件，然后再编译。

编译例 1.1 中的 Hello.java 源文件将得到两个字节码文件：Hello.class 和 Student.class。如果对源文件进行了修改，必须重新编译，再生成新的字节码文件。

❸ 字节码的兼容性

JDK 5 版本后的编译器和以前版本的编译器有了一个很大的不同，不再向下兼容，也就是说，高版本编译的字节码文件不能在低版本的 Java 运行环境中使用，但低版本编译的字节码文件可以在高版本的 Java 运行环境中使用。

注： *在编译时，如果出现提示"File Not Found"，请检查源文件是否在当前目录中，例如 C:\chapter1 中，检查源文件的名字是否错误地命名为 hello.java 或 hello.java.txt。*

❹ 编译多个源文件

尽管可以多次使用 javac 来依次编译多个源文件，但也可以一次性使用 javac 依次编译多个源文件，只需将要编译的多个源文件用空格分隔，例如编译 C:\1000 下的 Car.java 和 Person.java，如下所示：

```
C:\1000> javac Car.java Person.java
```

如果需要编译某个目录下的全部 Java 源文件，例如 C:\1000 目录，在命令行窗口进入该目录后，使用通配符"*"代表各个源文件的名字来编译全部的源文件，如下所示：

```
C:\1000> javac *.java
```

▶ 1.5.3 运行

❶ 应用程序的主类

一个 Java 应用程序必须有一个类（至少一个）含有 public static void main(String args[ ]) 方法，称这个类是应用程序的主类。args[]是 main 方法的一个参数，是一个字符串类型的数组

(注意 String 的第一个字母是大写的),以后会学习怎样使用这个参数(见 9.1.3 节)。例 1.1 中的 Java 源程序中的主类是 Hello 类。

❷ 解释器

使用 Java 解释器(java.exe)来解释执行其字节码文件。Java 应用程序总是从主类的 main 方法开始执行。因此,需进入主类字节码所在目录,例如 C:\chapter1,然后使用 Java 解释器(java.exe)运行主类的字节码,如下所示:

```
C:\chapter1\> java Hello
```

```
C:\chapter1>java Hello
这是一个简单的Java应用程序
We are students
```

图 1.11 运行 Java 程序

运行效果如图 1.11 所示。当 Java 应用程序中有多个类时,Java 解释器执行的类名必须是主类的名字(没有扩展名)。当使用 Java 解释器运行应用程序时,Java 虚拟机首先将程序需要的字节码文件加载到内存,然后解释执行字节码文件。当运行上述 Java 应用程序时,虚拟机将 Hello.class 和 Student.class 加载到了内存。当虚拟机将 Hello.class 加载到内存时,就为主类中的 main 方法分配了入口地址,以便 Java 解释器调用 main 方法开始运行程序。

❸ 注意事项

在运行时,如果出现错误提示:Exception in thread "main" java.lang.NoCalssFoundError,请检查是否正确地输入了主类名。如果出现错误提示:"……找不到 main 方法……",请检查主类中的 main 方法。如果编写程序时错误地将主类中的 main 方法写成(遗漏了 static):public void main(String args[]),那么,程序可以编译通过,但却无法运行。

需要特别注意的是,在运行程序时,不可以带有扩展名。例如:

```
C:\chapter1\> java Hello.class
```

也不可以用如下方式(带着目录)运行程序:

```
java C:\chapter1\Hello
```

以下再看一个简单的 Java 应用程序。不要求读者看懂程序的细节,但必须知道怎样保存例 1.2 中的 Java 源文件、怎样使用编译器编译源程序、怎样使用解释器运行程序。

例 1.2

```
public class Rect {
    double width;                          //长方形的宽
    double height;                         //长方形的高
    double getArea(){ //返回长方形的面积
       return width * height;
    }
}
class Example1_2 {                         //主类
    public static void main(String args[ ]) {
       Rect rectangle;
       rectangle = new Rect();
       rectangle.width = 1.819;
       rectangle.height = 1.5;
       double area = rectangle.getArea();
       System.out.println("矩形的面积:" + area);
    }
}
```

❶ 命名保存源文件

必须把例 1.2 中的 Java 源文件命名保存为 Rect.java(回忆一下源文件命名的规则)。假设将 Rect.java 保存在 C:\chapter1 下。

❷ 编译

```
C:\chapter1\> javac Rect.java
```

如果编译成功,chapter1 目录下就会有 Rect.class 和 Example1_2.class 两个字节码文件。

❸ 执行

```
C:\chapter1\> java Example1_2
```

java 命令后的名字必须是主类的名字(不包括扩展名)。

对上述 Java 程序进行编译、运行的操作步骤如图 1.12 所示。

```
C:\chapter1>javac Rect.java

C:\chapter1>java Example1_2
矩形的面积:2.7285
```

图 1.12 注意主类的名字

▶ 1.5.4 运行环境的选择

JDK 10 以及之前的版本,在安装过程中会额外提供一个 Java 运行环境,而且在安装 JDK 后,系统自动为 path 添加了一个值:

```
C:\Program Files (x86)\Common Files\Oracle\Java\javapath
```

javapath 目录中也有一个 Java 解释器 java.exe,用该 Java 解释器运行程序时,所用的 Java 环境是 JDK 安装过程中额外提供的 JRE,而不是 JDK 自带的 Java 运行环境。

在给 path 添加新值时,如果将添加的新值添加在

```
C:\Program Files (x86)\Common Files\Oracle\Java\javapath
```

的前面,那么运行程序所使用的 Java 解释器就是 JDK 安装目录 bin 下的 java.exe,该 Java 解释器使用的 Java 运行环境是 JDK 自带的 Java 运行环境。否则,运行程序所使用的 Java 解释器就是 javapath 目录中的 java.exe。

1.6 Java 应用程序的基本结构

扫一扫

视频讲解

一个 Java 应用程序(也称为一个工程)由若干类所构成,这些类既可以在一个源文件中,也可以分布在若干源文件中,如图 1.13 所示。

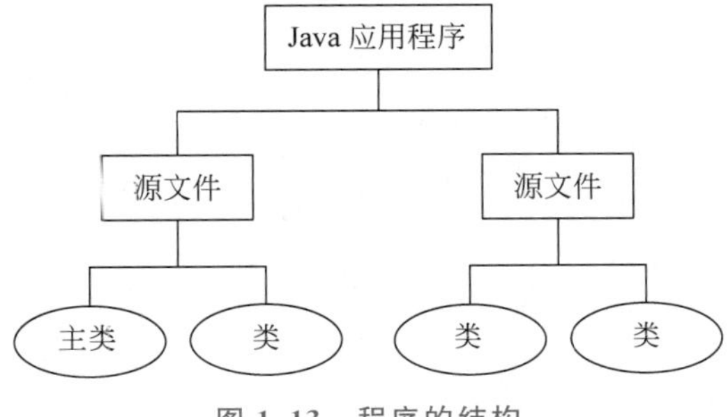

图 1.13 程序的结构

Java 应用程序有一个主类,即含有 main 方法的类,Java 应用程序从主类的 main 方法开始执行。在编写一个 Java 应用程序时,可以编写若干 Java 源文件,每个源文件编译后产生一个类的字节码文件。因此,经常需要进行如下的操作。

- 将应用程序涉及的 Java 源文件保存在相同的目录中,分别编译通过,得到 Java 应用程序所需要的字节码文件。
- 运行主类。

当使用解释器运行一个 Java 应用程序时,Java 虚拟机将 Java 应用程序需要的字节码文件加载到内存,然后再由 Java 的虚拟机解释执行,因此,可以事先单独编译一个 Java 应用程序所需要的其他源文件,并将得到的字节码文件和主类的字节码文件存放在同一目录中(有关细节在 4.8 节讨论)。如果应用程序的主类的源文件和其他的源文件在同一目录中,也可以只编译主类的源文件,Java 系统会自动地先编译主类需要的其他源文件。

Java 程序以类为"基本单位",即一个 Java 程序就是由若干类所构成。一个 Java 程序可以将它使用的各个类分别存放在不同的源文件中,也可以将它使用的类存放在一个源文件中。一个源文件中的类可以被多个 Java 程序使用,从编译角度看,每个源文件都是一个独立的编译单位,当程序需要修改某个类时,只需要重新编译该类所在的源文件即可,不必重新编译其他类所在的源文件,这非常有利于系统的维护。从软件设计角度看,Java 语言中的类是可复用代码,编写具有一定功能的可复用代码是软件设计中非常重要的工作。

在例 1.3 中,一共有 3 个 Java 源文件(需要打开记事本 3 次,分别编辑、保存这 3 个 Java 源文件),其中,MainClass.java 是含有主类的 Java 应用程序的源文件。

例 **1.3**

Circle.java

```
public class Circle {
    void printArea(double r) {
       System.out.println(r * r * 3.1416926);
    }
}
```

Rectangle.java

```
public class Rectangle {
    void printArea(double a,double b){
       System.out.println(a * b);
    }
}
```

MainClass.java

```
public class MainClass {
    public static void main(String args[]) {
       Circle circle = new Circle();
       circle.printArea(100);
       Rectangle rect = new Rectangle();
       rect.printArea(100,65);
    }
}
```

假设上述 3 个源文件都保存在:

```
C:\chapter1
```

在命令行窗口进入上述目录，并编译 MainClass. java：

```
javac MainClass.java
```

编译 MainClass. java 的过程中，Java 系统会自动地编译 Circle. java 和 Rectangle. java，这是因为应用程序要使用 Circle. java 和 Rectangle. java 源文件产生的字节码文件。编译通过后，C:\chapter1 目录中将会有 Circle. class 、Rectangle. class 和 MainClass. class 3 个字节码文件。

如果需要编译某个目录下的多个 Java 源文件，在使用 javac 时，也可以将 javac 要编译的多个源文件用空格分隔，例如，编译 C:\1000 下的 Car. java 和 Person. java，如下所示：

```
C:\1000 > javac Car.java Person.java
```

如果需要编译某个目录下的全部 Java 源文件，例如 C:\1000 目录，可以进入该目录后，使用通配符“*”代表各个源文件的名字来编译全部的源文件，如下所示：

```
C:\1000 > javac *.java
```

1.7 注释

扫一扫

视频讲解

编译器忽略注释内容，注释的目的是辅助代码的维护和阅读，因此给代码增加注释是一个良好的编程习惯。这里介绍两种常用的注释：单行注释和多行注释。

单行注释使用“//”表示单行注释的开始，即该行中从“//”开始的后续内容为注释，例如：

```
class Hello                                       //类声明
{                                                 //类体的左花括号
    public static void main(String args[]) {
        int sum = 0, i = 0, j = 0;
        for (i = 1; i <= 100; i++)                //循环语句
        {
            sum = sum + i;
        }
        System.out.println(sum);                  //输出 sum
    }
}                                                 //类体的右花括号
```

多行注释使用“/*”表示注释的开始，以“*/”表示注释结束，例如：

```
class Hello {
     /* 以下是一个 main 方法,
        Java 虚拟机首先执行该方法
     */
    public static void main(String args[]) {
        System.out.println("你好");
    }
}
```

1.8 编程风格

扫一扫

视频讲解

遵守一门语言的编程风格是非常重要的，否则编写的代码将难以阅读，给后期的维护带来诸多不便。例如，一个程序员将许多代码都写在一行，尽管程序可以正确编译和运行，但是这样的代码几乎无法阅读，其他程序员无法容忍这样的代码。本节介绍一些最基本的编程风格，在后续的个别章节中将针对新增的知识点再给予必要的补充。

在编写 Java 程序时，许多地方都涉及使用一对花括号，例如类的类体、方法的方法体、循环语句的循环体及分支语句的分支体等都涉及使用一对花括号括起若干内容，即俗称的"代码块"都是用一对花括号括起的若干内容。"代码块"有两种流行(也是行业都遵守的习惯)的写法：Allmans 风格和 Kernighan 风格，本书绝大多数代码采用 Kernighan 风格。以下是 Allmans 风格和 Kernighan 风格的介绍。

1.8.1 Allmans 风格

Allmans 风格也称"独行"风格，即左、右花括号各自独占一行，如下列代码所示。

```
class Allmans
{
    public static void main(String args[])
    {
        int sum = 0,i = 0,j = 0;
        for(i = 1;i <= 100;i++)
        {
            sum = sum + i;
        }
        System.out.println(sum);
    }
}
```

当代码量较小时适合使用"独行"风格，代码布局清晰，可读性强。

1.8.2 Kernighan 风格

Kernighan 风格也称"行尾"风格，即左花括号在上一行的行尾，而右花括号独占一行，如下列代码所示。

```
class Kernighan {
    public static void main(String args[]) {
        int sum = 0,i = 0,j = 0;
        for(i = 1;i <= 100;i++) {
            sum = sum + i;
        }
        System.out.println(sum);
    }
}
```

当代码量较大时不适合使用"独行"风格，因为此风格将导致代码的左半部分出现大量的左、右花括号，导致代码清晰度下降，这时应当使用"行尾"风格。

扫一扫

视频讲解

1.9 Java 之父——James Gosling

1990 年 Sun 公司成立了由 James Gosling 领导的开发小组，开始致力于开发一种可移植的、跨平台的语言，该语言能生成正确运行于各种操作系统、各种 CPU 芯片上的代码。他们的潜心研究和努力促成了 Java 语言的诞生。1995 年 5 月 Sun 公司推出 Java Development Kit (JDK)1.0a2 版本，标志着 Java 的诞生。美国的著名杂志 *PC Magazine* 将 Java 语言评为 1995 年十大优秀科技产品之一。Java 的快速发展得益于 Internet 和 Web 的出现，Internet 上的各种不同计算机可能使用完全不同的操作系统和 CPU 芯片，但仍希望运行相同的程序，

Java 的出现标志着真正的分布式系统的到来。

注：印度尼西亚有一个重要的盛产咖啡的岛屿叫 Java，中文译名为爪哇，开发人员为这种新的语言起名为 Java，其寓意是为世人端上一杯热咖啡。

1.10 小结

(1) Java 语言是面向对象编程，编写的软件与平台无关。Java 语言涉及网络、多线程等重要的基础知识，特别适合于 Internet 的应用开发。很多新的技术领域都涉及 Java 语言，学习和掌握 Java 已成为共识。

(2) Java 源文件由若干书写形式互相独立的类组成。开发一个 Java 程序需经过 3 个步骤：编写源文件、编译源文件生成字节码、加载运行字节码。

(3) 编写代码务必遵守行业的习惯风格。

习题 1

习题

自测题

第 2 章 基本数据类型、数组和枚举类型

扫一扫

视频讲解

主要内容：

- ❖ 标识符和关键字；
- ❖ 基本数据类型；
- ❖ 从命令行输入与输出数据；
- ❖ 数组；
- ❖ 枚举类型。

难点：

- ❖ 数组。

扫一扫

视频讲解

2.1 标识符和关键字

2.1.1 标识符

用来标识类名、变量名、方法名、类型名、数组名、文件名的有效字符序列称为标识符。简单地说，标识符就是一个名字。下面是 Java 关于标识符的语法规则：

(1) 标识符由字母、下画线、美元符号和数字组成，长度不受限制。

(2) 标识符的第一个字符不能是数字字符。

(3) 标识符不能是关键字(关键字见 2.1.2 节)。

(4) 标识符不能是 true、false 和 null(尽管 true、false 和 null 不是 Java 关键字)。

例如，以下都是标识符：

```
Hello_java、Hello_12$、$23Boy
```

需要特别注意的是，标识符中的字母是区分大小写的，例如，hello 和 Hello 是不同的标识符。

Java 语言使用 Unicode 标准字符集，Unicode 字符集由 UNICODE 协会管理并接受其技术上的修改，最多可以识别 65 536 个字符，Unicode 字符集的前 128 个字符刚好是 ASCII 码表。Unicode 字符集还不能覆盖全部历史上的文字，但大部分国家的“字母表”的字母都是 Unicode 字符集中的一个字符。例如，汉字中的“你”字就是 Unicode 字符集中的第 20 320 个字符。Java 所谓的字母包括了世界上大部分语言中的“字母表”，因此，Java 所使用的字母不仅包括通常的字母 a、b、c 等，也包括汉语中的汉字、日文的片假名和平假名、朝鲜文、俄文、希腊字母以及其他许多语言中的文字。

2.1.2 关键字

关键字就是 Java 语言中已经被赋予特定意义的一些单词，不可以把关键字作为标识符来用。下面是 Java 的 50 个关键字：

abstract、assert、boolean、break、byte、case、catch、char、class、const、continue、default、do、double、else、enum、extends、final、finally、float、for、goto、if、implements、import、instanceof、int、interface、long、native、new、package、private、protected、public、return、short、static、strictfp、super、switch、synchronized、this、throw、throws、transient、try、void、volatile、while

需要注意的是，assert 是 JDK 1.4 增加的关键字，enum 是 JDK 1.5 增加的关键字。如果 Java 源文件中使用了 assert 或 enum 作为标识符，那么这样的源文件只可以使用 JDK 1.4 之前版本提供的编译器编译通过，无法使用 JDK 1.4 之后版本提供的编译器编译通过。无论何种情况，对于使用 JDK 1.4 之前版本提供的编译器编译通过的 Java 源文件，并不影响使用 JDK 1.4 或之后版本提供的 Java 解释器来运行。

2.2 基本数据类型

基本数据类型也称为简单数据类型。Java 语言有 8 种基本数据类型，分别是 boolean、byte、short、int、long、float、double 和 char，这 8 种基本数据类型习惯上可分为 4 种类型。

- 逻辑类型：boolean。
- 整数类型：byte、short、int、long。
- 字符类型：char。
- 浮点类型：float、double。

▶ 2.2.1 逻辑类型

下面介绍逻辑类型。

- 常量：true、false。
- 变量：使用关键字 boolean 来声明逻辑变量，声明时也可以赋初值。例如：

```
boolean x,ok = true,关闭 = false;
```

▶ 2.2.2 整数类型

整型数据分为 4 种。

❶ int 型

下面介绍 int 型数据。

- 常量：123、6000(十进制)、077(八进制)、0x3ABC(十六进制)。
- 变量：使用关键字 int 来声明 int 型变量，声明时也可以赋初值。例如：

```
int x= 12,平均 = 9898,jiafei;
```

对于 int 型变量，内存分配给 4 字节(byte)，1 字节由 8 位(bit)组成，4 字节占 32 位。对于“int x = 7;”，内存存储状态如下：

```
00000000 00000000 00000000 00000111
```

最高位(左边的第一位)是符号位，用来区分正数或负数，正数使用原码表示，最高位是 0；负数用补码表示，最高位是 1。例如，对于“int x = -8;”，内存的存储状态如下：

```
11111111 11111111 11111111 11111000
```

要得到-8的补码，首先得到7的原码，然后将7的原码中的0变成1，1变成0，就是-8的补码。因此，int型变量的取值范围是$-2^{31}\sim2^{31}-1$。

❷ byte 型

下面介绍byte型数据。

• 变量：使用关键字byte来声明byte型变量。例如：

```
byte x = -12,tom = 28,漂亮 = 98;
```

• 常量：Java中不存在byte型常量的表示法，但可以把一定范围内的int型常量赋值给byte型变量。对于byte型变量，内存分配给1字节，占8位，因此，byte型变量的取值范围是$-2^{7}\sim2^{7}-1$。如果需要强调一个整数是byte型数据，可以使用强制转换运算的结果来表示。例如：

```
(byte) - 12,(byte)28;
```

❸ short 型

下面介绍short型数据。

• 变量：使用关键字short来声明short型变量。例如：

```
short x = 12,y = 1234;
```

• 常量：和byte型类似，Java中也不存在short型常量的表示法，但可以把一定范围内的int型常量赋值给short型变量。对于short型变量，内存分配给2字节，占16位，因此，short型变量的取值范围是$-2^{15}\sim2^{15}-1$。如果需要强调一个整数是short型数据，可以使用强制转换运算的结果来表示。例如：

```
(short) - 12,(short)28;
```

❹ long 型

下面介绍long型数据。

• 常量：long型常量用后缀L来表示，例如108L(十进制)、07123L(八进制)、0x3ABCL(十六进制)。
• 变量：使用关键字long来声明long型变量。例如：

```
long width = 12L,height = 2005L,length;
```

对于long型变量，内存分配给8字节，占64位，因此，long型变量的取值范围是$-2^{63}\sim2^{63}-1$。

▶ 2.2.3 字符类型

下面介绍字符类型。

• 常量：'A'、'b'、'?'、'!'、'9'、'好'、'\t'、'き'、'モ'等，即用单引号括起来的Unicode表中的一个字符。
• 变量：使用关键字char来声明char型变量。例如：

```
char ch = 'A',home = '家',handsome = '酷';
```

对于char型变量，内存分配给2字节，占16位，最高位不是符号位，没有负数的char。char型变量的取值范围是0～65 535。对于下列语句：

```
char x = 'a';
```

内存 x 中存储的是 97,97 是字符 a 在 Unicode 表中的排序位置。因此,允许将上面的语句写成：

```
char x = 97;
```

有些字符(如回车符)不能通过键盘输入到字符串或程序中,这时需要使用转义字符常量\n(换行)、\b(退格)、\t(水平制表)、\'(单引号)、\"(双引号)、\\(反斜线)等。

例如：

```
char ch1 = '\n',ch2 = '\"',ch3 = '\\';
```

再如,字符串"我喜欢使用双引号\""中含有双引号字符,但是,如果写成"我喜欢使用双引号"",就是一个非法字符串。

要观察一个字符在 Unicode 表中的顺序位置,可以使用 int 型显式转换,如(int)'a'或 int p='a'。如果要得到一个 0～65 536 的数所代表的 Unicode 表中相应位置上的字符,必须使用 char 型显式转换。

在例 2.1 中,分别用显式转换来显示一些字符在 Unicode 表中的位置,以及某些位置上的字符,运行效果如图 2.1 所示。

```
C:\chapter2>java Example2_1
"ω"的位置:969
"好"的位置:22909
第32831个位置上的字符是:耿
第30452个位置上的字符是:直
```

图 2.1　显示 Unicode 表中的字符

例 2.1

Example2_1.java

```
public class Example2_1 {
    public static void main(String args[]){
        char ch1 = 'ω',ch2 = '好';
        int p1 = 32831,p2 = 30452;
        System.out.println("\"" + ch1 + "\"的位置:" + (int)ch1);
        System.out.println("\"" + ch2 + "\"的位置:" + (int)ch2);
        System.out.println("第" + p1 + "个位置上的字符是:" + (char)p1);
        System.out.println("第" + p2 + "个位置上的字符是:" + (char)p2);
    }
}
```

▶ 2.2.4　浮点类型

浮点型分为 float 型和 double 型。

❶ float 型

- 常量：453.5439f,21379.987F,231.0f(小数表示法),2e40f(2 乘 10 的 40 次方,指数表示法)。需要特别注意的是：常量后面必须有后缀 f 或 F。
- 变量：使用关键字 float 来声明 float 型变量。例如：

```
float x = 22.76f,tom = 1234.987f,weight = 1e - 12F;
```

float 型变量在存储 float 型数据时保留 8 位有效数字,实际精度取决于具体数值。例如,如果将常量 12345.123456789f 赋值给 float 型变量 x：

```
x = 12345.123456789f;
```

那么,x 存储的实际值是 12345.123046875(保留 8 位有效数字)。

对于 float 型变量,内存分配给 4 字节,占 32 位,float 型变量的取值范围是 1.4E - 45～

3.4028235E38 和 -3.4028235E38～-1.4E-45。

❷ double 型

- 常量：2389.539d,2318908.987,0.05(小数表示法),1e-90(1 乘 10 的 -90 次方,指数表示法)。对于 double 型常量,后面可以有后缀 d 或 D,但允许省略该后缀。
- 变量：使用关键字 double 来声明 double 型变量。例如：

```
double height = 23.345,width = 34.56D,length = 1e12;
```

double 型变量在存储 double 型数据时保留 16 位有效数字,实际精度取决于具体数值。

对于 double 型变量,内存分配给 8 字节,占 64 位,double 型变量的取值范围是 4.9E-324～1.7976931348623157E308 和 -1.7976931348623157E308～-4.9E-324。

需要特别注意的是,比较 float 型数据与 double 型数据时必须注意数据的实际精度,例如,对于：

```
float x = 0.4f;
double y = 0.4;
```

那么实际存储在变量 x 中的数据是(这里我们将小数点保留 16 位)：

```
0.4000000059604645
```

存储在变量 y 中的数据是(小数点保留 16 位)：

```
0.4000000000000000
```

因此,y 中的值小于 x 中的值。

▶ 2.2.5　基本数据类型的转换

当我们把一种基本数据类型变量的值赋给另一种基本类型变量时,就涉及数据转换。下列基本类型会涉及数据转换(不包括逻辑类型)。将这些类型按精度从“低”到“高”排列：

```
byte  short  char  int  long  float  double
```

当把级别低的值赋给级别高的变量时,系统自动完成数据类型的转换。例如：

```
float x = 100;
```

如果输出 x 的值,结果将是 100.0。

例如：

```
int x = 50;
float y;
y = x;
```

如果输出 y 的值,结果将是 50.0。

当把级别高的值赋给级别低的变量时,需要显式类型转换运算。显式转换的格式：

```
(类型名) 要转换的值;
```

例如：

```
int x = (int)34.89;
long y = (long)56.98F;
int z = (int)1999L;
```

如果输出 x、y 和 z 的值将是 34、56 和 1999,强制转换运算可能导致精度的损失。

当把一个 int 型常量赋值给一个 byte 和 short 型变量时，不可以超出这些变量的取值范围，否则必须进行类型转换运算。例如，常量 128 属于 int 型常量，超出 byte 型变量的取值范围，如果赋值给 byte 型变量，必须进行 byte 类型转换运算（将导致精度的损失），如下所示：

```
byte a = (byte)128;
byte b = (byte)(-129);
```

那么 a 和 b 得到的值分别是 -128 和 127。

需要特别注意的是，当把级别高的变量的值赋给级别低的变量时，必须使用显式类型转换运算。

例如，对于

```
int x = 1;
byte y ;
```

“y = (byte)x;”是正确的，而“y = x;”是错误的。编译器不检查变量 x 的值是多少，只检查 x 的类型。

再如：

```
char c = 65;
```

“y = 65 + 32;”是正确的，因为 97 在 byte 范围之内；而“y = c + 32;”是错误的，因为编译器不检查变量 c 中的值，并认为 c + 32 的结果是 int 型数据（见后面第 3 章的 3.1.3 节）。

另外一个常见的错误是把一个 double 型常量赋值给 float 型变量时没有进行强制转换运算。例如：

```
float x = 12.4;
```

将导致语法错误，编译器将提示“possible loss of precision”。正确的做法是：

```
float x = 12.4F;
```

或

```
float x = (float)12.4;
```

例 2.2 演示了基本数据类型的相互转换，运行效果如图 2.2 所示。

```
C:\ch2>java Example2_2
b=  22
n=  129
f=  123456.68
d=  1.2345678912345679E8
b=  -127
f=  1.23456792E8
```

图 2.2　基本数据相互转换

例 2.2

Example2_2.java

```
public class Example2_2 {
    public static void main(String args[]) {
        byte b = 22;
        int n = 129;
        float f = 123456.6789f ;
        double d = 123456789.123456789;
        System.out.println("b = " + b);
        System.out.println("n = " + n);
```

```
        System.out.println("f = " + f);
        System.out.println("d = " + d);
        b = (byte)n;                            //导致精度的损失
        f = (float)d;                           //导致精度的损失
        System.out.println("b = " + b);
        System.out.println("f = " + f);
    }
}
```

扫一扫

视频讲解

2.3 从命令行输入与输出数据

2.3.1 输入基本型数据

Scanner 在 java.util 包中(有关包的知识点将在第 4 章讲解),可以使用该类创建一个对象:

```
Scanner reader = new Scanner(System.in);
```

然后 reader 对象调用下列方法,读取用户在命令行(例如 MS-DOS 窗口)输入的各种基本类型数据:

```
nextBoolean(),nextByte(),nextShort(),nextInt(),nextLong(),nextFloat(),nextDouble()
```

- 分隔标记

reader 对象用空白作分隔标记,读取当前程序的键盘缓冲区中的“单词”(缓冲流的相关知识在 12.4 节详细讲解)。reader 对象调用上述某方法时,把当前程序的键盘缓冲区中的字符序列分隔成若干独立的“单词”,reader 对象每次调用上述某方法都试图返回键盘缓冲区中的下一个“单词”,并把每个“单词”看作是所调用方法要返回的数据。如果“单词”符合方法的返回类型要求,就返回该数据,否则将触发读取数据异常。

- 堵塞状态

上述方法执行时读取当前程序的键盘缓冲区中的单词,因此可能会发生堵塞状态(WAITING)。如果键盘缓冲区中还有“单词”可读,上述方法执行时就不会发生堵塞,否则程序需等待用户在命令行输入新的数据,按 Enter 键确认(回车会刷新键盘缓冲区中的内容,消除堵塞状态)。

下面以 nextInt 方法为例,说明一下用法。

当 reader 对象第 1 次调用 nextInt()方法时,会等待用户在命令行输入数据回车确认,这时用户在键盘输入:

```
10  20  30
```

回车确认,那么 reader 对象第 1 次调用 nextInt()方法返回 10,第 2 次调用 nextInt()方法返回 20,第 3 次调用 nextInt()方法返回 30。当第 4 次调用 nextInt()方法时,由于键盘缓冲区中已经无“单词”可读,就会处于堵塞状态,等待用户从键盘输入数据回车确认。

在上面的讨论中,如果用户输入:

```
10  boy  30
```

回车确认,reader 对象第 2 次调用 nextInt()方法就会触发读取数据异常。

在调用 nextInt()方法前,可以让 reader 对象首先调用 hasNextInt()来判断下一个“单词”

是否是符合 nextInt()要求的数据，如果符合要求，hasNextInt()方法返回 true，否则返回 false。注意，当 nextInt()成功读取“单词”后，hasNextInt()方法才会判断下一个“单词”。

下列方法执行时也可能会堵塞，即程序可能需等待用户在命令行输入数据到键盘缓冲区中。

```
hasNextBoolean(),hasNextByte(),hasNextShort(),hasNextLong(),hasNextFloat(),hasNextDouble()
```

在例 2.3 中，用户在键盘用空格(或回车)做分隔，依次输入若干数字，最后输入“#”字符回车确认，程序将计算出这些数的和及平均值，运行效果如图 2.3 所示。

```
用空格(或回车)做分隔, 输入若干数字, 最后输入#结束,
然后回车确认。
3.14 3.9 100 20 #
4个数的和为127.04
4个数的平均值为31.76
```

图 2.3　命令行输入数据

例 2.3

Example2_3.java

```
import java.util.Scanner;
public class Example2_3 {
    public static void main (String args[ ]){
        System.out.println("用空格(或回车)做分隔,输入若干数字,最后输入#结束,\n然后回车
确认。");
        Scanner reader = new Scanner(System.in);
        double sum = 0;
        int m = 0;
        while(reader.hasNextDouble()){
           double x = reader.nextDouble();
           m = m + 1;
           sum = sum + x;
        }
        System.out.println(m + "个数的和为" + sum);
        System.out.println(m + "个数的平均值为" + sum/m);
    }
}
```

▶ 2.3.2　输出基本型数据

System.out.println()或 System.out.print()可输出串值、表达式的值，二者的区别是前者输出数据后换行，后者不换行。在 Java 中，允许使用并置符号“+”将变量、表达式或一个常数值与一个字符串并置在一起输出。例如：

```
System.out.println(m + "个数的和为" + sum);
System.out.println(":" + 123 + "大于" + 122);
```

需要特别注意的是，在使用 System.out.println()或 System.out.print()输出字符串常量时，不可以出现“回车”。例如，下面的写法无法通过编译：

```
System.out.println("你好,
                   很高兴认识你" );
```

如果需要输出的字符串的长度较长，可以将字符串分解成几部分，然后使用并置符号“+”将它们首尾相接。例如，以下是正确的写法：

```
System.out.println("你好," +
                   "很高兴认识你" );
```

另外，JDK 1.5 新增了和 C 语言中的 printf 函数类似的数据输出方法，该方法的使用格式如下：

```
System.out.printf("格式控制部分",表达式1,表达式2,…,表达式n)
```

格式控制部分由格式控制符号%d、%c、%f、%s 和普通的字符组成,普通字符原样输出,格式符号用来输出表达式的值。

- %d:输出 int 型数据。
- %c:输出 char 型数据。
- %f:输出 float 型数据,小数部分最多保留 6 位。
- %s:输出字符串数据。

在输出数据时也可以控制数据在命令行中的位置。

- %md:输出的 int 型数据占 m 列。
- %m.nf:输出的 float 型数据占 m 列,小数点保留 n 位。

例如:

```
System.out.printf("%d,%f",12,23.78);
```

扫一扫

视频讲解

2.4 数组

数组是相同类型的变量按顺序组成的一种复合数据类型,这些相同类型的变量称为数组的元素或单元。数组通过数组名加索引来使用数组的元素,索引从 0 开始。

2.4.1 声明数组

声明数组包括声明数组的名字、数组元素的数据类型。

声明一维数组有下列两种格式:

```
数组的元素类型      数组名字[];
数组的元素类型[]    数组名字;
```

声明二维数组有下列两种格式:

```
数组的元素类型      数组名字[][];
数组的元素类型[]    []数组名字;
```

例如:

```
float boy[];
char cat[][];
```

那么数组 boy 的元素可以存放 float 型数据,数组 cat 的元素可以存放 char 型数据。

数组的元素类型可以是 Java 中的任何一种类型。假如已经声明了一种 People 类型数据,那么可以如下声明一个数组:

```
People china[];
```

将来数组 china 的元素可以存放 People 类型的数据。

注:与 C/C++不同,Java 不允许在声明数组中的方括号内指定数组元素的个数。若声明:

```
int a[12];
```

或

```
int [12] a;
```

将导致语法错误。

▶ 2.4.2　创建数组

声明数组仅仅是给出了数组名字和元素的数据类型，要想真正使用数组，还必须为它分配内存空间，即创建数组。

为数组分配内存空间的格式如下：

```
数组名字 = new 数组元素的类型[数组元素的个数];
```

例如：

```
boy = new float[4];
```

为数组分配内存空间后，数组 boy 获得 4 个用来存放 float 型数据的内存空间，即 4 个 float 型元素。数组变量 boy 中存放着这些内存单元的首地址，该地址称为数组的引用，这样数组就可以通过索引操作这些内存单元。数组属于引用型变量，数组变量中存放着数组的首元素地址，通过数组名加索引使用数组的元素（内存示意如图 2.4 所示）。例如：

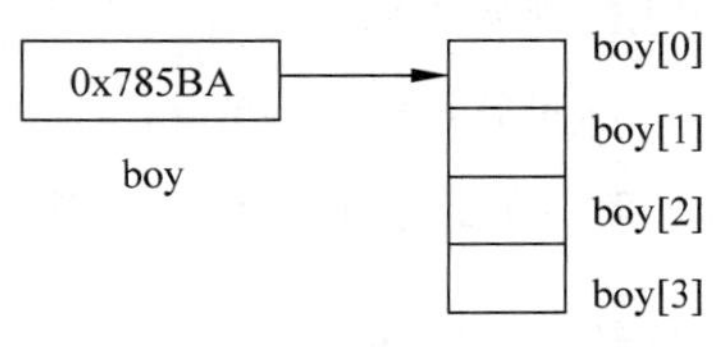

图 2.4　数组的内存模型

```
boy[0] = 12;
boy[1] = 23.901F;
boy[2] = 100;
boy[3] = 10.23f;
```

声明数组和创建数组可以一起完成。例如：

```
float boy[] = new float[4];
```

二维数组和一维数组一样，在声明之后必须用 new 运算符分配内存空间。例如：

```
int  mytwo[][];
mytwo = new int[3][4];
```

或

```
int mytwo[][] = new int[3][4];
```

Java 采用"数组的数组"声明多维数组，一个二维数组是由若干一维数组构成的。例如，上述创建的二维数组 mytwo 就是由 3 个长度为 4 的一维数组 mytwo[0]、mytwo[1]和 mytwo[2]构成的。

构成二维数组的一维数组不必有相同的长度，在创建二维数组时可以分别指定构成该二维数组的一维数组的长度。例如：

```
int a[][] = new int[3][];
```

创建了一个二维数组 a，a 由 3 个一维数组 a[0]、a[1]和 a[2]构成，但它们的长度还没有确定，即这些一维数组还没有分配内存空间，所以二维数组 a 还不能使用，必须创建它的 3 个一维数组。例如：

```
a[0] = new int[6];
a[1] = new int[12];
a[2] = new int[8];
```

注： 和 C 语言不同的是，Java 允许使用 int 型变量的值指定数组元素的个数。例如：

```
int  size = 30;
double  number[] = new double[size];
```

2.4.3 数组元素的使用

一维数组通过索引符访问自己的元素,如 boy[0]、boy[1]等。需要注意的是,索引从 0 开始,因此,数组若有 7 个元素,那么索引到 6 为止。如果程序使用了如下语句:

```
boy[7] = 384.98f;
```

程序可以编译通过,但运行时将发生 ArrayIndexOutOfBoundsException 异常,因此,用户在使用数组时必须谨慎,防止索引越界。

二维数组也通过索引符访问自己的元素,如 a[0][1]、a[1][2]等。需要注意的是,索引从 0 开始,例如声明创建了一个二维数组 a:

```
int a[][] = new int[2][3];
```

那么第一个索引的变化范围从 0 到 1,第二个索引的变化范围从 0 到 2。

2.4.4 length 的使用

数组的元素的个数称为数组的长度。对于一维数组,“数组名字. length”的值就是数组中元素的个数;对于二维数组,“数组名字. length”的值是它含有的一维数组的个数。例如,对于:

```
float a[] = new float[12];
int b[][] = new int[3][6];
```

a. length 的值是 12,b. length 的值是 3。

2.4.5 数组的初始化

创建数组后,系统会给每个数组元素一个默认的值。例如,float 型是 0.0。

在声明数组的同时也可以给数组的元素一个初始值。例如:

```
float boy[] = { 21.3f,23.89f,2.0f,23f,778.98f};
```

上述语句相当于:

```
float boy[] = new float[5];
```

然后:

```
boy[0] = 21.3f;boy[1 ] = 23.89f;boy[2] = 2.0f;boy[3 ] = 23f;boy[4] = 778.98f;
```

也可以直接用若干一维数组初始化一个二维数组,这些一维数组的长度不尽相同。例如:

```
int a[][] = {{1}, {1,1},{1,2,1}, {1,3,3,1},{1,4,6,4,1}};
```

2.4.6 数组的引用

大家已经知道,数组属于引用型变量,因此,两个相同类型的数组如果具有相同的引用,它们就有完全相同的元素。例如,对于:

```
int a[] = {1,2,3},b[ ] = {4,5};
```

数组 a 和 b 中分别存放着引用 0x35ce36 和 0x757aef,内存模型如图 2.5 所示。

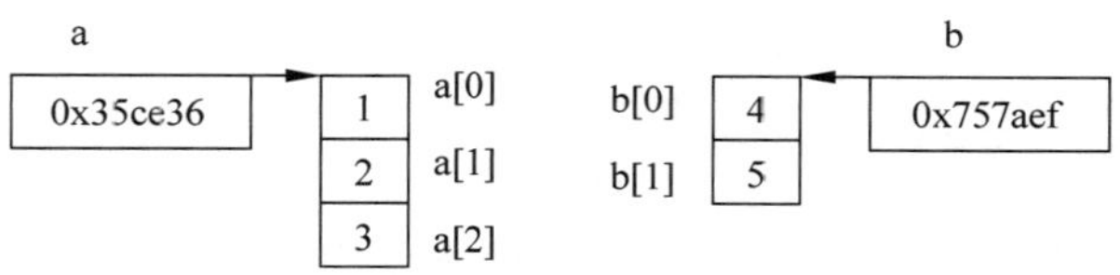

图 2.5 数组 a、b 的内存模型

如果使用了下列赋值语句（a 和 b 的类型必须相同）：

```
a = b;
```

那么，a 中存放的引用和 b 的相同，这时系统将释放最初分配给数组 a 的元素，使得 a 的元素和 b 的元素相同，a、b 的内存模型变成如图 2.6 所示。

例 2.4 使用了数组，程序运行效果如图 2.7 所示。

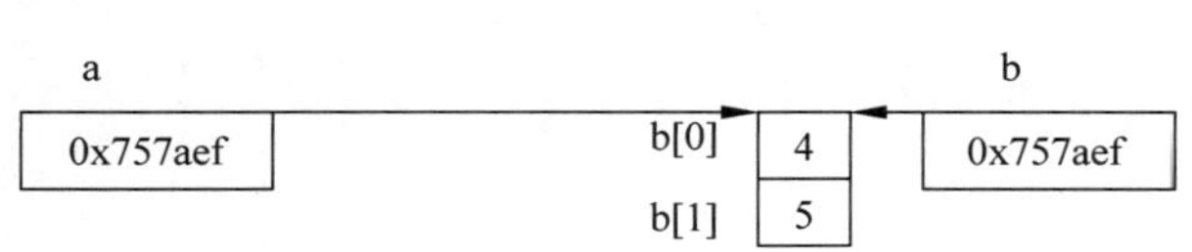

图 2.6 a=b 后的数组 a、b 的内存模型

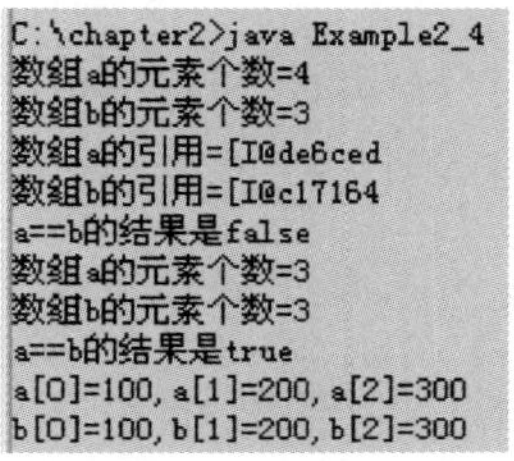

```
C:\chapter2>java Example2_4
数组a的元素个数=4
数组b的元素个数=3
数组a的引用=[I@de6ced
数组b的引用=[I@c17164
a==b的结果是false
数组a的元素个数=3
数组b的元素个数=3
a==b的结果是true
a[0]=100, a[1]=200, a[2]=300
b[0]=100, b[1]=200, b[2]=300
```

图 2.7 使用数组

例 2.4

Example2_4.java

```
public class Example2_4 {
    public static void main(String args[]){
        int a[] = {1,2,3,4};
        int b[] = {100,200,300};
        System.out.println("数组 a 的元素个数 = " + a.length);
        System.out.println("数组 b 的元素个数 = " + b.length);
        System.out.println("数组 a 的引用 = " + a);
        System.out.println("数组 b 的引用 = " + b);
        System.out.println("a == b 的结果是" + (a == b));
        a = b;
        System.out.println("数组 a 的元素个数 = " + a.length);
        System.out.println("数组 b 的元素个数 = " + b.length);
        System.out.println("a == b 的结果是" + (a == b));
        System.out.println("a[0] = " + a[0] + ",a[1] = " + a[1] + ",a[2] = " + a[2]);
        System.out.print("b[0] = " + a[0] + ",b[1] = " + b[1] + ",b[2] = " + b[2]);
    }
}
```

需要注意的是，对于 char 型数组 a，System.out.println(a)不会输出数组 a 的引用，而是输出数组 a 的所有元素的值。例如，对于：

```
char a[] = {'A','你','好','呀'};
```

“System.out.println(a);”的输出结果是：

```
A你好呀
```

如果想输出 char 型数组的引用，必须让数组 a 和字符串做并置运算。例如：

```
System.out.println("" + a);
```

其输出结果是数组的引用。

▶ 2.4.7 数组的表示格式

学习过 C 语言或其他语言的读者,一定非常熟悉使用循环输出数组元素的值。在这里介绍 JDK 1.5 版本以后提供的一个简单的输出数组元素的值的方法。让 Arrays 类调用:

```
public static String toString(int[] a)
```

方法,可以得到参数指定的一维数组 a 的如下格式的字符串表示:

```
[a[0],a[1],…,a[a.length-1]]
```

例如,对于数组:

```
int []a = {1,2,3,4,5,6};
```

Arrays.toString(a)得到的字符串是:

```
[1,2,3,4,5,6]
```

注:有关使用类调用方法的知识会在第 4 章详细介绍。

▶ 2.4.8 复制数组

通过 2.4.6 节的学习,我们已经知道,数组属于引用类型。也就是说,如果两个类型相同的数组具有相同的引用,那么它们就有完全相同的内存单元。例如,对于:

```
int a[] = {1,2}, b[];
```

如果执行:

```
b = a;
```

那么 a 和 b 的值就相同,即 a 的引用与 b 的引用相同。这样,a[0]和 b[0]是相同的内存空间,同样,a[1]和 b[1]也是相同的内存空间。

有时想把一个数组的元素中的值复制到另一个数组的元素中,后者元素值的改变不会影响到原数组元素的值,反之也是如此。如果想实现这样的目的,显然不能使用数组引用赋值的方法。

❶ arraycopy 方法

一个方法就是利用循环把一个数组的元素的值赋给另一个数组中的元素(C 语言中经常使用的方法)。在这里介绍 Java 提供的更简练的数组之间的快速复制,即让 System 类调用方法:

```
public static void arraycopy(sourceArray,int index1,copyArray,int index2,int length)
```

可以将数组 sourceArray 从索引 index1 开始的 length 个元素中的数据复制到数组 copyArray 中,即将数组 sourceArray 中的索引值从 index1 到 index1 + length - 1 元素中的数据复制到数组 copyArray 的某些元素中,copyArray 数组从第 index2 元素开始存放这些数据。如果数组 copyArray 不能存放复制的数据,程序运行将发生异常。

```
C:\chapter2>java Example2_5
数组 a 的各个元素中的值:
[a, b, c, d, e, f]
数组 b 的各个元素中的值:
[a, b, c, d, e, f]
数组 c 的各个元素中的值:
[1, 2, 3, 4, 5, 6]
数组 d 的各个元素中的值:
[10, 20, 3, 4, 5, 60]
```

图 2.8 用 arraycopy 方法复制数组

例 2.5 演示了 arraycopy 方法,程序运行效果如图 2.8 所示。

例 2.5

Example2_5.java

```
import java.util.Arrays;
public class Example2_5 {
    public static void main(String args[]) {
        char [] a = {'a','b','c', 'd','e','f'},
                b = {'1','2','3','4','5','6'};
        int [] c = {1,2,3,4,5,6},
                d = {10,20,30,40,50,60};
        System.arraycopy(a, 0, b, 0, a.length);
        System.arraycopy(c, 2, d, 2, c.length-3);
        System.out.println("数组 a 的各个元素中的值:");
        System.out.println(Arrays.toString(a));
        System.out.println("数组 b 的各个元素中的值:");
        System.out.println(Arrays.toString(b));
        System.out.println("数组 c 的各个元素中的值:");
        System.out.println(Arrays.toString(c));
        System.out.println("数组 d 的各个元素中的值:");
        System.out.println(Arrays.toString(d));
    }
}
```

❷ copyOf 和 copyOfRange 方法

前面介绍的方法有一个缺点，就是事先必须创建参数 copyArray 指定的数组。JDK 1.6 版本以后，Java 又提供了 copyOf 和 copyOfRange 方法。例如，Arrays 类调用方法：

```
public static void arraycopy(sourceArray,int index1,copyArray,int index2,int length)
public static double[] copyOf(double[] original,int newLength)
```

可以把参数 original 指定的数组中从索引 0 开始的 newLength 个元素复制到一个新数组中，并返回这个新数组，且该新数组的长度为 newLength。如果 newLength 的值大于数组 original 的长度，copyOf 方法返回的新数组的第 newLength 索引后的元素取默认值。类似的方法还有：

```
public static float[] copyOf(float[] original,int newLength)
public static int[] copyOf(int[] original,int newLength)
public static char[] copyOf(char[] original,int newLength)
```

例如，对于：

```
int [] a={100,200,300,400};
int [] b=Arrays.copyOf(a,5);
```

那么 b[0]=100，b[1]=200，b[2]=300，b[3]=400，b[4]=0，即 b 的长度为 5，最后一个元素 b[4]取默认值 0。

另外，还有一个方法，可以把数组中部分元素的值复制到另一个数组中。例如：

```
public static double[] copyOfRange(double[] original,int from,int to)
```

方法可以把参数 original 指定的数组中从索引 from 至 to-1 的元素复制到一个新数组中，并返回这个新数组，即新数组的长度为 to-from。如果 to 的值大于数组 original 的长度，新数组的第 original.length-from 索引开始的元素取默认值。类似的方法还有：

```
public static float[] copyOfRange(float[] original,int from,int to)
public static int[] copyOfRange(int[] original,int from,int to)
public static char[] copyOfRange(char[] original,int from,int to)
```

```
C:\chapter2>java Example2_6
数组 a 的各个元素中的值:
[10, 20, 30, 40, 50, 60]
数组 b 的各个元素中的值:
[10, 20, 30, 40, 50, 60, 0, 0, 0, 0]
数组 c 的各个元素中的值:
[40, 50]
数组 d 的各个元素中的值:
[40, 50, 60, 0, 0, 0]
```

图 2.9 用 copyOf 方法复制数组

例如,对于:

```
int [ ] a = {100,200,300,400,500,600};
int [ ] b = Arrays.copyOfRange(a,2,5);
```

那么数组 b 的长度为 3,b[0]=300,b[1]=400,b[2]=500。

例 2.6 使用 copyOf 和 copyOfRange 方法复制数组,程序运行效果如图 2.9 所示。

例 2.6

Example2_6.java

```
import java.util.*;
public class Example2_6 {
    public static void main(String args[ ]){
        int [ ] a = {10,20,30,40,50,60},b,c,d;
        b = Arrays.copyOf(a,10);
        System.out.println("数组 a 的各个元素中的值:");
        System.out.println(Arrays.toString(a));
        System.out.println("数组 b 的各个元素中的值:");
        System.out.println(Arrays.toString(b));
        c = Arrays.copyOfRange(a,3,5);
        System.out.println("数组 c 的各个元素中的值:");
        System.out.println(Arrays.toString(c));
        d = Arrays.copyOfRange(a,3,9);
        System.out.println("数组 d 的各个元素中的值:");
        System.out.println(Arrays.toString(d));
    }
}
```

2.4.9 排序与使用二分法查找

可以使用循环实现对数组的排序,也可以使用循环查找一个数据是否在一个排序的数组中。这里省略数组的排序算法,用 Array 类调用方法实现对数组的快速排序。

Array 类调用方法:

```
public static void sort(double a[ ])
```

可以把参数 a 指定的 double 类型数组按升序排列。

Array 类调用方法:

```
public static void sort(double a[ ],int start,int end)
```

可以把参数 a 指定的 double 类型数组中索引 start 至 end-1 的元素的值按升序排列。

Array 类调用方法(二分法):

```
public static int binarySearch(double[ ] a, double number)
```

判断参数 number 指定的数是否在参数 a 指定的数组中,即 number 是否和数组 a 的某个元素的值相同,其中,数组 a 必须是事先已排序的数组。如果 number 和数组 a 中某个元素的值相同,那么 int binarySearch(double[ ] a,double number)方法返回(得到)该元素的索引,否则返回一个负数。

在例 2.7 中,首先将一个数组排序,然后使用二分法判断一个数是否和数组中某个元素的值相同,程序运行效果如图 2.10 所示。

```
C:\chapter2>java Example2_7
[6, 9, 12, 19, 23, 34, 34, 45, 45, 90, 123]
45和数组中索引为8的元素值相同
```

图 2.10 排序与查找

例 2.7

Example2_7.java

```
import java.util.*;
public class Example2_7 {
    public static void main(String args[]) {
        int [] a = {12,34,9,23,45,6,45,90,123,19,34};
        Arrays.sort(a);
        System.out.println(Arrays.toString(a));
        int number = 45;
        int index = Arrays.binarySearch(a,number);
        if(index >= 0){
            System.out.println(number + "和数组中索引为" + index + "的元素值相同");
        }
        else{
            System.out.println(number + "不与数组中的任何元素值相同");
        }
    }
}
```

扫一扫

视频讲解

2.5 枚举类型

JDK 1.5 版本引入了一种新的数据类型——枚举类型。Java 使用关键字 enum 声明枚举类型，语法格式如下：

```
enum 枚举名
{ 常量列表
}
```

其中的“常量列表”是用逗号分隔的字符序列，称为枚举类型的常量(枚举类型的常量要符合标识符的规定，即由字母、下画线、美元符号和数字组成，并且第一个字符不能是数字字符)。例如：

```
enum Season
{ spring,summer,autumn,winter
}
```

声明了名为 Season 的枚举类型，该枚举类型有 4 个常量。

声明了一个枚举类型后，就可以用该枚举类型的枚举名声明一个枚举变量了。例如：

```
Season x;
```

声明了一个枚举变量 x。枚举变量 x 只能取枚举类型中的常量，通过使用枚举名和“.”运算符获得枚举类型中的常量。例如：

```
x = Season.spring;
```

例 2.8 使用了枚举类型，程序运行时用户在键盘输入 1、2、3、4。程序内部根据用户输入的整数再为 Season 变量赋值，即让 Season 变量的值是对应的某个枚举常量。程序运行效果如图 2.11 所示。

```
4
现在是冬季
```

图 2.11　使用枚举

例 2.8

Example2_8.java

```
import java.util.Scanner;
enum Season {
```

```
    春季,夏季,秋季,冬季
}
public class Example2_8{
    public static void main(String args[]){
        Season x = null;
        Scanner reader = new Scanner(System.in);
        int n = reader.nextInt();
        if(n == 1)
          x = Season.春季;
        else if(n == 2)
          x = Season.夏季;
        else if(n == 3)
          x = Season.秋季;
        else if(n == 4)
          x = Season.冬季;
        System.out.println("现在是" + x);
    }
}
```

可以在一个 Java 源文件中只声明、定义枚举类型,然后保存该源文件,最后单独编译这个源文件得到枚举类型的字节码文件,那么该字节码就可以被其他源文件中的类使用,如例 2.9 所示。

例 2.9 中有两个 Java 源文件,需要打开文本编辑器两次,分别编辑、保存和编译这两个源文件(有关编译见 1.5.2 节)。

例 2.9

Weekday.java

```
public enum Weekday {
    星期一, 星期二, 星期三, 星期四, 星期五, 星期六, 星期日
}
```

Example2_9.java

```
public class Example2_9{
    public static void main(String args[]){
          Weekday x = Weekday.星期日;
          if(x == Weekday.星期日) {
            System.out.println(x);
            System.out.println("今天我休息");
          }
    }
}
```

2.6 小结

(1) 标识符由字母、下画线、美元符号和数字组成,并且第一个字符不能是数字字符。

(2) Java 语言有 8 种基本数据类型,即 boolean、byte、short、int、long、float、double 和 char。

(3) 数组是相同类型的数据元素按顺序组成的一种复合数据类型,数组属于引用型变量,因此,两个相同类型的数组如果具有相同的引用,它们就有完全相同的元素。

(4) JDK 1.5 版本引入了一种新的数据类型——枚举类型。

习 题 2

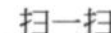
扫一扫

习题

扫一扫

自测题

第 3 章 运算符、表达式和语句

扫一扫

视频讲解

主要内容：

- ❖ 运算符与表达式；
- ❖ 语句概述；
- ❖ if 条件分支语句；
- ❖ switch 开关语句；
- ❖ 循环语句；
- ❖ break 和 continue 语句；
- ❖ 数组与 for 语句；
- ❖ 枚举类型与 for、switch 语句。

难点：

- ❖ 循环语句；
- ❖ 枚举类型与 for、switch 语句。

扫一扫

视频讲解

3.1 运算符与表达式

Java 提供了丰富的运算符，如算术运算符、关系运算符、逻辑运算符和位运算符等。本节将介绍这些运算符。

3.1.1 算术运算符与算术表达式

❶ 加、减运算符

加、减运算符"+""-"是二目运算符，即连接两个操作元的运算符。加、减运算符的结合方向是从左到右。例如 2+3-8，先计算 2+3，然后再将得到的结果减 8。加、减运算符的操作元是整型或浮点型数据，加、减运算符的优先级是 4 级。

❷ 乘、除和求余运算符

乘、除和求余运算符"*""/""%"是二目运算符，结合方向是从左到右。例如 2*3/8，先计算 2*3，然后再将得到的结果除以 8。乘、除和求余运算符的操作元是整型或浮点型数据，乘、除和求余运算符的优先级是 3 级。

用算术符号和括号连接起来的符合 Java 语法规则的式子称为算术表达式，如 x+2*y-30+3*(y+5)。

3.1.2 自增、自减运算符

自增、自减运算符"++""--"是单目运算符，既可以放在操作元之前，也可以放在操作元之后。操作元必须是一个整型或浮点型变量，作用是使变量的值增 1 或减 1。例如：

++x(--x)表示在使用 x 之前，先使 x 的值增(减)1。

x++(x--)表示在使用 x 之后,使 x 的值增(减)1。

粗略地看,++x 和 x++ 的作用相当于 x=x+1。但 ++x 和 x++ 的不同之处在于,++x 是先执行 x=x+1 再使用 x 的值,而 x++ 是先使用 x 的值再执行 x=x+1。如果 x 的原值是 5,则:

对于"y= ++x;",y 的值为 6,

对于"y=x++;",y 的值为 5。

▶ 3.1.3 算术混合运算的精度

精度从"低"到"高"排列的顺序是:

```
byte  short  char  int  long  float  double
```

Java 在计算算术表达式的值时,使用下列计算精度规则:

(1) 如果表达式中有 double 型,则按双精度进行运算。

例如,表达式 5.0/2+10 的结果 12.5 是 double 型数据。

(2) 如果表达式中有 float 型,则按单精度进行运算。

例如,表达式 5.0F/2+10 的结果 12.5 是 float 型数据。

(3) 如果表达式中最高精度是 long 型,则按 long 精度进行运算。

例如,表达式 12L+100+'a'的结果 209 是 long 型数据。

(4) 如果表达式中最高精度低于 int 型,则按 int 精度进行运算。

例如,表达式(byte)10-'a' 和 5/2 的结果分别为 107 和 2,都是 int 型数据。

需要特别注意的是,Java 允许把不超出 byte 型(short,char)的 int 型常量赋值给 byte 型变量。例如,"byte x = 97-1;""byte y = 1;"都是正确的。但是,byte z = 97+y 就是错误的,因为编译器不检查表达式 97+y 中变量 y 的值,只检查 y 的类型,并认为表达式的结果是 int 型精度,所以对于"byte z = 97+y;",编译器会提示"不兼容的类型:从 int 转换到 byte 可能会有损失"的信息。

▶ 3.1.4 关系运算符与关系表达式

关系运算符是二目运算符,用来比较两个值的关系。关系运算符的运算结果是 boolean 型,当运算符对应的关系成立时,运算结果是 true,否则是 false。例如,10<9 的结果是 false,5>1 的结果是 true,3!=5 的结果是 true,10>20-17 的结果是 true(因为算术运算符的优先级高于关系运算符,10>20-17 相当于 10>(20-17),其结果是 true)。

结果为数值型的变量或表达式可以通过关系运算符(如表 3.1 所示)形成关系表达式。例如,4>8、$(x+y)>80$ 等。

表 3.1 关系运算符

运算符	优先级	用法	含义	结合方向
>	6	op1 > op2	大于	从左到右
<	6	op1 < op2	小于	从左到右
>=	6	op1 >= op2	大于或等于	从左到右
<=	6	op1 <= op2	小于或等于	从左到右
==	7	op1 == op2	等于	从左到右
!=	7	op1!= op2	不等于	从左到右

▶ 3.1.5 逻辑运算符与逻辑表达式

逻辑运算符包括“&&”“‖”“!”。其中,“&&”“‖”为二目运算符,实现逻辑与、逻辑或运算;“!”为单目运算符,实现逻辑非运算。逻辑运算符的操作元必须是 boolean 型数据,逻辑运算符可以用来连接关系表达式。

表 3.2 给出了逻辑运算符的用法和含义。

表 3.2 逻辑运算符

运 算 符	优 先 级	用 法	含 义	结合方向
&&	11	op1&&op2	逻辑与	从左到右
‖	12	op1 ‖ op2	逻辑或	从左到右
!	2	!op	逻辑非	从右到左

结果为 boolean 型的变量或表达式可以通过逻辑运算符形成逻辑表达式。表 3.3 给出了用逻辑运算符进行逻辑运算的结果。

表 3.3 用逻辑运算符进行逻辑运算

op1	op2	op1 && op2	op1 ‖ op2	!op1
true	true	true	true	false
true	false	false	true	false
false	true	false	true	true
false	false	false	false	true

例如,2 > 8&&9 > 2 的结果为 false,2 > 8 ‖ 9 > 2 的结果为 true。由于关系运算符的级别高于“&&”“‖”的级别,2 > 8&&9 > 2 相当于(2 > 8)&&(9 > 2)。

逻辑运算符“&&”和“‖”也称为短路逻辑运算符,这是因为当 op1 的值是 false 时,“&&”运算符在进行运算时不再去计算 op2 的值,直接得出 op1&&op2 的结果是 false;当 op1 的值是 true 时,“‖”运算符在进行运算时不再去计算 op2 的值,直接得出 op1 ‖ op2 的结果是 true。

▶ 3.1.6 赋值运算符与赋值表达式

赋值运算符“=”是二目运算符,左面的操作元必须是变量,不能是常量或表达式。设 x 是一个 int 型变量,y 是一个 boolean 型变量,x = 20 和 y = true 都是正确的赋值表达式,赋值运算符的优先级较低,是 14 级,结合方向为从右到左。

赋值表达式的值就是“ = ”左边变量的值。假如 a、b 是两个 int 型变量,那么表达式 b = 12 和 a = b = 100 的值分别是 12 和 100。

注:不要将赋值运算符“ = ”与等号关系运算符“ == ”混淆。例如,12 = 12 是非法的表达式,而表达式 12 == 12 的值是 true。

▶ 3.1.7 位运算符

整型数据在内存中以二进制的形式表示。例如一个 int 型变量在内存中占 4 字节,共 32 位。int 型数据 7 的二进制表示为:

```
00000000 00000000 00000000 00000111
```

左边最高位是符号位，最高位是0表示正数，是1表示负数。负数采用补码表示，例如-8的二进制表示为：

```
111111111 111111111 1111111 11111000
```

这样就可以对两个整型数据实施位运算，即对两个整型数据对应的位进行运算得到一个新的整型数据。

❶ 按位与运算符

按位与运算符"&"是双目运算符，用于对两个整型数据a、b按位进行运算，运算结果是一个整型数据c。运算法则是，如果a、b两个数据的对应位都是1，则c的该位是1，否则是0。如果b的精度高于a，那么结果c的精度和b相同。

例如：

```
    a:  00000000  00000000  00000000  00000111
&   b:  10000001  10100101  11110011  10101011
-------------------------------------------------
    c:  00000000  00000000  00000000  00000011
```

❷ 按位或运算符

按位或运算符"|"是二目运算符，用于对两个整型数据a、b按位进行运算，运算结果是一个整型数据c。运算法则是，如果a、b两个数据的对应位都是0，则c的该位是0，否则是1。如果b的精度高于a，那么结果c的精度和b相同。

❸ 按位非运算符

按位非运算符"~"是单目运算符，用于对一个整型数据a按位进行运算，运算结果是一个整型数据c。运算法则是，如果a的对应位是0，则c的该位是1，否则是0。

❹ 按位异或运算符

按位异或运算符"^"是二目运算符，用于对两个整型数据a、b按位进行运算，运算结果是一个整型数据c。运算法则是，如果a、b两个数据的对应位相同，则c的该位是0，否则是1。如果b的精度高于a，那么结果c的精度和b相同。

由异或运算法则可知：

```
a^a = 0
a^0 = a
```

因此，如果c = a^b，那么a = c^b，也就是说，"^"的逆运算仍然是"^"，即a^b^b等于a。

使用位运算符也可以操作逻辑型数据，法则如下：

(1) 当a、b都是true时，a&b是true，否则a&b是false。

(2) 当a、b都是false时，a|b是false，否则a|b是true。

(3) 当a是true时，~a是false；当a是false时，~a是true。

位运算符在操作逻辑型数据时，与逻辑运算符"&&""‖""!"不同的是，位运算符要在计算完a和b之后再给出运算的结果。例如，x的初值是1，那么经过下列逻辑比较：

```
((y = 1) == 0))&&((x = 6) == 6));
```

运算后，x的值仍然是1。但是，如果经过下列位运算：

```
((y = 1) == 0))&((x = 6) == 6));
```

运算后，x的值将是6。

在下面的例 3.1 中，利用异或运算的性质，对几个字符进行加密并输出密文，然后再解密，运行效果如图 3.1 所示。

```
C:\chapter3>java Example3_1
密文:乭哷褖獒
原文:中国科大
```

图 3.1　异或运算

例 3.1

Example3_1.java

```
public class Example3_1 {
    public static void main(String args[]) {
        char a1 = '中', a2 = '国', a3 = '科', a4 = '大';
        char secret = 'A';
        a1 = (char)(a1^secret);
        a2 = (char)(a2^secret);
        a3 = (char)(a3^secret);
        a4 = (char)(a4^secret);
        System.out.println("密文:" + a1 + a2 + a3 + a4);
        a1 = (char)(a1^secret);
        a2 = (char)(a2^secret);
        a3 = (char)(a3^secret);
        a4 = (char)(a4^secret);
        System.out.println("原文:" + a1 + a2 + a3 + a4);
    }
}
```

▶ 3.1.8　instanceof 运算符

instanceof 运算符是二目运算符，左边的操作元是一个对象，右边是一个类。当左边的对象是右边的类或子类创建的对象时，该运算符运算的结果是 true，否则是 false。

▶ 3.1.9　运算符综述

Java 的表达式就是用运算符连接起来的符合 Java 规则的式子，运算符的优先级决定了表达式中运算执行的先后顺序。例如，x < y&&!z 相当于(x < y)&&(!z)。用户没有必要去记忆运算符的优先级别，在编写程序时尽量使用()运算符来实现想要的运算次序，以免产生难以阅读或含糊不清的计算顺序。运算符的结合性决定了并列的相同级别运算符的先后顺序，例如，加、减的结合性是从左到右，8 - 5 + 3 相当于(8 - 5) + 3；逻辑运算符"!"的结合性是从右到左，!!x 相当于!(!x)。表 3.4 是 Java 中所有运算符的优先级和结合性，有些运算符和 C 语言中相同，在此不再赘述。

表 3.4　运算符的优先级和结合性

优先级	描述	运算符	结合性
1	分隔符	[]、()、.、,、;	
2	对象归类，自增、自减运算，逻辑非	instanceof、++、--、!	从右到左
3	算术乘、除运算	*、/、%	从左到右
4	算术加、减运算	+、-	从左到右
5	移位运算	>>、<<、>>>	从左到右
6	大小关系运算	<、<=、>、>=	从左到右
7	相等关系运算	==、!=	从左到右
8	按位与运算	&	从左到右
9	按位异或运算	^	从左到右
10	按位或运算	|	从左到右

续表

优先级	描述	运算符	结合性
11	逻辑与运算	&&	从左到右
12	逻辑或运算	||	从左到右
13	三目条件运算	?、:	从左到右
14	赋值运算	=	从右到左

扫一扫

视频讲解

3.2 语句概述

Java 中的语句可分为以下 6 类。

(1) 方法调用语句。例如：

```
System.out.println(" Hello");
```

(2) 表达式语句。表达式语句指由一个表达式构成一个语句，即在表达式尾加上分号。例如赋值语句：

```
x = 23;
```

(3) 复合语句。在 Java 中，可以用{ }把一些语句括起来构成复合语句。例如：

```
{   z = 123 + x;
    System.out.println("How are you");
}
```

(4) 空语句。一个分号也是一条语句，称为空语句。

(5) 控制语句。控制语句分为条件分支语句、开关语句和循环语句 3 种类型，将在后面的 3.3 节、3.4 节和 3.5 节进行介绍。

(6) package 语句和 import 语句。package 语句和 import 语句和类、对象有关，将在第 4 章讲解。

扫一扫

视频讲解

3.3 条件分支语句

条件分支语句按照语法格式可细分为 3 种形式，以下是这 3 种形式的详细讲解。

3.3.1 if 语句

if 语句是单条件分支语句，即根据一个条件来控制程序执行的流程。

if 语句的语法格式如下：

```
if(表达式){
    若干语句
}
```

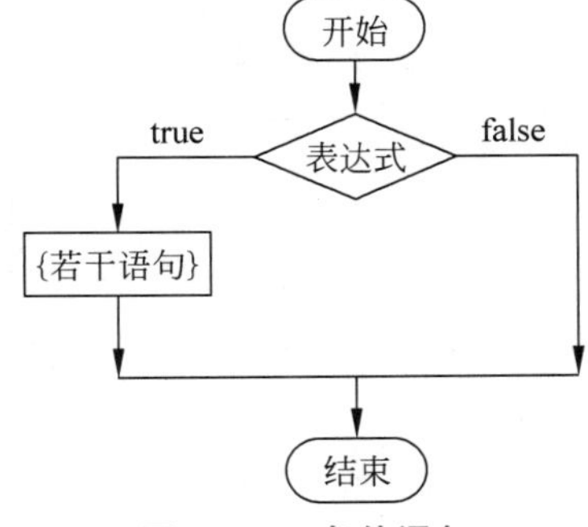

图 3.2 if 条件语句

if 语句的流程图如图 3.2 所示。在 if 语句中，关键字 if 后面的一对圆括号内的表达式的值必须是 boolean 类型，当值为 true 时，执行紧跟着的复合语句，结束当前 if 语句的执行；如果表达式的值为 false，结束当前 if 语句的执行。

需要注意的是，在 if 语句中，如果复合语句中只有一条语句,{}可以省略,但为了增强程序的可读性,最好不要省略(这是一个很好的编程习惯)。

在例 3.2 中,将变量 a、b、c 中的数值按大小顺序进行互换(从小到大排列)。

例 3.2

Example3_2. java

```
public class Example3_2 {
    public static void main(String args[]) {
        int a = 9,b = 5,c = 7,t = 0;
        if(b<a) {
           t = a;
           a = b;
           b = t;
        }
        if(c<a) {
           t = a;
           a = c;
           c = t;
        }
        if(c<b) {
           t = b;
           b = c;
           c = t;
        }
        System.out.println("a = " + a + ",b = " + b + ",c = " + c);
    }
}
```

▶ 3.3.2 if…else 语句

if…else 语句是单条件分支语句,即根据一个条件来控制程序执行的流程。

if…else 语句的语法格式如下:

```
if(表达式) {
    若干语句
  }
  else {
    若干语句
  }
```

if…else 语句的流程图如图 3.3 所示。在 if…else 语句中,关键字 if 后面的一对圆括号内的表达式的值必须是 boolean 类型,当值为 true 时,执行紧跟着的复合语句,结束当前 if…else 语句的执行;如果表达式的值为 false,则执行关键字 else 后面的复合语句,结束当前 if…else 语句的执行。

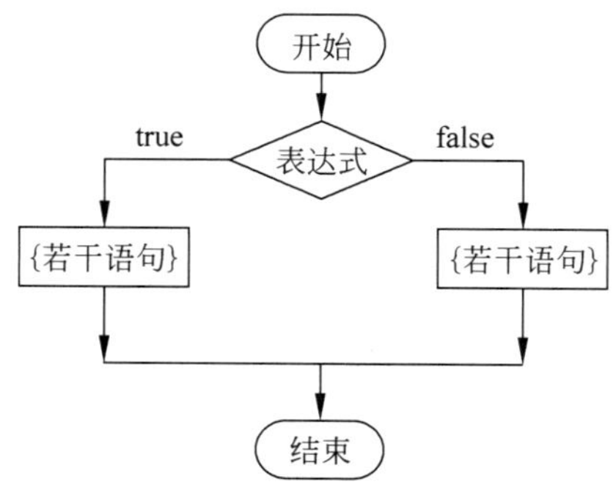

图 3.3 if…else 条件语句

下面是有语法错误的 if…else 语句：

```
if(x>0)
   y=10;
   z=20;
else
   y=-100;
```

正确的写法是：

```
if(x>0){
   y=10;
   z=20;
}
else
   y=100;
```

需要注意的是，在 if…else 语句中，如果复合语句中只有一条语句，{}可以省略，但为了增强程序的可读性，最好不要省略（这是一个很好的编程习惯）。

例 3.3 中有两条 if…else 语句，其作用是根据成绩输出相应的信息，运行效果如图 3.4 所示。

```
C:\chapter3>java Example3_3
数学及格了
英语不是优
我在学习if…else语句
```

图 3.4 使用 if…else 语句

例 3.3

Example3_3.java

```
public class Example3_3 {
    public static void main(String args[]) {
        int math=65 ,english=85;
        if(math>60) {
            System.out.println("数学及格了");
        }
        else {
            System.out.println("数学不及格");
        }
        if(english>90) {
            System.out.println("英语是优");
        }
        else {
            System.out.println("英语不是优");
        }
        System.out.println("我在学习 if…else 语句");
    }
}
```

3.3.3 if…else if…else 语句

if…else if…else 语句是多条件分支语句，即根据多个条件来控制程序执行的流程。

if…else if…else 语句的语法格式如下：

```
if(表达式) {
    若干语句
}
else if(表达式) {
    若干语句
}
  ⋮
  else {
    若干语句
  }
```

if…else if…else 语句的流程如图 3.5 所示。在 if…else if…else 语句中,if 以及多个 else if 后面的一对圆括号内的表达式的值必须是 boolean 类型。程序在执行 if…else if…else 语句时,按照该语句中表达式的顺序,首先计算第 1 个表达式的值,如果计算结果为 true,则执行紧跟着的复合语句,结束当前 if…else if…else 语句的执行;如果计算结果为 false,则继续计算第 2 个表达式的值;以此类推,假设计算第 m 个表达式的值为 true,则执行紧跟着的复合语句,结束当前 if…else if…else 语句的执行,否则继续计算第 m+1 个表达式的值。如果所有表达式的值都为 false,则执行关键字 else 后面的复合语句,结束当前 if…else if…else 语句的执行。

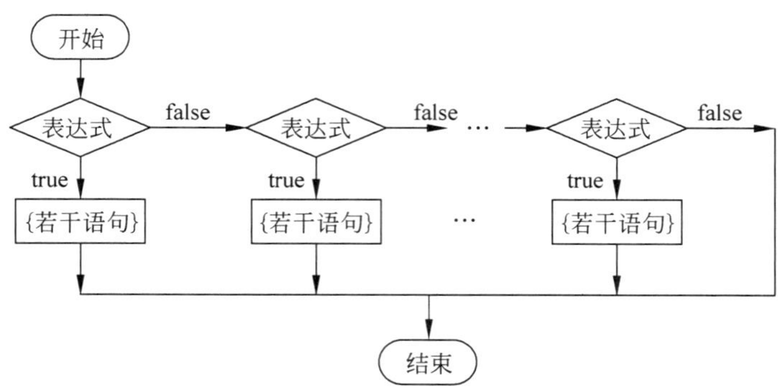

图 3.5 if…else if…else 多条件语句

if…else if…else 语句中的 else 部分是可选项,如果没有 else 部分,当所有表达式的值都为 false 时,结束当前 if…else if…else 语句的执行(该语句什么都没有做)。

需要注意的是,在 if…else if…else 语句中,如果复合语句中只有一条语句,{}可以省略,但为了增强程序的可读性,最好不要省略。

扫一扫

视频讲解

3.4 开关语句

switch 语句是单条件多分支的开关语句,它的一般格式定义如下(其中 break 语句是可选的)。

```
switch(表达式)
{
    case 常量值 1:
                若干语句
                break;
    case 常量值 2:
                若干语句
                break;
     …
    case 常量值 n:
               若干语句
               break;
    default:
          若干语句
}
```

switch 语句中"表达式"的值可以为 byte、short、char、int 型,枚举类型(枚举类型见第 2 章的 2.5 节)或 String 类型(见 9.1 节),对应的"常量值 1"到"常量值 n"必须也是相应的 byte、short、char、int 型常量,枚举类型常量,String 常量,而且要互不相同。

switch 语句首先计算表达式的值，如果表达式的值和某个 case 后面的常量值相等，就执行该 case 里的若干语句直到碰到 break 语句为止。如果某个 case 中没有使用 break 语句，一旦表达式的值和该 case 后面的常量值相等，程序不仅执行该 case 里的若干个语句，而且继续执行后续的 case 里的若干语句，直到碰到 break 语句为止。若 switch 语句中的表达式的值不与任何 case 的常量值相等，则执行 default 后面的若干语句。switch 语句中的 default 是可选的，如果它不存在，并且 switch 语句中表达式的值不与任何 case 的常量值相等，那么 switch 语句就不会进行任何处理。

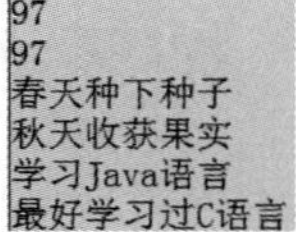

97
97
春天种下种子
秋天收获果实
学习Java语言
最好学习过C语言

图 3.6　使用 switch 语句

例 3.4 使用了 switch 语句，运行效果如图 3.6 所示。

例 3.4

Example3_4.java

```
enum Season {
  春季,夏季,秋季,冬季
}
public class E {
  public static void main(String args[]) {
       int x = 96,y = 1;
       Season season = Season.春季;
       String str  =  new String("Java 语言");
       switch(x + y) {
           case 1 :
             System.out.println(x + y);
             break;
           case 'a':
             System.out.println(x + y);
           case 10:
             System.out.println(x + y);
             break;
           default: System.out.println("没有般配的" + (x + y));
       }
       switch(season) {
           case 冬季 :
              System.out.println("隆冬腊月");
           case 春季 :
              System.out.println("春天种下种子");
           case 秋季 :
              System.out.println("秋天收获果实");
              break;
            case 夏季 :
              System.out.println("暑假真好");
       }
       switch(str) {
           case "Java 语言" :
              System.out.println("学习 Java 语言");
           case "C 语言" :
              System.out.println("最好学习过 C 语言");
              break;
      }
  }
}
```

需要强调的是，switch 语句中表达式的值不允许是 long 型，如果将例 3.4 中的

```
int x = 96,y = 1;
```

更改为

```
long x = 96,y = 1;
```

编译时将出现错误。

扫一扫

视频讲解

3.5 循环语句

循环语句是根据条件,要求程序反复执行某些操作,直到程序"满意"为止。

3.5.1 for 循环语句

for 语句的语法格式如下:

```
for(表达式 1; 表达式 2; 表达式 3) {
      若干语句
}
```

for 语句由关键字 for、一对圆括号中用分号分隔的 3 个表达式以及一个复合语句组成,其中的"表达式 2"必须是一个求值为 boolean 型数据的表达式,复合语句称为循环体。当循环体只有一条语句时,花括号可以省略,但最好不要省略,以便增加程序的可读性。"表达式 1"负责完成变量的初始化;"表达式 2"是值为 boolean 型的表达式,称为循环条件;"表达式 3"用来修整变量,改变循环条件。for 语句的执行规则如下:

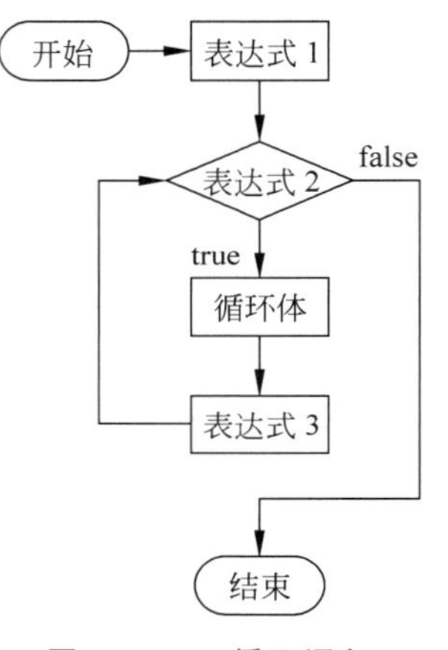

图 3.7 for 循环语句

(1) 计算"表达式 1",完成必要的初始化工作。

(2) 判断"表达式 2"的值,若"表达式 2"的值为 true,则进行第(3)步,否则进行第(4)步。

(3) 执行循环体,然后计算"表达式 3",以便改变循环条件,进行第(2)步。

(4) 结束 for 语句的执行。

for 语句的执行流程如图 3.7 所示。

例 3.5 为计算 8 + 88 + 888 + 8888 + …的前 12 项的和。

例 3.5

Example3_5.java

```
public class Example3_5 {
    public static void main(String args[]) {
        long sum = 0,a = 8,item = a,n = 12,i = 1;
        for(i = 1;i <= n;i++ ) {
              sum = sum + item;
              item = item * 10 + a;
        }
        System.out.println(sum);
    }
}
```

3.5.2 while 循环语句

while 语句的语法格式如下:

```
while(表达式) {
      若干语句
}
```

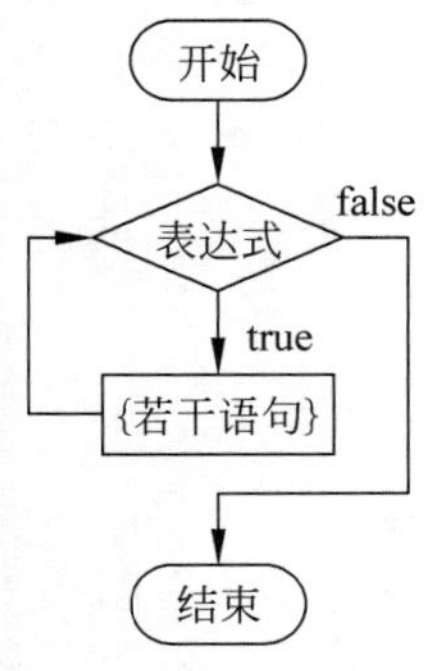

图 3.8　while 循环语句

while 语句由关键字 while、一对圆括号中的一个求值为 boolean 类型数据的表达式和一个复合语句组成，其中的复合语句称为循环体。当循环体只有一条语句时，花括号可以省略，但最好不要省略，以便增加程序的可读性。另外，在该语句中，表达式称为循环条件。while 语句的执行规则如下：

(1) 计算表达式的值，如果该值是 true，进行第(2)步，否则执行第(3)步。

(2) 执行循环体，再进行第(1)步。

(3) 结束 while 语句的执行。

while 语句的执行流程如图 3.8 所示。

▶ 3.5.3　do…while 循环语句

do…while 语句的语法格式如下：

```
do {
    若干语句
} while(表达式);
```

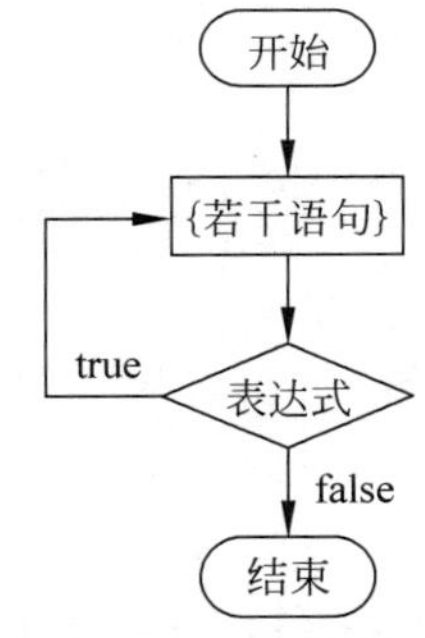

图 3.9　do…while 循环语句

do…while 循环和 while 循环的区别是，do…while 的循环体至少被执行一次，执行流程如图 3.9 所示。

例 3.6 用 while 语句计算 1 + 1/2! + 1/3! + 1/4! + … 的前 20 项，并使用数组输出 Fibonacci 数列的前 12 项。Fibonacci 数列的前 2 项为 1，从第 3 项开始，每项是它的前两项之和。

例 3.6

Example3_6.java

```
public class Example3_6 {
    public static void main(String args[]) {
        double sum = 0,item = 1;
        int i = 1,n = 20;
        while(i <= n) {
            sum = sum + item;
            i = i + 1;
            item = item * (1.0/i);
        }
        System.out.println("sum = " + sum);
    }
}
```

3.6　break 和 continue 语句

break 和 continue 语句是用关键字 break 或 continue 加上分号构成的语句。例如：

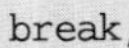

```
break;
```

在循环体中可以使用 break 语句和 continue 语句。在一个循环中,例如循环 50 次的循环语句中,如果在某次循环中执行了 break 语句,那么整个循环语句就结束。如果在某次循环中执行了 continue 语句,那么本次循环就结束,即不再执行本次循环中循环体中的 continue 语句后面的语句,而转入进行下一次循环。

例 3.7 使用了 break 和 continue 语句。

例 3.7

Example3_7.java

```
public class Example3_7 {
    public static void main(String args[]) {
        int sum = 0,i,j;
        for(i = 1;i <= 10;i++) {
            if(i % 2 == 0) {                    //计算 1 + 3 + 5 + 7 + 9
                continue;
            }
            sum = sum + i;
        }
        System.out.println("sum = " + sum);
        for(j = 2;j <= 50;j++) {                //求 50 以内的素数
            for(i = 2;i <= j/2;i++) {
                if(j % i == 0)
                    break;
            }
            if(i > j/2) {
                System.out.println("" + j + "是素数");
            }
        }
    }
}
```

扫一扫

视频讲解

3.7 数组与 for 语句

JDK 1.5 版本对 for 语句的功能给予扩充、增强,以便更好地遍历数组。其语法格式如下:

```
for(声明循环变量: 数组的名字) {
    ⋮
}
```

其中,声明的循环变量的类型必须和数组的类型相同。

这种形式的 for 语句类似自然语言中的 for each 语句,为了便于理解上述 for 语句,可以将这种形式的 for 语句翻译成“对于循环变量依次取数组的每一个元素的值”。

例 3.8 分别使用 for 语句的传统方式和改进方式遍历数组。

例 3.8

Example3_8.java

```
public class Example3_8 {
    public static void main(String args[]) {
      int a[] = {1,2,3,4};
      char b[] = {'a','b','c','d'};
      for(int n = 0;n < a.length;n++) {      //传统方式
          System.out.println(a[n]);
      }
```

```
        for(int n = 0;n < b.length;n++ ) {     //传统方式
            System.out.println(b[n]);
        }
        for(int i:a) {                  //循环变量 i 依次取数组 a 的每一个元素的值(改进方式)
            System.out.println(i);          }
        for(char ch:b) {                //循环变量 ch 依次取数组 b 的每一个元素的值(改进方式)
            System.out.println(ch);
        }
    }
}
```

需要特别注意的是：

```
for(声明循环变量: 数组的名字)
```

中的“声明循环变量”必须是变量声明，不可以使用已经声明过的变量。例如，上述例 3.8 中的第一个改进方式 for 语句不可以分开写成如下两条语句：

```
int i = 0;
for(i:a) {
    System.out.println(i);
}
```

3.8 枚举类型与 for、switch 语句

在第 2 章学习了枚举类型，例如：

```
enum WeekDay {
    sun,mon,tue,wed,thu,fri,sat
}
```

声明了名字为 WeekDay 的枚举类型，该枚举类型有 7 个常量。

在声明了一个枚举类型后，就可以用该枚举类型声明一个枚举变量了。该枚举变量只能取枚举类型中的常量，通过使用枚举名和“.”运算符获得枚举类型中的常量。例如：

```
WeekDay day = WeekDay.mon;
```

枚举类型可以用如下形式：

```
枚举类型的名字.values();
```

返回一个数组，该数组元素的值和该枚举类型中的常量依次对应。例如：

```
WeekDay a[] = WeekDay.values();
```

那么，a[0]～a[6]的值依次为 sun、mon、tue、wed、thu、fri 和 sat。

JDK 1.5 之后的版本可以使用 for 语句遍历枚举类型中的常量。在例 3.9 中，输出从红、蓝、绿、黄、黑颜色中取出 3 种不同颜色的排列(不是组合)，运行效果如图 3.10 所示。

```
C:\chapter3>java Example3_9
红,蓝,绿 |红,蓝,黄 |红,蓝,黑 |红,绿,蓝 |红,绿,黄 |红,绿,黑 |红,黄,蓝 |红,黄,绿 |
红,黄,黑 |红,黑,蓝 |红,黑,绿 |红,黑,黄 |蓝,红,绿 |蓝,红,黄 |蓝,红,黑 |蓝,绿,红 |
蓝,绿,黄 |蓝,绿,黑 |蓝,黄,红 |蓝,黄,绿 |蓝,黄,黑 |蓝,黑,红 |蓝,黑,绿 |蓝,黑,黄 |
绿,红,蓝 |绿,红,黄 |绿,红,黑 |绿,蓝,红 |绿,蓝,黄 |绿,蓝,黑 |绿,黄,红 |绿,黄,蓝 |
绿,黄,黑 |绿,黑,红 |绿,黑,蓝 |绿,黑,黄 |黄,红,蓝 |黄,红,绿 |黄,红,黑 |黄,蓝,红 |
黄,蓝,绿 |黄,蓝,黑 |黄,绿,红 |黄,绿,蓝 |黄,绿,黑 |黄,黑,红 |黄,黑,蓝 |黄,黑,绿 |
黑,红,蓝 |黑,红,绿 |黑,红,黄 |黑,蓝,红 |黑,蓝,绿 |黑,蓝,黄 |黑,绿,红 |黑,绿,蓝 |
黑,绿,黄 |黑,黄,红 |黑,黄,蓝 |黑,黄,绿 |
```

图 3.10 排列 3 种颜色

例 3.9

Example3_9.java

```
enum Color {
   红,蓝,绿,黄,黑
}
public class Example3_9 {
   public static void main(String args[]) {
      for(Color a:Color.values()) {
         for(Color b:Color.values()) {
            for(Color c:Color.values()) {
               if(a!= b&&a!= c&&b!= c) {
                  System.out.print(a + "," + b + "," + c + " |");
               }
            }
         }
      }
   }
}
```

```
C:\chapter3>java Example3_10
苹果500克的价格：1.5元
香蕉500克的价格：2.8元
杧果500克的价格：6.8元
```

图 3.11　显示部分水果的价格

JDK 1.5 以后的版本允许 switch 语句中表达式的值是枚举类型(见 3.4 节)。例 3.10 结合 for 语句和 switch 语句显示了 5 种水果中部分水果的价格,其中,for 语句和 switch 语句都使用了枚举类型,运行效果如图 3.11 所示。

例 3.10

Example3_10.java

```
enum Fruit {
  苹果,梨,香蕉,西瓜,杧果
}
public class Example3_10 {
  public static void main(String args[]) {
      double price = 0;
      boolean show = false;
      for(Fruit fruit:Fruit.values()) {
          switch(fruit) {
              case 苹果: price = 1.5;
                          show = true;
                          break;
              case 杧果: price = 6.8;
                          show = true;
                          break;
              case 香蕉: price = 2.8;
                          show = true;
                          break;
              default: show = false;
          }
          if(show) {
              System.out.println(fruit + "500 克的价格: " + price + "元");
          }
      }
   }
}
```

3.9 小结

(1) Java 提供了丰富的运算符,如算术运算符、关系运算符、逻辑运算符和位运算符等。

(2) Java 语言常用的控制语句和 C 语言的非常类似。

(3) Java 改进了对数组的循环,这是 Java 独有的特色。

习题 3

扫一扫

习题

扫一扫

自测题

第 4 章 类与对象

扫一扫

视频讲解

主要内容：

- ❖ 类；
- ❖ 对象；
- ❖ 参数传值；
- ❖ 对象的组合；
- ❖ static 关键字；
- ❖ this 关键字；
- ❖ 包；
- ❖ import 语句；
- ❖ JAR 文件。

难点：

- ❖ 参数传值与对象的组合；
- ❖ 包和 import 语句。

扫一扫

视频讲解

4.1 编程语言的几个发展阶段

▶ 4.1.1 面向机器语言

计算机处理信息的早期语言是所谓的机器语言，每种计算机都有自己独特的机器指令。例如，某种型号的计算机用 8 位二进制信息 10001010 表示一次加法，用 00010011 表示一次减法。这些指令的执行由计算机的线路来保证，计算机在设计之初就要确定好每一条指令对应的线路逻辑操作。早期的程序设计需面向机器来编写代码，即需要针对不同的机器编写诸如 01011100 这样的指令序列。用机器语言进行程序设计是一项累人的工作，且代码难以阅读和理解，一个简单的任务往往需要编写大量的代码，而且同样的任务需要针对不同型号的计算机分别编写指令，因为一种型号的计算机用 10001010 表示加法操作，而另一种型号的计算机可能用 11110000 表示加法操作。因此，使用机器语言编程也称为面向机器编程。20 世纪 50 年代出现了汇编语言，在编写指令时，用一些简单的、容易记忆的符号来代替二进制指令，但汇编语言仍是面向机器语言，需针对不同的机器来编写不同的代码。习惯上称机器语言、汇编语言为低级语言。

▶ 4.1.2 面向过程语言

随着计算机硬件功能的提高，在 20 世纪 60 年代出现了过程设计语言，如 C 语言、FORTRAN 语言等。用这些语言编程称为面向过程编程，语言把代码组织成被称为过程或函数的块。每个块的目标是完成某个任务。例如，一个 C 的源程序就是由若干书写形式互相独立的函数组成。在使用这些语言编写的代码指令时，不必再考虑机器指令的细节，只要按照具体语言的语法要求编写"源文件"。所谓源文件,就是根据这种语言的语法编写的具有一定扩展名的文本文件,例如C语言编写的源文件的扩展名是.c,FORTRAN语言编写的源文件的扩展名是.for等。过程语言的源文件的一个特点是更接近人的"自然语言",例如,C语言源程序中的一个函数:

```
int max(int a,int b){
    if(a>b)
       return a;
    else
      return b
}
```

该函数负责计算两个整数的最大值。使用面向过程语言,人们只需按照自己的意图来编写各个函数,过程语言的语法更接近人们的自然语言,所以,习惯上也称过程语言为高级语言。

随着软件规模的扩大,过程语言在解决实际问题时逐渐显露出功能不足。对于许多应用型问题,人们希望编写出易维护、易扩展和易复用的程序代码,而使用过程语言很难做到这一点(见第7章和第8章)。

面向过程语言的核心是编写解决某个问题的代码块,例如C语言中的函数。代码块是程序执行时产生的一种行为,但是面向过程语言却没有为这种行为指定"主体",即在程序运行期间,无法说明到底是"谁"具有这个行为,并负责执行了这个行为。例如,C语言编写了一个"刹车"函数,却无法指定是哪个"主体"具有这样的行为。也就是说,面向过程语言缺少了一个最本质的概念,那就是"对象"。在现实生活中,行为往往归结为某个具体的"主体"所拥有,即某个对象所拥有,并且该对象负责产生这样的行为。和面向过程语言不同的是,在面向对象语言中,最核心的内容就是"对象",一切围绕着对象。例如,编写一个"刹车"方法(面向过程称为函数),那么一定会指定该方法的"主体",某个汽车拥有这样的"刹车"方法,该汽车负责执行"刹车"方法产生相应的行为。

▶ 4.1.3 面向对象语言

随着计算机硬件设备功能的进一步提高,使得基于对象的编程成为可能(面向对象语言编写的程序需要消耗更多的内存,需要更快的CPU来保证其运行速度)。基于对象的编程更加符合人的思维模式,编写的程序更加健壮和强大,也就是说,使得人们可以编写出易维护、易扩展和易复用的程序代码(见第7章和第8章)。更重要的是,面向对象编程鼓励创造性的程序设计。

面向对象编程主要体现下列3个特性。

❶ 封装性

面向对象编程的核心思想之一就是将数据和对数据的操作封装在一起,通过抽象,即从具体的实例中抽取共同的性质,形成一般的概念,例如类的概念。

在实际生活中,我们每时每刻都在与具体的实物打交道,例如我们用的钢笔、骑的自行车、乘坐的公共汽车等。而我们经常见到的卡车、公共汽车、轿车等都会涉及以下几个重要的物理量:可乘载的人数、运行速度、发动机的功率、耗油量、自重和轮子数目等。另外,还有几个重要的功能:加速、减速、刹车和转弯等。可以把这些功能称为它们具有的方法,而物理量是它们的状态描述,仅仅用物理量或功能不能很好地描述它们。在现实生活中,用这些共有的属性和功能给出一个概念——机动车类。也就是说,人们经常谈到的机动车类就是从具体的实例中抽取共同的属性和功能形成的一个概念,那么一个具体的轿车就是机动车类的一个实例,即对象。一个对象将自己的数据和对这些数据的操作合理、有效地封装在一起。例如,每辆轿车调用"减速"改变的都是自己的运行速度。

❷ 继承性

继承体现了一种先进的编程模式。子类可以继承父类的属性和功能,既继承了父类所具有的数据和数据上的操作,同时又可以增添子类独有的数据和数据上的操作。例如,"人类"自然继承了"哺乳类"的属性和功能,同时又增添了人类独有的属性和功能。

❸ 多态性

多态是面向对象编程的又一重要特征,有两种意义上的多态。一种是操作名称的多态,即有多个操作具有相同的名字,但这些操作所接收的消息类型必须不同。例如,让一个人执行"求面积"操作时,他可能会问你求什么面积。所谓操作名称的多态性,是指可以向操作传递不同消息,以便让对象根据相应的消息来产生一定的行为。另一种是和继承有关的多态,是指同一个操作被不同类型对象调用时可能产生不同的行为。例如,狗和猫都具有哺乳类动物的功能——"喊叫",但是,狗"喊叫"产生的声音是"汪汪…… ",猫"喊叫"产生的声音是"喵喵……"。

Java 语言与其他面向对象语言一样,引入了类的概念,类是用来创建对象的模板,它包含被创建对象的状态描述和方法的定义。Java 是面向对象语言,它的源程序由若干类组成,源文件是扩展名为.java 的文本文件。

因此,要学习 Java 编程就必须学会怎样去写类,即怎样用 Java 的语法去描述一类事物共有的属性和功能。属性通过变量来刻画,功能通过方法来体现,即方法操作属性形成一定的算法来实现一个具体的功能。类把数据和对数据的操作封装成一个整体。

扫一扫

视频讲解

4.2 类

类是组成 Java 程序的基本要素,一个 Java 应用程序是由若干个类所构成,这些类既可以在一个源文件中,也可以分布在若干源文件中(见 1.6 节)。

类的定义包括两部分:类声明和类体。基本格式为:

```
class 类名 {
    类体的内容
}
```

class 是关键字,用来定义类。"class 类名"是类的声明部分,类名必须是合法的 Java 标识符。两个花括号以及之间的内容是类体。

4.2.1 类的声明

以下是两个类的声明的例子。

```
class People {
      ⋮
}
class 动物 {
      ⋮
}
```

class People 和 class 动物被称为类的声明,People 和动物分别是类名。类的名字要符合标识符的规定,即名字可以由字母、下画线、数字或美元符号组成,并且第一个字符不能是数字(这是语法所要求的)。在给类命名时,要体现下列编程风格(这不是语法要求的,但应当遵守)：

(1) 如果类名使用拉丁字母，那么名字的首字母使用大写字母，如 Hello、Time 和 Dog 等。

(2) 类名最好容易识别、见名知意。当类名由几个"单词"复合而成时，每个单词的首字母使用大写，如 BeijingTime、AmericanGame 和 HelloChina 等。

▶ 4.2.2　类体

类声明之后的一对花括号"{"、"}"以及它们之间的内容称作类体，花括号之间的内容称作类体的内容。类的目的是抽象出一类事物共有的属性和行为功能，即抽象的关键是数据以及在数据上所进行的操作。因此，类体的内容由如下所述的两部分构成。

- 变量的声明：用来存储属性的值(体现对象的属性)。
- 方法的定义：方法可以对类中声明的变量进行操作，即给出算法(体现对象所具有的行为功能)。

下面是一个类名为"梯形"的类，类体内容的变量声明部分给出了 4 个 float 类型的变量："上底"、"下底"、"高"和 laderArea；方法定义部分定义了两个方法："计算面积"和"修改高"。

```
class 梯形 {
    float 上底,下底,高,laderArea;                   //变量声明部分
    float 计算面积() {                               //方法定义
        laderArea = (上底 + 下底) * 高/2.0f;
        return laderArea;
    }
    void 修改高(float h) {                           //方法定义
        高 = h;
    }
}
```

▶ 4.2.3　成员变量和局部变量

类体分为两部分：变量的声明和方法的定义。在变量声明部分声明的变量被称为类的成员变量；在方法体中声明的变量和方法的参数被称为局部变量。

❶ 变量的类型

成员变量和局部变量的类型可以是 Java 中的任何一种数据类型，包括整型、浮点型、字符型等基本类型，以及数组、对象和接口(对象和接口见后续内容)等引用类型。例如：

```
class People {
    int boy;
    float a[];
    void f() {
       boolean cool;
       Student zhangBoy;
    }
}
class Student {
    double x;
}
```

People 类的成员变量 a 是类型为 float 的数组；cool 和 zhangBoy 是局部变量，cool 是 boolean 类型，zhangBoy 是 Student 类声明的变量，即对象。

❷ 变量的有效范围

成员变量在整个类中的所有方法中都有效，其有效性与声明成员变量在类体中出现的位

置无关。局部变量只在声明它的方法内有效。方法参数在整个方法内有效,方法内的局部变量从声明它的位置之后开始有效。如果局部变量的声明是在一个复合语句中,那么该局部变量的有效范围是该复合语句,即仅在该复合语句中有效;如果局部变量的声明是在一个循环语句中,那么该局部变量的有效范围是该循环语句,即仅在该循环语句中有效。例如:

```
public class A {
   int m = 10,sum = 0;              //成员变量,在整个类中的所有方法中有效
   void f() {
      if(m > 9) {
         int z = 10;                //z 仅在该复合语句中有效
         z = 2 * m + z;
      }
      for(int i = 0;i < m;i++ ) {
         sum = sum + i;             //i 仅在该循环语句中有效
      }
      m = sum;                      //合法,因为 m 和 sum 有效
      z = i + sum;                  //非法,因为 i 和 z 已无效
   }
}
```

成员变量的有效性与它在类体中书写的先后位置无关。例如,前述的梯形类也可以写成:

```
class 梯形 {
    float 上底,laderArea;           //成员变量的定义
    float 计算面积() {
       laderArea = (上底 + 下底) * 高/2.0f;
       return laderArea;
    }
    float 下底;                     //成员变量的定义
    void 修改高(float h) {          //方法定义
       高 = h;
    }
    float 高;                       //成员变量的定义
}
```

不提倡把成员变量的定义分散地写在方法之间或类体的最后,人们习惯先介绍属性再介绍功能。

❸ 实例变量与类变量

成员变量又分为实例变量和类变量。在声明成员变量时,用关键字 static 给予修饰的变量称为类变量,否则称为实例变量(类变量也称为 static 变量,静态变量)。例如:

```
class Dog {
    float x;                       //实例变量
    static int y;                  //类变量
}
```

在 Dog 类中,x 是实例变量,而 y 是类变量。需要注意的是,static 需放在变量的类型的前面。在学习过对象之后,读者即可知道实例变量和类变量的区别(见 4.6.1 节)。

❹ 成员变量的隐藏

如果局部变量的名字与成员变量的名字相同,则成员变量被隐藏,即这个成员变量在这个方法内暂时失效。例如:

```
class Tom {
    int x = 98,y;
     void f() {
```

```
        int x = 3;
        y = x;                    //y 得到的值是 3,不是 98,如果方法 f 中没有"int x = 3;",y 的值将是 98
    }
}
```

方法中的局部变量的名字如果和成员变量的名字相同,那么方法就隐藏了成员变量。如果想在该方法中使用被隐藏的成员变量,必须使用 this 关键字(在 4.7 节还会详细讲解 this 关键字)。例如:

```
class 三角形 {
    float sideA, sideB, sideC, lengthSum;
    void setSide(float sideA, float sideB, float sideC) {
        this.sideA = sideA;
        this.sideB = sideB;
        this.sideC = sideC;
    }
}
```

this.sideA、this.sideB、this.sideC 分别表示成员变量 sideA、sideB、sideC。

❺ 编程风格

(1) 一行只声明一个变量。虽然可以使用一种数据的类型,并用逗号分隔来声明若干变量。例如:

```
double height, width;
```

但是在编码时,却不提倡这样做(本书中的某些代码可能没有严格遵守这个风格,其原因是减少代码行数,降低书的成本),其原因是不利于给代码增添注释内容。提倡的风格如下:

```
double height;                        //矩形的高
double width;                         //矩形的宽
```

(2) 变量的名字除了符合标识符规定外,名字的首单词的首字母使用小写;如果变量的名字由多个单词组成,从第 2 个单词开始的其他单词的首字母使用大写。

(3) 变量名字见名知意,避免使用 m1、n1 等作为变量的名字,尤其是名字中不要将小写的英文字母 l 和数字 1 相邻接,因为人们很难区分"l1"和"ll"。

4.2.4 方法

一个类的类体由两部分组成,即变量的声明和方法的定义。方法的定义包括两部分,即方法声明和方法体。其一般格式如下:

```
方法声明部分 {
    方法体的内容
}
```

❶ 方法声明

最基本的方法声明包括方法名和方法的返回类型。例如:

```
float area() {
    ⋮
}
```

方法返回的数据的类型可以是任意的 Java 数据类型,当一个方法不需要返回数据时,返回类型必须是 void。很多方法声明中都给出了方法的参数,参数是用逗号隔开的一些变量声明。方法的参数可以是任意的 Java 数据类型。

方法的名字必须符合标识符的规定,给方法起名字的习惯和给变量起名字的习惯类似。例如,如果名字使用拉丁字母,首字母应使用小写;如果名字由多个单词组成,从第 2 个单词开始的其他单词的首字母使用大写。例如:

```
float getTriangleArea()
void setCircleRadius(double radius)
```

下面的 Triangle 类中有 5 个方法。

```
class Triangle {
    double sideA, sideB, sideC;
    void setSide(double a, double b, double c) {
        sideA = a;
        sideB = b;
        sideC = c;
    }
    double getSideA() {
        return sideA;
    }
    double getSideB() {
        return sideB;
    }
    double getSideC() {
        return sideC;
    }
    boolean isOrNotTriangle() {
        if(sideA + sideB > sideC&&sideA + sideC > sideB&&sideB + sideC > sideA) {
            return true;
        }
        else {
            return false;
        }
    }
}
```

❷ 方法体

方法声明之后的一对花括号“{”、“}”以及之间的内容称为方法的方法体。方法体的内容包括局部变量的声明和 Java 语句。例如:

```
int getSum(int n) {
    int sum = 0;                     //声明局部变量
    for(int i = 1;i <= n;i++ ) {     //for 循环语句
        sum = sum + i;
    }
    return sum;                      //return 语句
}
```

方法参数和方法内声明的变量称为局部变量,和类的成员变量不同的是,局部变量和声明的位置有关。有关局部变量的有效范围见 4.2.3 节。

写一个方法和在 C 语言中写一个函数完全类似,只不过在面向对象语言中称为方法,因此如果读者有比较好的 C 语言基础,编写方法的方法体已不再是难点。当然,Java 语言的编程思想并不局限于怎样具体地去写一个方法的方法体,即写一个具体的小算法,而是侧重于类的整体构思上,以及怎样合理、有效地组织类、对象等。因此,即使算法功底不是很好,也并不影响学习好 Java 语言(见第 7 章和第 8 章)。

▶ 4.2.5 方法重载

Java 中存在两种多态，即重载(Overload)和重写(Override)，重写是和继承有关的多态，将在第 5 章讨论。

方法重载是多态性的一种。例如，你让一个人执行“求面积”操作时，他可能会问你求什么面积。所谓功能多态性，是指可以向功能传递不同的消息，以便让对象根据相应的消息来产生相应的行为。对象的功能通过类中的方法来体现，那么功能的多态性就是方法的重载。方法重载的意思是，一个类中可以有多个方法具有相同的名字，但这些方法的参数必须不同，即或者是参数的个数不同，或者是参数的类型不同。在下面的 Area 类中，getArea 方法是一个重载方法。

```
class Area {
    float getArea(float r) {
       return 3.14f * r * r;
    }
    double getArea(float x, int y) {
       return x * y
    }
    float getArea(int x, float y) {
       return x * y;
    }
    double getArea(float x, float y, float z) {
       return (x * x + y * y + z * z) * 2.0;
    }
}
```

注：方法的返回类型和参数的名字不参与比较，也就是说，如果两个方法的名字相同，即使类型不同，也必须保证参数不同。

▶ 4.2.6 构造方法

构造方法是一种特殊方法，它的名字必须与它所在的类的名字完全相同，而且没有类型，构造方法也可以重载。例如：

```
class 梯形 {
    float 上底,下底,高;
     梯形() {                          //构造方法
        上底 = 60;
        下底 = 100;
        高 = 20;
     }
     梯形(float x, int y, float h) {   //构造方法
        上底 = x;
        下底 = y;
        高 = h;
     }
}
```

注：当用类创建对象时，使用构造方法，见 4.3.1 节。

▶ 4.2.7 类方法和实例方法

成员变量可分为实例变量和类变量，同样，类中的方法也可分为实例方法和类方法。在声明方法时，方法类型前面不加关键字 static 修饰的是实例方法，加 static 修饰的是类方法(静态

方法）。例如：

```
class A {
    int a;
    float max(float x,float y) {          //实例方法
      ⋮
    }
    static float jerry() {                //类方法
      ⋮
    }
    static void speak(String s) {         //类方法
      ⋮
    }
}
```

A 类中的 jerry 方法和 speak 方法是类方法，max 方法是实例方法。需要注意的是，static 需放在方法的类型的前面。在学习过对象之后，读者即可知道实例方法和类方法的区别（见 4.6.2 节）。

▶ 4.2.8 几个值得注意的问题

（1）对成员变量的操作只能放在方法中，方法可以对成员变量和该方法体中声明的局部变量进行操作。在声明类的成员变量时可以同时赋予初值，例如：

```
class A {
    int a = 12;
    float b = 12.56f;
}
```

但是不可以这样做：

```
class A {
    int a;
    float b;
    a = 12;                       //非法，这是赋值语句（语句只能出现在方法体中），不是变量的声明
    b = 12.56f;                   //非法
}
```

这是因为类体的内容由成员变量的声明和方法的定义两部分组成，故下列写法是正确的：

```
class A {
    int a;
    float b;
    void f() {
       int x,y;
       x = 34;
       y = - 23;
       a = 12;
       b = 12.56f;
    }
}
```

（2）实例方法既能对类变量操作也能对实例变量操作，而类方法只能对类变量进行操作。例如：

```
class A {
    int a;
    static int b;
```

```
    void f(int x,int y) {
        a = x;                              //合法
        b = y;                              //合法
    }
    static void g(int z) {
        b = 23;                             //合法
        a = z;                              //非法
    }
}
```

(3) 一个类中的方法可以互相调用,实例方法可以调用该类中的其他方法；类中的类方法只能调用该类的类方法,不能调用实例方法。例如：

```
class A {
    float a,b;
    void sum(float x,float y) {                     //这是一个实例方法
        a = max(x,y);                               //合法(调用类方法)
        b = min(x,y);                               //合法(调用实例方法)
        system.out.print(a + b);
    }
    static float getMax Square(float x,float y) {   //这是一个类方法
        return max(x,y) * max(x,y);                 //合法(调用类方法)
    }
    static float getMinSquare(float x,float y) {    //这是一个类方法
        return min(x,y) * min(x,y);                 //非法(调用实例方法)
    }
    static float max(float x,float y) {             //这是一个类方法
        return x > y?x:y;
    }
    float min(float x,float y) {                    //这是一个实例方法
        return x < y?x:y;
    }
}
```

扫一扫

视频讲解

4.3 对象

类是面向对象语言中最重要的一种数据类型,可以用类来声明变量。在面向对象语言中,用类声明的变量被称为对象。和基本数据类型不同,在用类声明对象后,还必须创建对象,即为声明的对象分配所拥有的变量(确定对象所具有的属性),当使用一个类创建一个对象时,也称给出了这个类的一个实例。通俗地讲,类是创建对象的模板,没有类就没有对象。

构造方法和对象的创建密切相关,下面详细讲解构造方法和对象的创建。

4.3.1 构造方法

构造方法是类中的一种特殊方法(见 4.2.6 节),当程序用类创建对象时需使用它的构造方法。

❶ 默认的构造方法

如果类中没有编写构造方法,系统会默认该类只有一个构造方法,该默认的构造方法是无参数的,且方法体中没有语句。例如,下列 Point 类有一个构造方法。

```
class Point {
    int x,y;
}
```

❷ 自定义构造方法

如果类中定义了一个或多个构造方法，那么 Java 不提供默认的构造方法。例如，下列 Point 类有两个构造方法。

```
class Point {
      int x,y;
      Point() {
         x = 1;
         y = 1;
      }
      Point(int a,int b) {
         x = a;
         y = b;
      }
}
```

❸ 构造方法没有类型

需要特别注意的是，构造方法没有类型，下列 Point 类中只有一个构造方法，其中的 void Point(int a,int b)和 int Point()都不是构造方法。

```
class Point {
      int x,y;
      Point() {                           //是构造方法
         x = 1;
         y = 1;
      }
      void Point(int a,int b) {           //不是构造方法(该方法的类型是 void)
         x = a;
         y = b;
      }
      int Point() {                       //不是构造方法(该方法的类型是 int)
         return 12;
      }
}
```

▶ 4.3.2 创建对象

创建一个对象包括对象的声明和为对象分配变量两个步骤。

❶ 对象的声明

一般格式为：

```
类的名字  对象名字;
```

例如：

```
Point p;
```

❷ 为声明的对象分配变量

使用 new 运算符和类的构造方法为声明的对象分配变量，即创建对象。如果类中没有构造方法，系统会调用默认的构造方法，默认的构造方法是无参数的，且方法体中没有语句。以下是一个简单的例子。

例 4.1

Example4_1.java

```
class XiyoujiRenwu {
      float height,weight;
```

```
        String head, ear;
        void speak(String s) {
            System.out.println(s);
        }
    }
    public class Example4_1 {
        public static void main(String args[]) {
            XiyoujiRenwu zhubajie,sunwukong;     //声明对象
            zhubajie = new XiyoujiRenwu();       //为对象分配变量(使用 new 和默认的构造方法)
            sunwukong = new XiyoujiRenwu();
        }
    }
```

❸ 对象的内存模型

我们使用例 4.1 来说明对象的内存模型。

1）声明对象时的内存模型

当用 XiyoujiRenwu 类声明一个变量 zhubajie，即对象 zhubajie 时，如例 4.1 中：

```
XiyoujiRenwu zhubajie;
```

内存模型如图 4.1 所示。

声明对象变量 zhubajie 后，zhubajie 的内存中还没有任何数据，称这时的 zhubajie 是一个空对象，空对象不能使用，因为它还没有得到任何“实体”，必须再为对象分配变量，即为对象分配实体。

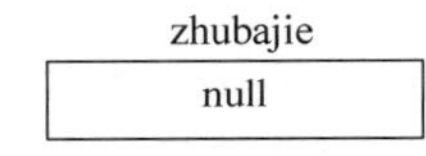

图 4.1 未分配变量的对象

2）为对象分配变量后的内存模型

new 运算符和构造方法进行运算时要做两件事情。例如，系统见到：

```
new XiyoujiRenwu();
```

时，就会做下列两件事。

(1) 为 height、weight、head、ear 这 4 个变量分配内存，即 XiyoujiRenwu 类的成员变量被分配内存空间。如果成员变量在声明时没有指定初值，那么对于整型的成员变量，默认初值是 0；对于浮点型，默认初值是 0.0；对于 boolean 型，默认初值是 false；对于引用型，默认初值是 null。然后，执行构造方法中的语句。

(2) new 运算符在为变量 height、weight、head、ear 分配内存后，将计算出一个称作引用的值(该值包含代表这些成员变量内存位置及相关的重要信息)，即表达式 new XiyoujiRenwu()是一个值。如果把该引用赋值给 zhubajie：

```
zhubajie = new XiyoujiRenwu();
```

那么 Java 系统分配的 height、weight、head、ear 的内存单元将由 zhubajie 操作管理，称 height、weight、head、ear 是属于对象 zhubajie 的实体，即这些变量是属于 zhubajie 的。所谓创建对象，就是指为对象分配变量，并获得一个引用，以确保这些变量由该对象来操作管理。

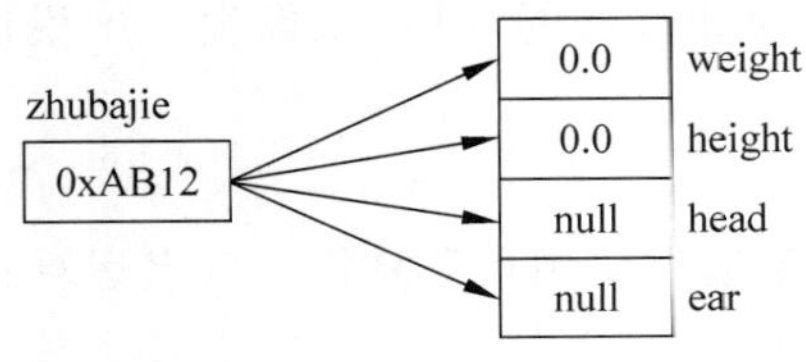

图 4.2 分配变量(实体)后的对象

为对象 zhubajie 分配变量后，内存模型由声明对象时的模型图 4.1 变成图 4.2，箭头示意对象 zhubajie 可以操作这些属于它的变量。

3）创建多个不同的对象

一个类通过使用 new 运算符可以创建多个不同的对象，这些对象的变量将被分配不同的内存空间。例如，可以在例 4.1 中创建两个对象：zhubajie 和 sunwukong。

```
zhubajie = new XiyoujiRenwu();
sunwukong = new XiyoujiRenwu();
```

当创建对象 zhubajie 时，XiyoujiRenwu 类中的成员变量 height、weight、head、ear 被分配内存空间，并返回一个引用给 zhubajie；当再创建一个对象 sunwukong 时，XiyoujiRenwu 类中的成员变量 height、weight、head、ear 再一次被分配内存空间，并返回一个引用给 sunwukong。sunwukong 的变量所占据的内存空间和 zhubajie 的变量所占据的内存空间是互不相同的位置。内存模型如图 4.3 所示。

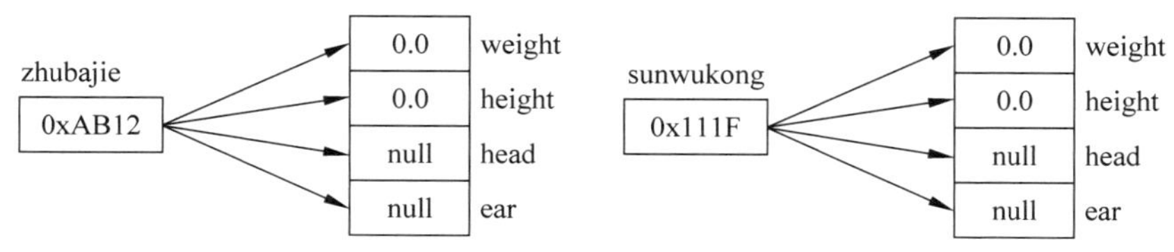

图 4.3　创建多个对象

给出如下简单的总结：

new 运算符只能和类的构造方法进行运算，运算的最后结果是一个十六进制的数，这个数称作对象的引用，即表达式 new XiyoujiRenwu()的值是一个引用。new 运算符在计算出这个引用之前，首先给 XiyoujiRenwu 类中的成员变量分配内存空间，然后初始化成员变量的值，接着执行构造方法中的语句，这个时候，不能称对象已经诞生，因为还没有计算出引用，即还没有确定被分配了内存的成员变量是谁的成员。当计算出引用之后，即 new XiyoujiRenwu()表达式已经有值后，对象才诞生。如果把 new XiyoujiRenwu()这个值赋值给一个对象(XiyoujiRenwu 声明的对象变量)，这个对象就拥有了被 new 运算符分配了内存的成员变量，即 new 运算符为该对象分配了变量。

注：堆(heap)是一种运行时的数据结构，是一个大的存储区域，用于支持动态的内存管理。对象的实体(分配给对象的变量)存在堆中，即在堆中分配内存。对象(该对象变量存放着引用)如果是方法的参数或方法中声明的变量，那么该对象变量是在栈(stack)中分配内存(通常所说的“对象的引用存在栈中”)。不要求读者熟悉栈和堆。栈(stack)与堆(heap)都是 Java 用来在 RAM 中存放数据的地方。Java 自动管理栈和堆，程序员不能直接地设置栈或堆。

▶ 4.3.3　使用对象

抽象的目的是产生类，而类的目的是创建具有属性和行为的对象。对象不仅可以操作自己的变量改变状态，而且可以调用类中的方法产生一定的行为。

通过使用运算符“.”，对象可以实现对自己的变量的访问和方法的调用(就像生活中说话有主语，主语就是对象)。

❶ 对象操作自己的变量(体现对象的属性)

对象创建之后，就有了自己的变量，即对象的实体。对象通过使用点运算符“.”(点运算符也称引用运算符或访问运算符)访问自己的变量，访问格式为：

```
对象.变量;
```

❷ 对象调用类中的方法(体现对象的行为)

对象创建之后,可以使用点运算符“.”调用创建它的类中的方法,从而产生一定的行为(功能),调用格式为:

```
对象.方法;
```

❸ 体现封装

当对象调用方法时,方法中出现的成员变量就是指分配给该对象的变量。在讲述类的时候讲过:类中的方法可以操作成员变量。当对象调用方法时,方法中出现的成员变量就是指分配给该对象的变量。

注:当对象调用方法时,方法中的局部变量被分配内存空间。方法执行完毕,局部变量即刻释放内存。需要注意的是,局部变量声明时如果没有初始化,就没有默认值,因此在使用局部变量之前,要保证该局部变量有值。

下面例 4.2 中,一共有 3 个 Java 源文件:PersonName.java、XiyoujiRenwu.java 和 Example4_2.java,其中,PersonName.java 负责定义枚举类型(枚举类型的知识参见 2.5 节),所定义的枚举类型 PersonName 负责给出人物名字;XiyoujiRenwu.java 中的 XiyoujiRenwu 类负责创建对象;Example4_3.java 是含有主类的应用程序。

对于初学者,首先需要掌握在主类的 main 方法中使用类来创建对象,并让创建的对象产生行为。在例 4.2 中,在主类的 main 方法中使用 XiyoujiRenwu 类创建了两个对象:zhubajie、sunwukong,并各自产生了行为。

需要 3 次打开文本编辑器分别编辑、保存 PersonName.java、XiyoujiRenwu.java 和 Example4_2.java,例如,将 3 个源文件均保存在 C:\chapter4 目录中,然后分别编译,最后运行主类即可(有关联合编译参看 1.6 节),运行效果如图 4.4 所示。

```
八戒的身高: 1.83
八戒的体重: 86.0
八戒的头: 猪头
悟空的身高: 1.66
悟空的体重: 1000.0
悟空的头: 猴头
八戒我想娶媳妇
八戒现在的头: 美男头
悟空我重1000.0公斤, 想骗八戒背我
悟空现在的头: 美女头
```

图 4.4 对象改变属性、产生行为

例 4.2

PersonName.java

```
public enum PersonName {                    //枚举类型
    唐僧,悟空,八戒,沙僧
}
```

XiyoujiRenwu.java

```
public class XiyoujiRenwu {                 //负责创建对象的类
    PersonName name;
    float height,weight;
    String head;
    void speak(String s) {
       if(name == PersonName.八戒) {
          head = "美男头";
       }
       else if(name == PersonName.悟空) {
          head = "美女头";
       }
       System.out.println(s);
    }
}
```

Example4_2.java

```
public class Example4_2 {                                          //应用程序的主类
    public static void main(String args[]) {
        XiyoujiRenwu zhubajie = null,sunwukong = null;  //声明对象
        zhubajie = new XiyoujiRenwu();          //为对象分配内存,使用 new 运算符和默认的构造方法
        sunwukong = new XiyoujiRenwu();
        zhubajie.name = PersonName.八戒;                      //对象 zhubajie 给自己的变量赋值
        zhubajie.height = 1.83f;
        zhubajie.weight = 86f;
        zhubajie.head = "猪头";
        sunwukong.name = PersonName.悟空;                     //对象 sunwukong 给自己的变量赋值
        sunwukong.height = 1.66f;
        sunwukong.weight = 1000f;
        sunwukong.head = "猴头";
        System.out.println(zhubajie.name + "的身高:" + zhubajie.height);
        System.out.println(zhubajie.name + "的体重:" + zhubajie.weight);
        System.out.println(zhubajie.name + "的头:" + zhubajie.head);
        System.out.println(sunwukong.name + "的身高:" + sunwukong.height);
        System.out.println(sunwukong.name + "的体重:" + sunwukong.weight);
        System.out.println(sunwukong.name + "的头:" + sunwukong.head);
        zhubajie.speak(zhubajie.name + "我想娶媳妇");    //对象调用方法
        System.out.println(zhubajie.name + "现在的头:" + zhubajie.head);
        sunwukong.speak(sunwukong.name + "我重" +
                        sunwukong.weight + "公斤,想骗八戒背我");     //对象调用方法
        System.out.println(sunwukong.name + "现在的头:" + sunwukong.head);
    }
}
```

当对象调用该方法时，方法中出现的成员变量就是指该对象的成员变量。在例 4.2 中，当对象 zhubajie 调用过方法 speak 之后，就将自己的 head 修改成“美男头”；同样，对象 sunwukong 调用过方法 speak 之后，也就将自己的 head 修改成“美女头”。

注：实际上 new XiyoujiRenwu()已经是引用值，可以称 new XiyoujiRenwu()是一个匿名对象，即 new XiyoujiRenwu()这个值没有明显地赋值到一个对象变量中。匿名对象当然可以用“.”运算符访问自己的变量，但需要特别注意的是，下列是两个不同的匿名对象在分别访问自己的 weight(一个对象将自己的 weight 值设置为 100，另一个对象将自己的 weight 值设置为 200)：

```
new XiyoujiRenwu().weight  = 100;
new XiyoujiRenwu().weight  = 200;
```

而下列代码是一个对象 shaSeng 在访问自己的 weight，即修改自己的 weight，将自己的 weight 的值由 100 修改为 200。

```
XiyoujiRenwu shaSeng  =  new XiyoujiRenwu();
shaSeng.weight  =  100;
shaSeng.weight  =  200;
```

在编写程序时尽量避免使用匿名对象去访问自己的变量，以免引起混乱。

4.3.4 对象的引用和实体

通过前面的学习我们已经知道，类是体现封装的一种数据类型(封装着数据和对数据的操作)，类所声明的变量被称为对象，对象(变量)负责存放引用，以确保对象可以操作分配给该对象的变量以及调用类中的方法。分配给对象的变量被习惯地称作对象的实体。

❶ 避免使用空对象

如果对象没有实体,即该对象中没有存放一个引用值,这样的对象就是空对象。空对象没有实体,即空对象没有属于自己的变量,因此避免让空对象去访问变量和调用方法。由于对象可以动态地被分配实体,所以 Java 编译器对空对象不做检查,但程序运行时会触发 java.lang.NullPointerException 异常。例如,在例 4.2 中,如果注释掉代码:

```
//sunwukong = new XiyoujiRenwu();
```

程序编译无错误提示,但运行时会触发 java.lang.NullPointerException 异常。因此,在编写程序时要避免使用空对象。

❷ 重要结论

一个类声明的两个对象如果具有相同的引用,二者就具有完全相同的变量(实体)。

例如,对于下列 Point 类:

```
class Point {
      int x,y;
      Point(int a,int b) {
         x = a;
         y = b;
      }
}
```

假如使用 Point 类分别创建了两个对象 p1、p2:

```
Point p1 = new Point (5,15);
Point p2 = new Point(8,18);
```

那么内存模型如图 4.5(a)所示。

假如在程序中使用了如下的赋值语句:

```
p1 = p2;
```

即把 p2 中的引用赋给了 p1,那么 p1 和 p2 本质上就是一样的了。虽然在源程序中 p1 和 p2 是两个名字,但在系统看来它们的名字是同一个:0x999,系统将取消原来分配给 p1 的变量(如果这些变量没有其他对象继续引用)。这时输出 p1.x 的结果将是 8,而不是 5,即 p1 和 p2 有相同的变量(实体)。内存模型由图 4.5(a)变成图 4.5(b)。

例 4.3 将对象 p2 的引用赋给了对象 p1,运行效果如图 4.6 所示。

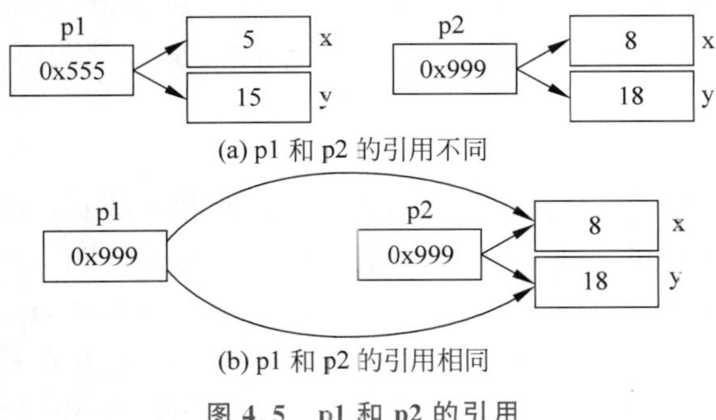

图 4.5 p1 和 p2 的引用

```
p1的引用:Point@c17164
p2的引用:Point@1fb8ee3
p1的x,y坐标:1111,2222
p2的x,y坐标:-100,-200
将p2的引用赋给p1后:
p1的引用:Point@1fb8ee3
p2的引用:Point@1fb8ee3
p1的x,y坐标:-100,-200
p2的x,y坐标:-100,-200
```

图 4.6 对象的引用和实体

例 4.3

Example4_3.java

```
class Point {
    int x,y;
```

```
        void setXY(int m,int n){
            x = m;
            y = n;
        }
    }
    public class Example4_3 {
        public static void main(String args[]) {
            Point p1,p2;
            p1 = new Point();
            p2 = new Point();
            System.out.println("p1 的引用:" + p1);
            System.out.println("p2 的引用:" + p2);
            p1.setXY(1111,2222);
            p2.setXY( - 100, - 200);
            System.out.println("p1 的 x,y 坐标:" + p1.x + "," + p1.y);
            System.out.println("p2 的 x,y 坐标:" + p2.x + "," + p2.y);
            p1 = p2;
            System.out.println("将 p2 的引用赋给 p1 后:");
            System.out.println("p1 的引用:" + p1);
            System.out.println("p2 的引用:" + p2);
            System.out.println("p1 的 x,y 坐标:" + p1.x + "," + p1.y);
            System.out.println("p2 的 x,y 坐标:" + p2.x + "," + p2.y);
        }
    }
```

和 C++不同的是,在 Java 语言中,类有构造方法,但没有析构方法,Java 运行环境有"垃圾收集"机制,因此不必像 C++程序员那样,要自己时刻检查哪些对象应该使用析构方法释放内存。Java 运行环境的"垃圾收集"发现堆中分配的实体不再被任何对象所引用时,就会释放该实体在堆中占用的内存。因此 Java 很少出现"内存泄漏",即由于程序忘记释放内存所导致的内存溢出。

注: 如果希望 Java 虚拟机立刻进行"垃圾收集"操作,可以让 System 类调用 gc()方法。

扫一扫

视频讲解

4.4 参数传值

当方法被调用时,如果方法有参数,参数必须实例化,即参数变量必须有具体的值。在 Java 中,方法的所有参数都是"传值"的,也就是说,方法中参数变量的值是调用者指定值的一个副本。例如,如果向方法的 int 型参数 x 传递一个 int 型值,那么参数 x 得到的值是传递值的一个副本。因此,如果方法改变参数的值,不会影响向参数"传值"的变量的值,反之亦然。参数得到的值类似生活中"原件"的"复印件",那么改变"复印件"不影响"原件",反之亦然。

▶ 4.4.1 基本数据类型参数的传值

对于基本数据类型的参数,向该参数传递的值的级别不可以高于该参数的级别。例如,不可以向 int 型参数传递一个 float 型值,但可以向 double 型参数传递一个 float 型值。

在下面的例 4.4 中有两个源文件,即 Rect.java 和 Example4_4.java。其中,Rect.java 中的 Rect 类负责创建矩形对象,Example4_4.java 是含有主类的应用程序。在主类的 main 方法中使用 Rect 类来创建矩形对象,该矩形对象可以调用 setWidth(double width)设置自己的宽,调用 setHeight(double height)设置自己的高,因此,矩形对象在调用 setWidth(double width)或 setHeight(double height)方法时,必须向方法的参数传递值。程序运行效果如图 4.7 所示。

```
C:\chapter4>java Example4_4
矩形对象的宽：12.76 高：25.28
矩形的面积：322.57280000000003
更改向对象的方法参数传递值的w、h变量的值为100和256
矩形对象的宽：12.76 高：25.28
```

图 4.7 基本数据类型参数的传值

例 4.4

Rect.java

```
public class Rect {            //创建矩形的类
    double width,height,area;
    void setWidth(double width) {
        if(width>0){
            this.width=width;
        }
    }
    void setHeight(double height) {
        if(height>0){
            this.height=height;
        }
    }
    double getWidth(){
        return width;
    }
    double getHeight(){
        return height;
    }
    double getArea(){
        area=width*height;
        return area;
    }
}
```

Example4_4.java

```
public class Example4_4 {   //主类
    public static void main(String args[]) {
        Rect rect=new Rect();
        double w=12.76,h=25.28;
        rect.setWidth(w);
        rect.setHeight(h);
        System.out.println("矩形对象的宽: "+rect.getWidth()+" 高: "+rect.getHeight());
        System.out.println("矩形的面积: "+rect.getArea());
        System.out.println("更改向对象的方法参数传递值的 w、h 变量的值为 100 和 256");
        w=100;
        h=256;
        System.out.println("矩形对象的宽: "+rect.getWidth()+" 高: "+rect.getHeight());
    }
}
```

▶ 4.4.2 引用类型参数的传值

Java 的引用型数据包括前面刚刚学习的对象、第 2 章学习的数组以及后面将要学习的接口。当参数是引用类型时,"传值"传递的是变量中存放的"引用",而不是变量所引用的实体。

对于两个同类型的引用型变量,如果具有同样的引用,就会用同样的实体,因此,如果改变参数变量所引用的实体,就会导致原变量的实体发生同样的变化。但是,改变参数中存放的"引用"不会影响向其传值的变量中存放的"引用",反之亦然,如图 4.8 所示。

例 4.5 涉及引用类型参数,请注意程序的运行效果。例 4.5 中有 3 个源文件,即 Circle.java、Circular.java 和 Example4_5.java,其中,Circle.java 中的 Circle 类负责创建"圆"对象,Circular.java 中的 Circular 类负责创建"圆锥"对象,Example4_5.java 是主类。在主类的 main 方法中首先使用 Circle 类创建一个"圆"对象 circle,然后使用 Circular 类创建一个"圆锥”对象 Circular，并将之前 Circle 类的实例 circle，即“圆”对象的引用，传递给圆锥对象的成员变量 bottom。程序运行效果如图 4.9 所示。

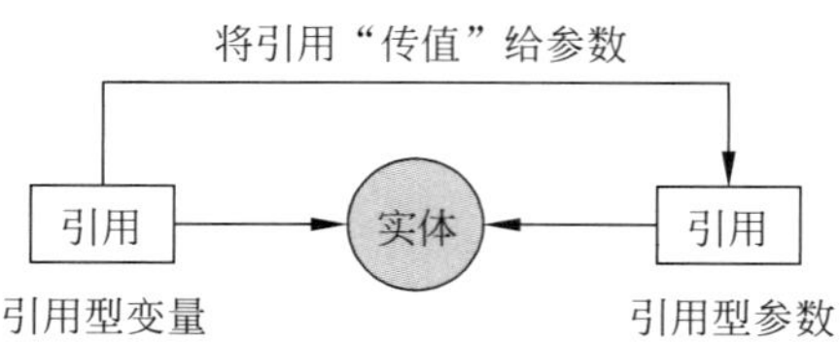

图 4.8 引用类型参数的传值

```
main方法中circle的引用:Circle@1fb8ee3
main方法中circle的半径10.0
circular圆锥的bottom的引用:Circle@1fb8ee3
圆锥的bottom的半径:10.0
圆锥的体积:2093.3333333333335
圆锥更改底圆bottom的半径:8888.0
圆锥的bottom的半径:8888.0
圆锥的体积:1.6536609877333333E9
main方法中circle的半径:8888.0
main方法中circle的引用将发生变化
现在main方法中circle的引用:Circle@61de33
main方法中circle的半径:1000.0
但是不影响circular圆锥的bottom的引用
circular圆锥的bottom的引用:Circle@1fb8ee3
圆锥的bottom的半径:8888.0
```

图 4.9 向参数传递对象的引用

例 4.5

Circle.java

```
public class Circle {
   double radius;
   Circle(double r) {
       radius = r;
   }
   double getArea() {
       return 3.14 * radius * radius;
   }
   void setRadius(double r) {
       radius = r;
   }
   double getRadius() {
       return radius;
   }
}
```

Circular.java

```
public class Circular {
    Circle bottom;
    double height;
    Circular(Circle c,double h) {      //构造方法,将 Circle 类的实例的引用传递给 bottom
       bottom  =  c;
       height  =  h;
    }
    double getVolme() {
       return bottom.getArea() * height/3.0;
    }
    double getBottomRadius() {
       return bottom.getRadius();
    }
    public void setBottomRadius(double r){
       bottom.setRadius(r);
    }
}
```

Example4_5.java

```
public class Example4_5 {
   public static void main(String args[]) {
       Circle circle  =  new Circle(10);                    //代码 1
       System.out.println("main 方法中 circle 的引用:" + circle);
```

```
        System.out.println("main 方法中 circle 的半径" + circle.getRadius());
        Circular circular = new Circular(circle,20);          //代码 2
        System.out.println("circular 圆锥的 bottom 的引用:" + circular.bottom);
        System.out.println("圆锥的 bottom 的半径:" + circular.getBottomRadius());
        System.out.println("圆锥的体积:" + circular.getVolme());
        double r = 8888;
        System.out.println("圆锥更改底圆 bottom 的半径:" + r);
        circular.setBottomRadius(r);                            //代码 3
        System.out.println("圆锥的 bottom 的半径:" + circular.getBottomRadius());
        System.out.println("圆锥的体积:" + circular.getVolme());
        System.out.println("main 方法中 circle 的半径:" + circle.getRadius());
        System.out.println("main 方法中 circle 的引用将发生变化");
        circle = new Circle(1000);                              //重新创建 circle (代码 4)
        System.out.println("现在 main 方法中 circle 的引用:" + circle);
        System.out.println("main 方法中 circle 的半径:" + circle.getRadius());
        System.out.println("但是不影响 circular 圆锥的 bottom 的引用");
        System.out.println("circular 圆锥的 bottom 的引用:" + circular.bottom);
        System.out.println("圆锥的 bottom 的半径:" + circular.getBottomRadius());
    }
}
```

对上述 Example4_5.java 中的重要的、需要理解的代码给出了代码 1～代码 4 注释，以下结合对象的内存模型，对这些重要的代码给予讲解。

❶ 执行代码 1 后内存中的对象模型

执行代码 1：

```
Circle circle = new Circle(10);
```

后，内存中产生了一个 circle 对象，内存中对象的模型如图 4.10 所示。

图 4.10　执行代码 1 后内存中的对象模型

❷ 执行代码 2 后内存中的对象模型

执行代码 2：

```
Circular circular = new Circular(circle,20);
```

后，内存中又产生了一个 circular 对象。执行代码 2 将 circle 对象的引用以“传值”方式传递给 circular 对象的 bottom，因此，circular 对象的 bottom 和 circle 对象就有同样的实体(radius)。内存中对象的模型如图 4.11 所示。

❸ 执行代码 3 后内存中的对象模型

对于两个同类型的引用型变量，如果具有同样的引用，就会用同样的实体，因此，如果改变参数变量所引用的实体，就会导致原变量的实体发生同样的变化。

执行代码 3：

```
circular.setBottomRadius(r);
```

使得 circular 的 bottom 和 circle 的实体(radius)发生了同样的变化，如图 4.12 所示。

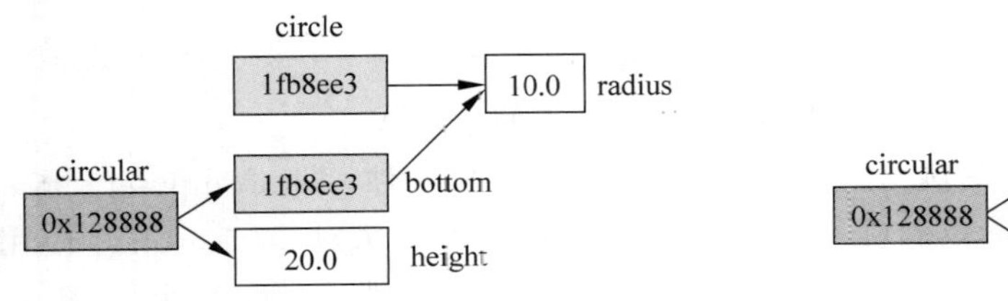

图 4.11　执行代码 2 后内存中的对象模型

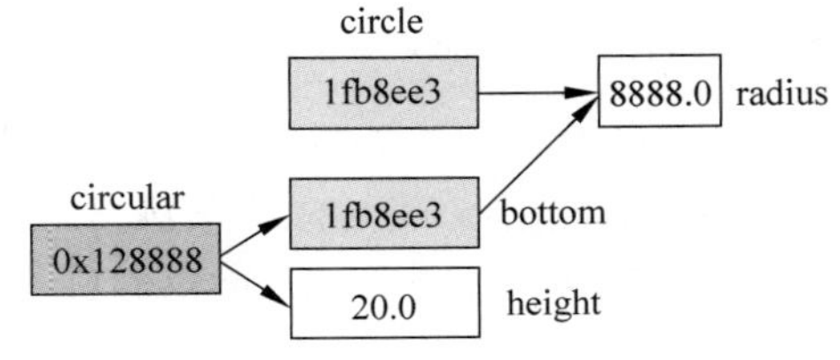

图 4.12　执行代码 3 后内存中的对象模型

❹ 执行代码 4 后内存中的对象模型

执行代码 4：

```
circle = new Circle(1000);
```

使得 circle 的引用发生变化，重新创建了 circle 对象，即 circle 对象将获得新的实体(circle 对象的 radius 的值是 1000)，但 circle 先前的实体不被释放，因为这些实体还是 circular 的 bottom 的实体。最初 circle 对象的引用是以“传值”方式传递给 circular 对象的 bottom 的，所以，circle 的引用发生变化并不影响 circular 的 bottom 的引用(bottom 对象的 radius 的值仍然是 8888)。对象的模型如图 4.13 所示。

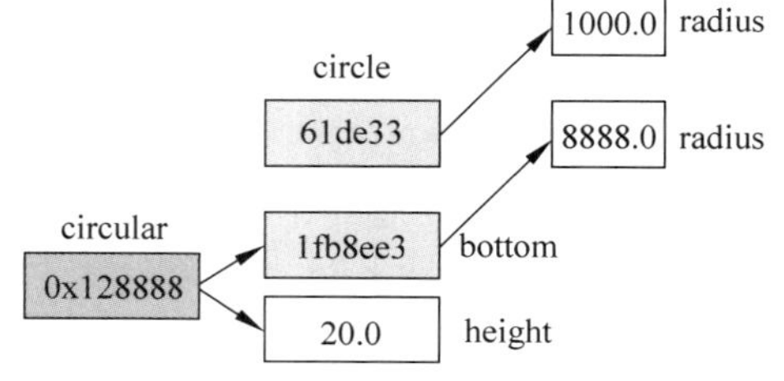

图 4.13　执行代码 4 后内存中的对象模型

▶ 4.4.3　可变参数

可变参数(the variable arguments)是 JDK 1.5 版本新增的功能。可变参数是指在声明方法时不给出参数列表中从某项直至最后一项参数的名字和个数，但这些参数的类型必须相同。可变参数使用“…”表示若干参数，这些参数的类型必须相同，最后一个参数必须是参数列表中的最后一个参数。例如：

```
public void f(int … x)
```

那么，在方法 f 的参数列表中，从第 1 个至最后一个参数都是 int 型，但连续出现的 int 型参数的个数不确定，称 x 是方法 f 的参数列表中可变参数的“参数代表”。

再如：

```
public void g(double a, int … x)
```

那么，在方法 g 的参数列表中，第 1 个参数是 double 型，第 2 个至最后一个参数是 int 型，但连续出现的 int 型参数的个数不确定，称 x 是方法 g 的参数列表中可变参数的“参数代表”。

参数代表可以通过下标运算来表示参数列表中的具体参数，即 x[0]，x[1]，…，x[m]分别表示 x 代表的第 1～m 个参数。例如，对于上述方法 g，x[0]、x[1]就是方法 g 的整个参数列表中的第 2 个参数和第 3 个参数。对于一个参数代表，例如 x，那么 x.length 等于 x 所代表的参数的个数。参数代表非常类似我们自然语言中的“等等”，英语中的 and so on。

对于类型相同的参数，如果参数的个数需要灵活地变化，那么使用参数代表可以使方法的调用更加灵活。如果需要经常计算若干个整数的平均数，例如：

```
(23 + 78 + 56)/3,(123 + 22 + 256 + 3)/4,(3 + 202 + 101 + 1309 + 257 + 88)/6
```

由于整数的个数经常需要变化，那么就可以使用下列带不变参数的方法来计算平均数：

```
double getResult (double a, int … x);
```

那么，“getResult(1.0/3,23,78,56);”就可以返回 23、78、56 的平均数。

```
C:\chapter4>java Example4_6
10,20,30 的平均数:20.0
66,12,5,89,2,51 的平均数:37.5
```

图 4.14　使用可变参数

在例 4.6 中有两个 Java 源文件，即 Computer.java 和 Example4_6.java，其中，Computer 类的方法 getResult()使用了参数代表，可以计算若干整数的平均数，运行效果如图 4.14 所示。

例 4.6

Computer.java

```
public class Computer {
   public double getResult(double a,int … x) {      //x 是可变参数的参数代表
      double result = 0;
      int sum = 0;
      for(int i = 0;i < x.length;i ++ ) {
         sum = sum + x[i];
      }
      result = a * sum;
      return result;
   }
}
```

Example4_6.java

```
public class Example4_6 {
   public static void main(String args[ ]) {
      Computer computer = new Computer();
      double result = computer.getResult(1.0/3,10,20,30);//"参数代表"x 代表了 3 个参数
      System.out.println("10,20,30 的平均数:" + result);
      result = computer.getResult(1.0/6,66,12,5,89,2,51);//"参数代表"x 代表了 6 个参数
      System.out.println("66,12,5,89,2,51 的平均数:" + result);
   }
}
```

在 3.5 节曾介绍 for 循环语句对于遍历数组的增强功能。对于可变参数,Java 也提供了增强的 for 语句,允许使用 for 语句遍历参数代表所代表的参数。

```
for(声明循环变量: 参数代表) {
      ⋮
}
```

上述 for 语句的作用就是,“对于循环变量依次取参数代表所代表的每一个参数的值”。因此,可以将上述 Computer 类中的 for 循环语句更改为:

```
for(int param:x) {
   sum = sum + param;
}
```

▶ 4.4.4　有理数的类封装

通过前面几节的学习,我们已经知道,面向对象编程的核心思想之一就是将数据和对数据的操作封装在一起。即通过抽象从具体的实例中抽取共同的性质形成类的概念,再由类创建具体的对象,然后通过对象调用方法产生行为,以达到程序所要实现的目的。

本节对熟悉的有理数进行类封装,以便巩固前面所学的知识。

❶ Rational(有理数)类

分数也称为有理数,是我们很熟悉的一种数。有时希望程序能对分数进行四则运算,而且两个分数四则运算的结果仍然是分数(不希望看到 1/6 + 1/6 的结果是小数的近似值 0.333,而是 1/3)。

以下用类实现对有理数的封装。有理数有两个重要的成员,即分子和分母,另外还有重要的四则运算。Rational(有理数)类应当具有以下属性(成员变量)和功能(方法)。

(1) Rational 类有两个 int 型的成员变量,例如,名字分别为 numerator(分子)和

denominator(分母)。

(2) 提供 Rational add(Rational r)方法,即有理数调用该方法和参数指定的有理数做加法运算,并返回一个 Rational 对象。

(3) 提供 Rational sub(Rational r)方法,即有理数调用该方法和参数指定的有理数做减法运算,并返回一个 Rational 对象。

(4) 提供 Rational multi(Rational r)方法,即有理数调用该方法和参数指定的有理数做乘法运算,并返回一个 Rational 对象。

(5) 提供 Rational div(Rational r)方法,即有理数调用该方法和参数指定的有理数做除法运算,并返回一个 Rational 对象。

根据以上分析,给出的 Rational 类代码如下:

Rational. java

```
public class Rational {
    int numerator;                                              //分子
    int denominator;                                            //分母
    Rational(){
    }
    Rational(int a,int b) {
      if(a == 0){
          numerator = 0;
          denominator = 1;
      }
      else {
        setNumeratorAndDenominator(a,b);
      }
    }
    void setNumeratorAndDenominator(int a,int b) {      //设置分子和分母
        int c = f(Math.abs(a),Math.abs(b));             //计算最大公约数
        numerator = a/c;
        denominator = b/c;
        if(numerator < 0&&denominator < 0) {
            numerator = - numerator;
            denominator = - denominator;
        }
    }
    int getNumerator() {
        return numerator;
    }
    int getDenominator() {
      return denominator;
    }
    int f(int a,int b) {                                    //求 a 和 b 的最大公约数
        if(a < b) {
            int c = a;
            a = b;
            b = c;
        }
        int r = a % b;
        while(r!= 0) {
            a = b;
            b = r;
            r = a % b;
        }
        return b;
    }
```

```
    Rational add(Rational r) {                          //加法运算
        int a = r.getNumerator();
        int b = r.getDenominator();
        int newNumerator = numerator * b + denominator * a;
        int newDenominator = denominator * b;
        Rational result = new Rational(newNumerator,newDenominator);
        return result;
    }
    Rational sub(Rational r) {                          //减法运算
        int a = r.getNumerator();
        int b = r.getDenominator();
        int newNumerator = numerator * b - denominator * a;
        int newDenominator = denominator * b;
        Rational result = new Rational(newNumerator,newDenominator);
        return result;
    }
    Rational multi(Rational r) {                        //乘法运算
        int a = r.getNumerator();
        int b = r.getDenominator();
        int newNumerator = numerator * a;
        int newDenominator = denominator * b;
        Rational result = new Rational(newNumerator,newDenominator);
        return result;
    }
    Rational div(Rational r)  {                         //除法运算
        int a = r.getNumerator();
        int b = r.getDenominator();
        int newNumerator = numerator * b;
        int newDenominator = denominator * a;
        Rational result = new Rational(newNumerator,newDenominator);
        return result;
    }
}
```

❷ 用 Rational 对象做运算

既然已经有了 Rational 类，那么就可以让该类创建若干对象，并让它们交互进行必要的四则运算来完成程序要达到的目的。下面的主类 MainClass 使用 Rational 对象计算两个分数的四则运算，并计算 2/1 + 3/2 + 5/3 + …的前 10 项和。

MainClass.java

```
public class MainClass {
   public static void main(String args[]) {
      Rational r1 = new Rational(1,5);
      Rational r2 = new Rational(3,2);;
      Rational result = r1.add(r2);
      int a = result.getNumerator();
      int b = result.getDenominator();
      System.out.println("1/5 + 3/2  =  " + a + "/" + b);
      result = r1.sub(r2);
      a = result.getNumerator();
      b = result.getDenominator();
      System.out.println("1/5 - 3/2  =  " + a + "/" + b);
      result = r1.muti(r2);
      a = result.getNumerator();
      b = result.getDenominator();
      System.out.println("1/5 × 3/2  =  " + a + "/" + b);
      result = r1.div(r2);
      a = result.getNumerator();
```

```
        b = result.getDenominator();
        System.out.println("1/5 ÷ 3/2  =  " + a + "/" + b);
        int n = 10,k = 1;
        System.out.println("计算 2/1 + 3/2 + 5/3 + 8/5 + 13/8 + … 的前" + n + "项和。");
        Rational sum = new Rational(0,1);
        Rational item = new Rational(2,1);
        while(k <= n) {
           sum = sum.add(item);
           k++ ;
           int fenzi = item.getNumerator();
           int fenmu = item.getDenominator();
           item.setNumeratorAndDenominator(fenzi + fenmu,fenzi);
        }
        a = sum.getNumerator();
        b = sum.getDenominator();
        System.out.println("用分数表示:");
        System.out.println(a + "/" + b);
        double doubleResult = (a * 1.0)/b;
        System.out.println("用小数表示:");
        System.out.println(doubleResult);
    }
}
```

上述主类的运行结果如下:

```
1/5 + 3/2  =  17/10
1/5 - 3/2  =  -13/10
1/5 × 3/2  =  3/10
1/5 ÷ 3/2  =  2/15
计算 2/1 + 3/2 + 5/3 + 8/5 + 13/8 + … 的前 10 项和。
用分数表示:
998361233/60580520
用小数表示:
16.479905306194137
```

扫一扫

视频讲解

4.5 对象的组合

一个类的成员变量可以是 Java 允许的任何数据类型,因此,一个类可以把对象作为自己的成员变量。如果用这样的类创建对象,那么该对象中就会有其他对象,也就是说,该对象将其他对象作为自己的组成部分(这就是人们常说的 Has-A。例如,例 4.5 中的圆锥对象就将一个圆对象作为自己的成员,即圆锥有一个圆底),或者说,该对象由几个对象组合而成,如图 4.15 所示。

在下面的例 4.7 中一共编写了 4 个类,分成 4 个源文件,即 Rectangle.java、Circle.java、Geometry.java 和 Example4_7.java,需要将这 4 个源文件分别编辑,并保存在相同的目录中,例如 C:\chapter4 中。

(1) Rectangle.java 中的 Rectangle 类有 double 型的成员变量 x、y、width、height,分别用来表示矩形左上角的位置坐标以及矩形的宽和高。该类提供了修改 x、y、width、height 及返回 x、y、width、height 的方法。

(2) Circle.java 中的 Circle 类有 double 型的成员变量 x、y、radius,分别用来表示对象的圆心坐标和圆的半径。该类提供了修改 x、y、radius 以及返回 x、y、radius 的方法。

(3) Geometry.java 中的 Geometry 类有 Rectangle 类型和 Circle 类型的成员变量,名字

分别为 rect 和 circle，也就是说，Geometry 类创建的对象（几何图形）是由一个 Rectangle 对象和一个 Circle 对象组合而成。该类提供了修改 rect、circle 位置和大小的方法，并提供了显示 rect 和 circle 位置关系的方法。

（4）Example4_7.java 含有主类，主类在 main 方法中用 Geometry 类创建对象，该对象调用相应的方法设置其中圆的位置和半径，调用相应的方法设置其中矩形的位置以及宽和高。

例 4.7 的运行效果如图 4.16 所示。

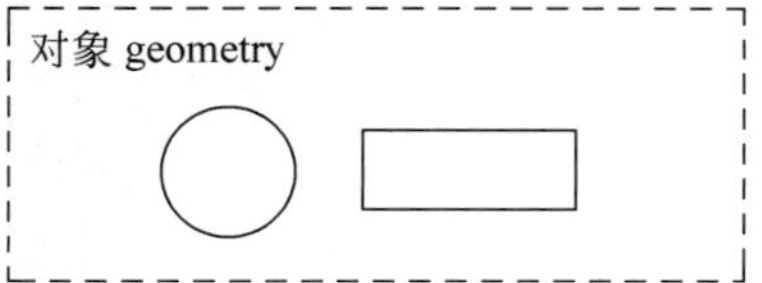

图 4.15　对象 geometry 是圆和矩形的组合

```
C:\chapter4>java Example4_7
几何图形中圆和矩形的位置关系是：矩形在圆的左侧
几何图形重新调整了圆和矩形的位置。
调整后，几何图形中圆和矩形的位置关系是：矩形在圆的右侧
```

图 4.16　圆和矩形组合的对象

例 4.7

Rectangle.java

```
public class Rectangle {
    double x,y,width,height;
    public void setX(double a) {
       x = a;
    }
    public double getX() {
      return x;
    }
    public void setY(double b) {
       y = b;
    }
    public double getY(){
      return y;
    }
    public void setWidth(double w) {
       if(w > 0)
          width = w;
    }
    public double getWidth(){
       return width;
    }
    public void setHeight(double h) {
       if(height > 0)
          height = h;
    }
    public double getHeight() {
       return height;
    }
}
```

Circle.java

```
public class Circle {
    double x,y,radius;
    public void setX(double a) {
       x = a;
    }
    public double getX() {
       return x;
    }
```

```
    public void setY(double b){
      y = b;
    }
    public double getY() {
      return y;
    }
    public void setRadius(double r){
      if(r > 0 )
        radius = r;
    }
    public double getRadius(){
      return radius;
    }
}
```

Geometry.java

```
public class Geometry {
    Rectangle rect;
    Circle circle;
    Geometry(Rectangle rect,Circle circle){
      this.rect = rect;
      this.circle = circle;
    }
    public void setCirclePosition(double x,double y){
      circle.setX(x);
      circle.setY(y);
    }
    public void setCircleRadius(double radius){
      circle.setRadius(radius);
    }
    public void setRectanglePosition(double x,double y){
      rect.setX(x);
      rect.setY(y);
    }
    public void setRectangleWidthAndHeight(double w,double h){
      rect.setWidth(w);
      rect.setHeight(h);
    }
    public void showState(){
      double circleX = circle.getX();
      double rectX = rect.getX();
      if(rectX - rect.getWidth()>= circleX + circle.getRadius())
          System.out.println("矩形在圆的右侧");
      if(rectX + rect.getWidth()<= circleX - circle.getRadius())
          System.out.println("矩形在圆的左侧");
    }
}
```

Example4_7.java

```
public class Example4_7 {
    public static void main(String args[]){
      Rectangle rect = new Rectangle();
      Circle circle = new Circle();
      Geometry geometry;
      geometry = new Geometry(rect,circle);
      geometry.setRectanglePosition(30,40);
      geometry.setRectangleWidthAndHeight(120,80);
      geometry.setCirclePosition(260,30);
```

```
        geometry.setCircleRadius(60);
        System.out.print("几何图形中圆和矩形的位置关系是: ");
        geometry.showState();    //显示圆和矩形的位置关系
        System.out.println("几何图形重新调整了圆和矩形的位置。");
        geometry.setRectanglePosition(220,160);
        geometry.setCirclePosition(40,30);
        System.out.print("调整后,几何图形中圆和矩形的位置关系是: ");
        geometry.showState();    //显示圆和矩形的位置关系
    }
}
```

扫一扫

视频讲解

4.6 static 关键字

如前所述,类体的定义包括成员变量的定义和方法的定义,并且成员变量又分为实例变量和类变量,用 static 修饰的变量是类变量。除构造方法外,其他的方法可分为实例方法或类方法。在方法声明中用关键字 static 修饰的方法称为类方法或静态方法,不用 static 修饰的方法称为实例方法。一个类中的方法可以互相调用:实例方法可以调用该类中的实例方法或类方法;类方法只能调用该类的类方法,不能调用实例方法。

▶ 4.6.1 实例变量和类变量的区别

一个类通过使用 new 运算符可以创建多个不同的对象,这些对象将被分配不同的内存空间。说得准确一些就是,不同对象的实例变量将被分配不同的内存空间,如果类中有类变量,那么所有对象的这个类变量都分配给相同的一处内存,改变其中一个对象的这个类变量会影响其他对象的这个类变量。也就是说,对象共享类变量。

当 Java 程序执行时,类的字节码文件被加载到内存,如果该类没有创建对象,类中的实例变量不会被分配内存。但是,类中的类变量在该类被加载到内存时,就分配了相应的内存空间。如果该类创建对象,那么不同对象的实例变量互不相同,即分配不同的内存空间,而类变量不再重新分配内存,所有对象共享类变量,即所有对象的类变量是相同的一处内存空间,类变量的内存空间直到程序退出运行,才释放所占有的内存。

类变量是与类相关联的数据变量,也就是说,类变量是和该类创建的所有对象相关联的变量,改变其中一个对象的这个类变量就同时改变了其他对象的这个类变量。因此,类变量不仅可以通过某个对象访问,也可以直接通过类名访问。实例变量仅仅是和相应的对象关联的变量,也就是说,不同对象的实例变量互不相同,即分配不同的内存空间,改变其中一个对象的实例变量不会影响其他对象的这个实例变量。实例变量可以通过对象访问,不能使用类名访问。

在例 4.8 中 Ladder.java 的 Ladder 类创建的梯形对象共享一个下底。程序运行效果如图 4.17 所示。

```
C:\chapter4>java Example4_8
ladderOne的上底:28.0
ladderOne的下底:100.0
ladderTwo的上底:66.0
ladderTwo的下底:100.0
```

图 4.17 梯形共享下底

例 4.8

Ladder.java

```
public class Ladder {
    double 上底,高;                    //实例变量
    static double 下底;                //类变量
    void 设置上底(double a) {
        上底 = a;
    }
```

```
    void 设置下底(double b) {
        下底 = b;
    }
    double 获取上底() {
       return 上底;
    }
    double 获取下底() {
       return 下底;
    }
}
```

Example4_8.java

```
public class Example4_8 {
   public static void main(String args[ ]) {
        Ladder.下底 = 100;       //Ladder 的字节码被加载到内存,通过类名操作类变量
        Ladder ladderOne = new Ladder();
        Ladder ladderTwo = new Ladder();
        ladderOne.设置上底(28);
        ladderTwo.设置上底(66);
        System.out.println("ladderOne 的上底:" + ladderOne.获取上底());
        System.out.println("ladderOne 的下底:" + ladderOne.获取下底());
        System.out.println("ladderTwo 的上底:" + ladderTwo.获取上底());
        System.out.println("ladderTwo 的下底:" + ladderTwo.获取下底());
   }
}
```

例 4.8 从 Example4_8.java 中主类的 main 方法开始运行,当执行:

```
Ladder 下底 = 100;
```

时,Java 虚拟机首先将 Ladder 的字节码加载到内存,同时为类变量"下底"分配了内存空间,并赋值 100,如图 4.18 所示。

当执行:

```
Ladder ladderOne  =  new Ladder();
Ladder ladderTwo  =  new Ladder();
```

时,实例变量"上底"和"高"都被分配内存空间两次,分别被对象 ladderOne 和 ladderTwo 所引用;而类变量"下底"不再分配内存,直接被对象 ladderOne 和 ladderTwo 引用、共享,如图 4.19 所示。

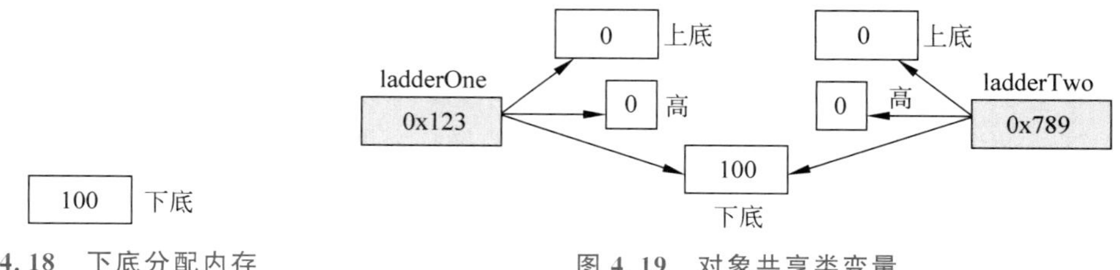

图 4.18　下底分配内存　　　　图 4.19　对象共享类变量

注:类变量似乎破坏了封装性,其实不然,当对象调用实例方法时,该方法中出现的类变量也是该对象的变量,只不过这个变量和所有的其他对象共享而已。

▶ 4.6.2　实例方法和类方法的区别

类体中的方法分为实例方法和类方法两种,用 static 修饰的是类方法,否则为实例方法。

无论是类方法还是实例方法，对象在创建之后，都可以使用"."运算符调用这些方法。那么，类方法和实例方法到底有什么区别呢？

当类的字节码文件被加载到内存时，类的实例方法不会被分配入口地址，在该类创建对象后，类中的实例方法才分配入口地址，从而实例方法可以被类创建的任何对象调用执行。需要注意的是，当创建第一个对象时，类中的实例方法就分配了入口地址，当再创建对象时，不再分配入口地址。也就是说，方法的入口地址被所有的对象共享，当所有的对象都不存在时，方法的入口地址才被取消。

对于类中的类方法，在该类被加载到内存时，就分配了相应的入口地址，从而类方法不仅可以被类创建的任何对象调用执行，也可以直接通过类名调用。类方法的入口地址直到程序退出才被取消。

类方法在类的字节码加载到内存时就分配了入口地址，因此，Java 语言允许通过类名直接调用类方法，而实例方法不能通过类名调用。在讲述类时我们强调过，在 Java 语言中，类中的类方法不可以操作实例变量，也不可以调用实例方法，这是因为在类创建对象之前，实例成员变量还没有分配内存，而且实例方法也没有入口地址。

如果一个方法不需要操作实例成员变量就可以实现某种功能，就可以考虑将这样的方法声明为类方法。这样做的好处是避免创建对象浪费内存。

在下面的例 4.9 中，A 类中的 getContinueSum 方法是类方法。

例 4.9

Example4_9.java

```
class A {
   int x,y,z;
   static int getContinueSum(int start,int end) {
       int sum = 0;
       for(int i = start;i <= end;i ++ ) {
          sum = sum + i;
       }
       return sum;
   }
}
public class Example4_9 {
   public static void main(String args[]) {
       int result = A.getContinueSum(0,100);
       System.out.println(result);
   }
}
```

扫一扫

视频讲解

4.7　this 关键字

this 是 Java 的一个关键字，表示某个对象。this 可以出现在实例方法和构造方法中，但不可以出现在类方法中。

▶ 4.7.1　在构造方法中使用 this

当 this 关键字出现在类的构造方法中时，代表使用该构造方法所创建的对象。

在下面的例 4.10 中，People 类的构造方法中使用了 this。

例 4.10

People.java

```
public class People{
    int leg,hand;
    String name;
    People(String s){
        name = s;
        this.init();                          //可以省略 this,即将"this.init();"写成"init();"
    }
    void init(){
        leg = 2;
        hand = 2;
        System.out.println(name + "有" + hand + "只手" + leg + "条腿");
    }
    public static void main(String args[]){
      People boshi = new People("布什");      //创建 boshi 时,构造方法中的 this 就是对象 boshi
    }
}
```

▶ 4.7.2 在实例方法中使用 this

实例方法只能通过对象来调用,不能用类名来调用。当 this 关键字出现在实例方法中时,代表正在调用该方法的当前对象。

实例方法可以操作类的成员变量,当实例成员变量在实例方法中出现时,默认的格式如下:

```
this.成员变量
```

当 static 成员变量在实例方法中出现时,默认的格式如下:

```
类名.成员变量
```

例如:

```
class A {
    int x;
    static int y;
    void f() {
       this.x = 100;
       A.y = 200;
    }
}
```

在上述 A 类的实例方法 f 中出现了 this,this 代表使用 f 的当前对象。所以,this.x 表示当前对象的变量 x,当对象调用方法 f 时,将 100 赋给该对象的变量 x。因此,当一个对象调用方法时,方法中的实例成员变量就是分配给该对象的实例成员变量,而 static 变量和其他对象共享。因此,通常情况下可以省略实例成员变量名字前面的"this."以及 static 变量前面的"类名."。

例如:

```
class A {
    int x;
    static int y;
    void f() {
```

```
        x = 100;
        y = 200;
    }
}
```

但是，当实例成员变量的名字和局部变量的名字相同时，成员变量前面的“this.”或“类名.”不可以省略。

类的实例方法可以调用类的其他方法，对于实例方法调用的默认格式如下：

```
this.方法;
```

对于类方法调用的默认格式如下：

```
类名.方法;
```

例如：

```
class B {
    void f() {
      this.g();
        B.h();
    }
    void g() {
        System.out.println("ok");
    }
    static void h() {
        System.out.println("hello");
    }
}
```

在上述B类的方法f中出现了this，this代表调用方法f的当前对象，所以，在方法f的方法体中this.g()就是当前对象调用方法g。也就是说，在某个对象调用方法f的过程中，又调用了方法g。由于这种逻辑关系非常明确，一个实例方法调用另一个方法时可以省略方法名字前面的“this.”或“类名.”。

例如：

```
class B {
    void f() {
        g();                        //省略 this
        h();                        //省略类名
    }
    void g() {
        System.out.println("ok");
    }
    static void h() {
        System.out.println("hello");
    }
}
```

注：this不能出现在类方法中，因为类方法可以通过类名直接调用，这时，可能还没有任何对象产生。

扫一扫

视频讲解

4.8 包

包是Java语言中有效地管理类的一个机制。不同Java源文件中可能出现名字相同的类，如果想区分这些类，就需要使用包名。包名的目的是有效地区分名字相同的类，不同Java源文件中两个类名字相同时,它们可以通过隶属不同的包来相互区分。

4.8.1 包语句

源文件使用关键字 package 给出包语句,即 package 语句。如果源文件有 package 语句,package 语句必须作为 Java 源文件的第一条语句(源文件至多可以有一条 package 语句),指明该源文件定义的类所在的包,即为该源文件中声明的类指定包名。package 语句的一般格式为:

```
package 包名;
```

如果源程序中省略了 package 语句,源文件中所定义命名的类被隐含地认为是无名包的一部分,只要这些类的字节码被存放在相同的目录中,那么它们就属于同一个包,但没有包名。

包名可以是一个合法的标识符,也可以是若干标识符加"."分隔而成。例如:

```
package sunrise;
package sun.com.cn;
```

4.8.2 有包名的类的存储目录

如果一个类有包名,那么就不能在任意位置存放它,否则虚拟机将无法加载这样的类。对于有包名的类,必须按照包名对应的路径(把包名中的"."分隔符号替换成路径分隔符"\")存放该类的字节码文件。例如,假设程序如下使用了包语句:

```
package tom.jiafei;
```

那么类的字节码文件需要保存在某个形如

```
…\tom\jiafei
```

的路径中,例如,保存在

```
C:\1000\tom\jiafei
```

路径中。为了让类的字节码文件保存在符合规定的路径中,一个简单的办法就是把类的源文件保存到含有包名对应的路径中。例如,把源文件保存到

```
C:\1000\tom\jiafei
```

路径中。然后在命令行进入包名对应的路径 tom\jiafei 的父目录(例如 C:\1000),如下编译源文件

```
C:\1000> javac tom\jiafei\源文件
```

那么得到的字节码文件默认地保存在了当前路径中。

注:对于有包名的源文件,一个好的编程习惯就是进入包名对应的路径的父目录,编译源文件。

4.8.3 运行有包名的主类

如果主类的包名是 tom.jiafei,那么主类的字节码必须存放在某个…\tom\jiafei 路径中,那么必须到 tom\jiafei 的父目录(包名对应的路径的父目录)中去运行主类。假设 tom\jiafei 的父目录是 C:\1000,那么,在命令行以如下格式来运行:

```
C:\1000 > java tom.jiafei.主类名
```

即运行时，必须写主类的全称。因为使用了包名，主类的全称是“包名.主类名”(就好比大连的全名是“中国.辽宁.大连”)。

例 4.11 中的 Example4_11.java 使用包语句。

例 4.11

Student.java

```
package tom.jiafei;
public class Student{
    int number;
    Student(int n){
        number = n;
    }
    void speak(){
        System.out.println("Student 类的包名是 tom.jiafei,我的学号:" + number);
    }
}
```

Example4_11.java

```
package tom.jiafei;
public class Example4_11 {
    public static void main(String args[]){
        Student stu = new Student(10201);
        stu.speak();
        System.out.println("主类的包名也是 tom.jiafei");
    }
}
```

```
C:\ch4>javac tom\jiafei\Student.java

C:\ch4>javac tom\jiafei\Example4_11.java

C:\ch4>java tom.jiafei.Example4_11
Student类的包名是tom.jiafei,我的学号: 10201
主类的包名也是tom.jiafei
```

图 4.20　运行有包名的主类

以下说明怎样编译和运行例 4.11，效果如图 4.20 所示。

❶ 编译

将上述两个源文件保存到 C:\ch4\tom\jiafei 中，然后分别编译两个源文件：

```
C:\ch4 > javac tom\jiafei\Student.java
C:\ch4 > javac tom\jiafei\Example4_1.java
```

也可以用通配符“*”代替全部源文件的名字，编译全部的源文件：

```
C:\ch4 > javac tom\jiafei\*.java
```

编译通过后，C:\ch4\tom\jiafei 路径下就会有相应的字节码文件 Student.class 和 Example4_11.class。

❷ 运行

在命令行运行程序时必须到 tom\jiafei 的父目录 ch4 中运行。如：

```
C:\ch4 > java tom.jiafei.Example4_11
```

包名的目的是有效地区分名字相同的类，那么就涉及怎样区分包名。但要做到这一点似乎很困难，因为全世界有很多 Java 开发程序员，我们无法知道他们用了哪些包名。因此，可以根据你的项目的范围来决定你的包名，只要在自己的项目范围内不出现包名冲突即可。如果你的包需要在全世界是唯一的，建议使用自己所在公司的 Internet 域名倒置后作包名。例如，将域名 sina.com.cn 的倒置 cn.com.sina 作包名。

注：Java 语言不允许用户程序使用 java 作为包名的第一部分，例如 java.bird 是非法的包名(发生运行异常)。

扫一扫

视频讲解

4.9 import 语句

一个类可能需要另一个类声明的对象作为自己的成员或方法中的局部变量，如果这两个类在同一个包中，当然没有问题。例如，前面的许多例子涉及的类都是无名包，只要存放在相同的目录中，它们就是在同一个包中。对于包名相同的类，如前面的例 4.11，它们必然按照包名的结构存放在相应的目录中。但是，如果一个类想要使用的那个类和它不在一个包中，它怎样才能使用这样的类呢？这正是 import 语句要解决的内容。下面详细讲解 import 语句。

▶ 4.9.1 引入类库中的类

用户编写的类肯定和类库中的类不在一个包中，如果用户需要类库中的类，可以使用 import 语句。

使用 import 语句可以引入包中的类。在编写源文件时，用户除了自己编写类外，经常使用 Java 提供的许多类，这些类可能在不同的包中。在学习 Java 语言时，使用已经存在的类，避免一切从头做起，这是面向对象编程的一个重要方面。

为了能使用 Java 提供的类，可以使用 import 语句引入包中类。在一个 Java 源程序中可以有多个 import 语句，它们必须写在 package 语句(假如有 package 语句)和源文件中类的定义之间。Java 为我们提供了大约 130 多个包(在后续章节将需要一些重要包中的类)，例如：

- java.lang：包含所有的基本语言类(见第 9 章)。
- javax.swing：包含抽象窗口工具集中的图形、文本和窗口 GUI 类(见第 10 章)。
- java.io：包含所有的输入/输出类(见第 12 章)。
- java.until：包含数据结构类(见第 13 章)。
- java.sql：包含操作数据库的类(见第 14 章)。
- java.net：包含所有实现网络功能的类(见第 16 章)。
- java.applet：包含所有实现 Java Applet 的类(见第 17 章)。

如果要引入一个包中的所有类，可以用通配符“*”来代替。例如：

```
import java.util.*;
```

表示引入 java.util 包中所有的类，而

```
import java.until.Date;
```

只是引入 java.until 包中的 Date 类。

如果编写一个程序，并想使用 java.util 中的 Date 类创建对象来显示本地的时间，那么可以使用 import 语句引入 java.util 中的 Date 类。例 4.12 中的 Example4_12.java 使用了 import 语句，运行效果如图 4.21 所示。

```
C:\chapter4>java Example4_12
本地机器的时间:
Wed Jul 29 13:43:43 CST 2009
```

图 4.21 引入类库中的类

例 4.12

Example4_12.java

```
import java.util.Date;
```

```
public class Example4_12 {
    public static void main(String args[]) {
        Date date = new Date();
        System.out.println("本地机器的时间:");
        System.out.println(date);
    }
}
```

注：① java.lang 包是 Java 语言的核心类库，它包含了运行 Java 程序必不可少的系统类，系统自动为程序引入 java.lang 包中的类（例如 System 类、Math 类等），因此不需要再使用 import 语句引入该包中的类。

② 如果使用 import 语句引入了整个包中的类，那么可能会增加编译时间，但绝对不会影响程序运行的性能，因为当程序执行时，只是将用户真正使用的类的字节码文件加载到内存。

▶ 4.9.2 引入自定义包中的类

用户程序也可以使用 import 语句引入非类库中有包名的类。例如：

```
import tom.jiafei.*;
```

❶ 有包名的源文件

包名路径左对齐。所谓包名路径左对齐，就是让源文件中的包名所对应的路径和它要用 import 语句引入的非类库中的类的包名所对应的路径的父目录相同。假如用户的源文件的包名是 sun.hello.moon，该源文件想引入的非类库中的包名是 sohu.com 的类，那么只需将两个包名所对应的路径左对齐，即让两个包名所对应的路径的父目录相同。例如，将用户的源文件和它准备用 import 语句引入的包名是 sohu.com 的类分别保存在

```
C:\ch4\sun\hello\com
```

和

```
C:\ch4\sohu\com
```

中，即 sun\hello\com 和 sohu\com 的父目录相同，都是 C:\ch4。

注：如果源文件中的包名和非类库中的类的包名相同，让源文件中包名路径和该类的包名路径左对齐，源文件无须使用 import 语句，就可以使用该类。

❷ 无包名的源文件

包名路径和源文件左对齐。假如用户的源文件没有包名，该源文件想引入的非类库中的包名是 sohu.com 的类，那么只需使源文件中 import 语句要引入的非类库中的类的包名路径的父目录和用户的源文件所在的目录相同，即包名路径和源文件左对齐。例如，将用户的源文件和它准备用 import 语句引入的包名是 sohu.com 的类分别保存在

```
C:\ch4\
```

和

```
C:\ch4\sohu\com
```

中，即 sohu\com 的父目录和用户的源文件所在目录都是 C:\ch4。

编写一个有价值的类是令人高兴的事情，可以将这样的类打包（自定义包），形成有价值的“软件产品”，供其他软件开发者使用。

下面例4.13中的Triangle.java含有一个包名是sohu.com的Triangle类,该类可以创建"三角形"对象。一个需要三角形的用户,可以使用import语句引入Triangle类。将例4.13中的Triangle.java源文件保存到C:\ch4\sohu\com中,并编译通过:

```
C:\ch4 > javac sohu\com\Triangle.java
```

例 4.13

Triangle.java

```
package sohu.com
public class Triangle {
    double sideA,sideB,sideC;
    boolean isTriange;
    public Triangle(double a,double b,double c) {
       sideA = a;
       sideB = b;
       sideC = c;
       if(a + b > c&&a + c > b&&c + b > a) {
          isTriange = true;
       }
       else {
          isTriange = false;
       }
    }
    public void 计算面积() {
       if(isTriange) {
           double p = (sideA + sideB + sideC)/2.0;
           double area = Math.sqrt(p * (p - sideA) * (p - sideB) * (p - sideC)) ;
           System.out.println("是一个三角形,面积是:" + area);
       }
       else {
           System.out.println("不是一个三角形,不能计算面积");
       }
    }
    public void 修改三边(double a,double b,double c) {
       sideA = a;
       sideB = b;
       sideC = c;
       if(a + b > c&&a + c > b&&c + b > a) {
          isTriange = true;
       }
       else {
          isTriange = false;
       }
    }
}
```

例4.14中的Example4_14.java中的主类(包名是sun.hello.moon)使用import语句引入sohu.com包中的Triangle类(见例4.13),以便创建三角形,并计算三角形的面积。将Example4_14.java保存在C:\ch4\sun\hello\moon中(因为ch4下有tom\jiafei)。程序编译、运行效果如图4.22所示。

```
C:\ch4>javac sun\hello\moon\Example4_14.java

C:\ch4>java sun.hello.moon.Example4_14
不是一个三角形,不能计算面积
是一个三角形,面积是:6.0
```

图 4.22　程序编译、运行效果

例 4.14

Example4_14.java

```
package sun.hello.moon;
import sohu.com.Triangle;
```

```
public class Example4_14 {
    public static void main(String args[]) {
        Triangle tri = new Triangle(12, - 3,100);
        tri.计算面积();
        tri.修改三边(3,4,5);
        tri.计算面积();
    }
}
```

注：有包名的源文件，无论如何也无法使用无包名的类。

▶ 4.9.3 使用无包名的类

如果一个无包名类想使用无名包中的类，只要将这个无包名的类的字节码和当前类保存在同一个目录中即可。

例 4.15 涉及两个源文件，即 A.java 和 Example4_15.java。其中，A.java 省略了包语句，Example4_15.java 和 A.java 存放在同一目录，例如 D:\3000\中。首先编译 A.java，然后编译、运行 Example4_15.java。

例 **4.15**

A.java

```
public class A {
   public void hello() {
       System.out.println("你好");
   }
}
```

Example4_15.java

```
public class Example4_15 {
    public static void main(String args[]) {
        A a = new A();
        a.hello();
    }
}
```

▶ 4.9.4 避免类名混淆

在一个源文件中使用一个类时，只要不引起混淆，就可以省略该类的包名。但在某些特殊情况下不能省略包名。

❶ 区分无包名和有包名的类

如果一个源文件使用了一个无名包中的 A 类，同时又用 import 语句引入了某个有包名的同名的类，例如 tom.jiafei 中的 A 类，就可能引起类名的混淆。

如果源文件明确地引入了该类，例如：

```
import tom.jiafei.A;
```

当使用 A 类时，如果省略包名，那么源文件使用的是 tom.jiafei 包中的 A 类，也就是说，源文件将无法使用无名包中的 A 类。如果想同时使用 tom.jiafei 包中的 A 类和无名包中的 A 类，就不能省略包名了。例如：

```
A a1 = new A();
tom.jiafei.A a2 = new tom.jiafei.A();
```

其中,a1 是无包名 A 类创建的对象,a2 是 tom.jiafei 包中的 A 类创建的对象。

如果源文件使用通配符"*"引入了包中所有的类:

```
import tom.jiafei.*;
```

当使用 A 类时,如果省略包名,那么源文件使用的是无名包中的 A 类,也就是说,源文件将无法使用 tom.jiafei 中的 A 类。如果想同时使用 tom.jiafei 包中的 A 类和无名包中的 A 类,就不能省略包名。例如:

```
A a1 = new A();
tom.jiafei.A a2 = new tom.jiafei.A();
```

其中,a1 是无包名 A 类创建的对象,a2 是 tom.jiafei 包中的 A 类创建的对象。

❷ 区分有包名的类

如果一个源文件引入了两个包中同名的类,那么在使用该类时,不允许省略包名。例如,引入了 tom.jiafei 包中的 A 类和 sun.com 包中的 A 类,那么程序在使用 A 类时必须写全名:

```
tom.jiafei.A  bird = new tom.jiafei.A();
sun.com.A  goat = new sun.com.A();
```

扫一扫

视频讲解

4.10 访问权限

用一个类创建一个对象之后,该对象可以通过"."运算符操作自己的变量、使用类中的方法,但对象操作自己的变量和使用类中的方法是有一定限制的。所谓访问权限,是指对象是否可以通过"."运算符操作自己的变量或通过"."运算符使用类中的方法。访问限制修饰符有 private、protected 和 public,它们都是 Java 的关键字,用来修饰成员变量或方法。下面说明这些修饰符的具体作用。

注: 一个类中的实例方法总是可以操作该类中的实例变量和类变量;类方法总是可以操作该类中的类变量,与访问限制符没有关系。

4.10.1 私有变量和私有方法

用关键字 private 修饰的成员变量和方法称为私有变量和私有方法。例如:

```
class Tom {
    private float weight;                       //weight 是 private 的 float 型变量
    private float f(float a,float b) {          //方法 f 是 private 方法
        return a + b;
    }
}
```

当在另外一个类中用类 Tom 创建了一个对象后,该对象不能访问自己的私有变量和私有方法。例如:

```
class Jerry {
    void g() {
        Tom cat = new Tom();
        cat.weight = 23f;                       //非法
        float sum = cat.f(3,4);                 //非法
    }
}
```

如果 Tom 类中的某个成员是私有类变量(静态成员变量),那么在另外一个类中就不能通过类名 Tom 来操作这个私有类变量。如果 Tom 类中的某个方法是私有的类方法,那么在另外一个类中也不能通过类名 Tom 来调用这个私有的类方法。

对于私有成员变量或方法,只有在本类中创建该类的对象时,这个对象才能访问自己的私有成员变量和类中的私有方法,如例 4.16 所示。

例 4.16

AAA.java

```
class AAA {
    private int money;
    private int getMoney() {
        return money;
    }
    public static void main(String args[ ]) {
         AAA   exa = new AAA();                    //对象 exa 在 AAA 类中
         exa.money = 3000;
         int m = exa.getMoney();
         System.out.println("money = " + m);
    }
}
```

如果将上述源文件修改如下(修改为含有两个类):

```
class AAA {
    private int money;
    private int getMoney() {
       return money;
    }
}
class E {
    public static void main(String args[ ]) {
       AAA   exa = new AAA();                      //对象 exa 在 E 类中,不在 AAA 类中
       exa.money = 3000;                           //非法
       int m = exa.getMoney();                     //非法
       System.out.println("money = " + m);
    }
}
```

那么

```
exa.money = 3000;
int m = exa.getMoney();
```

都是非法操作。

当用某个类在另外一个类中创建对象后,如果不希该对象直接访问自己的变量,即通过“.”运算符来操作自己的成员变量,应当将该成员变量的访问权限设置为 private。面向对象编程提倡对象应当调用方法来改变自己的属性,类应当提供操作数据的方法,这些方法可以经过精心的设计,使得对数据的操作更加合理,如例 4.17 所示,运行效果如图 4.23 所示。

```
C:\chapter4>java Example4_17
zhang的年龄：23
geng的年龄：25
```

图 4.23　通过方法访问 private 变量

例 4.17

Student.java

```
public class Student {
   private int age;
```

```
    public void setAge(int age) {
        if(age >= 7&&age <= 28) {
            this.age = age;
        }
    }
    public int getAge() {
        return age;
    }
}
```

Example4_17.java

```
public class Example4_17 {
    public static void main(String args[]) {
        Student zhang = new Student();
        Student geng = new Student();
        zhang.setAge(23);
        System.out.println("zhang 的年龄: " + zhang.getAge());
        geng.setAge(25);
        //"zhang.age = 23;"或"geng.age = 25;"都是非法的,因为 zhang 和 geng 已经不在 Student 类中
        System.out.println("geng 的年龄: " + geng.getAge());
    }
}
```

▶ 4.10.2 公有变量和公有方法

用 public 修饰的成员变量和方法被称为公有变量和公有方法。例如：

```
class Tom {
    public float weight;                    //weight 是 public 的 float 型变量
    public float f(float a,float b) {       //方法 f 是 public 方法
        return a + b;
    }
}
```

当在任何一个类中用类 Tom 创建了一个对象后,该对象能访问自己的 public 变量和类中的 public 方法。例如：

```
class Jerry {
    void g() {
        Tom cat = new Tom();
        cat.weight = 23f;                   //合法
        float sum = cat.f(3,4);             //合法
    }
}
```

如果 Tom 类中的某个成员是 public 变量,那么在另外一个类中也可以通过类名 Tom 来操作 Tom 的这个成员变量。如果 Tom 类中的某个方法是 public 方法,那么在另外一个类中也可以通过类名 Tom 来调用 Tom 类中的这个 public 方法。

▶ 4.10.3 友好变量和友好方法

不用 private、public、protected 修饰符的成员变量和方法被称为友好变量和友好方法。例如：

```
class Tom {
    float weight;                   //weight 是友好的 float 型变量
    float f(float a,float b) {      //方法 f 是友好方法
```

```
            return a + b;
        }
}
```

当在另外一个类中用类 Tom 创建了一个对象后，如果这个类与 Tom 类在同一个包中，那么该对象能访问自己的友好变量和友好方法。在任何一个与 Tom 同一个包的类中，也可以通过 Tom 类的类名访问 Tom 类的友好成员变量和友好方法。

假如 Jerry 与 Tom 是同一个包中的类，那么下述 Jerry 类中的 cat. weight、cat. f(4,3)都是合法的：

```
class Jerry {
    void g() {
        Tom cat = new Tom();
        cat.weight = 23f;                //合法
        float sum = cat.f(3,4);          //合法
    }
}
```

在源文件中编写命名的类总是在同一个包中。如果源文件使用 import 语句引入了另外一个包中的类，并用该类创建了一个对象，那么该类的这个对象将不能访问自己的友好变量和友好方法。

▶ 4.10.4　受保护的成员变量和方法

用 protected 修饰的成员变量和方法被称为受保护的成员变量和受保护的方法。例如：

```
class Tom {
    protected  float weight;                        //weight 是 protected 的 float 型变量
    protected float f(float a,float b) {            //方法 f 是 protected 方法
        return a + b;
    }
}
```

当在另外一个类中用类 Tom 创建了一个对象后，如果这个类与类 Tom 在同一个包中，那么该对象能访问自己的 protected 变量和 protected 方法。在任何一个与 Tom 同一个包的类中，也可以通过 Tom 类的类名访问 Tom 类的 protected 变量和 protected 方法。

假如 Jerry 与 Tom 是同一个包中的类，那么下述 Jerry 类中的 cat. weight、cat. f(3,4)都是合法的：

```
class Jerry {
    void g() {
        Tom cat = new Tom();
        cat.weight = 23f;                     //合法
        float sum = cat.f(3,4);               //合法
    }
}
```

注： 在后面讲述子类时，将讲述"受保护"(protected)和"友好"之间的区别。

▶ 4.10.5　public 类与友好类

声明类时，如果在关键字 class 前面加上 public 关键字，则称这样的类是一个 public 类。例如：

```
public class A
{ ⋮
}
```

可以在任何另外一个类中,使用 public 类创建对象。如果一个类不加 public 修饰,例如:

```
class A
{ ⋮
}
```

这样的类被称为友好类,那么在另外一个类中使用友好类创建对象时,要保证它们在同一包中。

注: ① 不能用 protected 和 private 修饰类。
② 访问限制修饰符按访问权限从高到低的排列顺序是 public、protected 和 private。

扫一扫

视频讲解

4.11 基本数据类型的类封装

Java 的基本数据类型包括 byte、int、short、long、float、double 和 char,Java 同时也提供了与基本数据类型相关的类,实现了对基本数据类型的封装。在 java.lang 包中,这些类分别是 Byte、Integer、Short、Long、Float、Double 和 Character 类。

4.11.1 Double 和 Float 类

Double 类和 Float 类实现了对 double 和 float 基本类型数据的类封装。

可以使用 Double 类的构造方法:

```
Double(double num)
```

创建一个 Double 类型的对象;使用 Float 类的构造方法:

```
Float(float num)
```

创建一个 Float 类型的对象。Double 对象调用 doubleValue()方法可以返回该对象含有的 double 型数据;Float 对象调用 floatValue()方法可以返回该对象含有的 float 型数据。

4.11.2 Byte、Short、Integer 和 Long 类

下述构造方法分别可以创建 Byte、Integer、Short 和 Long 类型的对象:

```
Byte(byte num)
Integer(int num)
Short(short num)
Long(long num)
```

Byte、Integer、Short 和 Long 对象分别调用 byteValue()、intValue()、shortValue()和 longValue()方法返回该对象含有的基本类型数据。

4.11.3 Character 类

Character 类实现了对 char 基本类型数据的类封装。

可以使用 Character 类的构造方法:

```
Character(char c)
```

创建一个 Character 类型的对象。Character 对象调用 charValue()方法可以返回该对象含有的 char 型数据。

Character 类还包括一些类方法，这些方法可以直接通过类名调用，用来进行字符分类。例如，判断一个字符是否是数字字符或改变一个字符的大小写等。

下面介绍 Character 类中的一些常用的类方法。

- public static boolean isDigit(char ch)：如果 ch 是数字字符方法返回 true，否则返回 false。
- public static boolean isLetter(char ch)：如果 ch 是字母方法返回 true，否则返回 false。
- public static boolean isLetterOrDigit(char ch)：如果 ch 是数字字符或字母方法返回 true，否则返回 false。
- public static boolean isLowerCase(char ch)：如果 ch 是小写字母方法返回 true，否则返回 false。
- public static boolean isUpperCase(char ch)：如果 ch 是大写字母方法返回 true，否则返回 false。
- public static char toLowerCase(char ch)：返回 ch 的小写形式。
- public static char toUpperCase(char ch)：返回 ch 的大写形式。
- public static boolean isSpaceChar(char ch)：如果 ch 是空格返回 true，否则返回 false。

在下面的例 4.18 中，将一个字符数组中的小写字母变成大写字母，并将大写字母变成小写字母。

例 4.18

Example4_18.java

```
public class Example4_18 {
   public static void main(String args[]) {
      char a[] = {'a','b','c','D','E','F'};
      for(int i = 0;i < a.length;i++) {
         if(Character.isLowerCase(a[i])) {
            a[i] = Character.toUpperCase(a[i]);
         }
         else if(Character.isUpperCase(a[i])) {
            a[i] = Character.toLowerCase(a[i]);
         }
      }
      for(int i = 0;i < a.length;i++) {
         System.out.print(" " + a[i]);
      }
   }
}
```

▶ 4.11.4　自动装箱与拆箱

JDK 1.5 版本增加了基本类型数据和相应的对象之间相互自动转换的功能，称为基本数据类型的自动装箱与拆箱(Autoboxing and Auto-Unboxing of Primitive Types)。

所谓自动装箱，就是允许把一个基本数据类型的值直接赋给基本数据类型相对应的类的实例。例如：

```
Integer number = 100;
```

或

```
int m = 100;
Integer number = m;
```

上述语句的装箱过程如下：

```
Integer number = new Integer(m);
```

自动拆箱就是允许把基本数据类型相对应的类的实例直接赋给相应的基本数据类型变量，或把基本数据类型相对应的类的实例当作相应的基本数据类型来使用。例如，number 是一个 Integer 对象，那么允许：

```
int x = number + number;
```

上述语句的拆箱过程如下：

```
int x = number.intValue() + number.intValue();
```

例 4.19

Example4_19.java

```
public class Example4_19 {
   public  static void main(String args[]) {
       Integer x = 100, y = 12; //装箱: Integer x = new Integer(100), y = new Integer(12);
       Integer m = x + y;       //先拆箱再装箱: Integer m = new Integer(x.intValue() + y.intValue());
       int ok = m;              //拆箱: int ok = m.intValue();
       System.out.println(ok);
   }
}
```

自动装箱与拆箱仅仅是形式上的方便，在性能上并没有提高，而且装箱时必须保证类型一致。例如：

```
Float c = 12;
```

就是一个错误的装箱，正确的装箱应该是：

```
Float c = 12.0f;
```

但是，“Float c=new Float(12);”总是正确的。对于习惯了对象的编程人员，反而觉得自动装箱与拆箱很别扭。

扫一扫

视频讲解

4.12 反编译器和文件生成器

▶ 4.12.1 使用反编译器

使用 JDK 提供的反编译器 javap.exe 可以将字节码反编译为源码，查看源码类中的 public 方法的名字和 public 成员变量的名字。例如：

```
javap java.util.Date
```

将列出 Date 中的 public 方法和 public 成员变量。下列命令：

```
javap -private javax.swing.JButton
```

将列出 JButton 中的所有方法和成员变量。

▶ 4.12.2 使用文件生成器

使用 JDK 提供的 javadoc.exe 可以制作源文件的 HTML 格式文档。

假设 D:\test 中有源文件 Example.java，用 javadoc 生成 Example.java 的 HTML 格式文档：

```
javadoc Example.java
```

这时在文件夹 test 中将生成若干 HTML 文档，查看这些文档可以知道源文件中类的组成结构，如类中的方法和成员变量。

在使用 javadoc 时，也可以使用参数-d 指定生成文档所在的目录。例如：

```
javadoc  -d  C:\document  Example.java
```

为了制作一份好的文档，应当在源文件中使用 javadoc 注释。在 1.7 节介绍了 Java 注释，但没有讲解 javadoc 注释。javadoc 注释的格式如下：

```
/**  注释内容 */
```

在编写注释内容时，除了普通的文字说明外，可以在注释中使用

```
@para 参数名
```

对参数给出说明；使用

```
@return  文字说明
```

对方法的返回类型给予说明。

例 4.20 中的 Employee 类使用了 javadoc 注释。

例 4.20

Employee.java

```
public class Employee {
    public int number;
    public Employee(int number){
     /** Employee 是一个构造方法,无类型
        @param number 是雇员的号码
     */
      this.number = number;

    }
    /** getNumber 是一个实例方法
        @return 方法返回一个整数,即返回 number
     */
    public int getNumber(){
      return number;
    }
}
```

将例 4.20 中的 Employee.java 保存在 C:\chapter4 中，编译通过，然后使用如下 javadoc 命令：

```
C:\chapter4 > javadoc  -d C:\document Employee.java
```

在 C:\document 目录中得到 Employee 类的 HTML 文档，用浏览器打开 HTML 文档，效果如图 4.24 所示。

方法详细信息

getNumber

public int getNumber()

getNumber 是一个实例方法。

返回：
该方法返回一个整数，即返回 number。

图 4.24　javadoc 生成的 HTML 文档

4.13　jar 文件

▶ 4.13.1　文档性质的 jar 文件

可以将有包名的类的字节码文件压缩成一个 jar 文件,供其他源文件用 import 语句引入 jar 文件中的类。以下结合具体的两个类给出生成 jar 文件的步骤。假设 TestOne 类和 TestTwo 类的包名分别是 sohu. com 和 sun. hello. moon:

TestOne. java

```
package sohu.com;                                         //包语句
public class TestOne {
    public void fTestOne() {
       System.out.println("I am a method In TestOne class");
    }
}
```

TestTwo. java

```
package sun.hello.moon;                                    //包语句
public class TestTwo {
     public void fTestTwo() {
        System.out.println("I am a method In TestTwo class");
     }
}
```

将上述 TestOne. java 和 TestTwo. java 分别保存到 C:\ch4\sohu\com 和 C:\ch4\sun\hello\moon 中。如下编译两个源文件(见第 4.8 节):

```
C:\ch4 > javac sohu\com\TestOne.java
C:\ch4 > javac sun\hello\moon\TestTwo.java
```

现在,就把 TestOne. class 和 TestTwo. class 压缩成一个 jar 文件:Jerry. jar。

❶ 编写清单文件

首先编写一个清单文件:qingdan. mf(Manifestfiles)。

qingdan. mf

```
Manifest - Version: 1.0
Class: sohu.com.TestOne sun.hello.moon.TestTwo
Created - By: 11
```

需要注意的是,在编写清单文件 qingdan. mf 时,在“Manifest-Version:”和“1.0”之间、“Class:”和类之间,以及“Created-By:”和“11 或 1.11”之间必须有且只有一个空格。

将 qingdan.mf 保存到 C:\ch4 目录中(即保存在包路径的父目录中)。

❷ jar 命令

为了在命令行使用 jar 命令来生成一个 jar 的文件,首先需要进入 C:\ch4 目录,即进入包路径的父目录中,然后使用 jar 命令来生成一个名字为 Jerry.jar 的文件,如下所示:

```
C:\ch4 > jar cfm Jerry.jar qingdan.mf sohu\com\TestOne.class sun\hello\moon\TestTwo.class
```

也可如下使用 jar 命令:

```
C:\ch4 > jar cfm Jerry.jar qingdan.mf sohu\com\ * .class sun\hello\moon\ * .class
```

❸ 使用 jar 文件中的类

假设一个有包名(假设包名是 tom.jiafei)的 Java 源文件想使用 jar 文件中的类(想用 import 语句引入 jar 文件中的源文件)。假设该源文件按照包路径保存在 C:\ch4\tom\jiafei 中,那么只需将 jar 文件保存到源文件的包名所对应路径的父目录中,即 C:\ch4 中。例如,下列源文件的包名是 tom.jiafei,保存在 C:\ch4\tom\jiafei 中(Jerry.jar 所在的目录也是 C:\ch4),该源文件使用 import 语句引入了 jar 文件中的类。

例 4.21

Example4_21.java

```
package tom.jiafei;
import sohu.com.TestOne;                                //引入 jar 文件中的类
import sun.hello.moon.TestTwo;                          //引入 jar 文件中的类
public class Example4_21 {
    public static void main(String args[]){
        TestOne a = new TestOne();
        a.fTestOne();
        TestTwo b = new TestTwo();
        b.fTestTwo();
    }
}
```

• 编译

编译时使用参数-cp,给出所要使用的 jar 文件的路径位置。在命令行进入 C:\ch4,如下编译源文件:

```
C:\ch4 > javac  - cp Jerry.jar tom/jiafei/Example4_21.java
```

如果源文件包名所对应路径的父目录和 jar 文件不在同一目录中,那么-cp 参数必须给出 jar 文件的绝对路径,例如,假设源文件保存在 C:\1000\tom\jiafei 中,那么必须如下编译(如图 4.25 所示):

```
C:\1000 > javac  - cp c:\Ch4\Jerry.jar tom/jiafei/Example4_21.java
```

```
C:\ch4>javac -cp Jerry.jar tom\jiafei\Example4_21.java

C:\ch4>java -cp Jerry.jar;  tom.jiafei.Example4_21
I am a method In TestOne class
I am a method In TestTwo class
```

图 4.25 使用 jar 文件中的类

如果-cp 参数需要使用多个 jar 文件中的类,需将这些 jar 文件用分号分隔。例如:

```
javac  - cp one.jar; two.jar; three.jar 包路径/源文件
```

• 运行

运行主类。在命令行进入 C:\ch4,使用-cp 参数(加载程序需要的 jar 文件中的类),如下运行程序:

```
C:\ch4 > java -cp Jerry.jar; tom.jiafei.Example4_21
```

需要特别注意的是,-cp 参数给出的 jar 文件 Jerry.jar 和主类名 tom.jiafei.Example4_21 之间用分号分隔,而且分号和主类名之间必须留有至少一个空格(分号前面不能有空格),运行效果如图 4.25 所示。如果-cp 参数需要使用多个 jar 文件中的类,需将这些 jar 文件用分号分隔。例如:

```
java -cp one.jar;two.jar;three.jar; 主类
```

而且最后的 jar 文件后面的分号和主类之间必须留有至少一个空格。

如果源文件没有包名,只要将该源文件和它所要使用的 jar 文件存放在相同目录中,并使用-cp 参数编译、运行即可。

注:JDK 11 和 JDK 8 之前(含 JDK 8)的版本不同,JDK 11 版本将 Java 虚拟机(Java Virtual Machine,JVM)、类库及一些核心文件存放在 JDK 根目录的\bin 子目录和\lib 子目录中,不再单独在 JDK 根目录建立一个 jre 子目录用来存放 Java 虚拟机、类库以及一些核心文件。对于 JDK 8 以及之前的版本,将 jar 文件复制到 Java 运行环境的扩展中,即将该 Jerry.jar 文件存放在 JDK 安装目录的 jre\lib\ext 文件夹中。使用该环境的 Java 源文件,就可以直接使用该环境扩展 jar 文件(可以不使用-cp 参数)。

4.13.2 可运行的 jar 文件

可以将一个 Java 应用程序中的类全部打包到一个 jar 文件中,然后使用 jar 命令运行这个 jar 文件。以例 4.22 为例给出步骤。例 4.22 中共有 3 个源文件,具体如下(为了练习,特意让三者的包名互不相同):

例 4.22

Circle.java

```
package data.one;
public class Circle {
    double radius;
    public Circle(double r) {
        radius = r;
    }
    public double getArea() {
        return 3.14 * radius * radius;
    }
}
```

Circular.java

```
package data.two;
import data.one.Circle;
public class Circular {
      Circle bottom;
      double height;
      public Circular(Circle c,double h) {
         bottom = c;
```

```
        height = h;
    }
    public double getVolme() {
        return bottom.getArea() * height/3.0;
    }
}
```

Example4_22.java

```
package my.app;
import data.one.Circle;
import data.two.Circular;
public class Example4_22 {
    public static void main(String args[]) {
        Circle circle = new Circle(10);
        Circular circular = new Circular(circle,20);
        System.out.println("圆锥的体积:" + circular.getVolme());
        TestOne a  =  new TestOne();
        a.fTestOne();
    }
}
```

- 编写一个清单文件：moon.mf(Manifestfiles)

moon.mf

```
Manifest-Version: 1.0
Main-Class: my.app.Example4_22
Created-By: 11
```

- 编译

将例 4.22 中的 Circle.java、Circular.java 和 Example4_22.java 源文件分别保存到 C:\ch4\data\one、C:\ch4\data\two 和 C:\ch4\my\app 中。如下编译源文件(有关知识点见 4.8 节)：

```
C:\ch4 > javac data\one\Circle.java
C:\ch4 > javac data\two\Circular.java
C:\ch4 > javac my\app\Example4_22.java
```

- 制作 jar 文件

进入 C:\ch4 目录，即进入包名所对应的路径的父目录中，然后使用 jar 命令生成一个名字为 App.jar 的文件，如下所示：

```
C:\ch4 > jar  -cfm App.jar moon.mf data/one/ * .class data/two/ * .class my/app/ * .class
```

- 执行 jar 文件

使用 Java 执行程序时，通过增加参数-jar 执行含有主类的 jar 文件：

```
java  -jar 含有主类的 jar 文件
```

例如：

```
java  -jar App.jar
```

例 4.22 的运行效果如图 4.26 所示。

```
C:\ch4>java -jar App.jar
圆锥的体积:2093.3333333333335
```

图 4.26　运行 jar 文件

扫一扫
视频讲解

4.14 var 声明局部变量

Java SE 10(JDK 10)版本开始,增加了"局部变量类型推断"这一新功能,即可以使用 var 声明局部变量(在方法内声明的变量称作局部变量,见 4.2.3 节)。

不可以用 var 声明类的成员变量,即仅限于在方法体内使用 var 声明变量。在方法的方法体内使用 var 声明局部变量时,必须同时指定初值(初值不可以是 null),那么编译器就可以推断出 var 所声明的变量的类型,即确定该变量的类型。注意,方法的参数和方法的返回类型不可以用 var 来声明。例如,下列 A 类中的方法 f 中使用 var 声明了局部变量。

```
import java.util.Date;
class A {
    void f(double m) {
       var width = 0;                        //var 声明变量 width 并推断出是 int 型
       var height = m;                       //var 声明变量 height 并推断出是 double 型
       var date = new Date();                //var 声明变量 date 并推断出是 Date 型
       width = 3.14;                         //非法,因为 width 的类型已经确定为 int 型
       var str ;                             //非法,无法推断 str 的类型
       var what = null;                      //非法,无法推断 what 的类型
    }
}
```

注:var 不是真正意义的动态变量(运行时刻确定类型),var 声明的变量也是在编译阶段就确定了类型。

var 是保留类型名称,但不是关键字,JDK 10 开始,var 仍然也可用作变量、方法的名字。但是,var 不能再用作类或接口名称(如果您维护的代码需要使用 JDK 10 之后的环境,就需要修改类名或接口名是 var 的那部分代码)。

Java SE 10 声称:引入从上下文推断局部变量类型可使得代码更具可读性,并减少所需的代码量。例如,下列代码显得很臃肿:

```
URL url = new URL("http://www.oracle.com/");
URLConnection conn = url.openConnection();
Reader reader = new BufferedReader(new InputStreamReader(conn.getInputStream()));
```

改用 var 声明局部变量,代码更加简洁:

```
var url = new URL("http://www.oracle.com/");
var conn = url.openConnection();
var reader = new BufferedReader(new InputStreamReader(conn.getInputStream()));
```

例 4.23 在主类的 main 方法中使用 var 声明变量。

例 4.23

Circle.java

```
public class Circle {
    double radius;
    Circle(double r) {
        radius = r;
    }
    double getArea() {
        return 3.14 * radius * radius;
    }
}
```

Circular. java

```
public class Circular {
      Circle bottom;
      double height;
      public void setBottom(Circle c) {
         bottom = c;
      }
      public void setHeight(double h) {
         height = h;
      }
      double getVolume() {
         return bottom.getArea() * height/3.0;
      }
}
```

Example4_23. java

```
public class Example4_23 {
   public static void main(String args[ ]) {
         var radius = 100;                       //var 声明变量 radius 并推断出是 int 型
         var height = 0.0;                       //var 声明变量 height 并推断出是 double 型
         height = 3.14;                          //给 height 赋值
         var circle = new Circle(10);;           //var 声明变量 circle 并推断出是 Circle 型
         circle = new Circle(radius);            //再次创建对象 circle
         var yuanzhui = new Circular();          //推断出 yuanzhui 是 Circular 型
         yuanzhui.setBottom(circle);
         yuanzhui.setHeight(height);
         var volume = yuanzhui.getVolume();      //推断出 volume 是 double 型
         System.out.println(volume);
   }
}
```

习 题 4

扫一扫

习题

扫一扫

自测题

第 5 章 继承与接口 

扫一扫
视频讲解

主要内容：

- ❖ 子类与父类；
- ❖ 子类的继承性；
- ❖ 子类对象的构造过程；
- ❖ 成员变量的隐藏和方法重写；
- ❖ super 关键字；
- ❖ final 关键字；
- ❖ 对象的上转型对象；
- ❖ 继承与多态；
- ❖ abstract 类与 abstract 方法；
- ❖ 接口。

难点：

- ❖ 成员变量的隐藏和方法重写；
- ❖ 继承与多态。

第 4 章主要学习了类和对象的有关知识，讨论了类的构成以及用类创建对象等内容，主要体现了面向对象编程的一个重要特点——数据的封装。面向对象编程的另外两个特点是继承和多态，本章将讲述关于这两方面的重要内容——类的继承与多态、接口的实现与多态。

扫一扫
视频讲解

5.1 子类与父类

继承是一种由已有的类创建新类的机制。利用继承，可以先编写一个共有属性的一般类，再根据该一般类编写具有特殊属性的新类，新类继承一般类的状态和行为，并根据需要增加新的状态和行为。由继承得到的类称为子类，被继承的类称为父类（超类）。Java 不支持多重继承（子类只能有一个父类）。

在类的声明中，通过使用关键字 extends 来声明一个类的子类，格式如下：

```
class 子类名 extends 父类名 {
   ⋮
}
```

例如：

```
class Student extends People {
    ⋮
}
```

把 Student 类声明为 People 类的子类，People 类是 Student 类的父类。

如果一个类的声明中没有使用 extends 关键字，这个类被系统默认为是 Object 的子类。

Object 是 java.lang 包中的类。

5.2 子类的继承性

我们已经知道类可以有两种重要的成员：成员变量和方法。子类中的成员变量或方法有一部分是子类自己声明的，另一部分是从父类继承的。那么，什么叫继承呢？所谓子类继承父类的成员变量作为自己的一个成员变量，就好像它们是在子类中直接声明了一样，可以被子类中自己定义的任何实例方法操作；所谓子类继承父类的方法作为子类中的一个方法，就像它们是在子类中直接定义了一样，可以被子类中自己定义的任何实例方法调用。也就是说，如果子类中定义的实例方法不能操作父类的某个成员变量或方法，那么该成员变量或方法就没有被子类继承。

▶ 5.2.1 子类和父类在同一包中的继承性

如果子类和父类在同一个包中，那么，子类自然地继承了其父类中不是 private 的成员变量作为自己的成员变量，并且也自然地继承了父类中不是 private 的方法作为自己的方法，继承的成员变量或方法的访问权限保持不变。

▶ 5.2.2 子类和父类不在同一包中的继承性

如果子类和父类不在同一个包中，那么，子类继承了父类的 protected、public 成员变量作为子类的成员变量，并且继承了父类的 protected、public 方法作为子类的方法，继承的成员或方法的访问权限保持不变。如果子类和父类不在同一个包中，子类不能继承父类的友好变量和友好方法。

例 5.1 中有 4 个源文件：Father.java、Son.java、Grandson.java 和 Example5_1.java。其中，Father 类的包名是 england.people；Son 类的包名是 american.people；Grandson 类的包名是 japan.people；主类 Example5_1 的包名是 england.people。需要分别打开文本编辑器编写、保存这些源文件。Father.java 和 Example5_1.java 保存到 C:\ch5\england\people；Son.java 保存到 C:\ch5\american\people；Grandson.java 保存到 C:\ch5\japan\people(有关包的知识点见 4.8 节)。程序运行效果如图 5.1 所示。

```
C:\ch5>javac england/people/Example5_1.java

C:\ch5>java england.people.Example5_1
儿子：一双大手，180
孙子：一双小手，一双小脚，155
```

图 5.1 子类的继承性

例 5.1

Father.java

```
package england.people;
public class Father {
      private int money;
      protected int height;
      int weight;
}
```

Son.java

```
package american.people;
import england.people.Father;
public class Son extends Father {
```

```
        public String hand;
        public String getHand() {
            return hand;
        }
}
```

Grandson.java

```
package japan.people;
import american.people.Son;
public class Grandson extends Son {
        public String foot ;
}
```

Example5_1.java

```
package england.people;
import american.people.Son;
import japan.people.Grandson;
public class Example5_1 {
        public static void main(String args[]) {
            Son son = new Son();
            Grandson grandson = new Grandson();
            son.height  = 180;
            son.hand  = "一双大手";
            grandson.height  = 155;
            grandson.hand  =  "一双小手";
            grandson.foot  = "一双小脚";
            String str  =  son.getHand();
            System.out.printf("儿子: %s, %d\n",str,son.height);
            str  =  grandson.getHand();
            System.out.printf("孙子: %s, %s, %d\n",str,grandson.foot,grandson.height);
        }
}
```

▶ 5.2.3 protected的进一步说明

一个类A中的protected成员变量和方法可以被它的直接子类和间接子类继承，例如B是A的子类，C是B的子类，D又是C的子类，那么B、C和D类都继承了A类的protected成员变量和方法。在没有讲述子类之前，我们曾对访问修饰符protected进行了讲解，现在需要对protected总结得更全面些。如果用D类在D本身中创建了一个对象，那么该对象总是可以通过“.”运算符访问继承的或自己定义的protected变量和protected方法的，但是，如果在另外一个类中，例如在Other类中用D类创建了一个对象object，该对象通过“.”运算符访问protected变量和protected方法的权限如下列(1)、(2)所述。

(1) 对于子类D中声明的protected成员变量和方法，如果object要访问这些protected成员变量和方法，只要Other类和D类在同一个包中就可以了。

(2) 如果子类D的对象的protected成员变量或protected方法是从父类继承的，那么就要一直追溯到该protected成员变量或方法的“祖先”类，即A类；如果Other类和A类在同一个包中，object对象能访问继承的protected变量和protected方法。

例如，将例5.1中的Example5_1.java中的包语句：

```
package england.people;
```

删除，使得Example5_1成为无名包(保存在C:\ch5中)，那么，分配给对象son和grandson的

weight 是从 Father 类继承的，而 son 和 grandson 对象出现在 Example5_1 类，Example5_1 类的包名（无名包）和 Father 的不同，导致这两个对象访问自己的 weight 非法：

```
son.height = 180;
grandson.height = 155;
```

扫一扫

视频讲解

5.3 子类对象的构造过程

当用子类的构造方法创建一个子类的对象时，子类的构造方法总是先调用父类的某个构造方法。也就是说，如果子类的构造方法没有明显地指明使用父类的哪个构造方法，子类就调用父类不带参数的构造方法。因此，当用子类创建对象时，不仅子类中声明的成员变量被分配了内存空间，而且父类的成员变量也都被分配了内存空间，但只将其中一部分（子类继承的那部分）作为分配给子类对象的变量。也就是说，父类中的 private 成员变量尽管分配了内存空间，也不作为子类对象的变量，即子类不继承父类的私有成员变量。同样，如果子类和父类不在同一个包中，尽管父类的友好成员变量分配了内存空间，也不作为子类的成员变量，即如果子类和父类不在同一个包中，子类不继承父类的友好成员变量。

子类对象的内存示意如图 5.2 所示，其中的“叉号”表示子类中声明定义的方法不可以操作这些内存单元，“对号”表示子类中声明定义的方法可以操作这些内存单元。

通过上面的讨论，我们有这样的感觉：子类创建对象时似乎浪费了一些内存，因为当用子类创建对象时，父类的成员变量也都分配了内存空间，但只将其中一部分作为分配给子类对象的变量。例如，父类中的 private 成员变量尽管分配了内存空间，但不作为子类对象的变量，当然它们也不是父类某个对象的变量，因为根本没有使用父类创建任何对象。这部分内存似乎成了垃圾一样，但实际情况并非如此，需注意到，子类中还有一部分方法是从父类继承的，这部分方法却可以操作这部分未继承的变量。

在例 5.2 中，子类对象调用继承的方法操作这些未被子类继承却分配了内存空间的变量。程序运行效果如图 5.3 所示。

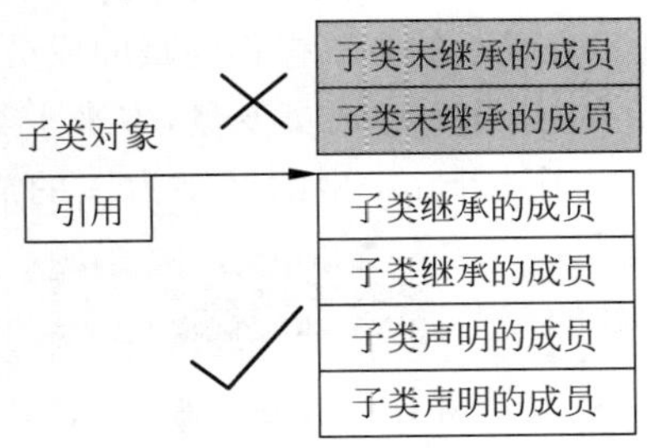

图 5.2 子类对象的内存示意图

```
C:\chapter5>java Example5_2
子类对象未继承的x的值是:888
子类对象的实例变量y的值是:12.678
```

图 5.3 子类对象调用方法

例 5.2

A.java

```
public class A {
    private int x;
    public void setX(int x) {
        this.x = x;
    }
    public int getX() {
```

```
        return x;
    }
}
```

B.java

```
public class B extends A {
    double y = 12;
    public void setY(int y)
    {   //this.y = y + x;              //非法,子类没有继承 x
    }
    public double getY() {
        return y;
    }
}
```

Example5_2.java

```
public class Example5_2 {
  public static void main(String args[ ]) {
      B b = new B();
      b.setX(888);
      System.out.println("子类对象未继承的 x 的值是:" + b.getX());
      b.y = 12.678;
      System.out.println("子类对象的实例变量 y 的值是:" + b.getY());
  }
}
```

扫一扫

视频讲解

5.4 成员变量的隐藏和方法重写

▶ 5.4.1 成员变量的隐藏

子类也可以隐藏继承的成员变量,对于子类,可以从父类继承成员变量,只要子类中声明的成员变量和父类中的成员变量同名,子类就隐藏了继承的成员变量,即子类创建的对象或子类中定义的实例方法所访问操作的成员变量一定是子类重新声明的这个成员变量(和父类中的成员变量同名)。需要注意的是,子类对象可以调用从父类继承的方法操作隐藏的成员变量。

在下面的例 5.3 中,父类 People 有一个名字为 x 的 double 型成员变量,本来子类 Student 可以继承这个成员变量,但是子类 Student 又重新声明了一个 int 型的名字为 x 的成员变量,这样就隐藏了继承的 double 型的名字为 x 的成员变量。但是,子类对象可以调用从父类继承的方法操作隐藏的 double 型成员变量。程序运行效果如图 5.4 所示。

```
C:\chapter5>java Example5_3
对象stu的x的值是:98
对象stu隐藏的x的值是:98.98
```

图 5.4 子类隐藏继承的成员变量

例 5.3

Example5_3.java

```
class People {
    public double x;
    public void setX(double x) {
       this.x = x;
    }
    public double getDoubleX() {
       return x;
    }
}
```

```
class Student extends People {
    int x;
    public int getX() {
      //x = 20.56;                 //非法,因为子类的 x 已经是 int 型,不是 double 型
      return x;
    }
}
public class Example5_3 {
  public static void main(String args[]) {
      Student stu = new Student();
      stu.x = 98;                 //合法,子类对象的 x 是 int 型
      System.out.println("对象 stu 的 x 的值是:" + stu.getX());
      //stu.x = 98.98;            //非法,因为子类对象的 x 已经是 int 型
      stu.setX(98.98);            //子类对象调用继承的方法操作隐藏的 double 型变量 x
      double m = stu.getDoubleX();//子类对象调用继承的方法操作隐藏的 double 型变量 x
      System.out.println("对象 stu 隐藏的 x 的值是:" + m);
  }
}
```

5.4.2　方法重写

子类通过重写(Override)可以隐藏已继承的实例方法(方法重写也称为方法覆盖)。

❶ 重写的语法规则

如果子类可以继承父类的某个实例方法,那么子类就有权重写这个方法。方法重写是指在子类中定义一个方法,这个方法的类型和父类的方法的类型一致,或者是父类的方法的类型的子类型(所谓子类型,是指如果父类的方法的类型是"类",那么允许子类的重写方法的类型是"子类"),并且这个方法的名字、参数个数、参数的类型和父类的方法完全相同。子类如此定义的方法称为子类重写的方法(不属于新增的方法)。

❷ 重写的目的

子类通过方法的重写可以隐藏继承的方法,可以把父类的状态和行为改变为自身的状态和行为。如果父类的方法 f(非 final 方法,见 5.6 节)可以被子类继承,子类就有权重写 f,一旦子类重写了父类的方法 f,就隐藏了继承的方法 f,那么子类对象调用方法 f 一定是调用的重写方法 f。重写方法既可以操作继承的成员变量,也可以操作子类新声明的成员变量。如果子类想使用被隐藏的方法,必须使用关键字 super,本书将在 5.5 节讲述 super 的用法。

在例 5.4 中,子类重写了父类的方法 f,运行效果如图 5.5 所示。

```
C:\chapter5>java Example5_4
调用重写方法得到的结果:30.0
调用继承方法得到的结果:8
```

图 5.5　方法重写

例 5.4

Example5_4.java

```
class A {
      double f(float x,float y) {
         return x + y;
      }
      public int g(int x,int y) {
         return x + y;
      }
}
class B extends A {
      double f(float x,float y) {
         return x * y;
      }
}
```

```
public class Example5_4 {
    public static void main(String args[]) {
      B b = new B();
      double result = b.f(5,6);          //b调用重写的方法
      System.out.println("调用重写方法得到的结果:" + result);
      int m = b.g(3,5);                  //b调用继承的方法
      System.out.println("调用继承方法得到的结果:" + m);
    }
}
```

在例5.4中,如果子类如下重写方法f将产生编译错误:

```
float f(float x,float y) {
      return x * y;
}
```

其原因是,父类的方法f的类型是double,子类的重写方法f没有和父类的方法f保持类型一致,这样子类就无法隐藏继承的方法,导致子类出现两个方法的名字相同,并且参数也相同,这是不允许的(见4.2.5节)。

请读者思考,如果子类如下定义方法f,是否属于重写方法呢?编译可以通过吗?运行结果怎样?

```
double f(float x,float y,double z) {
    return x * y;
}
```

❸ JDK 1.5对重写的改进

子类在重写可以继承的方法时,可以完全按照自己的意图编写新的方法体,以便体现重写方法的独特行为(学习后面的5.7节后,读者会更深刻地理解重写方法在设计上的意义)。在JDK 1.5版本之后,允许重写方法的类型是父类方法的类型的子类型,即不必完全一致(JDK 1.5版本之前要求必须一致)。也就是说,如果父类的方法的类型是"类"(类是面向对象语言中最重要的一种数据类型,类声明的变量称为对象,见4.3节),重写方法的类型可以是"子类"。

在例5.5中,有3个Java源文件,即People.java、Chinese.java和Example5_5.java。其中,Chinese类是People类的子类,在Example5_5.java中,People类的createPeople()方法的类型是People类,People类的子类Chinese重写了父类的createPeople()方法,重写方法的类型是Chinese类。程序运行效果如图5.6所示。

```
C:\chapter5>java Example5_5
我是中国人
```

图5.6 重写方法的类型是"类"

例5.5

People.java

```
public class People {
     public void speak(){
        System.out.println("我是People");
     }
}
```

Chinese.java

```
public class Chinese extends People {
   public void speak(){
        System.out.println("我是中国人");
   }
}
```

Example5_5.java

```
class CreatePeople {
    public People createPeople() {      //方法的类型是 People 类
        People p = new People();
        return p;
    }
}
class CreateChinese extends CreatePeople {
    public Chinese createPeople() {        //重写方法的类型是 People 类的子类 Chinese,即子类型
        Chinese chinese = new Chinese();
        return chinese;
    }
}
public class Example5_5 {
    public static void main(String args[ ]) {
      CreateChinese create = new CreateChinese();
      Chinese zhang = create.createPeople();  //create 调用重写的方法
      zhang.speak();
    }
}
```

❹ 重写的注意事项

重写父类的方法时,不可以降低方法的访问权限。在下面的代码中,子类重写父类的方法 f,该方法在父类中的访问权限是 protected 级别,子类重写时不允许级别低于 protected。例如:

```
class A {
     protected  float f(float x,float y) {
        return x - y;
     }
}
class B extends A {
     float f(float x,float y) {           //非法,因为降低了访问权限
         return x + y ;
     }
}
class C extends A {
     public float f(float x,float y) {  //合法,提高了访问权限
         return x * y ;
     }
}
```

5.5 super 关键字

扫一扫

视频讲解

子类可以隐藏从父类继承的成员变量和方法,如果在子类中想使用被子类隐藏的成员变量或方法,可以使用关键字 super。

▶ 5.5.1 使用 super 调用父类的构造方法

子类不继承父类的构造方法,因此,子类如果想使用父类的构造方法,必须在子类的构造方法中使用关键字 super 来表示,而且 super 必须是子类构造方法中的头一条语句。

在例 5.6 中,UniverStudent 类的构造方法使用 super 调用父类 Student 的构造方法,程序运行效果如图 5.7 所示。

```
C:\chapter5>java Example5_6
张三的学号是:20111
张三未婚
```

图 5.7 super 调用父类的构造方法

例 5.6

Student.java

```
public class Student {
    int number;
    String name;
    Student() {
    }
    Student(int number,String name) {
       this.number = number;
       this.name = name;
    }
    public int getNumber() {
       return number;
    }
    public String getName() {
       return name;
    }
}
```

UniverStudent.java

```
public class UniverStudent extends Student {
   boolean isMarriage;          //子类新增的结婚属性
   UniverStudent(int number,String name,boolean b) {
      super(number,name);    //调用父类的构造方法,即执行 Student(number,name)
   }
   public boolean getIsMarriage(){
      return isMarriage;
   }
}
```

Example5_6.java

```
public class Example5_6 {
      public static void main(String args[]) {
         UniverStudent zhang = new UniverStudent(20111,"张三",false);
         int number = zhang.getNumber();
         String name = zhang.getName();
         boolean marriage = zhang.getIsMarriage();
         System.out.println(name + "的学号是:" + number);
         if(marriage == true) {
           System.out.println(name + "已婚");
         }
         else{
           System.out.println(name + "未婚");
         }
      }
}
```

需要注意的是,如果在子类的构造方法中,没有明显地写出 super 关键字来调用父类的某个构造方法,那么默认有:

```
super();
```

语句,即调用父类的不带参数的构造方法。

如果类中定义了一个或多个构造方法,那么 Java 不提供默认的构造方法(不带参数的构造方法)。因此,当在父类中定义多个构造方法时,应当包括一个不带参数的构造方法(如例 5.6 中的 Student 类),以防子类省略 super 时出现错误。请读者思考,如果在例 5.6 的 UniverStudent 类的构造方法中省略 super,程序的运行效果是怎样的?

▶ 5.5.2 使用 super 操作被隐藏的成员变量和方法

如果在子类中想使用被子类隐藏的成员变量或方法，可以使用关键字 super，super. x、super. play()就是访问和调用被子类隐藏的成员变量 x 和方法 play()。

需要注意的是，当子类创建一个对象时，除了子类声明的成员变量和继承的成员变量要分配内存外（这些内存单元是属于子类对象的），被隐藏的成员变量也要分配内存，但该内存单元不属于任何对象，这些内存单元必须用 super 调用。同样，当子类创建一个对象时，除了子类声明的方法和继承的方法要分配入口地址外（这些方法可供子类对象调用），被隐藏的方法也要分配入口地址，但该入口地址只对 super 可见，所以必须由 super 来调用。当 super 调用隐藏的方法时，该方法中出现的成员变量是指被隐藏的成员变量，如图 5.8 所示。

在例 5.7 中，子类 Average 使用 super 调用隐藏的方法，程序运行效果如图 5.9 所示。

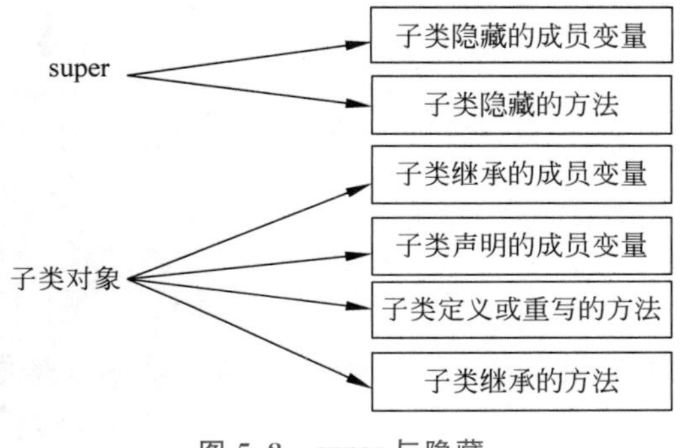

图 5.8 super 与隐藏

```
C:\chapter5>java Example5_7
result1=5150.5678
result2=4949.4322
```

图 5.9 super 调用隐藏的方法

例 5.7

Sum. java

```
public class Sum {
   int n;
   public double f() {
      double sum = 0;
      for(int i = 1;i <= n;i++ ){
            sum = sum + i;
      }
      return sum;
   }
}
```

Average. java

```
public class Average extends Sum {
   double n;                  //子类继承的 int 型变量 n 被隐藏
   public double f() {
      double c;
      super.n = (int)n;       //double 型变量 n 做 int 转换,将结果赋给隐藏的 int 型变量 n
      c = super.f();
      return c + n;
   }
   public double g() {
      double c;
      c = super.f();
      return c - n;
   }
}
```

Example5_7.java

```
public class Example5_7 {
    public static void main(String args[]) {
        Average aver = new Average();
        aver.n = 100.5678;
        double result1 = aver.f();
        double result2 = aver.g();
        System.out.println("result1 = " + result1);
        System.out.println("result2 = " + result2);
    }
}
```

注意,如果将 Example5_7 类中的代码:

```
double result1 = aver.f();
double result2 = aver.g();
```

改写成(颠倒次序):

```
double result2 = aver.g();
double result1 = aver.f();
```

那么运行结果是:

```
result1 = 5150.5678
result2 = - 100.5678
```

这是因为执行"aver.g();"的过程中需要执行"super.f();",super.f()中出现的 n 是隐藏的 n,且 n 还没有赋值(默认值是 0)。

扫一扫

视频讲解

5.6 final 关键字

final 关键字可以修饰类、成员变量和方法中的局部变量。

5.6.1 final 类

可以使用 final 将类声明为 final 类。final 类不能被继承,即不能有子类。例如:

```
final class A {
  ⋮
}
```

A 就是一个 final 类,将不允许任何类声明成 A 的子类。有时出于安全性的考虑,将一些类修饰为 final 类。例如,Java 提供的 String 类对于编译器和解释器的正常运行有很重要的作用,不能轻易地改变,它被修饰为 final 类。

5.6.2 final 方法

如果用 final 修饰父类中的一个方法,那么这个方法不允许子类重写。也就是说,不允许子类隐藏可以继承的 final 方法(不许做任何篡改)。

5.6.3 常量

如果成员变量或局部变量被修饰为 final,就是常量。常量在声明时没有默认值,所以在声明常量时必须指定该常量的值,而且不能发生变化。

下面的例 5.8 使用了 final 关键字，程序运行效果如图 5.10 所示。

```
C:\chapter5>java Example5_8
面积：31415.926000000003
您好，How's everything here ?
```

图 5.10 使用 final 关键字

例 5.8

Example5_8.java

```
class A {
   //final double PI;                       //非法,因为没有给常量指定值
   final double PI = 3.1415926;             //PI 是常量
   public double getArea(final double r) {
      //r = 89;                             //非法,因为不允许再改变 r 的值
      return PI * r * r;
   }
   public final void speak() {
      System.out.println("您好,How's everything here ?");
   }
}
class B extends A {
   /* 非法,不能重写 speak 方法
   public void speak() {
       System.out.println("您好");
   }
    */
}
public class Example5_8 {
   public static void main(String args[]) {
       B b = new B();
       System.out.println("面积: " + b.getArea(100));
       b.speak();                           //调用继承的方法
     }
}
```

5.7 对象的上转型对象

扫一扫 视频讲解

我们经常说“老虎是哺乳动物”“狗是哺乳动物”等，若哺乳类是老虎类的父类，这样说当然正确，但是，如果说老虎是哺乳动物，老虎将失掉老虎独有的属性和功能。下面介绍对象的上转型对象。

假设 A 类是 B 类的父类，当用子类创建一个对象，并把这个对象的引用放到父类的对象中。例如：

```
A a;
a = new B();
```

或

```
A a;
B b = new B();
a = b;
```

这时，称对象 a 是对象 b 的上转型对象(例如说“老虎是哺乳动物”)。

对象的上转型对象的实体是子类负责创建的，但上转型对象会失去原对象的一些属性和功能(上转型对象相当于子类对象的一个“简化”对象)。上转型对象具有以下特点(如图 5.11 所示)。

(1) 上转型对象不能操作子类新增的成员变量(失掉了这部分属性)，不能调用子类新增的方法(失掉了一些功能)。

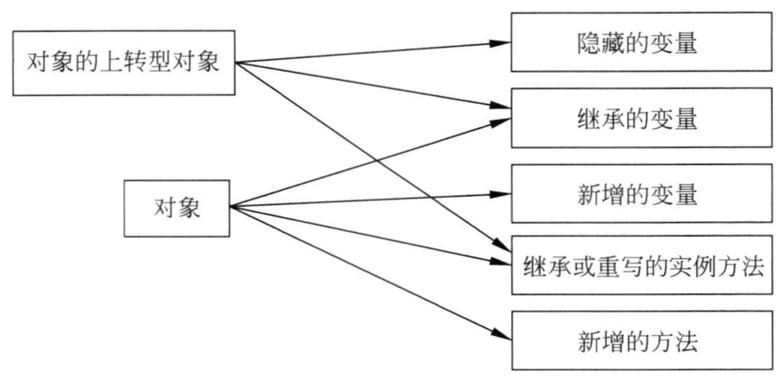

图 5.11　上转型对象示意图

（2）上转型对象可以访问子类继承或隐藏的成员变量，也可以调用子类继承的方法或子类重写的实例方法。上转型对象操作子类继承的方法或子类重写的实例方法，其作用等价于用子类对象去调用这些方法。因此，如果子类重写了父类的某个实例方法，当对象的上转型对象调用这个实例方法时一定是调用了子类重写的实例方法。

注：① 不要将父类创建的对象和子类对象的上转型对象混淆。

② 可以将对象的上转型对象强制转换到一个子类对象，这时，该子类对象又具备了子类的所有属性和功能。

③ 不可以将父类创建的对象的引用赋给子类声明的对象（不能说"哺乳动物是老虎"）。

④ 如果子类重写了父类的静态方法（static 方法），那么子类对象的上转型对象不能调用子类重写的静态方法，只能调用父类的静态方法。

在例 5.9 中，Anthropoid（类人猿）类声明的对象 monkey 是 People 类创建的对象 people 的上转型对象，程序运行效果如图 5.12 所示。

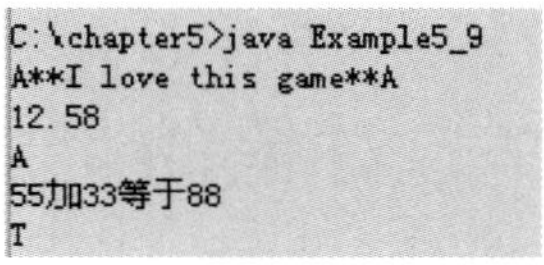

```
C:\chapter5>java Example5_9
A**I love this game**A
12.58
A
55加33等于88
T
```

图 5.12　使用上转型对象

例 5.9

Anthropoid.java

```
public class Anthropoid {
   double m = 12.58;
   void crySpeak(String s) {
       System.out.println(s);
   }
}
```

People.java

```
public class People extends Anthropoid {
   char m = 'A';
   int n = 60;
   void computer(int a, int b) {
       int c = a + b;
       System.out.println(a + "加" + b + "等于" + c);
   }
   void crySpeak(String s) {
       System.out.println(m + " ** " + s + " ** " + m);
   }
}
```

Example5_9.java

```
public class Example5_9 {
    public static void main(String args[]) {
        People  people = new People();
        Anthropoid monkey = people;              //monkey 是 people 对象的上转型对象
        monkey.crySpeak("I love this game");     //等同于 people 调用重写的 crySpeak 方法
        //monkey.n = 100;                        //非法，因为 n 是子类新增的成员变量
        //monkey.computer(12,19);                //非法，因为 computer()是子类新增的方法
        System.out.println(monkey.m) ;           //操作隐藏的 m，不等同于 people.m
        System.out.println(people.m) ;           //操作子类的 m
        People zhang = (People)monkey;           //把上转型对象强制转化为子类的对象
        zhang.computer(55,33);                   //zhang 是子类的对象
        zhang.m = 'T';                           //操作子类声明的成员的变量 m
        System.out.println(zhang.m) ;
    }
}
```

5.8　继承与多态

我们经常说"哺乳动物有很多种叫声"，如"吼""嚎""汪汪""喵喵"等，这就是叫声的多态性。

当一个类有很多子类，并且这些子类都重写了父类中的某个方法时，把子类创建的对象的引用放到一个父类的对象中，就得到了该对象的一个上转型对象。这个上转型对象在调用这个方法时可能具有多种形态，因为不同的子类在重写父类的方法时可能产生不同的行为。例如，狗类的上转型对象调用"叫声"方法时产生的行为是"汪汪"，而猫类的上转型对象调用"叫声"方法时产生的行为是"喵喵"等。

多态性是指父类的某个方法被其子类重写时，可以各自产生自己的功能行为。

```
C:\chapter5>java Example5_10
这是狗的叫声：汪汪……汪汪
这是猫的叫声：喵喵……喵喵...
```

图 5.13　多态

例 5.10 展示了多态性，程序运行效果如图 5.13 所示。

例 5.10

Example5_10.java

```
class 动物 {
    void cry() {
    }
}
class 狗 extends 动物 {
    void cry() {
        System.out.println("这是狗的叫声：汪汪……汪汪");
    }
}
class 猫 extends 动物 {
    void cry() {
        System.out.println("这是猫的叫声：喵喵……喵喵……");
    }
}
public class Example5_10 {
    public static void main(String args[]) {
        动物 animal = new 狗();                  //animal 是狗的上转型对象
        animal.cry();
        animal = new 猫();                       //animal 是猫的上转型对象
```

```
            animal.cry();
        }
    }
```

扫一扫

视频讲解

5.9 abstract 类和方法

用关键字 abstract 修饰的类称为 abstract 类(抽象类)。例如:

```
abstract class A {
    ⋮
}
```

用关键字 abstract 修饰的方法称为 abstract 方法(抽象方法),对于 abstract 方法,只允许声明,不允许实现,而且不允许使用 final 和 abstract 同时修饰一个方法。例如:

```
abstract int min(int x,int y);
```

5.9.1 abstract 类的特点与理解

❶ abstract 类的特点

abstract 类具有以下特点:

(1) abstract 类中可以有 abstract 方法。

和普通类(非 abstract 类)相比,abstract 类中可以有 abstract 方法(非 abstract 类中不可以有 abstract 方法),也可以有非 abstract 方法。

下面的 A 类中的 min()方法是 abstract 方法,max()方法是普通方法(非 abstract 方法)。

```
abstract class A {
        abstract int min(int x,int y);
        int max(int x,int y) {
            return x>y?x:y;
        }
}
```

注:abstract 类中也可以没有 abstract 方法。

(2) abstract 类不能用 new 运算符创建对象。

对于 abstract 类,不能使用 new 运算符创建该类的对象。如果一个非抽象类是某个抽象类的子类,那么它必须重写父类的抽象方法,给出方法体,这就是不允许使用 final 和 abstract 同时修饰一个方法或类的原因。

(3) abstract 类的子类。

如果一个非 abstract 类是 abstract 类的子类,它必须重写父类的 abstract 方法,即去掉 abstract 方法的 abstract 修饰,并给出方法体。如果一个 abstract 类是 abstract 类的子类,它可以重写父类的 abstract 方法,也可以继承父类的 abstract 方法。

(4) abstract 类的对象作上转型对象。

可以使用 abstract 类声明对象,尽管不能使用 new 运算符创建该对象,但该对象可以成为其子类对象的上转型对象,那么该对象就可以调用子类重写的方法。

❷ 理解 abstract 类

抽象类的语法很容易被理解和掌握,但更重要的是理解抽象类的意义,这一点是更为重要的。理解的关键点是：

(1) 抽象类可以抽象出重要的行为标准，该行为标准用抽象方法来表示，即抽象类封装了子类必须有的行为标准。

(2) 抽象类声明的对象可以成为其子类的对象的上转型对象，调用子类重写的方法，即体现子类根据抽象类里的行为标准给出的具体行为。

人们已经习惯给别人介绍数量标准。例如，在介绍人的时候，可以说，人的身高可以是float型的，头发的个数可以是int型的。介绍人的头发，强调数量类型是int型，但不介绍有多少根头发。学习了类以后，也要习惯介绍行为标准。行为标准只需要方法的名字、方法的类型。例如，介绍人的行为时，强调人具有run行为，或speak行为(仅仅说出行为标准)，但不介绍speak是用英语或中文说话。只强调行为标准，即方法的名字、方法的类型，这就是抽象方法(没有方法体的方法)。开发者可以把主要精力放在一个应用中需要的那些行为标准(不用关心行为的细节)，不仅节省时间，而且非常有利于设计出易维护、易扩展的程序(见后面的5.9.2节以及7.2节)。抽象类的重要特点是，特别关心方法名字、类型以及参数，但不关心这些操作具体实现的细节，即不关心方法体。在设计程序时，可以给出若干个抽象类表明程序的重要特征，也就是说，可以通过在一个抽象类中声明若干个抽象方法，表明这些方法的重要性。抽象类可以让程序设计者忽略具体的细节，以便更好地设计程序，例如，在设计地图时，首先考虑地图最重要的轮廓，不必去考虑诸如城市中的街道名、门牌号等细节。细节应当由抽象类的非抽象子类去实现，这些子类可以给出具体的实例，来完成程序功能的具体实现。

一个男孩要找女朋友，他可以提出一些行为标准。例如，女朋友具有speak和cooking行为，但不给出speak和cooking行为的细节。例5.11使用了abstract类封装了男孩对女朋友的行为要求，即封装了他要找的任何具体女朋友都应该具有的行为。

例5.11

Example5_11.java

```
abstract class GirlFriend { //抽象类,封装了两个行为标准
    abstract void speak();
    abstract void cooking();
}
class ChinaGirlFriend extends GirlFriend {
    void speak(){
       System.out.println("你好");
    }
    void cooking(){
       System.out.println("水煮鱼");
    }
}
class AmericanGirlFriend extends GirlFriend {
    void speak(){
       System.out.println("hello");
    }
    void cooking(){
       System.out.println("roast beef");
    }
}
class Boy {
    GirlFriend friend;
    void setGirlfriend(GirlFriend f){
        friend = f;
    }
```

```
    void showGirlFriend() {
        friend.speak();
        friend.cooking();
    }
}
public class Example5_11 {
    public static void main(String args[]) {
        GirlFriend girl = new ChinaGirlFriend();        //girl 是上转型对象
        Boy boy = new Boy();
        boy.setGirlfriend(girl);
        boy.showGirlFriend();
        girl = new AmericanGirlFriend();                //girl 是上转型对象
        boy.setGirlfriend(girl);
        boy.showGirlFriend();
    }
}
```

例 5.12 中有一个 abstract 类：机动车，该类中有 3 个 abstract 方法：启动、加速和刹车，即机动车类将启动、加速和刹车功能视为一些重要的功能。机动车类的非抽象子类必须给出启动、加速和刹车的细节。程序运行效果如图 5.14 所示。

```
C:\chapter5>java Example5_12
手动档轿车的操作：
踏下离合器，换到一挡
然后慢慢抬起离合器
踩油门
踏下离合器，踏下刹车板
然后将挡位换到一挡
自动档轿车轿车的操作：
使用前进挡
然后轻踩油门
踩油门
踏下刹车板
```

图 5.14　子类实现细节

例 5.12

Example5_12.java

```
abstract class 机动车 {
    abstract void 启动();
    abstract void 加速();
    abstract void 刹车();
}
class 手动挡轿车 extends 机动车 {
    void 启动() {
        System.out.println("踏下离合器,换到一挡");
        System.out.println("然后慢慢抬起离合器");
    }
    void 加速() {
        System.out.println("踩油门");
    }
    void 刹车() {
        System.out.println("踏下离合器,踏下刹车板");
        System.out.println("然后将挡位换到一挡");
    }
}
class 自动挡轿车 extends 机动车 {
    void 启动() {
        System.out.println("使用前进挡");
        System.out.println("然后轻踩油门");
    }
    void 加速() {
        System.out.println("踩油门");
    }
    void 刹车() {
        System.out.println("踏下刹车板");
    }
}
public class Example5_12 {
    public static void main(String args[]) {
```

```
            机动车 car = new 手动挡轿车();
            System.out.println("手动挡轿车的操作:");
            car.启动();
            car.加速();
            car.刹车();
            car = new 自动挡轿车();
            System.out.println("自动挡轿车的操作:");
            car.启动();
            car.加速();
            car.刹车();
        }
    }
```

▶ 5.9.2　abstract 类与多态

在设计程序时，经常会使用 abstract 类，其原因是，abstract 类只关心操作，不关心这些操作具体实现的细节，可以使程序的设计者把主要精力放在程序的设计上，而不必拘泥于细节的实现(将这些细节留给子类的设计者)，即避免设计者把大量的时间和精力花费在具体的算法上。在设计一个程序时，可以通过在 abstract 类中声明若干 abstract 方法，表明这些方法在整个系统设计中的重要性，方法体的内容细节由它的非 abstract 子类去完成。

使用多态进行程序设计的核心技术之一是使用上转型对象，即将 Abstract 类声明对象作为其子类的上转型对象，那么这个上转型对象就可以调用子类重写的方法。

利用多态设计程序的好处是，可以体现程序设计的所谓"开-闭"原则(Open-Closed Principle)，关于这一点，在第 7 章和第 8 章还会详细介绍。简单地说，"开-闭"原则强调一个程序应当对扩展开放，对修改关闭，增强代码的可维护性。例如，程序的主要设计者可以设计出图 5.15 所示的一种结构关系，从该图可以看出，当程序再增加一个子类时(由其他人员去编写子类)，上转型对象所在的类不需要做任何修改就可以调用该子类重写的方法。

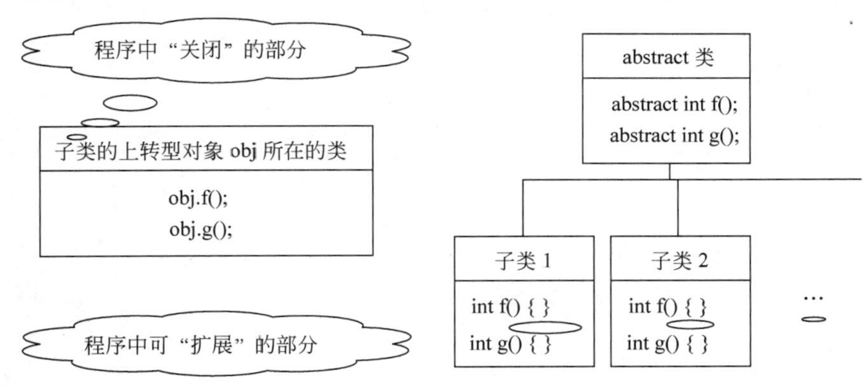

图 5.15　abstract 类与多态的使用

当然，在程序设计好后，首先应当对 abstract 类的修改进行"关闭"，否则，一旦修改 abstract 类(例如，为它再增加一个 abstract 方法)，该 abstract 类的所有子类都需要做出修改。在程序设计好后，应当对增加 abstract 的子类"开放"，即在程序中增加 abstract 的子类时，不需要修改其他重要的类。

在例 5.13 中，准备设计一个动物声音"模拟器"，希望所设计的模拟器可以模拟许多动物的叫声。

首先设计一个抽象类 Animal，该抽象类有 cry()和 getAnimalName()两个抽象方法，那么 Animal 的子类必须实现 cry 和 getAnimalName()方法,即要求各种具体的动物给出自己的叫声和种类名称。

然后设计 Simulator 类(模拟器),该类有一个 playSound(Animal animal)方法,该方法的参数是 Animal 类型。显然,参数 animal 可以是抽象类 Animal 的任何一个子类对象的上转型对象,即参数 animal 可以调用 Animal 的子类重写的 cry()方法播放具体动物的声音,调用 Animal 的子类重写的 getAnimalName()方法显示动物种类的名称。

```
C:\chapter5>java Example5_13
现在播放狗类的声音:汪汪……汪汪
现在播放猫类的声音:喵喵……喵喵
```

图 5.16 体现"开-闭"原则

程序运行效果如图 5.16 所示。

例 5.13

Animal.java

```
public abstract class Animal {
   public abstract void cry();
   public abstract String getAnimalName();
}
```

Simulator.java

```
public class Simulator {
  public void playSound(Animal animal) {
     System.out.print("现在播放" + animal.getAnimalName() + "类的声音:");
     animal.cry();
  }
}
```

Dog.java

```
public class Dog extends Animal {
  public void cry() {
     System.out.println("汪汪……汪汪");
  }
  public String getAnimalName() {
     return "狗";
  }
}
```

Cat.java

```
public class Cat extends Animal {
  public void cry() {
     System.out.println("喵喵……喵喵");
  }
  public String getAnimalName() {
     return "猫";
  }
}
```

Example5_13.java

```
public class Example5_13 {
   public static void main(String args[]) {
     Simulator simulator = new Simulator();
     simulator.playSound(new Dog());
     simulator.playSound(new Cat());
  }
}
```

注：(1) 在例 5.13 中，如果再增加一个 Java 源文件(对扩展开放)，该源文件有一个 Animal 的子类 Tiger(负责模拟老虎的声音)，那么模拟器 Simulator 类不需要做任何修改(对 Simulator 类的修改关闭)，应用程序的主类就可以使用代码：

```
simulator.playSound(new Tiger());
```

模拟老虎的声音。

(2) 如果将例 5.13 中的 Animal 类、Simulator 类及 Dog 类和 Cat 类看作一个小的开发框架，将 Example5_13 看作是用户程序，那么框架满足"开-闭"原则，该框架相对用户的需求就比较容易维护，因为当用户程序需要模拟老虎的声音时，只需简单地扩展框架，即在框架中增加一个 Animal 的 Tiger 子类，而无须修改框架中的其他类。

5.10　接口

Java 不支持多继承性，即一个类不能有多个父类(至多一个父类)。单继承性使得 Java 简单，易于管理程序。为了克服单继承的缺点，Java 使用了接口，一个类可以实现多个接口。

使用关键字 interface 来定义一个接口。接口的定义和类的定义很相似，分为接口的声明和接口体。

扫一扫

视频讲解

▶ 5.10.1　接口的定义与使用

接口定义中含有一个接口声明(给出接口的名字)和接口体。

❶ 接口声明

接口通过使用关键字 interface 来声明，格式如下：

```
interface 接口的名字 //接口声明
{
      //接口体
}
```

❷ 接口体

接口体中包含 static 常量和方法定义两部分。

1) 接口体中的抽象方法和常量

JDK 8 版本之前，接口体中只有抽象方法，所有的抽象方法的访问权限一定都是 public(允许省略 public、abstract 修饰符)。接口体中所有的 static 常量的访问权限一定都是 public(允许省略 public、final 和 static 修饰符，接口中不会有变量)。例如：

```
interface Printable {
      public static final int MAX = 100;              //等价写法:int MAX = 100;
      public abstract void add();                     //等价写法:void add();
      public abstract float sum(float x ,float y);    //等价写法:float sum(float x ,float y);
}
```

2) 接口体中的 default 实例方法

从 JDK 8 版本开始，允许使用 default 关键字，在接口体中定义称作 default 的实例方法(不可以定义 default 的 static 方法)，default 的实例方法和通常的普通的方法比就是用关键字 default 修饰的带方法体的实例方法。default 实例方法的访问权限一定是 public(允许省略 public 修饰符)。例如，下列接口中的 max 方法就是 default 实例方法：

```
interface Printable {
    public final int MAX = 100;             //等价写法:int MAX = 100;
    public abstract void add();             //等价写法:void add();
    public abstract float sum(float x ,float y);
    public default int max(int a,int b) {   //default 方法
        return a > b?a:b;
    }
}
```

注意不可以省略 default 关键字，因为接口中不允许定义通常的带方法体的实例方法。

3）接口体中的 static 方法

从 JDK 8 版本开始，允许在接口体中定义 static 方法。例如，下列接口中的 f 方法就是 static 方法：

```
public interface Printable {
    public static final int MAX = 100;          //等价写法:int MAX = 100;
    public abstract void on();                  //等价写法:void on();
    public abstract float sum(float x ,float y);
    public default int max(int a,int b) {       //default 方法
        return a > b?a:b;
    }
    public static void f() {
      System.out.println("注意是从 Java SE 8 开始的");
    }
}
```

注：不可以用 static 和 abstract 同时修饰一个方法。

❸ 接口的使用

1）使用接口中的常量和 static 方法

可以用接口名访问接口的常量、调用接口中的 static 方法。例如：

```
Printable.MAX;
Printable.f();
```

2）类实现接口

一个类通过使用关键字 implements 声明自己实现一个或多个接口。如果实现多个接口，用逗号隔开接口名，例如，A 类实现 Printable 和 Addable 接口：

```
class A implements Printable,Addable {
}
```

再如，Animal 的子类 Dog 类实现 Eatable 和 Sleepable 接口：

```
class Dog extends Animal implements Eatable,Sleepable {
}
```

如果一个类实现了某个接口，那么这个类就自然拥有了接口中的常量和 default 方法（去掉了 default 关键字），该类也可以重写接口中的 default 方法（注意，重写时需要去掉 default 关键字）。如果一个非 abstract 类实现了某个接口，那么这个类必须重写该接口的所有 abstract 方法，即去掉 abstract 修饰给出方法体（有关重写的要求见 5.4.2 节）。如果一个 abstract 类实现了某个接口，该类可以选择重写接口的 abstract 方法或直接拥有接口的 abstract 方法。

特别注意的是：

(1) 类实现某接口,但类不拥有接口的 static 方法。

(2) 接口中方法的访问权限都是 public,重写时不可省略 public(否则就降低了访问权限,这是不允许的)。

实现接口的非 abstract 类一定要重写接口的 abstract 方法,因此也称这个类实现了接口中的方法。

Java 核心 API 为我们提供的接口都在相应的包中,通过 import 语句不仅可以引入包中的类,也可以引入包中的接口。例如:

```
import java.io.*;
```

不仅引入了 java.io 包中的类,同时也引入了该包中的接口。

我们还可以自己定义接口,一个 Java 源文件就是由类和接口组成的。

例 5.14 使用了接口,程序运行效果如图 5.17 所示。

```
接口中的常量100
调用on方法(重写的):
打开电视
调用sum方法(重写的):30.0
调用接口提供的default方法78
注意是从Java SE 8开始的
```

图 5.17 接口的使用

例 5.14

Printable.java

```
public interface Printable {
    public static final int MAX = 100;              //等价写法:int MAX = 100;
    public abstract void on();                      //等价写法:void on();
    public abstract float sum(float x ,float y);
    default int max(int a, int b) {                 //default 方法
        return a > b?a:b;
    }
    public static void f() {
       System.out.println("注意是从 Java SE 8 开始的");
    }
}
```

AAA.java

```
public class AAA implements Printable {             //实现 Printable 接口
     public void on(){                              //必须重写接口的 abstract 方法 on
         System.out.println("打开电视");
     }
     public float sum(float x ,float y){            //必须重写接口的 abstract 方法 sum
         return x + y;
     }
}
```

Example5_14.java

```
public class Example5_14 {
    public static void main(String args[]) {
       AAA a = new AAA();
       System.out.println("接口中的常量" + AAA.MAX);
       System.out.println("调用 on 方法(重写的):");
       a.on();
       System.out.println("调用 sum 方法(重写的):" + a.sum(12,18));
       System.out.println("调用接口提供的 default 方法" + a.max(12,78));
       Printable.f();
    }
}
```

接口声明时,如果在关键字 interface 前面加上 public 关键字,就称这样的接口是一个

public 接口。public 接口可以被任何一个类声明实现。如果一个接口不加 public 修饰,就是友好接口类,友好接口可以被与该接口在同一包中的类声明实现。

如果父类实现了某个接口,那么子类也就自然实现了该接口,子类不必再显式地使用关键字 implements 声明实现这个接口。

接口也可以被继承,即可以通过关键字 extends 声明一个接口是另一个接口的子接口。由于接口中的方法和常量都是 public 的,所以子接口将继承父接口中的全部实例方法和常量。

扫一扫

视频讲解

▶ 5.10.2 接口回调

接口回调是指可以把实现某一接口的类创建的对象的引用赋给该接口声明的接口变量中,那么该接口变量就可以调用被类重写的接口方法以及接口中的 default 方法。实际上,当接口变量调用被类重写的接口方法或接口中的 default 方法时,就是通知相应的对象调用这个方法。

接口回调非常类似 5.7 节介绍的上转型对象调用子类的重写方法。

例 5.15 使用了接口的回调技术。

例 5.15

Example5_15.java

```
interface ShowMessage {
    void 显示商标(String s);
    default void f(){
        System.out.println("default 方法");
    }
}
class TV implements ShowMessage {
    public void 显示商标(String s) {
       System.out.println(s);
    }
    public void f(){
        System.out.println("重写了 default 方法");
    }
}
class PC implements ShowMessage {
    public void 显示商标(String s) {
      System.out.println(s);
    }
}
public class Example5_15 {
    public static void main(String args[]) {
       ShowMessage sm = null;                   //声明接口变量
       sm = new TV();                           //接口变量中存放对象的引用
       sm.显示商标("长城牌电视机");              //接口回调
       sm.f();                                  //接口回调
       sm = new PC();                           //接口变量中存放对象的引用
       sm.显示商标("联想奔月 5008PC");           //接口回调
       sm.f();                                  //接口回调
    }
}
```

扫一扫

视频讲解

▶ 5.10.3 理解接口

接口的语法规则很容易记住,但真正理解接口更重要。理解的关键点是:

(1) 接口可以抽象出重要的行为标准,该行为标准用抽象方法来表示。

(2) 可以把实现接口的类的对象的引用赋值给接口变量,该接口变量可以调用被该类实现的接口方法,即体现该类根据接口中的行为标准给出的具体行为。

假如轿车、卡车、拖拉机、摩托车和客车都是机动车的子类,其中机动车是一个抽象类。机动车中有诸如"刹车""转向"等方法是合理的,即要求轿车、卡车、拖拉机、摩托车、客车都必须具体实现"刹车""转向"等功能。但是,如果机动车类包含两个抽象方法——"收取费用"和"调节温度",那么所有的子类都要重写这两个方法,即给出方法体,产生各自的收费或控制温度的行为。这显然不符合人们的思维逻辑,因为拖拉机可能不需要有"收取费用"或"调节温度"的功能,而其他的一些类,例如飞机、轮船等可能也需要具体实现"收取费用""调节温度"。

接口的思想在于它可以要求某些类有相同名称的方法,但方法的具体内容(方法体的内容)可以不同,即要求这些类实现接口,以保证这些类一定有接口中所声明的方法(即所谓的方法绑定)。接口在要求一些类有相同名称的方法的同时,并不强迫这些类具有相同的父类。例如,各式各样的电器产品,它们可能归属不同的种类,但国家标准要求电器产品都必须提供一个名称为 on 的功能(为达到此目的,只需要求它们实现同一接口,该接口中有名字为 on 的方法),但名称为 on 的功能的具体行为由各个电器产品去实现。

在例 5.16 中,要求 MotorVehicles 类(机动车类)的子类 Taxi(出租车)和 Bus(公共汽车)必须有名称为 brake 的方法(有刹车功能),但额外要求 Taxi 类有名字为 controlAirTemperature 和 charge 的方法(有空调和收费功能),即要求 Taxi 实现两个接口,要求客车类有名字为 charge 的方法(有收费功能),即要求 Bus 只实现一个接口。程序运行效果如图 5.18 所示。

```
公共汽车使用毂式刹车技术
公共汽车:一元/张,不计算千米数
出租车使用盘式刹车技术
出租车:2元/km,起价3km
出租车安装了Hair空调
电影院:门票,十元/张
电影院安装了中央空调
```

图 5.18 理解接口

例 5.16

Example5_16.java

```java
abstract class MotorVehicles {
    abstract void brake();
}
interface MoneyFare {
    void charge();
}
interface ControlTemperature {
    void controlAirTemperature();
}
class Bus extends MotorVehicles implements MoneyFare {
     void brake() {
         System.out.println("公共汽车使用毂式刹车技术");
     }
     public void charge() {
         System.out.println("公共汽车:一元/张,不计算千米数");
     }
}
class Taxi extends MotorVehicles implements MoneyFare,ControlTemperature {
     void brake() {
         System.out.println("出租车使用盘式刹车技术");
     }
     public void charge() {
         System.out.println("出租车:2 元/km,起价 3km");
     }
     public void controlAirTemperature() {
         System.out.println("出租车安装了 Hair 空调");
```

```
        }
    }
    class Cinema implements MoneyFare,ControlTemperature {
        public void charge() {
            System.out.println("电影院:门票,十元/张");
        }
        public void controlAirTemperature() {
            System.out.println("电影院安装了中央空调");
        }
    }
    public class Example5_16 {
        public static void main(String args[]) {
            Bus bus101 = new Bus();
            Taxi buleTaxi = new Taxi();
            Cinema redStarCinema = new Cinema();
            MoneyFare fare;
            ControlTemperature temperature;
            fare = bus101;
            bus101.brake();
            fare.charge();
            fare = buleTaxi;
            temperature = buleTaxi;
            buleTaxi.brake();
            fare.charge();
            temperature.controlAirTemperature();
            fare = redStarCinema;
            temperature = redStarCinema;
            fare.charge();
            temperature.controlAirTemperature();
        }
    }
```

扫一扫

视频讲解

5.10.4 接口与多态

5.10.3 节学习了接口回调,即当把实现接口的类的实例的引用赋值给接口变量后,该接口变量就可以回调类重写的接口方法。由接口产生的多态就是指不同的类在实现同一个接口时可能具有不同的实现方式,那么接口变量在回调接口方法时就可能具有多种形态。

在设计程序时,经常会使用接口,其原因是,接口只关心操作,但不关心这些操作的具体实现细节,可以使我们把主要精力放在程序的设计上,而不必拘泥于细节的实现。也就是说,可以通过在接口中声明若干 abstract 方法,表明这些方法的重要性,方法体的内容细节由实现接口的类去完成。使用接口进行程序设计的核心思想是使用接口回调,即接口变量存放实现该接口的类的对象的引用,从而接口变量就可以回调类实现的接口方法。

利用接口也可以体现程序设计的“开-闭”原则,即对扩展开放,对修改关闭。例如,程序的主要设计者可以设计出如图 5.18 所示的一种结构关系,从该图可以看出,当程序再增加实现接口的类(有其他设计者去实现)时,接口变量所在的类不需要做任何修改,就可以回调类重写的接口方法。

当然,在程序设计好后,首先应当对接口的修改“关闭”,否则,一旦修改接口,例如,为它再增加一个 abstract 方法,那么实现该接口的类都需要做出修改。但是,程序设计好后,应当对增加实现接口的类“开放”,即在程序中再增加实现接口的类时,不需要修改其他重要的类。

下面的例 5.17 中,我们准备设计一个广告牌,希望所设计的广告牌可以展示许多公司的广告词。

首先设计一个接口 Advertisement，该接口有两个方法：showAdvertisement()和 getCorpName()，那么实现 Advertisement 接口的类必须重写 showAdvertisement()和 getCorpName()方法，即要求各个公司给出具体的广告词和公司的名称。

然后设计 AdvertisementBoard 类(广告牌)，该类有一个 Advertisement 接口类型的成员变量 adver(就像人们常说的，广告牌对外留有接口)。adver 可以存放任何实现 Advertisement 接口的类的对象的引用，并回调类重写的接口方法 showAdvertisement()来显示公司的广告词、回调类重写的接口方法 getCorpName()来显示公司的名称。

例 5.17 的详细代码如下，运行效果如图 5.19 所示。

```
C:\chapter5>java Example5_17
广告牌显示飞利浦公司的广告词：
@@@@@@@@@@@@@@@@@@@@@@@
没有最好，只有更好
@@@@@@@@@@@@@@@@@@@@@@@
广告牌显示联想集团公司的广告词：
**************
让世界变得很小
**************
```

图 5.19　接口体现“开-闭”原则

例 5.17

Advertisement.java

```
public interface Advertisement {                         //接口
      public void showAdvertisement();
      public String getCorpName();
}
```

AdvertisementBoard.java

```
public class AdvertisementBoard {
   Advertisement adver;
   public void setAdvertisement(Advertisement adver){
       this.adver = adver;
   }
   public void show() {
       if(adver != null){
          System.out.println("广告牌显示" + adver.getCorpName() + "公司的广告词:");
          adver.showAdvertisement();
       }
       else {
           System.out.println("广告牌无广告");
       }
   }
}
```

PhilipsCorp.java

```
public class PhilipsCorp implements Advertisement {      //PhilipsCorp 实现 Advertisement 接口
   public void showAdvertisement(){
      System.out.println("@@@@@@@@@@@@@@@@@@@@@@@");
      System.out.println("没有最好,只有更好");
      System.out.println("@@@@@@@@@@@@@@@@@@@@@@@");
   }
   public String getCorpName() {
      return "飞利浦" ;
   }
}
```

LenovoCorp.java

```
public class LenovoCorp implements Advertisement {       //LenovoCorp 实现 Advertisement 接口
   public void showAdvertisement(){
      System.out.println(" ************** ");
      System.out.println("让世界变得很小");
      System.out.println(" ************** ");
   }
```

```
    public String getCorpName() {
        return "联想集团" ;
    }
}
```

Example5_17.java

```
public class Example5_17 {
    public static void main(String args[]) {
        AdvertisementBoard board = new AdvertisementBoard();
        board.setAdvertisement(new PhilipsCorp());
        board.show();
        board.setAdvertisement(new LenovoCorp());
        board.show();
    }
}
```

注：在例 5.17 中，如果再增加一个 Java 源文件（对扩展开放），该源文件有一个实现 Advertisement 接口的类 IBMCorp，那么 AdvertisementBoard 类不需要做任何修改（对 AdvertisementBoard 类的修改关闭），应用程序的主类就可以使用代码：

```
board.setAdvertisement(new IBMCorp());
board.show();
```

显示 IBM 公司的广告词。

如果将例 5.17 中的 Advertisement 接口、AdvertisementBoard 类及 LenovoCorp 和 PhilipsCorp 类看作是一个小的开发框架，将 Example5_17 看作用户程序，那么框架满足“开-闭”原则，该框架相对用户的需求就比较容易维护，因为当用户程序需要使用广告牌显示 IBMCorp 公司的广告词时，我们只需简单地扩展框架，即在框架中增加一个实现 Advertisement 接口的 IBMCorp 类，而无须修改框架中的其他类。

扫一扫

视频讲解

5.10.5 abstract 类与接口的比较

abstract 类和接口的比较如下：

(1) abstract 类和接口都可以有 abstract 方法。

(2) 接口中只能有常量，不能有变量；而 abstract 类中既可以有常量，也可以有变量。

(3) abstract 类中也可以有非 abstract 方法(不是 default 方法，还带有方法体的方法)，但不可以有 default 实例方法；接口不可以有非 abstract 方法，但可以有 default 实例方法。

在设计程序时应当根据具体的分析来确定是使用抽象类还是接口。abstract 类除了提供重要的需要子类去实现的 abstract 方法外，还提供了子类可以继承的变量和非 abstract 方法。如果某个问题需要使用继承才能更好地解决，例如，子类除了需要实现父类的 abstract 方法，还需要从父类继承一些变量或继承一些重要的非 abstract 方法，就可以考虑用 abstract 类。如果某个问题不需要继承，只是需要若干类给出某些重要的 abstract 方法的实现细节，就可以考虑使用接口。

5.11 小结

(1) 继承是一种由已有的类创建新类的机制。利用继承可以先创建一个共有属性的一般类，再根据该一般类创建具有特殊属性的新类。

(2) 所谓子类继承父类的成员变量作为自己的一个成员变量，就像它们是在子类中直接声明一样，可以被子类中自己声明的任何实例方法操作。

(3) 所谓子类继承父类的方法作为子类中的一个方法，就像它们是在子类中直接声明一样，可以被子类中自己声明的任何实例方法调用。

(4) 多态是面向对象编程的又一重要特性。子类可以体现多态，即子类可以根据各自的需要重写父类的某个方法，子类通过方法的重写可以把父类的状态和行为改变为自身的状态和行为。接口也可以体现多态，即不同的类在实现同一接口时，可以给出不同的实现手段。

(5) 在使用多态设计程序时，要熟练地使用上转型对象或接口回调，以便体现程序设计所提倡的“开-闭”原则。

习题5

扫一扫

习题

扫一扫

自测题

第6章 内部类、匿名类与Lambda表达式、异常类

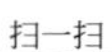

视频讲解

主要内容：
- ❖ 内部类；
- ❖ 匿名类；
- ❖ Lambda 表达式；
- ❖ 异常类；
- ❖ Class 类；
- ❖ 断言。

难点：
- ❖ 异常类。

扫一扫

视频讲解

6.1 内部类

大家已经知道，类可以有两种重要的成员，即成员变量和方法，实际上，Java 还允许类有一种成员，即内部类。

Java 支持在一个类中声明另一个类，这样的类称为内部类，而包含内部类的类称为内部类的外嵌类。

内部类和外嵌类之间的重要关系如下：

(1) 内部类的外嵌类的成员变量在内部类中仍然有效，内部类中的方法也可以调用外嵌类中的方法。

(2) 在内部类的类体中不可以声明类变量和类方法，在外嵌类的类体中可以用内部类声明对象作为外嵌类的成员。

内部类仅供它的外嵌类使用，其他类不可以用某个类的内部类声明对象。

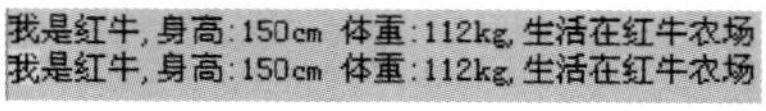

```
我是红牛,身高:150cm 体重:112kg,生活在红牛农场
我是红牛,身高:150cm 体重:112kg,生活在红牛农场
```

图 6.1 使用内部类

某农场饲养了一种特殊种类的牛，但不希望其他农场饲养这种特殊种类的牛，那么该农场就可以将创建这种特殊种牛的类作为自己的内部类。

例 6.1 中有一个 RedCowFarm(红牛农场)类，该类中有一个名字为 RedCow(红牛)的内部类，程序运行效果如图 6.1 所示。

例 6.1

RedCowFarm.java

```
public class RedCowFarm {
    static String farmName;
    RedCow cow;                          //内部类声明对象
    RedCowFarm() {
    }
```

```
    RedCowFarm(String s) {
        cow = new RedCow(150,112,5000);
        formName = s;
    }
    public void showCowMess() {
        cow.speak();
    }
    class RedCow {                              //内部类的声明
        String cowName = "红牛";
        int height,weight,price;
        RedCow(int h,int w,int p){
            height = h;
            weight = w;
            price = p;
        }
        void speak() {
            System.out.println("我是" + cowName + ",身高:" + height + "cm 体重:" +
                        weight + "kg,生活在" + farmName);
        }
    }                                           //内部类结束
}                                               //外嵌类结束
```

Example6_1.java

```
public class Example6_1 {
    public static void main(String args[]) {
        RedCowFarm farm = new RedCowFarm("红牛农场");
        farm.showCowMess();
        farm.cow.speak();
    }
}
```

需要特别注意的是,Java 编译器生成的内部类的字节码文件的名字和通常的类不同,内部类对应的字节码文件的名字格式是"外嵌类名 $ 内部类名"。例如,例 6.1 中内部类的字节码文件是 RedCowFarm $ RedCow.class。因此,当需要把字节码文件复制给其他开发人员时,不要忘记了内部类的字节码文件。

内部类可以被修饰为 static 内部类,例如,例 6.1 中的内部类声明可以是 static class RedCow。类是一种数据类型,那么 static 内部类就是外嵌类中的一种静态数据类型,这样,程序就可以在其他类中使用 static 内部类来创建对象了。需要注意的是,static 内部类不能操作外嵌类中的实例成员变量。

假如将例 6.1 中的内部类 RedCow 更改成 static 内部类,就可以在例 6.1 的 Example6_1 主类的 main 方法中增加以下代码:

```
RedCowFarm.RedCow redCow = new RedCowFarm.RedCow(180,119,6000);
redCow.speak();
```

注:非内部类不可以是 static 类。

6.2　匿名类

扫一扫

视频讲解

6.2.1　和类有关的匿名类

假如没有显式地声明一个类的子类,而又想用子类创建一个对象,那么该如何实现这一目的呢?Java 允许用户直接使用一个类的子类的类体创建一个子类对象,也就是说,在创建子类对象时，除了使用父类的构造方法外还有类体，此类体被认为是一个子类去掉类声明后的类体，称为匿名类。匿名类就是一个子类，由于无名可用，所以不可能用匿名类声明对象，但可以直接用匿名类创建一个对象。

假设 People 是类，那么下列代码就是用 People 类的一个子类（匿名类）创建对象：

```
new People () {
        匿名类的类体
};
```

因此，匿名类可以继承父类的方法，也可以重写父类的方法。使用匿名类时，必然是在某个类中直接用匿名类创建对象，因此，匿名类一定是内部类，匿名类可以访问外嵌类中的成员变量和方法，匿名类的类体中不可以声明 static 成员变量和 static 方法。

由于匿名类是一个子类，但没有类名，所以在用匿名类创建对象时，要直接使用父类的构造方法。

```
C:\chapter6>java Example6_2
大家好，祝工作顺利!
I am a student,how are you
```

图 6.2　和类有关的匿名类

尽管匿名类创建的对象没有经过类声明步骤，但匿名对象的引用可以传递给一个匹配的参数，匿名类的常用方式是向方法的参数传值。

例 6.2 中向一个方法的参数传递了一个匿名类的对象，并用匿名类创建了一个对象，运行效果如图 6.2 所示。

例 6.2

Example6_2.java

```
abstract class Speak {
   public abstract void speakHello();
}
class Student {
   void f(Speak sp) {
     sp.speakHello();
   }
}
public class Example6_2 {
   public static void main(String args[]) {
      Speak speak = new Speak() {
                   public void speakHello() {
                      System.out.println("大家好,祝工作顺利!");
                   }
                 };
        speak.speakHello();
        Student st = new Student();
        st.f(new Speak() {
                 public void speakHello() {
                    System.out.println("I am a student,how are you");
                 }
             });
   }
}
```

▶ 6.2.2　和接口有关的匿名类

假设 Computable 是一个接口，那么，Java 允许直接用接口名和一个类体创建一个匿名对象，此类体被认为是实现了 Computable 接口的类去掉类声明后的类体，称为匿名类。下列代码用实现了 Computable 接口的类（匿名类）创建对象：

```
new Computable() {
   实现接口的匿名类的类体
};
```

如果某个方法的参数是接口类型,那么可以使用接口名和类体组合创建一个匿名对象传递给方法的参数,但类体必须重写接口中的所有方法。例如,对于

```
void f(ComPutable x)
```

其中的参数 x 是接口,那么在调用 f 时,可以向 f 的参数 x 传递一个匿名对象。例如:

```
f(new ComPutable() {
        实现接口的匿名类的类体
})
```

```
C:\chapter6>java Example6_3
m=125.0
result=27.0
```

图 6.3　和接口有关的匿名类

例 6.3 展示了和接口有关的匿名类的用法,运行效果如图 6.3 所示。

例 6.3

Example6_3.java

```
interface Cubic {
    double getCubic(double x);
}
class A {
   void f(Cubic cubic) {
     double result = cubic.getCubic(3);
     System.out.println("result = " + result);
   }
}
public class Example6_3 {
   public static void main(String args[]) {
     Cubic cu = new Cubic() {
                 public double getCubic(double x) {
                    return x * x * x;
                 }
             };
     double m = cu.getCubic(5);                  //接口回调
     System.out.println("m = " + m);
     A a = new A();
     a.f(new Cubic() {
            public double getCubic(double x) {
               return x * x * x;
            }
        });
   }
}
```

6.3　Lambda 表达式

扫一扫

视频讲解

Java 中的 Lambda 表达式的主要目的是在使用单接口(只含有一个方法的接口)匿名类时,让代码更加简洁。因此,掌握在单接口匿名类中使用 Lambda 表达式也就基本掌握了 Java 的 Lambda 表达式。但是,不提倡过多使用 Lambda 表达式,因为过度地简化会导致阅读性差、难以调试等问题,尤其想让接口的方法表达复杂逻辑时,应该杜绝使用 Lambda 表达式,甚至匿名类。

Lambda 表达式就是一个匿名方法(函数)。下列是一个通常的方法:

```
int f(int a,int b ) {
    return a + b;
}
```

用 Lambda 表达式表达同样功能的匿名方法是:

```
(int a, int b)  -> {
    return a + b;
}
```

即 Lambda 表达式就是只写参数列表和方法体的匿名方法(参数列表和方法体之间的符号是->):

```
(参数列表) -> {
    方法体
}
```

由于 Lambda 表达式过于简化,因此必须在特殊的上下文,编译器才能推断出到底是哪个方法。因此 Java 中的 Lamabda 表达式主要用在单接口(接口只含有一个方法)。以下结合单接口 Cubic 讲解 Lambda 表达式的用法。单接口 Cubic 如下:

```
interface Cubic {
    double getCubic(double x);
}
```

如果想用 Cubic 接口有关的匿名类创建对象,做法如下:

```
Cubic a  =  new Cubic(){
      public double getCubic(double x) {
          return x * x * x;
      }
};
```

Java SE 8 开始,可以使用 Lambda 表达式继续简化上述代码,即用 Lambda 表达式来表示用接口相关的匿名类创建对象,编译器根据单接口的特点(接口里只有一个方法),即可推断出 Lambda 表达式代表的是哪个方法。用 Lambda 表达式将上诉代码简化后如下:

```
Cubic a  =  (double x) ->{
      return x * x * x;
};
```

例 6.4 针对单接口匿名类使用了 Lambda 表达式。

例 6.4

Example6_4.java

```
interface Cubic {
   double getCubic(double x);
}
class A {
   void f(Cubic cubic) {
       double result = cubic.getCubic(3);
       System.out.println("result = " + result);
   }
}
public class Example6_4 {
   public static void main(String args[]) {
```

```
        Cubic cu = new Cubic() {                    //和接口有关的匿名类
                        public double getCubic(double x) {
                            return x * x * x;
                        }
                    };
        System.out.println(cu.getCubic(5));
        cu =  (double x) ->{                        //使用 Lambda 表达式简化代码
                            return x * x * x;
                        };
        System.out.println(cu.getCubic(2));
        A a = new A();
        a.f((double x) -> {                         //使用 Lambda 表达式简化代码
                            return x * x * x;
                        });
    }
}
```

6.4 异常类

扫一扫
视频讲解

所谓异常，就是程序运行时可能出现一些错误，例如试图打开一个根本不存在的文件等，异常处理将会改变程序的控制流程，让程序有机会对错误做出处理。本节将对异常给出初步的介绍，而 Java 程序中出现的具体异常问题在相应的章节中还将讲述。

Java 的异常经常出现在方法调用过程中，即在方法调用过程中抛出异常对象，导致程序运行出现异常，并等待处理。例如，在后面的 12 章中，流对象在调用 read 方法读取一个不存在的文件时，就会抛出 IOException 异常对象。异常对象可以调用如下方法得到或输出有关异常的信息：

```
public String getMessage();
public void printStackTrace();
public String toString();
```

▶ 6.4.1 try…catch 语句

Java 使用 try…catch 语句来处理异常，将可能出现的异常操作放在 try…catch 语句的 try 部分，当 try 部分中的某个方法调用发生异常后，try 部分将立刻结束执行，而转向执行相应的 catch 部分；所以程序可以将发生异常后的处理放在 catch 部分。try…catch 语句可以由几个 catch 组成，分别处理发生的相应异常。

try…catch 语句的格式如下：

```
try {
包含可能发生异常的语句,即可能 throw 关键字抛出了异常对象(抛出 Exception 子类对象)
}
catch(ExceptionSubClass1  e) {
    …
}
catch(ExceptionSubClass2  e) {
    …
}
```

各个 catch 参数中的异常类都是 Exception 的某个子类,表明 try 部分可能发生的异常。在 catch 部分,如果其中两个 catch 的参数(即 Exception 子类)之间有父子关系,那么子类 catch 必须在父类 catch 的前面(否则保留父类 catch 即可)。

java.lang 包中的 Integer 类调用其类方法:

```
public static int parseInt(String s)
```

可以将"数字"格式的字符串,如"982",转化为 int 型数据,但是当试图将字符串"ab85"转换成数字时。例如:

```
int number = Integer.parseInt("ab85");
```

方法 parseInt 在执行过程中就会抛出 NumberFormatException 对象(parseInt 方法体中有代码使用关键字 throw 抛出一个 NumberFormatException 对象),即程序运行出现 NumberFormatException 异常。

例 6.5 给出了 try…catch 语句的用法,程序运行效果如图 6.4 所示。

```
发生异常:For input string: "ab85"
n=123,m=8888,t=6666
```

图 6.4 处理异常

例 6.5

Example6_5.java

```
public class Example6_5 {
   public static void main(String args[ ]) {
      int n = 0,m = 0,t = 6666;
      try{ m = Integer.parseInt("8888");
            n = Integer.parseInt("ab85");                    //发生异常,转向 catch
            t = 9999;                                         //t 没有机会赋值
      }
      catch(NumberFormatException e) {
            System.out.println("发生异常:" + e.getMessage());
            n = 123;
      }
      System.out.println("n = " + n + ",m = " + m + ",t = " + t);
   }
}
```

6.4.2 自定义异常类

我们也可以扩展 Exception 类定义自己的异常类,然后规定哪些方法产生这样的异常。一个方法在声明时可以使用 throws 关键字声明要产生的若干个异常,并在该方法的方法体中具体给出产生异常的操作,即用相应的异常类创建对象,并使用 throw 关键字抛出该异常对象,导致该方法结束执行。程序必须在 try…catch 块语句中调用能发生异常的方法,其中 catch 的作用就是捕获 throw 方法抛出的异常对象。

注: throw 是 Java 的关键字,该关键字的作用就是抛出异常。throw 和 throws 是两个不同的关键字。

例 6.6 中,People 类中有一个设置 age 的方法,如果向该方法传递小于 1 或大于 160 的整数,方法就抛出异常。程序运行效果如图 6.5 所示。

图 6.5 自定义异常

例 6.6

IntegerException. java

```
public class IntegerException extends Exception {
    String message;
    public IntegerException(int m) {
        message = "年龄" + m + "不合理";
    }
    public String toString() {
        return message;
    }
}
```

People. java

```
public class People {
private int age = 1;
public void setAge(int age) throws IntegerException {
    if(age >= 160||age <= 0) {
        throw new IntegerException(age);                    //方法抛出异常,导致方法结束
    }
    else {
        this.age = age;
    }
} public int getAge() {
    System.out.println("年龄" + age + "合理");
    return age;
    }
}
```

Example6_6. java

```
public class Example6_6 {
    public static void main(String args[]) {
        People wang = new People(),
               zhang = new People();
        try{ wang.setAge(180);
             System.out.println(wang.getAge());
        }
        catch(IntegerException e) {
             System.out.println(e.toString());
        }
        try { zhang.setAge(37);
              System.out.println(zhang.getAge());
        }
        catch(IntegerException e) {
              System.out.println(e.toString());
        }
    }
}
```

▶ 6.4.3　finally 子语句

finally 子语句是 try…catch 语句的可选部分,语法格式如下:

```
try{}
catch(ExceptionSubClass e){}
finally{}
```

其执行机制是:在执行 try…catch 语句后,执行 finally 子语句,也就是说,无论在 try 部分是

否发生过异常,finally 子语句都会被执行。

但需要注意以下两种特殊情况:

- 如果在 try…catch 语句中执行了 return 语句,那么 finally 子语句仍然会被执行。
- try…catch 语句中执行了程序退出代码,即执行"System.exit(0);",则不执行 finally 子语句(当然包括其后的所有语句)。

例 6.7 模拟向货船上装载集装箱,如果货船超重,那么货船认为这是一个异常,将拒绝装载集装箱,但无论是否发生异常,货船都需要正点启航。程序运行效果如图 6.6 所示。

```
目前装载了600吨货物
目前装载了1000吨货物
超重
无法再装载重量是367吨的集装箱
货船将正点启航
```

图 6.6　货船装载集装箱

例 6.7

DangerException.java

```
public class DangerException extends Exception {
    final String message = "超重";
    public String warnMess() {
        return message;
    }
}
```

CargoBoat.java

```
public class CargoBoat {
      int realContent;                //装载的重量
      int maxContent;                 //最大装载量
      public void setMaxContent(int c) {
          maxContent = c;
      }
      public void loading(int m) throws DangerException {
        realContent += m;
        if(realContent > maxContent) {
            throw new DangerException();
        }
        System.out.println("目前装载了" + realContent + "吨货物");
      }
}
```

Example6_7.java

```
public class Example6_7 {
    public static void main(String args[]) {
        CargoBoat ship = new CargoBoat();
        ship.setMaxContent(1000);
        int m = 600;
        try{
              ship.loading(m);
              m = 400;
              ship.loading(m);
              m = 367;
              ship.loading(m);
              m = 555;
              ship.loading(m);
        }
        catch(DangerException e) {
              System.out.println(e.warnMess());
              System.out.println("无法再装载重量是" + m + "吨的集装箱");
        }
```

```
        finally {
            System.out.printf("货船将正点启航");
        }
    }
}
```

扫一扫

视频讲解

6.5　Class 类

6.5.1　Java 反射

Class 是 java.lang 包中的类，Class 的实例封装和类有关的信息（即类型信息）。任何类默认有一个 public 的静态的（static）Class 对象，该对象的名字是 class，该对象封装当前类的有关信息（即类型的信息），如该类有哪些构造方法、哪些成员变量、哪些方法等。也可以让类的对象调用 getClass() 方法（从 java.lang.Object 类继承的方法）返回这个 Class 对象：class。

Class 对象调用如下的方法可以获取当前类的有关信息。例如，类的名字、类中的方法名称、成员变量的名称等，这一机制也称为 Java 反射。

- String getName()：返回类的名字。
- Constructor[] getDeclaredConstructors()：返回类的全部构造方法。
- Field[] getDeclaredFields()：返回类的全部成员变量。
- Method[] getDeclaredMethods()：返回类的全部方法。

例 6.8 使用相应的 Class 对象列出了 Rect 类的全部成员变量和方法的名称，程序运行效果如图 6.7 所示。

```
true
类的名字:Rect
类中有如下的构造方法:
public Rect()
public Rect(double,double)
类中有如下的成员变量:
double Rect.width
double Rect.height
double Rect.area
类中有如下的方法:
public double Rect.getArea()
```

图 6.7　使用 Class 查看类的信息

例 6.8

Rect.java

```
public class Rect {
    double width,height,area;
    public Rect(){
    }
    public Rect(double w,double h){
        width = w;
        height = h;
    }
    public double getArea() {
        area = height * width;
        return area;
    }
}
```

Example6_8.java

```
import java.lang.reflect.Constructor;
import java.lang.reflect.Field;
import java.lang.reflect.Method;
public class Example6_8 {
    public static void main(String args[]) {
        Rect rect = new Rect();
```

```
        Class cs = rect.getClass();                       //或 Class cs = Rect.class;
        System.out.println(cs == Rect.class);             //输出结果是 true
        String className = cs.getName();
        Constructor[] con = cs.getDeclaredConstructors(); //返回类中的构造方法
        Field[] field = cs.getDeclaredFields() ;          //返回类中的成员变量
        Method[] method = cs.getDeclaredMethods();        //返回类中的方法
        System.out.println("类的名字:" + className);
        System.out.println("类中有如下的构造方法:");
        for(int i = 0;i < con.length;i++) {
           System.out.println(con[i].toString());
        }
        System.out.println("类中有如下的成员变量:");
        for(int i = 0;i < field.length;i++) {
           System.out.println(field[i].toString());
        }
        System.out.println("类中有如下的方法:");
        for(int i = 0;i < method.length;i++) {
           System.out.println(method[i].toString());
        }
    }
}
```

▶ 6.5.2　使用 Class 实例化一个对象

得到一个类的实例的最常用的方式就是使用 new 运算符和类的构造方法。但是,Java 也可以使用和类相关的 Class 对象 class 得到一个类的实例。

为了使用 Class 得到一个类的实例,可以先得到一个和该类相关的 Class 对象(相当于得到类型),做到这一点并不困难(例如类名.class)。但下列方法更为灵活,即使用 Class 的类方法

```
public static Class <?> forName(String className) throws ClassNotFoundException
```

就可以返回一个和参数 className 指定的类相关的 Class 对象。再让这个 Class 对象调用

```
public Constructor <?> getDeclaredConstructor() throws SecurityException
```

方法得到 className 类的无参数的构造方法(因此 className 类必须保证有无参数的构造方法)。然后,Constructor <?>对象调用 newInstance()返回一个 className 类的对象。

注:从 JDK 9 版本开始,Class 类的 newInstance()方法被宣布为 Deprecated(已过时)。

例 6.9 使用 Class 对象得到一个 Circle 类的实例。例 6.9 中使用的 Class <?>和泛型知识有关(见第 13 章)。Class <?>是个统配泛型,"?"可以代表任何类型(在 JDK 8 之前,Class 类并不涉及泛型。在这里不影响学习使用,只要多写个<?>即可)。程序运行效果如图 6.8 所示。

```
C:\ch6>javac tom\data\*.java

C:\ch6>javac jiafei\data\*.java

C:\ch6>java jiafei.data.Example6_9
circle的面积31415.926535897932
```

图 6.8　使用 Class 得到类的实例

例 6.9

Circle.java

```
package tom.data;
public class Circle {
   double radius;
   public void setRadius(double r){
      radius = r;
```

```
    }
    public double getArea() {
        return Math.PI * radius * radius;
    }
}
```

Example6_9.java

```
package jiafei.data;
import tom.data.Circle;
import java.lang.reflect.Constructor;
public class Example6_9 {
    public static void main(String args[]) {
        try{
             Class<?> cs = Class.forName("tom.data.Circle");
            //也可以 Class<?> cs = Circle.class;              //但缺乏灵活性(见7.4节)
             Constructor<?> gouzhao = cs.getDeclaredConstructor();
            //返回不带参数的构造方法,封装在 Constructor<?>对象中
             Circle circle = (Circle)gouzhao.newInstance();    //实例化 Circle 对象
             circle.setRadius(100);
             System.out.println("circle 的面积" + circle.getArea());
        }
        catch(Exception e) {
             System.out.println(e.getMessage());
        }
    }
}
```

对于“Class.forName("tom.data.Circle");”,编译器只检查"tom.data.Circle"是否是一个 String 类型的数据,并不检查是否有包名为 tom.data 的 Circle 类。在运行阶段,如果发现没有包名为 tom.data 的 Circle 类,将触发 ClassNotFoundException。而对于“Circle.class;”编译阶段,就要检查是否有 Circle 类(缺乏灵活性,见 7.4 节)。

6.6 断言语句

扫一扫

视频讲解

断言语句在调试代码阶段非常有用,断言语句一般用于程序不准备通过捕获异常来处理的错误。例如,当发生某个错误时,要求程序必须立即停止执行。在调试代码阶段让断言语句发挥作用,这样就可以发现一些致命的错误,当程序正式运行时就可以关闭断言语句,但仍把断言语句保留在源代码中,如果以后应用程序又需要调试,可以重新启用断言语句。

使用关键字 assert 声明一条断言语句,断言语句有以下两种格式:

```
assert booleanExpression;
assert booleanExpression:messageException;
```

其中,booleanExpression 必须是求值为 boolean 型的表达式;messageException 可以是求值为字符串的表达式。

如果使用

```
assert booleanExpression;
```

形式的断言语句,当 booleanExpression 的值是 false 时,程序从断言语句处停止执行;当 booleanExpression 的值是 true 时,程序从断言语句处继续执行。

如果使用

```
assert booleanExpression:messageException;
```

形式的断言语句，当 booleanExpression 的值是 false 时，程序从断言语句处停止执行，并输出 messageException 表达式的值，提示用户出现了怎样的问题；当 booleanExpression 的值是 true 时，程序从断言语句处继续执行。

当使用 java 解释器直接运行应用程序时，默认地关闭断言语句，在调试程序时可以使用 -ea 启用断言语句，例如：

```
java - ea mainClass
```

例 6.10 在求平方根时使用了断言语句，程序运行效果如图 6.9 所示。

```
C:\ch6>java -ea Example6_10
请输入正数回车确认
-9
Exception in thread "main" java.lang.AssertionError: 负数不能求平方根
        at Example6_10.main(Example6_10.java:7)
```

图 6.9　使用断言语句

例 6.10

Example6_10.java

```
import java.util.Scanner;
public class Example6_10 {
    public static void main (String args[ ]) {
        System.out.println("请输入正数回车确认");
        Scanner scan = new Scanner(System.in);
        double number = scan.nextDouble();
        assert number > 0:"负数不能求平方根";
        System.out.println(number + "的平方根:" + Math.sqrt(number));
    }
}
```

6.7　小结

（1）Java 支持在一个类中声明另一个类，这样的类称为内部类，而包含内部类的类称为内部类的外嵌类。

（2）和某类有关的匿名类就是该类的一个子类，该子类没有明显地用类声明来定义，所以称为匿名类。

（3）和某接口有关的匿名类就是实现该接口的一个类，该子类没有明显地用类声明来定义，所以称为匿名类。

（4）Java 的异常可以出现在方法调用过程中，即在方法调用过程中抛出异常对象，导致程序运行出现异常，并等待处理。Java 使用 try…catch 语句来处理异常，将可能出现的异常操作放在 try…catch 语句的 try 部分，当 try 部分中的某个方法调用发生异常后，try 部分将立刻结束执行，而转向执行相应的 catch 部分。

习题 6

扫一扫

习题

扫一扫

自测题

第7章 面向对象设计的基本原则

主要内容：
- ❖ UML 类图简介；
- ❖ 面向抽象原则；
- ❖ “开-闭”原则；
- ❖ 多用组合少用继承原则；
- ❖ 高内聚-低耦合原则。

难点：
- ❖ “开-闭”原则。

本章给出面向对象设计的几个基本原则，了解这些基本原则，有助于用户知道如何使用面向对象语言编写出易维护、易扩展和易复用的程序代码。本书在第 8 章还要介绍几个重要的设计模式，这些模式充分体现了本章所述的一些基本原则。需要强调的一点是，本章介绍的这些原则是在许多设计中总结出的指导性原则，并不是任何设计都必须遵守的规定。

7.1 UML 类图简介

因为本书只使用 UML(Unified Modeling Language，统一建模语言)类图，所以本章简要介绍 UML 中的 UML 类图，而不对 UML 进行全面讲解。

UML 类图(Class Diagram)属于结构图，常被用于描述一个系统的静态结构。一个 UML 类图中通常包含类(Class)的 UML 图、接口(Interface)的 UML 图、泛化关系(Generalization)的 UML 图、关联关系(Association)的 UML 图、依赖关系(Dependency)的 UML 图和实现关系(Realization)的 UML 图。

▶ 7.1.1 类的 UML 图

在类的 UML 图中，使用一个长方形描述一个类的主要构成，将长方形垂直地分为 3 层。

顶部第 1 层是名字层，如果类的名字是常规字形，则表明该类是具体类；如果类的名字是斜体字形，则表明该类是抽象类。

第 2 层是变量层，也称属性层，列出类的成员变量及类型，格式是“变量名字:类型”。在用 UML 表示类时，可以根据设计的需要只列出最重要的成员变量的名字。如果变量的访问权限是 public，则需要在变量的名字前面用“＋”符号修饰；如果变量的访问权限是 protected，则需要在变量的名字前面用“＃”符号修饰；如果变量的访问权限是 private，则需要在变量的名字前面用“-”符号修饰；如果变量的访问权限是友好的，则变量的名字前面不使用任何符号修饰。

第 3 层是方法层，也称操作层，列出类的方法及返回类型，格式是“方法名字(参数列表)：类型”。在用 UML 表示类时，可以根据设计的需要只列出最重要的方法。如果方法的访问权

People
+ name:String # age:int – money:double
+ setName(String):void # printMess():void + getAge():int setAge(int):void – getMoney();

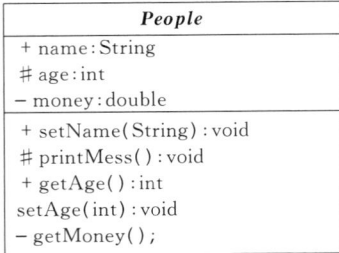

图 7.1　抽象类 People 的 UML 图

限是 public,则需要在方法的名字前面用"+"符号修饰；如果方法的访问权限是 protected,则需要在方法的名字前面用"#"符号修饰；如果方法的访问权限是 private,则需要在方法的名字前面用"-"符号修饰；如果方法的访问权限是友好的,则方法的名字前面不使用任何符号修饰。如果方法是静态方法,则在方法的名字下面添加下画线。

图 7.1 是抽象类 People 的 UML 图。

▶ 7.1.2　表示接口的 UML 图

表示接口(Interface)的 UML 图和表示类的 UML 图类似,使用一个长方形描述一个接口的主要构成,将长方形垂直地分为 3 层。

顶部第 1 层是名字层,接口的名字必须是斜体字形,而且需要用≪interface≫修饰名字,并且该修饰和名字分列在两行。

第 2 层是常量层,列出接口中的常量及类型,格式是"常量名字：类型"。在 Java 中,接口中常量的访问权限都是 public,所以需要在常量名字前面用"+"符号修饰。

第 3 层是方法层,也称操作层,列出接口中的方法及返回类型,格式是"方法名字(参数列表):类型"。在 Java 中,接口中方法的访问权限都是 public,所以需要在方法名字前面用"+"符号修饰。

图 7.2 是接口 Computable 的 UML 图。

▶ 7.1.3　泛化关系

对于面向对象语言,UML 中所说的泛化关系(Generalization)就是指类的继承关系。如果一个类是另一个类的子类,那么 UML 通过使用一个实线连接两个类的 UML 图来表示二者之间的继承关系,实线的起始端是子类的 UML 图,终点端是父类的 UML 图,但终点端使用一个空心的三角形表示实线的结束。

图 7.3 是 Animal 类和它的两个子类 Dog 和 Cat 的 UML 图。

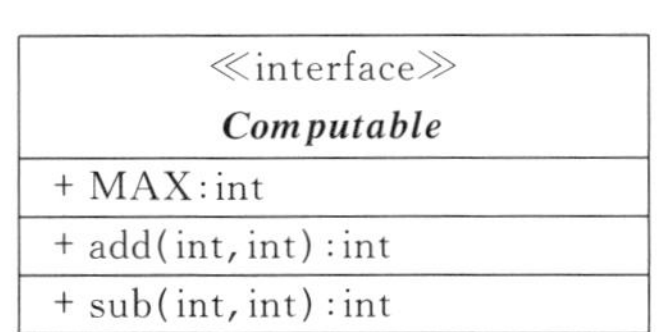

图 7.2　接口 Computable 的 UML 图

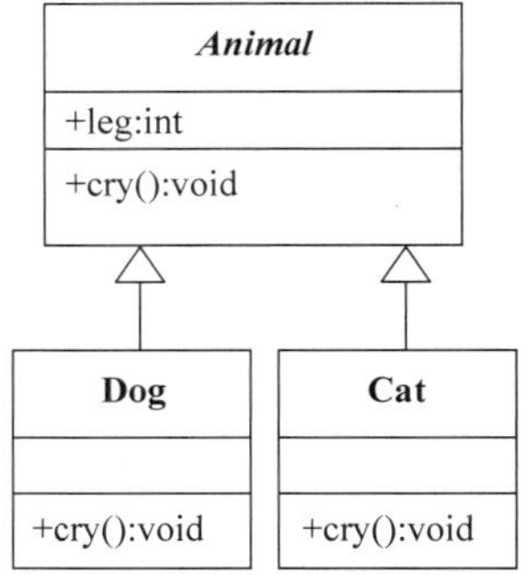

图 7.3　继承关系的 UML 图

▶ 7.1.4　关联关系

如果 A 类中的成员变量是用 B 类(接口)来声明的变量,那么 A 和 B 的关系是关联关系(Association),称 A 关联于 B。如果 A 关联于 B,那么 UML 通过使用一个实线连 A 和 B 的 UML 图,实线的起始端是 A 的 UML 图,终点端是 B 的 UML 图,但终点端使用一个指向 B

的 UML 图的方向箭头表示实线的结束。

图 7.4 是 ClassRoom 类关联 Light 类的 UML 图。

▶ 7.1.5　依赖关系

如果 A 类中某个方法的参数用 B 类(接口)来声明的变量或某个方法返回的数据类型是 B 类型的,那么 A 和 B 的关系是依赖关系,称 A 依赖于 B。如果 A 依赖于 B,那么 UML 通过使用一个虚线连接 A 和 B 的 UML 图,虚线的起始端是 A 的 UML 图,终点端是 B 的 UML 图,但终点端使用一个指向 B 的 UML 图的方向箭头表示虚线的结束。

图 7.5 是 ClassRoom 依赖 Student 接口的 UML 图。

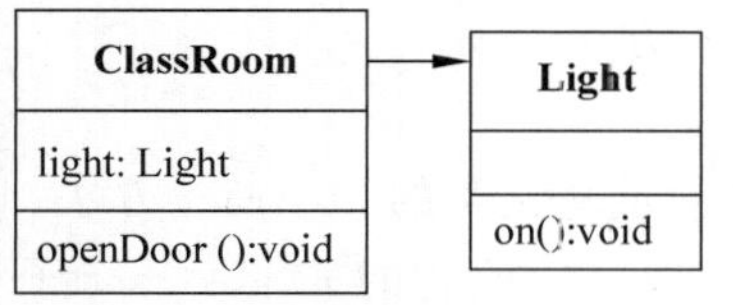

图 7.4　关联关系的 UML 图

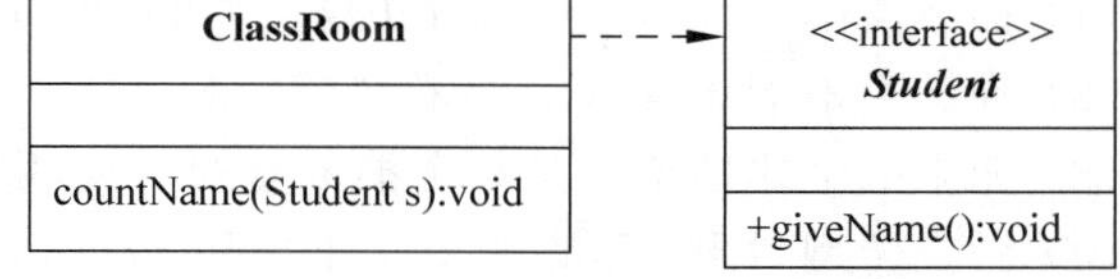

图 7.5　依赖关系的 UML 图

注: 在 Java 中,习惯上将 A 关联于 B 称为 A 依赖于 B,当需要强调 A 是通过方法参数依赖于 B 时,就在 UML 图中使用虚线连接 A 和 B 的 UML 图。

▶ 7.1.6　实现关系

如果一个类实现了一个接口,那么类和接口的关系是实现关系(Realization),称类实现接口。UML 通过使用虚线连接类和它所实现的接口,虚线的起始端是类,虚线的终点端是它实现的接口,但终点端使用一个空心的三角形表示虚线的结束。

图 7.6 是 ClassOne 和 ClassTwo 类实现 Create 接口的 UML 图。

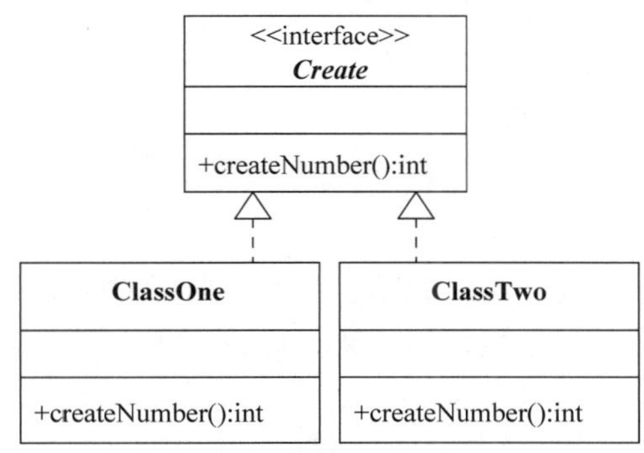

图 7.6　实现关系的 UML 图

▶ 7.1.7　注释

UML 使用注释(Annotation)为类图提供附加的说明。UML 在一个带卷角的长方形中显示给出的注释,并使用虚线将这个带卷角的长方形和它所注释的实体连接起来。

图 7.7 是 Computer 类的 UML 图,该 UML 图使用注释对 Computer 类中的 add()方法给予了说明。

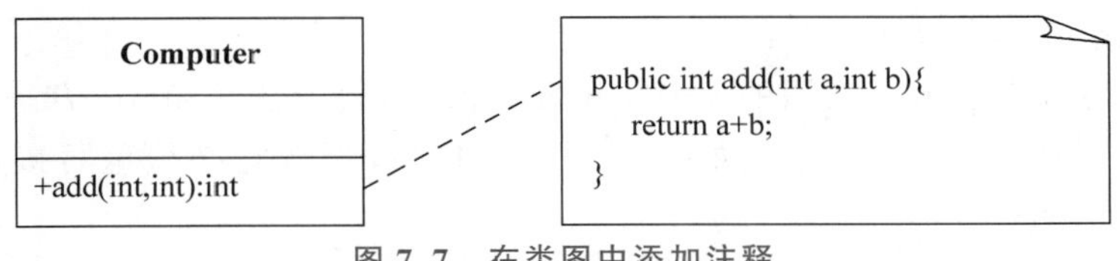

图 7.7　在类图中添加注释

扫一扫

视频讲解

7.2 面向抽象原则

▶ 7.2.1 抽象类和接口

5.9 节和 5.10 节分别讲述了抽象类和接口，这里提炼一些二者最为重要的知识点，以使读者更加容易地理解面向抽象的原则。

❶ 抽象类

抽象(abstract)类具有以下特点：

(1) 抽象类中可以有 abstract 方法，也可以有非 abstract 方法。

(2) 抽象类不能用 new 运算符创建对象。

(3) 如果一个非抽象类是某个抽象类的子类，那么它必须重写父类的 abstract 方法。

(4) 做上转型对象：尽管抽象类不能用 new 运算符创建对象，但它的非 abstract 子类必须重写它的所有 abstract 方法，这样一来，就可以让抽象类声明的对象成为其子类对象的上转型对象，并调用子类重写的方法。

例如，下列抽象类 A 中有一个 abstract 方法 add(int x,int y)：

A.java

```
public abstract class A {
        public abstract int add(int x,int y);
}
```

下列 B 是 A 的一个非 abstract 子类，子类 B 在重写父类 A 中的 abstract 方法 add(int x, int y)时，将其实现为计算 x 与 y 的和。

B.java

```
public class B extends A {
        public int add(int x,int y) {
            return x + y;
        }
}
```

假设 b 是子类 B 创建的对象，那么可以让 A 类声明的对象 a 成为对象 b 的上转型对象，即让 a 存放 b 的引用。上转型对象能调用子类重写的 add()方法，例如：

Application.java

```
public class Application {
       public static void main(String args[]) {
              A a;
              a = new B();                   //a 是 B 类对象的上转型对象
              int m = a.add(3,2);            //a 调用子类 B 重写的 add()方法
              System.out.println(m);         //输出结果为 5
       }
}
```

❷ 接口

接口(Interface)具有以下特点：

(1) 接口中可以有 public 权限的 abstract 方法、default 方法和 static 方法。

(2) 接口由类去实现，即一个类如果实现一个接口，那么它必须重写接口中的 abstract 方法。

(3) 接口回调：接口回调指把实现接口的类的对象的引用赋给该接口声明的接口变量中，那么该接口变量就可以调用被类重写的接口方法。

例如，下列接口 Com 中有一个 abstract 方法 sub(int x,int y)：

Com.java

```
public interface Com {
      public abstract int sub(int x, int y);
}
```

ComImp 是实现 Com 接口的类，ComImp 类在重写 Com 接口中的 abstract 方法 sub(int x,int y)时，将其实现为计算 x 与 y 的差。

ComImp.java

```
class ComImp implements Com {
     public int sub(int x, int y) {
        return x - y;
     }
}
```

可以让 Com 接口声明的接口变量 com 存放 ComImp 类的对象的引用，那么 com 就可以调用 ComImp 类实现的接口中的方法。例如：

Application.java

```
public class Application {
     public static void main(String args[]) {
          Com com;
          com = new ComImp();          //com 变量存放 ComImp 类的对象的引用
          int m = com.sub(8,2);        //com 回调 ComImp 类实现的接口方法
          System.out.println(m);       //输出结果为 6
     }
}
```

7.2.2　面向抽象

所谓面向抽象编程，是指当设计一个类时，不让该类面向具体的类，而是面向抽象类或接口，即所设计类中的重要数据是抽象类或接口声明的变量，而不是具体类声明的变量。

以下通过一个简单的问题来说明面向抽象编程的思想。

例如，已经有了一个 Circle 类，该类创建的对象 circle 调用 getArea()方法可以计算圆的面积。Circle 类的代码如下：

Circle.java

```
public class Circle {
     double r;
     Circle(double r){
          this.r = r;
     }
     public double getArea() {
          return(3.14 * r * r);
     }
}
```

现在要设计一个 Pillar 类(柱类)，该类的对象调用 getVolume()方法可以计算柱体的体积。Pillar 类的代码如下：

Pillar.java

```
public class Pillar {
    Circle bottom;  //将 Circle 对象作为成员,bottom 是用具体类 Circle 声明的变量
    double height;
    Pillar(Circle bottom,double height) {
        this.bottom = bottom;this.height = height;
    }
    public double getVolume() {
        return bottom.getArea() * height;
    }
}
```

在上述 Pillar 类中，bottom 是用具体类 Circle 声明的变量，如果不涉及用户需求的变化，上面 Pillar 类的设计没有什么不妥，但是在某个时候，用户希望 Pillar 类能创建出底是三角形的柱体。显然，上述 Pillar 类无法创建出这样的柱体，即上述设计的 Pillar 类不能应对用户的这种需求。

现在重新设计 Pillar 类。首先，注意到柱体计算体积的关键是计算出底面积，一个柱体在计算底面积时不应该关心它的底是什么形状的具体图形，只应该关心这种图形是否具有计算面积的方法。因此，在设计 Pillar 类时不应当让它的底是某个具体类声明的变量，一旦这样做，Pillar 类就依赖该具体类，缺乏弹性，难以应对需求的变化。

下面将面向抽象重新设计 Pillar 类。首先编写一个抽象类 Geometry（或接口），该抽象类（接口）中定义了一个抽象的 getArea()方法。Geometry 类如下：

Geometry.java

```
public abstract class Geometry {          //如果使用接口,需用 interface 来定义 Geometry
    public abstract double getArea();
}
```

现在 Pillar 类的设计者可以面向 Geometry 类编写代码，即 Pillar 类应当把 Geometry 对象作为自己的成员，该成员可以调用 Geometry 的子类重写的 getArea()方法（如果 Geometry 是一个接口，那么该成员可以回调实现 Geometry 接口的类所实现的 getArea()方法）。这样一来，Pillar 类就可以将计算底面积的任务指派给 Geometry 类的子类的实例（如果 Geometry 是一个接口，Pillar 类就可以将计算底面积的任务指派给实现 Geometry 接口的类的实例）。

以下 Pillar 类的设计不再依赖具体类，而是面向 Geometry 类，即 Pillar 类中的 bottom 是用抽象类 Geometry 声明的变量，而不是具体类声明的变量。重新设计的 Pillar 类的代码如下：

Pillar.java

```
public class Pillar {
    Geometry bottom;                        //bottom 是抽象类 Geometry 声明的变量
    double height;
    Pillar(Geometry bottom,double height) {
        this.bottom = bottom; this.height = height;
    }
    public double getVolume() {
        return bottom.getArea() * height;   //bottom 可以调用子类重写的 getArea 方法
    }
}
```

下列 Circle 类和 Rectangle 类都是 Geometry 的子类，二者都必须重写 Geometry 类的 getArea()方法来计算各自的面积。

Circle.java

```
public class Circle extends Geometry {
      double r;
      Circle(double r) {
           this.r = r;
      }
      public double getArea() {
           return(3.14 * r * r);
      }
 }
```

Rectangle.java

```
public class Rectangle extends Geometry {
      double a,b;
      Rectangle(double a,double b) {
          this.a = a; this.b = b;
      }
      public double getArea() {
          return a * b;
      }
 }
```

现在就可以用 Pillar 类创建出具有矩形底或圆形底的柱体了，如下列 Application.java 的代码：

Application.java

```
public class Application{
    public static void main(String args[]){
        Pillar pillar;
        Geometry bottom;
        bottom = new Rectangle(12,22,100);
        pillar  = new Pillar(bottom,58);              //pillar 是具有矩形底的柱体
        System.out.println("矩形底的柱体的体积" + pillar.getVolume());
        bottom = new Circle(10);
        pillar  = new Pillar(bottom,58);              //pillar 是具有圆形底的柱体
        System.out.println("圆形底的柱体的体积" + pillar.getVolume());
    }
}
```

通过面向抽象来设计 Pillar 类，使得该 Pillar 类不再依赖具体类，因此，每当系统增加新的 Geometry 的子类时，例如增加一个 Triangle 子类，不需要修改 Pillar 类的任何代码，就可以使用 Pillar 创建出具有三角形底的柱体。

7.3 “开-闭”原则

扫一扫

视频讲解

所谓“开-闭”原则（Open-Closed Principle），就是让用户的设计“对扩展开放，对修改关闭”。怎么理解“对扩展开放，对修改关闭”呢？实际上，这句话的本质是指当在一个设计中增加新的模块时，不需要修改现有的模块。在给出一个设计时，应当首先考虑用户需求的变化，将应对用户变化的部分设计为对扩展开放，而设计的核心部分是经过精心考虑之后确定下来的基本结构，这部分应当是对修改关闭的，即不能因为用户的需求变化而发生变化，因为这部分不是用来应对需求变化的。如果用户的设计遵守了“开-闭”原则，那么这个设计一定是易维护的，因为在设计中增加新的模块时不必去修改设计中的核心模块。例如，在 7.2.2 节给出的

设计中有4个类,UML类图如图7.8所示。

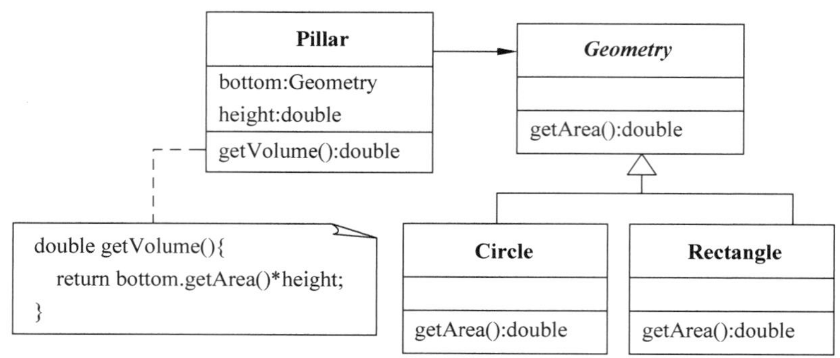

图7.8 UML类图

该设计中的Geometry类和Pillar类就是系统中对修改关闭的部分,而Geometry的子类是对扩展开放的部分。当向系统再增加任何Geometry的子类时(对扩展开放),不必修改Pillar类,就可以使用Pillar创建出具有Geometry的新子类指定底的柱体。

通常,无法让设计的每个部分都遵守“开-闭”原则,甚至不应当这样做,应当把主要精力集中在应对设计中最有可能因需求变化而改变的地方,然后想办法应用“开-闭”原则。

当设计某些系统时,经常需要面向抽象来考虑系统的总体设计,不考虑具体类,这样容易设计出满足“开-闭”原则的系统。在程序设计好后,首先对abstract类的修改关闭,否则,一旦修改abstract类,将可能导致它的所有子类都需要做出修改;应当对增加abstract类的子类开放,即在增加新的子类时,不需要修改其他面向抽象类设计的重要类。

扫一扫

视频讲解

7.4 “多用组合、少用继承”原则

方法复用的两种最常用的技术是类继承和对象组合。

7.4.1 继承与复用

子类继承父类的方法作为自己的一个方法,就好像它们是在子类中直接声明一样,可以被子类中自己声明的任何实例方法调用。也就是说,父类的方法可以被子类以继承的方式复用。

通过继承来复用父类方法的优点是,子类可以重写父类的方法,即易于修改或扩展那些被复用的方法。

通过继承复用方法的缺点如下:

(1) 子类从父类继承的方法在编译时就确定下来了,所以无法在运行期间改变从父类继承的方法的行为。

(2) 子类和父类的关系是强耦合关系,也就是说,当父类方法的行为更改时,必然导致子类发生变化。

(3) 通过继承进行复用也称“白盒”复用,其缺点是父类的内部细节对于子类而言是可见的。

7.4.2 组合与复用

我们已经知道,一个类的成员变量可以是Java允许的任何数据类型,因此,一个类可以把对象作为自己的成员变量,如果用这样的类创建对象,那么该对象中就会有其他对象,也就是说该对象将其他对象作为自己的组成部分(这就是人们常说的 Has-A),或者说该对象是由几个对象组合而成。

如果一个对象 a 组合了对象 b,那么对象 a 就可以委托对象 b 调用其方法,即对象 a 以组合的方式复用对象 b 的方法。

通过组合对象来复用方法的优点是:

(1) 通过组合对象来复用方法也称"黑盒"复用,因为当前对象只能委托所包含的对象调用其方法,这样一来,当前对象所包含的对象的方法的细节对当前对象是不可见的。

(2) 对象与所包含的对象属于弱耦合关系,因为如果修改当前对象所包含的对象的类的代码,不必修改当前对象的类的代码。

(3) 当前对象可以在运行时刻动态指定所包含的对象,如 7.2.2 节中 Pillar 组合的 bottom 对象,可以在运行时刻指定 bottom 是 Circle 对象或 Rectangle 对象。

组合关系是弱耦合关系,当前对象可以在运行时刻动态指定所包含的对象。下面模拟汽车动态更换驾驶员(体会当前对象可以在运行时刻动态指定所包含的对象),即在不停车的情况下更换驾驶员。程序运行效果如图 7.9 所示。

```
目前没人驾驶汽车。
目前驾驶员是:我是美国驾驶员
目前驾驶员是:我是美国驾驶员
目前驾驶员是:我是美国驾驶员
目前驾驶员是:我是美国驾驶员
目前驾驶员是:我是女驾驶员
目前驾驶员是:我是女驾驶员
目前驾驶员是:我是男驾驶员
目前驾驶员是:我是男驾驶员
```

图 7.9　动态更换驾驶员

将下列 Car 类和 Person 类分别编译通过。

Person. java

```
public abstract class Person {
    public abstract String getMess();
}
```

Car. java

```
public class Car {
   Person person;                         //组合驾驶员
   public void setPerson(Person p) {
      person = p;
   }
   public void show() {
      if(person == null) {
        System.out.println("目前没人驾驶汽车。");
      }
      else {
        System.out.println("目前驾驶汽车的是:");
        System.out.println(person.getMess());
      }
   }
}
```

将下列主类 MainClass. java 编译通过,并运行。

MainClass. java

```
public class MainClass {
   public static void main(String arg[]) {
      Car car = new Car();
      int i = 1;
      while(true) {
         try{
           car.show();
           Thread.sleep(2000);                //每隔 2000 毫秒更换驾驶员
```

```
            Class<?> cs = Class.forName("Driver" + i);      //有关 Class 类知识点见 6.5 节
            Person p = (Person)cs.getDeclaredConstructor().newInstance();
            //如果没有第 i 个驾驶员,则触发异常,跳到 catch,即无人驾驶或由当前驾驶员继续驾驶
            car.setPerson(p);                               //更换驾驶员
            i++;
         }
         catch(Exception exp){
            i++;
         }
         if(i > 10) i = 1;                                  //最多 10 个驾驶员轮换驾驶汽车
      }
   }
}
```

不要中止运行的程序,继续编辑、编译 Person 类的子类,但子类的名字必须是 Driver1, Driver2,…,Driver10(顺序可任意),即单词 Driver 后缀一个不超过 10 的正整数。例如:

Driver1.java

```
public class Driver1 extends Person {
   public String getMess(){
      return "我是美国驾驶员";
   }
}
```

Driver5.java

```
public class Driver5 extends Person {
   public String getMess(){
      return "我是女驾驶员";
   }
}
```

Driver7.java

```
public class Driver7 extends Person {
   public String getMess(){
      return "我是男驾驶员";
   }
}
```

在编辑、编译类名如 Driver1,Driver2,…,Driver10 的 Person 类的子类时,要密切注意已经运行的程序的运行效果的变化(观察汽车更换的驾驶员)。这里的运行效果如图 7.9 所示(你的运行效果可能和这里的不同,取决于添加的 Person 子类的个数和顺序)。

▶ 7.4.3 组合与继承

之所以提倡"多用组合,少用继承",是因为在许多设计中,人们希望系统的类之间尽量是低耦合的关系,而不是强耦合关系。即在许多情况下需要避开继承的缺点,而发扬组合的优点。合理地使用组合,而不是使用继承来获得方法的复用,需要大家经过一定时间的认真思考、学习和编程实践才能悟出其中的道理。关于"多用组合,少用继承",在第 8 章中讲述设计模式时将结合中介者等模式给予重点讲解。

扫一扫

视频讲解

7.5 "高内聚-低耦合"原则

如果类中的方法是一组相关的行为,则称该类是高内聚的,反之称为低内聚的。高内聚便于类的维护,而低内聚不利于类的维护。低耦合就是尽量不要让一个类含有太多的其他类的

实例的引用，以避免修改系统的其中一部分会影响其他部分，大家在后面学习中介者模式和模板方法模式时会体会到这一原则。

7.6　小结

(1) 在设计模式中，使用简单的UML类图可以简洁地表达一个模式中类之间的关系。

(2) 面向抽象原则的核心思想是：在设计一个类时，不让该类面向具体的类，而是面向抽象类或接口，即所设计类中的重要数据是抽象类或接口声明的变量，而不是具体类声明的变量。

(3) "开-闭"原则的本质是指当一个设计中增加新的模块时，不需要修改现有的模块。我们在给出一个设计时，应当首先考虑到用户需求的变化，将应对用户变化的部分设计为对扩展开放，而设计的核心部分是经过精心考虑之后确定下来的基本结构，这部分应当是对修改关闭的，即不能因为用户的需求变化而再发生变化，因为这部分不是用来应对需求变化的。

(4) "多用组合、少用继承"原则的目的是减少类之间的强耦合关系。

(5) "高内聚-低耦合"原则的目的是尽量不要让一个类含有太多的其他类的实例的引用，便于类的维护。

习题 7

扫一扫

习题

扫一扫

自测题

第 8 章 设计模式

扫一扫

视频讲解

主要内容：

❖ 设计模式简介；
❖ 策略模式；
❖ 访问者模式；
❖ 装饰模式；
❖ 适配器模式；
❖ 工厂方法模式。

难点：

❖ 访问者模式。

一个好的设计系统往往是易维护、易扩展、易复用的，有一定代码编写量的程序开发人员可能会逐渐思考程序设计问题，想知道如何更好地进行程序设计。有经验的设计人员或团队知道如何使用面向对象语言编写出易维护、易扩展和易复用的程序代码，而设计模式正是从这些优秀的设计系统中总结出的设计精髓，因此，学习设计模式对提高设计能力无疑是非常有帮助的。

本章介绍几个重要的设计模式(详细讲解设计模式已经超出本书的范围)，介绍这几个重要设计模式的目的不仅在于让读者掌握、使用这些模式，更重要的是可以通过讲解这些设计模式体现面向对象的设计思想，这非常有利于读者更好地使用面向对象语言解决设计中的诸多问题。

本章首先对设计模式给予一个简单的介绍(8.1 节)，然后讲解几个重要的设计模式(8.2 节～8.5 节)。

扫一扫

视频讲解

8.1 设计模式简介

8.1.1 什么是设计模式

设计模式(pattern)是针对某一类问题的最佳解决方案，而且已经被成功地应用于许多系统的设计中，它解决了在某种特定情景中重复发生的某个问题，即一个设计模式是从许多优秀的软件系统中总结出的成功的、可复用的设计方案。

8.1.2 学习设计模式的必要性

当设计某个系统，并确认所遇到的问题刚好适合使用某个设计模式时，就可以考虑将该设计模式应用到系统设计中，毕竟该设计模式已经被公认为解决该问题的成功方案，能使设计的系统易维护、可扩展性强、复用性好。目前，被公认的在设计模式领域最具影响力的著作是 Erich Gamma 等在 1994 年合作出版的著作 *Design Patterns*：*Elements of Reusable Object-*

Oriented Software(中译本《设计模式：可复用的面向对象软件的基本原理》(简称《设计模式》),由机械工业出版社在2000年出版)。本章重点介绍《设计模式》一书中的几个重要的设计模式,读者在学习过Java语言后,可以参考有关书籍进一步学习设计模式。

但是,需要特别注意的是,在进行设计时要尽可能用最简单的方式满足系统的要求,而不是费尽心机地琢磨如何在这个问题中使用设计模式。事实上,真实世界中的许多设计实例都没有使用过那些所谓的经典设计模式。一个设计可能并不需要使用设计模式就可以很好地满足系统的要求,如果牵强地使用某个设计模式可能会在系统中增加许多额外的类和对象,影响系统的性能,因为大部分设计模式往往会在系统中加入更多的层,这不仅会增加复杂性,而且降低系统的效率。因此,大家必须牢记,学习设计模式不仅可以了解及正确地使用设计模式,更重要的是可以更加深刻地理解面向对象的设计思想,非常有利于更好地使用面向对象语言解决设计中的诸多问题,而后者显得尤为重要。

▶ 8.1.3 什么是框架

既然提到设计模式,就不可避免地要谈到框架。框架不是设计模式,框架是针对某个领域,提供用于开发应用系统的类的集合,程序设计者可以使用框架提供的类设计一个应用程序,而且在设计应用程序时可以针对特定的问题使用某个设计模式。

❶ 层次不同

设计模式比框架更抽象,设计模式是从软件系统中总结出的成功的、可复用的设计方案,不能向使用者提供可以直接使用的类,设计模式只有在被设计人员使用时才能表示为代码。框架和设计模式不同,它不是一种可复用的设计方案,而是由可用于设计解决某个问题的一些类组成的集合,程序设计人员通过使用框架提供的类或扩展框架提供的类进行应用程序的设计。例如,在Java中,开发人员使用Swing框架提供的类设计用户界面(见第10章),使用Set(集合)框架提供的类处理数据结构相关的算法等(见第13章)。

❷ 范围不同

设计模式本质上是逻辑概念,以概念的形式存在,设计模式所描述的方案独立于编程语言。Java程序员、C++程序员都可以在自己的系统设计中使用某个设计模式。框架的应用范围是很具体的,它们不是以概念的形式存在,而是以具体的软件组织存在,只能被特定的软件设计者使用。例如Java提供的Swing框架只能被Java应用程序所使用。

❸ 相互关系

一个框架往往包含多个设计模式,它们是面向对象系统获得最大复用的方式,较大的面向对象应用由多层彼此联系的框架组成。现在,框架变得越来越普遍和重要,导致许多开源框架出现,而且一个著名的框架往往是许多设计模式的具体体现,我们甚至可以在一些成功的框架中挖掘出新的设计模式。

▶ 8.1.4 模式的分类

GOF根据模式的目标将模式分成3个类目,即行为型、结构型和创建型。本章将学习几个具有代表性的创建型、行为型和结构型模式,读者在学习本书的基础上可以参考相关的设计模式著作,包括作者在清华大学出版社出版的《Java设计模式》或《面向对象与设计模式》,来了解、学习更多的设计模式。

❶ 行为型模式

行为型模式涉及怎样合理地设计对象之间的交互通信,以及怎样合理地为对象分配职责,让设计富有弹性、易维护、易复用。下列模式属于行为型模式：

- 策略模式；
- 状态模式；
- 命令模式；
- 中介者模式；
- 责任链模式；
- 模板方法模式；
- 观察者模式；
- 访问者模式。

本章将学习属于行为型模式的策略模式和访问者模式。

❷ 结构型模式

结构型模式涉及如何组合类和对象，以形成更大的结构。和类有关的结构型模式涉及如何合理地使用继承机制，和对象有关的结构型模式涉及如何合理地使用对象组合机制。下列模式属于结构型模式：

- 装饰模式；
- 组合模式；
- 适配器模式；
- 外观模式；
- 代理模式；
- 享元模式；
- 桥接模式。

本章将学习属于结构型模式的装饰模式和适配器模式。

❸ 创建型模式

创建型模式涉及对象的实例化，这类模式的特点是，不让用户代码依赖于对象的创建或排列方式，避免用户直接使用 new 运算符创建对象。下列模式属于创建型模式：

- 工厂方法模式；
- 抽象工厂模式；
- 生成器模式；
- 原型模式；
- 单件模式。

本章将学习属于创建型模式的工厂方法模式。

扫一扫

视频讲解

8.2 策略模式

策略模式：定义一系列算法，把它们一个个封装起来，并且使它们可相互替换。本模式使得算法可独立于使用它的客户而变化。

▶ 8.2.1 策略模式的结构

策略模式属于行为型模式，结构中包含策略、上下文和具体策略 3 种角色。

- 策略（Strategy）：策略是一个接口，该接口定义若干算法标识，即定义了若干抽象方法

（如图 8.1 中的 algorithm()方法）。

- 上下文(Context)：上下文是依赖于策略接口的类(是面向策略设计的类，如图 8.1 中的 Context 类)，即上下文包含用策略声明的变量(如图 8.1 中的 Context 类中的 strategy 成员变量)。上下文中提供一个方法(如图 8.1 中的 Context 类中的 lookAlgorithm()方法)，该方法委托策略变量调用具体策略所实现的策略接口中的方法。
- 具体策略(ConcreteStrategy)：具体策略是实现策略接口的类(如图 8.1 中的 ConcreteStrategyA 类和 ConcreteStrategyB 类)。具体策略实现策略接口所定义的抽象方法，即给出算法标识的具体算法。

策略模式结构中的角色形成的 UML 类图如图 8.1 所示。

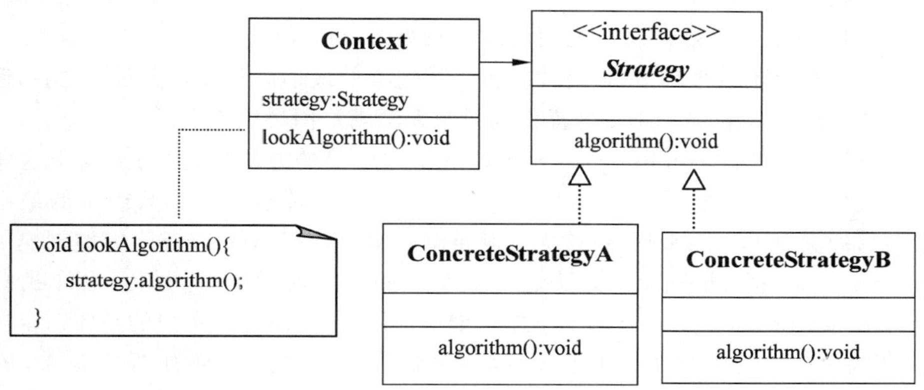

图 8.1 策略模式的类图

下面通过一个简单的问题来描述策略模式中所涉及的各个角色。

简单问题：在多个裁判负责打分的比赛中，每位裁判给选手一个得分，选手的最后得分是根据全体裁判的得分计算出来的。请给出几种计算选手得分的评分方案(策略)，对于某次比赛，可以从你的方案中选择一种方案作为本次比赛的评分方案。

❶ 策略

方法是类中最重要的组成部分，一个方法的方法体由一系列语句构成，也就是说，一个方法的方法体是一个算法。在某些设计中，一个类的设计人员经常可能涉及这样的问题：由于用户需求的变化，经常需要修改某个方法的方法体，即需要不断地变化算法。

我们首先设计一个不易维护的类，然后通过分析这个类引出“策略”。

假设设计了 AverageScore 类，该类中有 computerAverage(double [ ] a)，该方法将返回数组 a 的元素的平均值，AverageScore 类的代码见下面的 AverageScore. java，类图如图 8.2 所示。

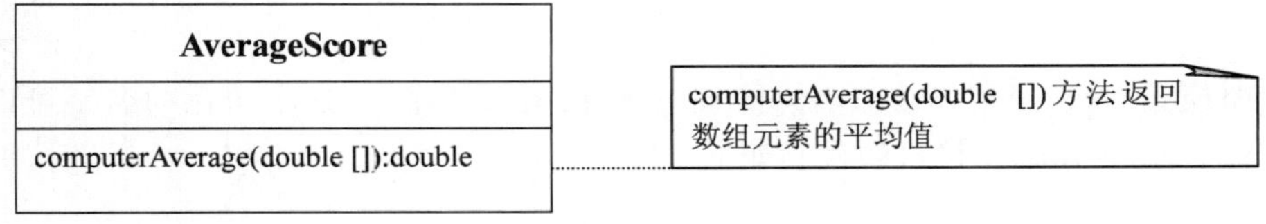

图 8.2 AverageScore 类

AverageScore.java

```
public class AverageScore {
   public double computerAverage(double [] a){
      double score = 0,sum = 0;
      for(int i = 0;i < a.length;i++){
            sum = sum + a[i];
      }
      score = sum/a.length;
      return score;
   }
}
```

那么,AverageScore类创建的任何对象调用computerAverage(double [] a)方法都可以返回数组a的元素的平均值。

但有些用户希望AverageScore类创建的对象调用computerAverage(double [] a)方法不是返回数组的所有元素的平均值,而是要求去掉数组中的最小值和最大值元素之后,返回其余元素的平均值,显然,AverageScore类提供的对象无法满足用户的要求。

我们只好痛苦地修改computerAverage(double [] a)的方法体,但马上发现这样做也不行,因为一旦将computerAverage(double [] a)的方法修改成返回去掉数组中的最小值和最大值元素之后的其余元素的平均值,就无法满足某些用户希望AverageScore类创建的对象调用computerAverage(double [] a)方法返回数组a的所有元素的平均值。也许我们可以在computerAverage(double [] a)方法中添加多重条件语句,以便根据用户的具体需求决定需要计算数组的哪些元素的平均值,但这也不是一个好办法,因为一旦有新的需求,就要修改computerAverage(double [] a)方法添加新的判断语句,而且针对某个条件语句的代码也可能因该用户的需求变化而重新编写。

我们发现:问题的症结就是AverageScore类的computerAverage(double [] a)方法体中的代码(具体算法)需要经常地发生变化。不用担心,面向对象编程有一个很好的设计原则——面向抽象编程,该原则的核心就是将类中经常需要变化的部分分割出来,并将每种可能的变化对应地交给抽象类的一个子类或实现接口的一个类去负责,从而让类的设计者不去关心具体实现,避免所设计的类依赖于具体的实现,基于该原则容易使设计的类应对用户需求的变化。关于面向抽象编程我们曾在第7章给予讨论,其关键点是分割变化。

如果每当用户有新的需求,就会导致修改类的某部分代码,那么应当将这部分代码从该类中分割出去,使它和类中其他稳定的代码之间是松耦合关系,即将每种可能的变化对应地交给实现某接口的类或某个抽象类的子类去负责完成。

现在,针对AverageScore类中的computerAverage(double [] a)方法体中的内容,抽象出一个“算法”标识,即一个抽象方法——abstract double computerAverage(double [] a)(该抽象方法的名字不一定非得是computerAverage),并将该抽象方法封装在一个接口或抽象类中。

在策略模式中,这个接口被命名为Strategy(在具体应用中,这个角色的名字可以根据具体问题来命名)。Strategy接口的代码如下:

Strategy.java

```
public interface Strategy {
   public double computerAverage(double [] a);
}
```

❷ 上下文

现在我们重新设计 AverageScore 类，即让 AverageScore 类是策略模式中的“上下文”(Context)角色。上下文面向策略，即是面向接口(抽象类)的类(关于面向抽象编程见第7.2.2节)，在本问题中将上下文命名为 AverageScore，即让 AverageScore 类依赖于 Strategy 接口。

AverageScore 类和 Strategy 策略之间是组合关系，即 AverageScore 类含有一个 Strategy 声明的变量——strategy，并在 AverageScore 类中重新定义一个方法 double getAverage (double [ ] a)，其主要代码是委托接口变量 strategy 调用 computerAverage(double [ ] a)方法。AverageScore 上下文和 Strategy 策略形成的 UML 图如图 8.3 所示。

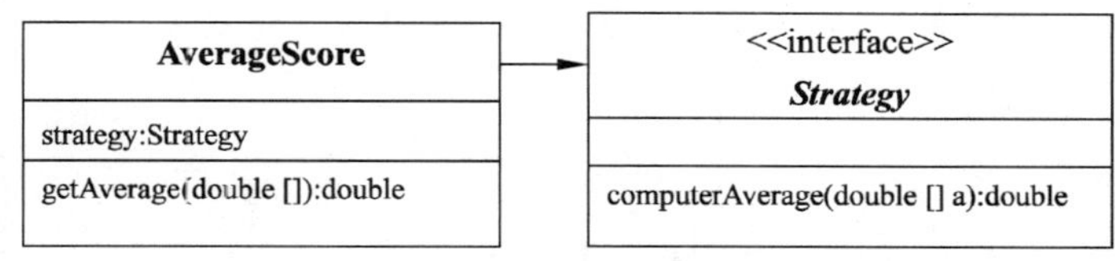

图 8.3 上下文与策略

AverageScore 类的代码如下：

AverageScore.java

```
public class AverageScore{
      Strategy strategy;
      public void setStrategy(Strategy strategy){
          this.strategy = strategy;
      }
      public double getAverage(double [] a){
          if(strategy!= null)
            return strategy.computerAverage(a);
          else {
            System.out.println("没有求平均值的算法,得到的 - 1 不代表平均值");
            return  - 1;
          }
      }
}
```

❸ 具体策略

具体策略是实现 Strategy 接口的类，即必须重写接口中的 abstract double computerAverage(double [ ] a)方法。每个具体策略负责一系列算法中的一个，也就是说，这些具体策略把一系列算法分别封装起来，并且让使用者可以随时使用这些策略中的任何一个，这也是策略模式的关键所在(见本节开头给出的策略模式的定义)。

对于本节前面提出的简单问题，给出两个具体策略：StrategyA 和 StrategyB。这两个具体策略与 Strategy 策略以及 AverageScore 上下文形成的 UML 图如图 8.4 所示。

StrategyA 类将 computerAverage(double [ ] a)方法实现为计算数组 a 的元素的代数平均值，StrategyB 类将 computerAverage(double [ ] a)方法实现为去掉数组 a 的元素中的一个最大值和一个最小值，然后计算剩余元素的代数平均值。

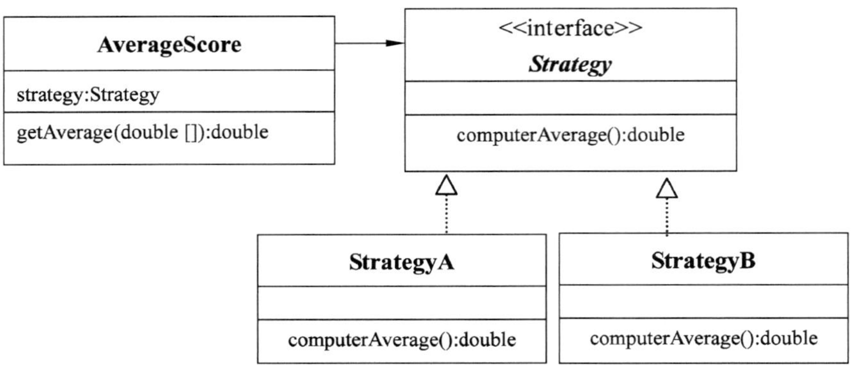

图 8.4　上下文、策略与具体策略

StrategyA、StrategyB 的代码如下：

StrategyA. java

```java
public class StrategyA implements Strategy{
    public double computerAverage(double [] a){
        double score = 0, sum = 0;
        for(int i = 0;i < a.length;i++){
            sum = sum + a[i];
        }
        score = sum/a.length;
        return score;
    }
}
```

StrategyB. java

```java
import java.util.Arrays;
public class StrategyB implements Strategy{
    public double computerAverage(double [] a){
        if(a.length <= 2)
            return 0;
        double score = 0, sum = 0;
        Arrays.sort(a);                          //排序数组
        for(int i = 1;i < a.length - 1;i++){
            sum = sum + a[i];
        }
        score = sum/(a.length - 2);
        return score;
    }
}
```

▶ 8.2.2　策略模式的使用

如果已经使用策略模式给出了可以使用的类，可以将这些类看作一个小框架，此时就可以使用这个小框架中的类编写应用程序了。

下列用户应用程序 Application. java 使用了策略模式中所涉及的类，在使用策略模式时，需要创建具体策略的实例，并传递给上下文对象。程序运行效果如图 8.5 所示。

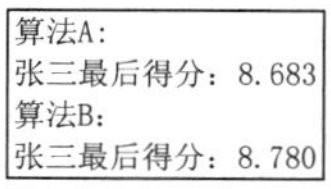

```
算法A:
张三最后得分: 8.683
算法B:
张三最后得分: 8.780
```

图 8.5　程序运行效果

Application.java

```
public class Application{
   public static void main(String args[]){
      AverageScore game = new AverageScore();        //上下文对象 game
      game.setStrategy(new StrategyA());             //上下文对象使用具体策略
      Person zhang = new Person();
      zhang.setName("张三");
      double [] a = {9.12,9.25,8.87,9.99,6.99,7.88};
      double aver  =  game.getAverage(a) ;            //上下文对象得到平均值
      zhang.setScore(aver);
      System.out.println("算法 A:");
      System.out.printf(" %s 最后得分: %5.3f%n",zhang.getName(),zhang.getScore());
      game.setStrategy(new StrategyB());
      aver  =  game.getAverage(a) ;                   //上下文对象得到平均值
      zhang.setScore(aver);
      System.out.println("算法 B:");
      System.out.printf(" %s 最后得分: %5.3f%n",zhang.getName(),zhang.getScore());
   }
}
class Person{
   String name;
   double score;
   public void setScore(double t){
      score = t;
   }
   public void setName(String s){
      name = s;
   }
   public double getScore(){
      return score;
   }
   public String getName(){
      return name;
   }
}
```

▶ 8.2.3 策略模式的优点

策略模式的优点如下：

(1) 上下文和具体策略是松耦合关系，因此，上下文只需要知道它要使用某一个实现 Strategy 接口类的实例，但不需要知道具体是哪一个类。

(2) 策略模式满足“开-闭”原则，当增加新的具体策略时，不需要修改上下文类的代码，上下文就可以引用新的具体策略的实例。

▶ 8.2.4 适合使用策略模式的情景

适合使用策略模式的情景如下：

(1) 一个类定义了多种行为，并且这些行为在这个类的方法中以多个条件语句的形式出现，那么可以使用策略模式避免在类中使用大量的条件语句。

(2) 程序的主要类(相当于上下文角色)不希望暴露复杂的、与算法相关的数据结构，那么可以使用策略模式封装算法，即将算法分别封装到具体策略中。

(3) 需要使用一个算法的不同变体。

▶ 8.2.5 策略模式相对继承机制的优势

我们知道，通过继承也可以改进对象的行为，子类可以通过重写(覆盖)父类的方法来改变该方法的行为，使得子类的对象具有和父类对象不同的行为。如果将父类的某个方法的内容的不同变体交给对应的子类去实现，就使得这些实现和父类中的其他代码是紧耦合关系，因为父类的任何改动都会影响到子类。如果考虑系统扩展性和复用性，应当注意面向对象的一个基本原则——少用继承，多用组合(见第 7 章)。策略模式的应用层次采用的是组合结构，即将上下文类的某个方法的内容的不同变体分别封装在不同的具体策略中，而该上下文类仅仅依赖这些具体策略所实现的一个共同接口——策略。策略模式的底层结构采用的是实现结构，即每个具体策略都必须是实现策略接口的类。

扫一扫

视频讲解

8.3 访问者模式

访问者模式：表示一个作用于某对象结构中的各个元素的操作。它使得用户可以在不改变各个元素的类的前提下定义作用于这些元素的新操作。

▶ 8.3.1 访问者模式的结构

访问者模式属于行为型模式，结构中包括 4 种角色。

- 抽象元素(Element)：一个抽象类，该类定义了接收访问者的 accept 操作。
- 具体元素(Concrete Element)：Element 的子类。
- 抽象访问者(Visitor)：一个接口，该接口定义操作具体元素的方法。
- 具体访问者(Concrete Visitor)：实现 Visitor 接口的类。

访问者模式的 UML 类图如图 8.6 所示。

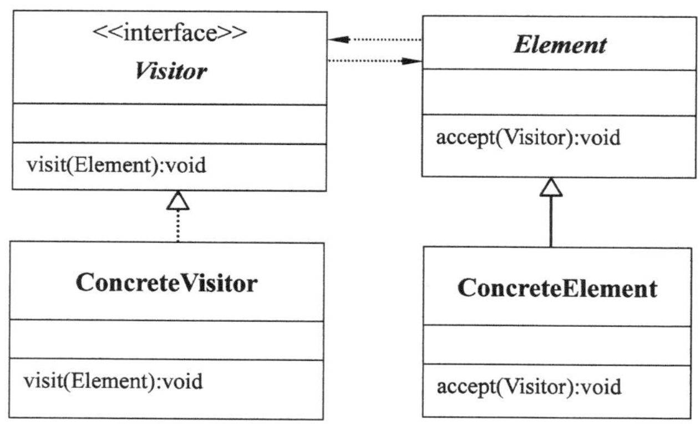

图 8.6 访问者模式的类图

下面通过一个简单的问题来描述访问者模式中所涉及的各个角色。

简单问题：根据电表显示的用电量计算用户的电费。

❶ 抽象访问者

某个类可能用自己的实例方法操作自己的数据，但在某些设计中，可能需要定义作用于类中的数据的新操作，而且这个新的操作不应当由该类中的某个实例方法来承担。例如，电表有自己的显示用电量的方法(用显示盘显示)，但需要定义一个方法来计算电费，即需要定义作用于电量的新操作，显然这个新的操作不应当由电表来承担。在实际生活中，应当由物业部门的"计表员"观察电表的用电量，然后按照有关收费标准计算出电费。

访问者模式让一个被称为访问者的对象访问电表，并根据用电量来计算电费。

对于前面简单的问题，需要一个访问者接口，以便规定具体访问者用怎样的方法来访问电表(元素)。在这个问题中，将抽象访问者接口命名为 Visitor，Visitor 接口定义操作具体元素的方法。Visitor 接口代码如下：

Visitor.java

```
public interface Visitor{
    public double visit(AmmeterElement elment);
}
```

❷ 抽象元素

访问者需要访问元素，以便观察元素中的数据，因此，元素必须提供允许访问者访问它的方法，以便访问者观察元素中的数据。例如，要允许"计表员"(访问者)观察"电表"(元素)的用电量，以便计算电费。访问者模式使用抽象元素来规定具体元素(例如电表)需要实现哪些方法。对于前面的简单问题，抽象元素是名字为 AmmeterElement 的抽象类。Visitor 接口与 AmmeterElement 的类形成的 UML 图如图 8.7 所示。

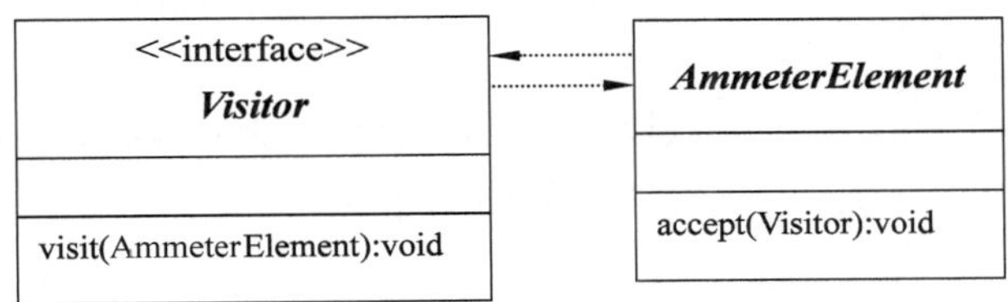

图 8.7 访问者与元素

AmmeterElement 类的代码如下：

AmmeterElement.java

```
public abstract class AmmeterElement{
    public abstract void accept(Visitor v);
    public abstract double showElectricAmount();
    public abstract void setElectricAmount(double n);
}
```

❸ 具体访问者

具体访问者是实现 Visitor 接口的类，在本问题中有两个具体访问者，分别是 HomeAmmeterVisitor(模拟负责家用电计费的计表员)和 IndustryAmmeterVisitor 类(模拟负责工业用电计费的计表员)。HomeAmmeterVisitor 和 IndustryAmmeterVisitor 类代码如下：

HomeAmmeterVisitor.java

```
public class HomeAmmeterVisitor implements Visitor{
    public double visit(AmmeterElement ammeter){
      double charge = 0;
      double unitOne = 0.6,unitTwo = 1.05;
      int basic  =  6000;
      double n = ammeter.showElectricAmount();
      if(n <= basic) {
          charge  =  n * unitOne;
      }
```

```
        else {
            charge  = basic * unitOne + (n - basic) * unitTwo;
        }
        return charge;
    }
}
```

IndustryAmmeterVisitor. java

```
public class IndustryAmmeterVisitor implements Visitor{
    public double visit(AmmeterElement ammeter){
        double charge = 0;
        double unitOne = 1.52,unitTwo = 2.78;
        int basic  =  15000;
        double n = ammeter.showElectricAmount();
        if(n<= basic) {
            charge  =  n * unitOne;
        }
        else {
            charge  = basic * unitOne + (n - basic) * unitTwo;
        }
        return charge;
    }
}
```

❹ 具体元素

在本问题中，具体元素是 Ammeter(模拟电表)。具体元素和 Visitor、HomeAmmeterVisitor、IndustryAmmeterVisitor 形成的 UML 类图如图 8.8 所示。

Ammeter. java

```
public class Ammeter extends AmmeterElement{
    double electricAmount;                                  //电表的电量
    public void setElectricAmount(double n) {
        electricAmount  =  n;
    }
    public void accept(Visitor visitor){
        double feiyong = visitor.visit(this);                         //让访问者访问当前元素
        System.out.println("当前电表的用户需要交纳电费:" + feiyong + "元");
    }
    public double showElectricAmount(){
        return electricAmount;
    }
}
```

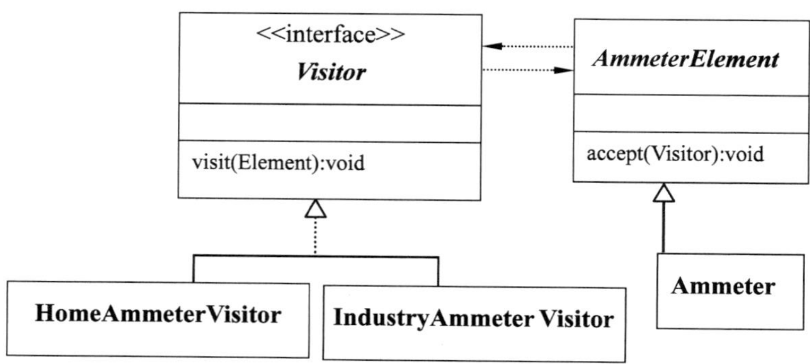

图 8.8　访问者、具体访问者、元素和具体元素

▶ 8.3.2　访问者模式的使用

如果已经使用访问者模式给出了可以使用的类，可以将这些类看作一个小框架，这样就可以使用这个小框架中的类编写应用程序了。在下列应用程序中，让 HomeAmmeterVisitor 和 IndustryAmmeterVisitor 的实例访问同一个电表，即分别按照家用电标准和工业用电标准计算电费，运行效果如图 8.9 所示。

```
当前电表的用户需要交纳电费:3406.7999999999997元
当前电表的用户需要交纳电费:8630.56元
```

图 8.9　程序运行效果

Application.java

```
public class Application{
    public static void main(String args[]) {
        Visitor 计表员 = new HomeAmmeterVisitor();          //按家用电标准计算电费的"计表员"
        Ammeter 电表 = new Ammeter();
        电表.setElectricAmount(5678);
        电表.accept(计表员);
        计表员 = new IndustryAmmeterVisitor();              //按工业用电标准计算电费的"计表员"
        电表.setElectricAmount(5678);
        电表.accept(计表员);
    }
}
```

▶ 8.3.3　双重分派

访问者模式使用了一种被称为"双重分派"的技术，在访问者模式中，被访问者（即 Element 元素角色 element）首先调用 accept(Visitor visitor)方法接收访问者，被接收的访问者 visitor 调用 visit(Element element)方法访问当前 element 对象。

例如在前面的 Application.java 应用程序中，用户只需要让"电表"接收"计表员"，即让"计表员"看到电表上的用电量，而不必关心"计表员"的其他行为，因为"计表员"会马上按照有关标准计算电费（生活中也是如此），即"计表员"通过执行 visit(电表)方法计算出电费。其主要原理是执行代码：

```
电表.accept(计表员);
```

将导致执行：

```
double feiyong = 计表员.visit(电表);
```

得到电费。

"双重分派"技术中的核心是将数据的存储和操作解除耦合。元素调用 accept(访问者)方法将元素的数据存储和数据处理解耦。例如，电表（元素）让"计表员"（访问者）参与自己电费的计算，实现了"电表"负责存储用电量，"计表员"负责根据用电量来计算电费。"双重分派"技术的关键是元素类的 accept(访问者)方法和访问者的 visit(元素)方法。当执行：

```
元素.accept(访问者);
```

时，就会导致执行

```
访问者.visit(元素); //参与元素中数据的计算
```

▶ 8.3.4　访问者模式的优点

访问者模式的优点如下：

(1) 在不改变一个集合中的元素的类的情况下，增加新的施加于该元素上的新操作。

(2) 可以将集合中各元素的某些操作集中到访问者中,不仅便于集合的维护,也有利于集合中元素的复用。

▶ 8.3.5 适合使用访问者模式的情景

适合使用访问者模式的情景如下:

(1) 在一个对象结构中,例如某个集合中,包含很多对象,想对集合中的对象增加一些新的操作。

(2) 需要对集合中的对象进行很多不同的并且不相关的操作,而我们又不想修改对象的类,此时就可以使用访问者模式。访问者模式可以在 Visitor 类中集中定义一些关于集合中对象的操作。

扫一扫

视频讲解

8.4 装饰模式

装饰模式:动态地给对象添加一些额外的职责。就功能来说,装饰模式相比生成子类更为灵活。

▶ 8.4.1 装饰模式的结构

装饰模式属于结构型模式,结构中包含抽象组件、具体组件、装饰和具体装饰 4 种角色。

- 抽象组件(Component):抽象组件(是抽象类)定义了需要进行装饰的方法。抽象组件就是"被装饰者"角色。
- 具体组件(ConcreteComponent):具体组件是抽象组件的一个子类。
- 装饰(Decorator):该角色是抽象组件的一个子类,是"装饰者"角色,其作用是装饰具体组件(装饰"被装饰者"),因此,"装饰"角色需要包含"被装饰者"的引用,可以是抽象类,也可以是一个非抽象类。
- 具体装饰(ConcreteDecorator):具体装饰是"装饰"角色的一个非抽象子类。

装饰模式的 UML 类图如图 8.10 所示。

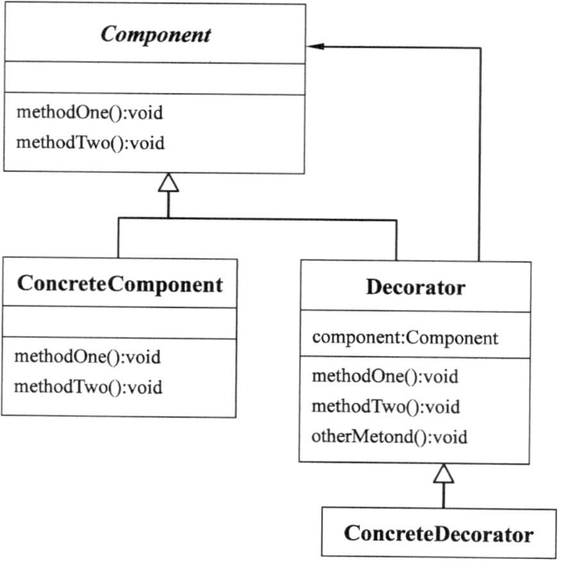

图 8.10 装饰模式的类图

下面通过一个简单的问题来描述装饰模式中所涉及的各个角色。

简单问题：给麻雀安装智能电子翅膀。

❶ 抽象组件

装饰模式是动态地扩展一个对象的功能，而不需要改变原始类代码的一种成熟模式。

在许多设计中，可能需要改进类的某个对象的功能，而不是该类创建的所有对象。例如，麻雀类的实例（麻雀）能连续飞行 100m，如果我们用麻雀类创建了 5 只麻雀，那么这 5 只麻雀都能连续飞行 100m。假如我们想让其中一只麻雀能连续飞行 150m，那么应该怎样做呢？我们不想通过修改麻雀类的代码使得麻雀类创建的麻雀都能连续飞行 150m，这也不符合我们的初衷——改进类的某个对象的功能。

一种比较好的办法是给麻雀装上智能电子翅膀。智能电子翅膀可以使麻雀不使用自己的翅膀就能飞行 50m，那么一只安装了一个智能电子翅膀的麻雀就能飞行 150m，因为麻雀可以首先使用自己的翅膀飞行 100m，然后让电子翅膀开始工作再飞行 50m。一只安装了两个智能电子翅膀的麻雀能飞行 200m。

对于前面的简单问题，麻雀应该是一个具体组件的实例，因此，需要首先给出抽象组件角色，以便决定哪些方法需要被装饰（例如 fly()方法）。

在本问题中，抽象组件的名字是 Bird，代码如下：

Bird. java

```
public abstract class Bird{
   public abstract int fly();
}
```

❷ 具体组件

具体组件是抽象组件的一个子类，具体组件的实例称为“被装饰者”。对于前面简单的问题，给出的具体组件角色的名字是 Sparrow 类，该类的实例模拟麻雀。Sparrow 类在重写 fly()方法时，将该方法的返回值设置为 100（模拟麻雀能不间断地飞行 100m）。Sparrow 类和 Bird 类形成的 UML 图如图 8.11 所示。

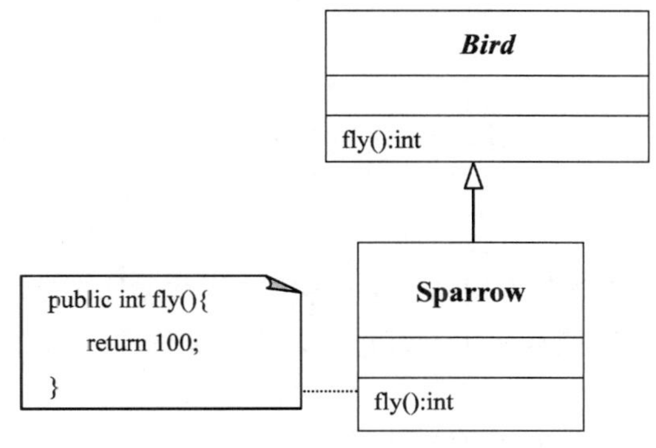

图 8.11　抽象组件与具体组件

Sparrow 类的代码如下：

Sparrow. java

```
public class Sparrow extends Bird{
   public final int DISTANCE = 100;
   public int fly(){
```

```
        return DISTANCE;
    }
}
```

❸ 装饰

“装饰”角色是抽象组件的一个子类，其作用是装饰具体组件（装饰“被装饰者”），因此，“装饰”角色需要包含“被装饰者”的引用。需要注意的是，“装饰”角色也是抽象组件的子类，即也是具体组件角色，不同之处在于，“装饰”角色需要额外提供一些方法，这些方法用来装饰抽象组件定义的需要进行装饰的方法。对于前面的简单问题，“装饰”角色的名字是 Decorator，提供了 eleFly()方法，并使用这个 eleFly()方法来装饰 fly()方法。Decorator 类与 Bird 类以及 Sparrow 类形成的 UML 图如图 8.12 所示。

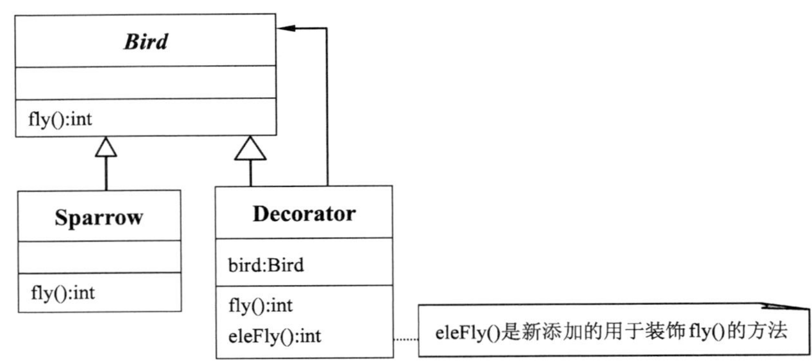

图 8.12　抽象组件、具体组件与装饰

Decorator 类的代码如下：

Decorator.java

```
public abstract class Decorator extends Bird{
    Bird bird;                              //被装饰者
    public Decorator(){
    }
    public Decorator(Bird bird){
        this.bird = bird;
    }
    public abstract int eleFly();           //用于装饰 fly()的方法,行为由具体装饰者实现
}
```

❹ 具体装饰

根据具体的问题，具体装饰负责用新的方法去装饰“被装饰者”的方法。在本问题中，具体装饰是 SparrowDecorator 类，该类使用 eleFly()方法去装饰 fly()方法。SparrowDecorator 类的代码如下：

SparrowDecorator.java

```
public class SparrowDecorator extends Decorator{
    public final int DISTANCE = 50;        //eleFly()方法(模拟电子翅膀)能飞 50m
    SparrowDecorator(Bird bird){
        super(bird);
    }
    public int fly(){                      //被装饰的方法
```

```
        int distance = 0;
        distance = bird.fly() + eleFly(); //让装饰者 bird 首先调用 fly()方法,然后调用 eleFly()方法
        return distance;
    }
    public int eleFly(){                    //具体装饰者重写装饰者中用于装饰的方法
        return DISTANCE;
    }
}
```

▶ 8.4.2 装饰模式的使用

如果已经使用装饰模式给出了可以使用的类,可以将这些类看作一个小框架,这时就可以使用这个小框架中的类编写应用程序了。在下列应用程序中,Application. java 使用了装饰模式中所涉及的类,应用程序在使用装饰模式时需要创建"被装饰者"和相应的"装饰者"。Application. java 演示一只没有安装电子翅膀的小鸟只能飞行 100m,对该鸟进行"装饰",即给它安装一个电子翅膀,那么安装了一个电子翅膀后的鸟能飞行 150m,然后继续给它安装电子翅膀,那么安装了两个电子翅膀后的鸟能飞行 200m,程序运行效果如图 8.13 所示。

```
没有安装电子翅膀的小鸟飞行距离:100
安装1个电子翅膀的小鸟飞行距离:150
安装2个电子翅膀的小鸟飞行距离:200
安装3个电子翅膀的小鸟飞行距离:250
```

图 8.13 程序运行效果

Application. java

```
public class Application{
    public static void main(String args[]){
        Bird bird = new Sparrow();
        System.out.println("没有安装电子翅膀的小鸟飞行距离:" + bird.fly());
        bird = new SparrowDecorator(bird);      //bird 通过"装饰"安装了 1 个电子翅膀
        System.out.println("安装 1 个电子翅膀的小鸟飞行距离:" + bird.fly());
        bird = new SparrowDecorator(bird);      //bird 通过"装饰"安装了 2 个电子翅膀
        System.out.println("安装 2 个电子翅膀的小鸟飞行距离:" + bird.fly());
        bird = new SparrowDecorator(bird);      //bird 通过"装饰"安装了 3 个电子翅膀
        System.out.println("安装 3 个电子翅膀的小鸟飞行距离:" + bird.fly());
    }
}
```

在装饰模式中,具体装饰角色同时也是具体组件角色,即"装饰者"也可担当"被装饰者"角色,因此,在 Application. java 中可以不断地用 SparrowDecorator(具体装饰)对 bird 对象进行装饰。

▶ 8.4.3 使用多个装饰者

由于装饰(Decotator)是抽象组件(Component)的一个子类,因此,"装饰者"本身也可以作为一个"被装饰者",这意味着可以使用多个具体装饰类来装饰具体组件的实例。

对于 8.4.1 节中的简单问题,如果用户不仅需要能飞行 150m、200m 的鸟,而且也需要能飞行 120m、170m、220m 的鸟,那么不必修改 8.4.1 节中现有的类,只需要再添加一个具体装饰即可,例如 SparrowDecoratorTwo,代码如下:

SparrowDecoratorTwo. java

```
public class SparrowDecoratorTwo extends Decorator{
    public final int DISTANCE = 20;                     //eleFly()方法能飞 20m
    SparrowDecoratorTwo (Bird bird){
        super(bird);
    }
    public int fly(){
```

```
        int distance = 0;
        distance = bird.fly() + eleFly();
        return distance;
    }
    public int eleFly(){
        return DISTANCE;
    }
}
```

如果需要 bird 能飞行 240m,那么在 application.java 程序中只需对 bird 进行以下的装饰过程:

```
Bird bird = new Sparrow();
bird = new SparrowDecoratorTwo(bird);
bird = new SparrowDecorator(bird);
bird = new SparrowDecorator(bird);
bird = new SparrowDecoratorTwo(bird);
```

那么,bird 调用 fly()方法能飞行 240m。

8.4.4 装饰模式相对继承机制的优势

我们知道,通过继承也可以改进对象的行为,对于某些简单的问题这样做未尝不可,但是如果考虑系统扩展性,就应当注意面向对象的一个基本原则——少用继承,多用组合。就功能来说,装饰模式相比生成子类更为灵活。

例如对于 8.4.1 节中的简单问题,如果采用一种和 8.4.1 节中不同的设计方案,即不使用装饰模式,而是改为使用继承机制来设计我们的系统,以满足用户的需求,看看会带来怎样的麻烦。

为了满足用户的需求,开始修改现有的系统,在系统中再添加两个 Bird 抽象类的子类 Lark 和 Swallow,使得 Lark 类创建的对象(百灵鸟)调用 fly()方法能连续飞行 150m,使得 Swallow 类创建的对象(燕子)调用 fly()方法能连续飞行 200m,给出的类图如图 8.14 所示。

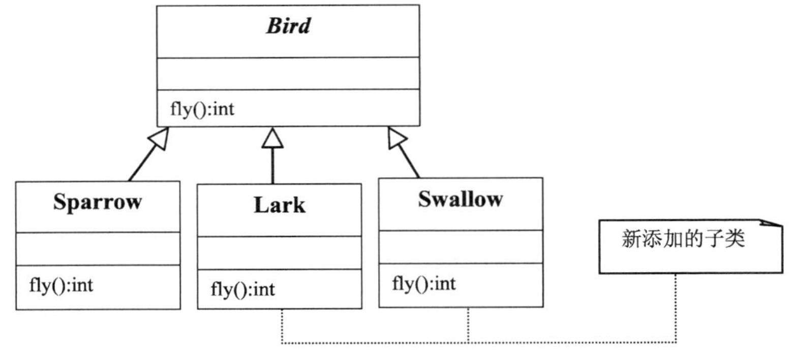

图 8.14 设计的类图

如果用户需要能飞行 200m 的鸟,客户程序有以下代码即可:

```
Bird bird = new Swallow();
```

但是,使用继承机制设计的这个系统面临着一个巨大的挑战,那就是用户需求的变化,现在用户又需要能飞行 250m 的鸟,而且过一段时间可能又需要能飞行 300m 的鸟。显然,如果继续采用继承机制来维护上面的系统(见图 8.14),就必须修改系统,增加新的 Bird 的子类,这简直是维护的一场灾难。但是,8.4.1 节中使用装饰模式设计的系统可以给用户提供能飞行 100m、150m、200m、250m、300m 等的鸟,也就是说,当用户需要能飞行 250m 的鸟时,不需要修改 8.4.1 节中设计的系统，用下列代码即可实现：

```
Bird bird =
new SparrowDecorator(new SparrowDecorator(new SparrowDecorator(new Sparrow())));
```

8.4.5 装饰模式的优点

装饰模式的优点如下：

(1) 被装饰者和装饰者是松耦合关系，由于装饰(Decorator)仅仅依赖于抽象组件(Component)，因此，具体装饰只需要知道它要装饰的对象是抽象组件的某一个子类的实例，不需要知道是哪一个具体子类。

(2) 装饰模式满足“开-闭”原则，用户不必修改具体组件，就可以增加新的针对该具体组件的具体装饰。

(3) 可以使用多个具体装饰来装饰具体组件的实例。

8.4.6 适合使用装饰模式的情景

适合使用装饰模式的情景如下：

(1) 程序希望动态地增强类的某个对象的功能，而又不影响该类的其他对象。

(2) 采用继承来增强对象功能不利于系统的扩展和维护。

8.5 适配器模式

适配器模式(别名：包装器)：将一个类的接口转换成客户希望的另外一个接口。适配器模式使得原本由于接口不兼容而不能一起工作的那些类可以一起工作。

8.5.1 适配器模式的结构

适配器属于结构型模式，结构中包含目标、被适配者和适配器 3 种角色。

- 目标(Target)：目标是一个接口，该接口是客户想使用的接口。
- 被适配者(Adaptee)：被适配者是一个已经存在的接口或抽象类，这个接口或抽象类需要适配。
- 适配器(Adapter)：适配器是一个类，该类实现了目标接口并包含被适配者的引用，即适配器的职责是对被适配者接口(抽象类)与目标接口进行适配。

适配器模式的 UML 类图如图 8.15 所示。

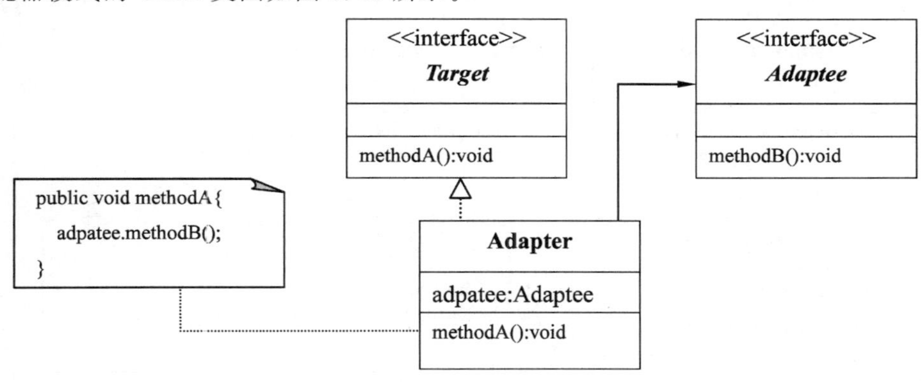

图 8.15 适配器模式的类图

下面通过一个简单的问题来描述适配器模式中所涉及的各个角色。

简单问题:用户有一台洗衣机,使用交流电,现在用户新买了一台录音机,录音机只能使用直流电。由于供电系统供给用户家里的是交流电,所以,用户需要用适配器将交流电转化为直流电供录音机使用。

❶ 目标

目标是一个接口,该接口是客户想使用的接口,在本问题中就是用户想使用的直流电。在这里,目标(Target)是名字为 DirectCurrent 的接口,该接口中定义的方法是 String giveCurrent()。DirectCurrent 接口的代码如下:

DirectCurrent. java

```
public interface DirectCurrent{
    public String giveDirectCurrent ();
}
```

具体目标在实现 public String giveDirectCurrent()方法时,返回形如"1111111111111111"的字符串表示输出直流电。

❷ 被适配者

被适配者是一个已经存在的接口或抽象类,这个接口或抽象类需要适配。对于本问题,就是客户已有的交流电。在这里,被适配者(Adaptee)是名字为 AlternateCurrent 的接口,该接口定义的方法是 giveCurrent()。AlternateCurrent 接口的代码如下:

AlternateCurrent. java

```
public interface AlternateCurrent{
    public String giveAlternateCurrent();
}
```

具体被适配者在实现 public String giveAlternateCurrent()方法时,返回形如"1010101010101010"的字符串表示输出交流电。

❸ 适配器

适配器是一个类,该类实现了目标接口并包含被适配者的引用,即适配器的职责是对被适配者接口(抽象类)与目标接口进行适配。在本问题中,适配器的名字是 ElectricAdapter 类,该类实现了 DirectCurrent 接口并包含 AlternateCurrent 接口变量。

DirectCurrent(目标)、ElectricAdapter(适配器)和 AlternateCurrent(被适配者)形成的 UML 图如图 8.16 所示。

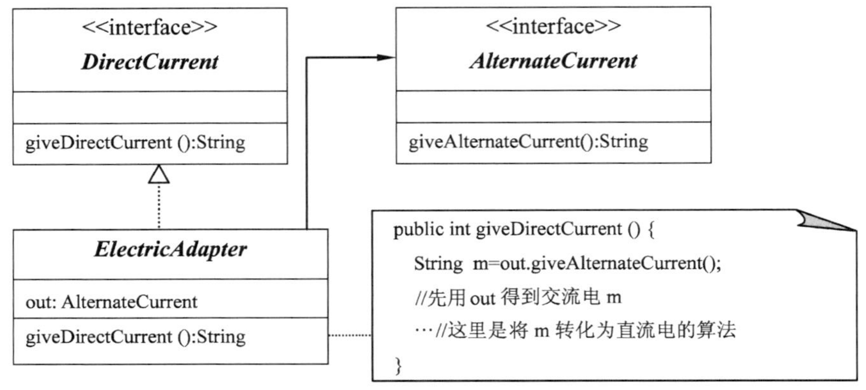

图 8.16 目标、适配器和被适配者

ElectricAdapter 类(适配器)的代码如下:

ElectricAdapter.java

```
public class ElectricAdapter implements DirectCurrent{
    AlternateCurrent out;
    ElectricAdapter(AlternateCurrent out){
        this.out = out;
    }
    public String giveDirectCurrent(){
      String m = out.giveAlternateCurrent();          //先由 out 得到交流电
      StringBuffer str = new StringBuffer(m);
      //以下将交流电转为直流电
      for(int i = 0;i < str.length();i++) {
          if(str.charAt(i) == '0') {
              str.setCharAt(i,'1');
          }
      }
      m = new String(str);
      return m;                                       //返回直流电
    }
}
```

▶ 8.5.2 适配器模式的使用

如果已经使用适配器模式给出了可以使用的类,可以将这些类看作一个小框架,这时就可以使用这个小框架中的类编写应用程序了。

在下列应用程序中,Application.java 使用了适配器将交流电转化为直流电,运行效果如图 8.17 所示。

```
洗衣机使用交流电:
10101010101010101010
开始洗衣物。
录音机使用直流电:
11111111111111111111
开始录音。
```

图 8.17 程序运行效果

Application.java

```
public class Application{
    public static void main(String args[]){
        AlternateCurrent aElectric = new PowerCompany();           //交流电
        Wash wash = new Wash();
        wash.turnOn(aElectric);                                    //洗衣机使用交流电
        //对交流电 aElectric 进行适配得到直流电 dElectric
        DirectCurrent dElectric = new ElectricAdapter(aElectric);  //将交流电适配成直流电
        Recorder recorder = new Recorder();
        recorder.turnOn(dElectric);                                //录音机使用直流电
    }
}
class PowerCompany implements AlternateCurrent {                   //交流电提供者
     public String giveAlternateCurrent(){
        return "10101010101010101010";                             //用这样的串表示交流电
     }
}
class Wash {                                                       //洗衣机使用交流电
    String name;
    Wash(){
      name = "洗衣机";
    }
    Wash(String s){
      name = s;
    }
    public void turnOn(AlternateCurrent a){
        String s = a.giveAlternateCurrent();
        System.out.println(name + "使用交流电:\n" + s);
```

```
            System.out.println("开始洗衣物。");
        }
    }
    class Recorder {                                    //录音机使用直流电
        String name;
        Recorder(){
            name = "录音机";
        }
        Recorder(String s){
            name = s;
        }
        public void turnOn(DirectCurrent a){
            String s = a.giveDirectCurrent();
            System.out.println(name + "使用直流电:\n" + s);
            System.out.println("开始录音。");
        }
    }
```

▶ 8.5.3 适配器的适配程度

❶ 完全适配

如果目标(Target)接口中的方法数目与被适配者(Adaptee)接口的方法数目相等，那么适配器(Adapter)可以将被适配者接口(抽象类)与目标接口进行完全适配。

❷ 不完全适配

如果目标(Target)接口中的方法数目少于被适配者(Adaptee)接口的方法数目，那么适配器(Adapter)只能将被适配者接口(抽象类)与目标接口进行部分适配。

❸ 剩余适配

如果目标(Target)接口中的方法数目大于被适配者(Adaptee)接口的方法数目，那么适配器(Adapter)可以将被适配者接口(抽象类)与目标接口进行完全适配，但必须将目标接口中多余的方法给出用户允许的默认实现。

▶ 8.5.4 单接口适配器

除了8.5.1节中介绍的对象适配器外，还有一些其他类型的适配器，这些适配器是针对不同问题设计的。在Java中有一种适配器是单接口适配器，可以让用户更加方便地使用该接口。如果一个接口中有多个方法，那么一个类要实现该接口，必须实现接口中的所有方法，但是用户实际上可能仅需要实现接口中的某个方法，在这种情况下，就可以考虑使用单接口适配器。单接口适配器可以减少代码的编写，可以让用户专心实现所需要的方法。针对一个接口的"单接口适配器"就是已经实现了该接口的类，并且对接口中的每个方法都给出了一个默认的实现。例如，java.awt.event包中的MouseAdapter就是MouseListener接口的单接口适配器，MouseAdapter将MouseListener接口中的5个方法全部实现为不进行任何操作，即这5个方法的方法体中无任何语句。当用户需要一个实现MouseListener接口的类的实例时，只需编写一个MouseAdapter的子类即可，并在子类中重写自己需要的接口方法。在Java API中，如果一个接口中的方法多于一个，Java API就针对该接口提供相应的单接口适配器。

扫一扫

视频讲解

8.6 工厂方法模式

工厂方法模式(别名：虚拟构造)：定义一个用于创建对象的接口，让子类决定实例化哪一个类。工厂方法模式(Factory Method)使一个类的实例化延迟到其子类。

▶ 8.6.1 工厂方法模式的结构

工厂方法模式属于创建型模式，结构中包括抽象产品、具体产品、构造者和具体构造者 4 种角色。

- 抽象产品(Product)：抽象类或接口，负责定义具体产品必须实现的方法。
- 具体产品(ConcreteProduct)：如果 Product 是一个抽象类，那么具体产品是 Product 的子类；如果 Product 是一个接口，那么具体产品是实现 Product 接口的类。
- 构造者(Creator)：一个接口或抽象类。构造者负责定义一个被称为工厂方法的抽象方法，该方法返回具体产品类的实例。
- 具体构造者(ConcreteCreator)：如果构造者是抽象类，具体构造者是构造者的子类；如果构造者是接口，具体构造者是实现构造者的类。具体构造者重写工厂方法，使该方法返回具体产品的实例。

工厂方法模式的 UML 类图如图 8.18 所示。

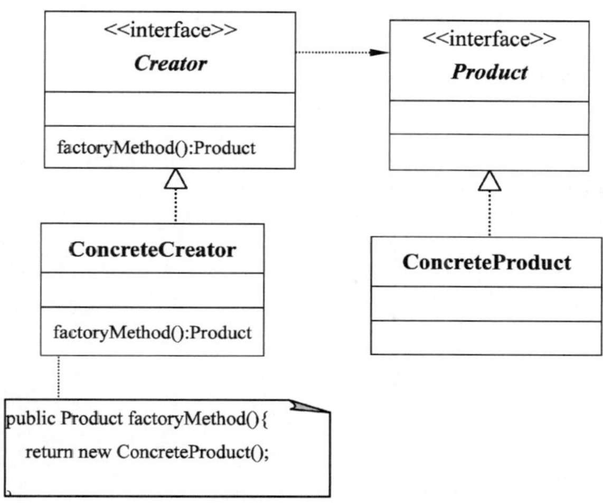

图 8.18 工厂方法模式的类图

下面通过一个简单的问题来描述工厂方法模式中所涉及的各个角色。

简单问题：用户希望自己的圆珠笔能使用不同颜色的笔芯。

❶ 抽象产品

得到一个类的子类的实例的最常用办法就是使用 new 运算符和该子类的构造方法，但是在某些情况下，用户可能不应该或无法使用这种办法来得到一个子类的实例，其原因是系统不允许用户代码和该类的子类形成耦合，或者用户不知道该类有哪些子类可用。

当系统准备为用户提供某个类的子类的实例，又不想让用户代码和该子类形成耦合时，可以使用工厂方法模式来设计系统。工厂方法模式的关键是在一个接口或抽象类中定义一个抽象方法，该方法要求返回某个类的子类的实例。

对于上述简单问题，用户希望圆珠笔使用各种颜色的笔芯，因此，这里的抽象产品(Product)角色是名字为 PenCore 的抽象类，该类的不同子类可以提供相应颜色的笔芯。PenCore 类的代码如下：

PenCore.java

```
public abstract class PenCore{
   String color;
   public abstract void writeWord(String s);
}
```

❷ 具体产品

RedPenCore、BluePenCore 和 BlackPenCore 类是 3 个具体产品角色,代码如下:

RedPenCore.java

```
public class RedPenCore extends PenCore{
    RedPenCore(){
      color = "红色";
    }
    public void writeWord(String s){
       System.out.println("写出" + color + "的字:" + s);
    }
}
```

BluePenCore.java

```
public class BluePenCore extends PenCore{
    BluePenCore(){
      color = "蓝色";
    }
    public void writeWord(String s){
       System.out.println("写出" + color + "的字:" + s);
    }
}
```

BlackPenCore.java

```
public class BlackPenCore extends PenCore{
    BlackPenCore(){
      color = "黑色";
    }
    public void writeWord(String s){
       System.out.println("写出" + color + "的字:" + s);
    }
}
```

❸ 构造者

构造者(Creator)角色是一个接口或抽象类。构造者负责定义一个被称为工厂方法的抽象方法,该方法要求返回具体产品类的实例。对于上述简单问题,构造者(Creator)角色是名字为 PenCoreCreator 的抽象类,PenCoreCreator 的代码如下:

PenCoreCreator.java

```
public abstract class PenCoreCreator{
   public abstract PenCore getPenCore();                    //工厂方法
}
```

❹ 具体构造者

具体构造者重写工厂方法,使该方法返回具体产品的实例。对于上述简单问题,RedCoreCreator、BlueCoreCreator 和 BlackCoreCreator 类是具体构造者角色,代码如下:

RedCoreCreator. java

```
public class RedCoreCreator extends PenCoreCreator{
    public PenCore getPenCore() {                            //重写工厂方法
        return new RedPenCore();
    }
}
```

BlueCoreCreator. java

```
public class BlueCoreCreator extends PenCoreCreator{
    public PenCore getPenCore() {                            //重写工厂方法
        return new BluePenCore();
    }
}
```

BlackCoreCreator. java

```
public class BlackCoreCreator extends PenCoreCreator{
     public PenCore getPenCore() {                          //重写工厂方法
        return new BlackPenCore();
     }
}
```

▶ 8.6.2　工厂方法模式的使用

如果已经使用工厂方法模式给出了可以使用的类，可以将这些类看作一个小框架，这时就可以使用这个小框架中的类编写应用程序了。应用程序在使用工厂方法模式时，只和抽象产品、构造者及具体构造者"打交道"，用户只需了解抽象产品有哪些方法即可，不需要知道有哪些具体产品。用户应用程序 Application. java 的圆珠笔(BallPen)使用工厂方法模式得到笔芯，运行效果如图 8.19 所示。

```
写出红色的字:你好,很高兴认识你
写出蓝色的字:nice to meet you
写出黑色的字:how are you
```

图 8.19　程序运行效果

BallPen. java

```
public class BallPen{
    PenCore core;
    public void usePenCore(PenCore core){
        this.core = core;
    }
    public void write(String s) {
        core.writeWord(s);
    }
}
```

Application. java

```
public class Application{
     public static void main(String args[]){
        PenCore penCore;                        //笔芯
        PenCoreCreator creator;                 //笔芯构造者
        BallPen ballPen = new BallPen();        //圆珠笔
        creator  = new RedCoreCreator();
        penCore  =  creator.getPenCore();       //使用工厂方法模式返回笔芯
        ballPen.usePenCore(penCore);
        ballPen.write("你好,很高兴认识你");
        creator  = new BlueCoreCreator();
        penCore  =  creator.getPenCore();
        ballPen.usePenCore(penCore);
        ballPen.write("nice to meet you");
```

```
            creator = new BlackCoreCreator();
            penCore = creator.getPenCore();
            ballPen.usePenCore(penCore);
            ballPen.write("how are you");
        }
    }
```

工厂方法模式的优点如下：

(1) 使用工厂方法模式可以让用户的代码和某个特定类的子类的代码解耦。

(2) 工厂方法模式使用户不必知道它所使用的对象是怎样被创建的，只需知道该对象有哪些方法即可。

适合使用工厂方法模式的情景如下：

(1) 用户需要一个类的子类的实例，但不希望该类的子类形成耦合。

(2) 用户需要一个类的子类的实例，但用户不知道该类有哪些子类可用。

扫一扫

视频讲解

8.7 责任链模式

责任链模式：使多个对象都有机会处理请求，从而避免请求的发送者和接收者之间的耦合关系。将这些对象连成一条链，并沿着这条链传递该请求，直到有一个对象处理它为止。

8.7.1 责任链模式的结构

责任链模式的结构中包括两种角色。

- 处理者(Handler)：处理者是一个接口，负责规定具体处理者处理用户的请求的方法及具体处理者设置后继对象的方法(如图 8.20 中的 handleRequest()、setNextHandler(Handler)方法)。
- 具体处理者(ConcreteHandler)：具体处理者是实现处理者接口的类的实例。具体处理者通过调用处理者接口规定的方法处理用户的请求，即在接到用户的请求后，处理者将调用接口规定的方法，在执行该方法的过程中，根据具体情况，决定是否将用户的请求传递给自己的后继对象。

责任链模式的 UML 类图如图 8.20 所示。

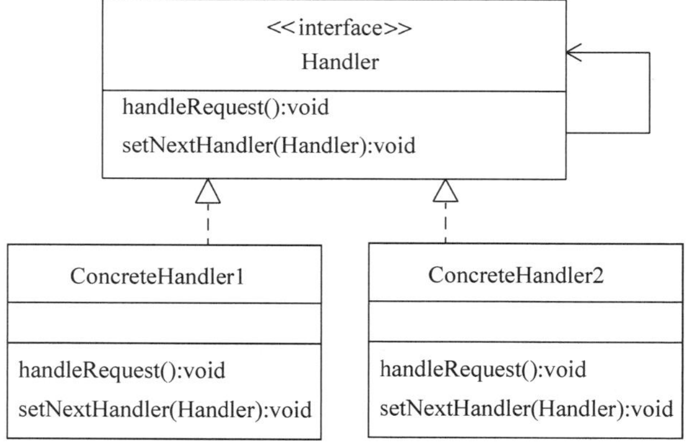

图 8.20 责任链模式的类图

责任链模式是使用多个对象处理用户请求的成熟模式，责任链模式的关键是将用户的请求分派给许多对象，这些对象被组织成一个责任链，即每个对象含有后继对象的引用。责任链上的一个对象，如果能完成用户的请求，就不再将用户的请求传递给责任链上的下一个对象；如果不能处理或完成用户的请求，就必须将用户的请求传递给责任链上的下一个对象。如果责任链上的末端对象也不能处理用户的请求，那么用户的本次请求就无任何结果。

例如，各个城市有各自独立负责管理的车牌号码的信息系统，将这些部门组成一个责任链。当用户请求鉴定一个车牌号码时，可以让责任链上的第一个部门鉴定车牌号码，这个部门用自己的系统首先检查自己是否能处理用户的请求，如果能处理就反馈有关处理结果，如果不能处理就将用户的请求传递给责任链上的下一个部门，以此类推，直到责任链上的某个对象能处理用户的请求。如果责任链上的末端对象也不能处理用户的请求，那么用户的本次请求就无任何结果。

以下通过一个简单的问题来讲解模式中所涉及的各个角色。

简单问题：电影院售票员与现金找赎。

提到找赎，也许您在学习第一门编程语言编程时，就用这个问题做过编程的训练：100 元整币有多少种找赎。

但在实际问题中，例如对于电影院的售票员，并不是首先考虑有多少种找赎，并从中选择其一。假如电影票 7 元，购票者购买 2 张电影票，给售票员一张 100 元面值的钞票，那么实际上售票员找赎 86 元的过程如下：

首先在 50 元面值的钱盒中看能否完成全部任务或部分任务。50 元面值的钱盒发现能找赎 86 元中的 50 元（贡献一张 50 元的钞票），即只完成部分任务，因此把剩余的 36 元任务交给下一个 20 元面值的钱盒；20 元面值的钱盒发现能完成 36 元中的 20 元（贡献一张 20 元面值的钞票），因此把剩余的 16 元任务交给下一个 10 元面值的钱盒。以此类推，如果后续某个钱盒完成了自己的找赎任务，那么售票员就完成了找赎任务；如果一直到最后一个钱盒（假设是 1 元面值的钱盒），该钱盒也无法完成自己的找赎任务，那么售票员就无法完成找赎。

使用责任链模拟售票员找赎，那么责任链上的对象就是钱盒，即责任链模式中的处理者（Handler）。

❶ 处理者（MoneyHandler）

本问题中，责任链上的处理者接口的名字是 MoneyHandler，负责规定具体处理者使用哪些方法来处理用户的请求以及规定具体处理者设置后继对象的方法，代码如下：

MoneyHandler.java

```
package ticker.data;
public interface MoneyHandler{
    public abstract void handleChange(int money);  //把整钱 money 分解成小于或等于 money 的零钱
    public abstract void setNextMoneyHandler(MoneyHandler handler);
}
```

❷ 具体处理者

具体处理者就是实现处理者接口 MoneyHandler 的类，即模拟钱盒的类，代码如下：

MoneyBox.java

```
package ticket.data;
public class MoneyBox implements MoneyHandler{
     public int moneyValueCount;                //钱盒中相应面值钞票的个数
```

```
    int moneyValue;                         //钱的面值
    public int changeCount;                 //找赎个数
    public boolean success;                 //是否找赎成功
    private MoneyHandler handler;           //存放当前处理者的后继处理者
    //用面值 moneyValue 的钱,把整钱 money 分解成小于或等于 money 的零钱:
    public void handleChange(int money){
       int completedChangeTasks = 0;        //本钱盒贡献的零钱
       int n = 0,sum = 0;
       while(true){ //找到最多用几个面值 moneyValue 的钱可以把整钱分解成小于或等于 money
          sum = sum + moneyValue;
          n++;
          if(sum > money)
            break;
       }
       n--;
                                            //本钱盒可以给出的面值是 moneyValue 的零钱个数
       changeCount = Math.min(n,moneyValueCount);
       completedChangeTasks = moneyValue * changeCount;
                                            //钱盒中面值钞票的个数减少了 changeCount 个
       moneyValueCount = moneyValueCount - changeCount;
       if(completedChangeTasks == money) {
          success = true ;                  //找赎成功
       }
       else {
          if(handler!= null){
            //下一个钱盒负责处理剩余的找赎任务
            handler.handleChange(money - completedChangeTasks);
          }
          else {
            success = false;                //找赎失败
          }
       }
    }
    public void addMoneyValueCount(int n){  //增加钱盒中相应面值钞票的个数
       moneyValueCount += n;
    }
    public void setMoneyValueCount(int count){
       if(count >= 0)
         moneyValueCount = count;
    }
    public void setMoneyValue(int moneyValue){     //当前钱盒负责的钱的面值
         this.moneyValue = moneyValue;
    }
    public void setNextMoneyHandler(MoneyHandler handler){
         this.handler = handler;
    }
}
```

▶ 8.7.2 责任链模式的使用

8.7.1 节已经使用责任链模式给出了可以使用的类,可以将这些类看作一个小框架,使用这个小框架中的类编写应用程序。

首先编写一个刻画售票员的类 TicketSeller,TicketSeller 将使用框架中的 MoneyBox 创建责任链,并使用该责任链进行找赎。

TicketSeller.java

```
package ticket.data;
public class TicketSeller {
```

```
    public int ticketValue;                                  //票价
    public MoneyBox [] moneybox;                             //售票员的钱盒数目
    public int income;                                       //收到的票款金额
    public int backChange;                                   //找赎金额
    public String backMess;                                  //找赎信息
    int [] moneyValue ={100,50,20,10,5,2,1};                 //7 种面值的钱(单位元)
    //初始时售票员已有面值钱的个数,有 0 张 100 元的钱,10 张 50 元的钱,…,50 张 1 元的钱
    //int [] moneyValueCount ={0,10,12,30,27,23,50};
    int [] moneyValueCount ={0,1,1,0,1,0,2};
    public TicketSeller(){
        ticketValue = 8;                                     //默认票价是 8 元一张
        backMess = "";
        moneybox = new MoneyBox[moneyValue.length];          //钱盒数目是 7 个
        init();
    }
    public void init(){                                      //售票员初始化自己的钱盒
        for(int i = 0;i<moneyValue.length;i++){
            moneybox[i] = new MoneyBox();
            //钱盒里初始有 moneyValueCount[i] 张钱:
            moneybox[i].setMoneyValueCount(moneyValueCount[i]);
            moneybox[i].setMoneyValue(moneyValue[i]);        //面值是 moneyValue[i]
        }
        for(int i = 0;i<moneyValue.length-1;i++){
            moneybox[i].setNextMoneyHandler(moneybox[i+1]);  //形成责任链
        }
    }
    public void setTicketValue(int ticketValue){             //设置票价
        if(ticketValue>=1)
          this.ticketValue = ticketValue;
    }
    public boolean sellTicket(int ticketCount,int [] receiveMoneyValueCount){//接收买票有关的数据
        income = 0;                                          //收到的票款清零
        backChange = 0;
        for(int i = 0;i<noneyValue.length;i++){
             moneybox[i].changeCount = 0;                    //将钱盒找零个数清零
        }
        int k =0;
        for(int i = receiveMoneyValueCount.length-1 ; i>=0;i-- ) { //累加收到各种面值的钱
            income += receiveMoneyValueCount[i] * moneyValue[i];
            if(income >= ticketCount * ticketValue) {
               k = i;
               break;
            }
        }
        if(income < ticketCount * ticketValue) {             //票款不足
               backMess = backMess+"票款不足";
               return false;
        }
        if(income == ticketCount * ticketValue){
             backMess = "票款不需要找赎";
             return true;
        }
        else {
             backChange = income - ticketCount * ticketValue;     //需要找赎 needChange 元
             moneybox[0].handleChange(backChange);           //启动责任链(钱盒)开始找赎
             boolean isSuccess = false;                      //刻画是否成功找赎
             for(int i = 0;i<moneybox.length;i++){           //检查是否成功找赎
                 if(moneybox[i].success == true) {
                    isSuccess = true;
```

```
                    break;
                }
             }
            if(isSuccess){
                for(int i = receiveMoneyValueCount.length - 1 ;i >= k;i -- ) {
                                                                   //钱盒增加面值钱的个数
                    moneybox[i].addMoneyValueCount(receiveMoneyValueCount[i]);
                }
                for(int i = 0;i < moneyValue.length;i++){
                    if(moneybox[i].changeCount!= 0)
                      backMess =
                      backMess + moneybox[i].changeCount + "张面值" +
                               moneybox[i].moneyValue + "元钱。\n";
                }
            }
            else {
                 backMess = "找赎" + backChange + "元失败";
                 for(int i = 0;i < moneyValue.length;i++){      //还原钱盒找赎之前的零钱个数
                      moneybox[i].moneyValueCount =
                      moneybox[i].moneyValueCount + moneybox[i].changeCount;
                 }
            }
            return isSuccess;
        }
    }
}
```

下列 Application 主类模拟售票员卖票并找赎，运行效果如图 8.21 所示。

```
购买 2 张票，每张7元。
实收:100元
找赎:86元
找赎如下，请当面点清:
1张面值50元钱。
1张面值20元钱。
1张面值10元钱。
1张面值5元钱。
1张面值1元钱。
```

图 8.21　责任链与找赎

Application.java

```
package ticket.data;
public class Application {
    public static void main(String args[]) {
        TicketSeller ticketSeller = new TicketSeller();
        ticketSeller.setTicketValue(7);                  //票价 7 元
        int ticketNumber = 2;                            //买 ticketNumber 张票
        int [] moneyCount = {1,0,0,0,0,0,0};             //钱面值依次是 100,50,20,10,5,2,1
        System.out.println("购买 " + tickerNumber +
                         " 张票,每张" + tickerSeller.ticketValue + "元。");
        boolean boo = ticketSeller.sellTicket(ticketNumber,moneyCount);
        if(boo){
           System.out.println("实收:" + ticketSeller.income + "元");
           System.out.println("找赎:" + ticketSeller.backChange + "元");
           System.out.println("找赎如下,请当面点清:");
        }
        System.out.println(ticketSeller.backMess);
    }
}
```

▶ 8.7.3　责任链模式的优点

责任链模式的优点如下。

- 责任链中的对象只和自己的后继是低耦合关系，和其他对象毫无关联，这使得编写处理者对象以及创建责任链变得非常容易。
- 当在处理者中分配职责时，责任链给应用程序更多的灵活性。
- 应用程序可以动态地增加、删除处理者或重新指派处理者的职责。
- 应用程序可以动态地改变处理者之间的先后顺序。
- 使用责任链的用户不必知道处理者的信息，用户不会知道到底是哪个对象处理了它的请求。

▶ 8.7.4　适合使用责任链模式的情景

适合使用责任链模式的情景如下。

- 有许多对象可以处理用户的请求。
- 程序希望动态制定可处理用户请求的对象集合。

8.8　小结

(1) 策略模式的核心是定义一系列算法，把它们一个个封装起来，并且使它们可相互替换。本模式使得算法可独立于使用它的客户而变化。

(2) 访问者模式的核心是在不改变各个元素的类的前提下定义作用于这些元素的新操作。

(3) 装饰模式的核心是动态地给对象添加一些额外的职责。

(4) 适配器模式的核心是将一个类的接口转换成客户希望的另外一个接口。

(5) 工厂方法模式的核心是把类的实例化延迟到其子类。

习题 8

扫一扫

习题

扫一扫

自测题

第 9 章　常用实用类

主要内容：

- ❖ String 类；
- ❖ 正则表达式；
- ❖ StringTokenizer 类；
- ❖ Scanner 类；
- ❖ Pattern 与 Match 类；
- ❖ StringBuffer 类；
- ❖ 日期与时间；
- ❖ Math、BigInteger 和 Random 类。

难点：

- ❖ Pattern 与 Match 类。

9.1 String 类

java.lang 包中的 String 类为 final 类，因此用户不能扩展 String 类，即 String 类不可以有子类。

9.1.1 构造 String 对象

❶ String 常量

String 常量是用双引号(英文输入法输入的双引号)括起的字符序列，例如"你好"、"12.97"、"student"等。

❷ String 对象

可以使用 String 类声明对象。例如：

```
String s;
```

用 String 类的构造方法创建 String 对象。例如：

```
s = new String("we are students");
```

那么 s 中存放着引用，s 的实体是字符序列 We are students，即 String 对象封装的是字符序列 We are students，称作 String 对象的字符序列。

也可以用一个已创建的 String 对象创建另一个 String 对象。例如：

```
String tom = new String(s);
```

还可以用字符数组创建 String 类的对象。例如：

```
char a[] = {'b','o','y'};
String s = new String(a);
```

上述过程相当于：

```
String s = new String("boy");
```

构造方法 String(char a[],int startIndex,int count)提取字符数组 a 中的一部分字符创建一个 String 对象,参数 startIndex 和 count 分别指定在 a 中提取字符的起始位置和从该位置开始截取的字符个数。例如：

```
char a[] = {'s','o','k','A','B'};
String s = new String(a,1,2);
```

相当于

```
String s = new String("ok");
```

❸ 引用 String 常量

String 常量也是对象。Java 把用户程序中的 String 常量放入常量池。String 常量对象也有自己的引用和实体,如图 9.1 所示。例如,String 常量对象"student"的引用是 78CD,实体是字符序列 student。可以把 String 常量的引用赋值给一个 String 变量。例如：

```
String s1,s2;
s1 = "student";
s2 = "student";
```

这样,s1、s2 具有相同的引用,因而具有相同的实体。s1、s2 内存示意如图 9.1 所示。

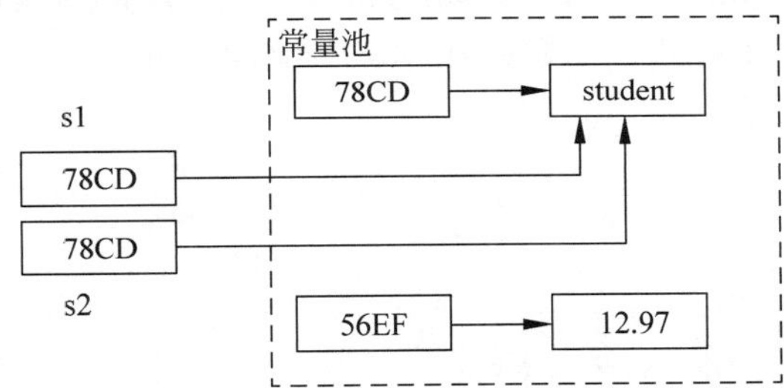

图 9.1 常量池中的常量赋值给 String 变量

另外,用户无法输出 String 对象 s 的引用,下列语句：

```
System.out.println(s);
```

输出的是对象的实体,即 s 的字符序列 we are students,因为 String 类重写了 Object 类的 String toString()方法(见 9.1.4 节)。

注：可以这样简单地理解常量池：常量池中的字符序列的"引用"在程序运行期间再也不允许改变。非常量池中的 String 对象的引用可以发生变化。

▶ 9.1.2 String 类的常用方法

扫一扫

视频讲解

❶ public int length()

使用 String 类中的 length()方法可以获取一个 String 对象封装的字符序列的长度,即 String 对象的字符序列的长度。例如：

```
String tom = "我们是学生";
int n1,n2;
n1 = tom.length();
n2 = "你好 abcd".length();
```

那么,n1 的值是 5,n2 的值是 6。

❷ public boolean equals(String s)

String 对象调用 equals(String s)方法比较当前 String 对象的字符序列是否与参数 s 指定的 String 对象的字符序列相同,例如:

```
String tom = new String("we are students");
String boy = new String("You are students");
String jerry = new String("we are students");
```

那么,tom.equals(boy)的值是 false,tom.equals(jerry)的值是 true。

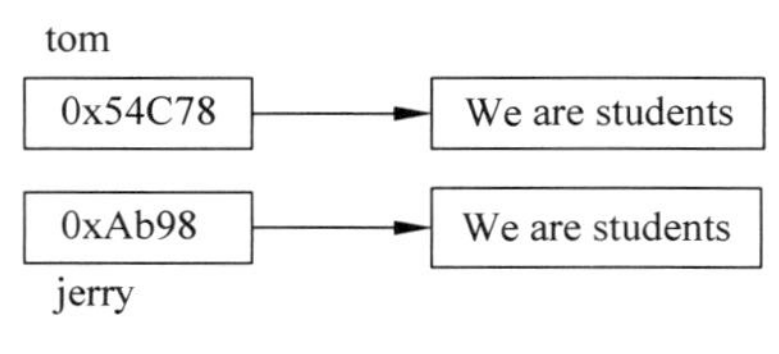

图 9.2 内存示意图

String 对象 tom 中存放着引用,表明自己的实体的位置,即 new 运算符首先分配内存空间并在内存空间中放入字符序列,然后计算出引用。将引用赋值给 String 对象 tom 后,String 对象 tom 的内存模型如图 9.2 所示。尽管 tom 和 jerry 的字符序列相同,都是 We are students,但二者的引用是不同的(如图 9.2 所示),即表达式 tom == jerry 的值是 false。

注:① 关系表达式 tom == jerry 的值是 false。因为 tom、jerry 是对象,tom、jerry 中存放的是引用,内存示意如图 9.2 所示。

② String 对象调用 public boolean equalsIgnoreCase(String s)比较当前 String 对象与参数 s 指定的 String 对象的字符序列是否相同,比较时忽略大小写。

例 9.1 说明了 equals 的用法。

例 9.1

Example9_1.java

```
public class Example9_1 {
    public static void main(String args[]) {
        String s1,s2;
        s1 = new String("we are students");
        s2 = new String("we are students");
        System.out.println(s1.equals(s2));              //输出结果是 true
        System.out.println(s1 == s2);                   //输出结果是 false
        String s3,s4;
        s3 = "how are you";
        s4 = "how are you";
        System.out.println(s3.equals(s4));              //输出结果是 true
        System.out.println(s3 == s4);                   //输出结果是 true
    }
}
```

❸ public boolean startsWith(String s)、public boolean endsWith(String s)方法

String 对象调用 startsWith(String s)方法,判断当前 String 对象的字符序列前缀是否是参数 s 指定的 String 对象的字符序列。例如:

```
String tom = "260302820829021",jerry = "210796709240220";
```

那么,tom.startsWith("260")的值是 true; jerry.startsWith("260")的值是 false。

使用 endsWith(String s)方法,判断一个 String 对象的字符序列的后缀是否是参数 s 的字符序列。如 tom.endsWith("021")的值是 true,jerry.endsWith("021")的值是 false。

❹ public boolean regionMatches(int firstStart,String other,int ortherStart,int length)方法

String 对象调用 regionMatches(int firstStart,String other,int ortherStart,int length)方法,从当前 String 对象的字符序列 firstStart 位置开始(字符序列的第 1 个字符的位置是 0,即位置索引从 0 开始),取长度为 length 的一个字符序列,并将这个字符序列和参数 other 的字符序列的一个子字符序列进行比较,其中,other 的子字符序列是从参数 othertStart 指定的位置开始,取长度为 length 的一个子字符序列。如果两个子字符序列相同,该方法就返回 true,否则返回 false。使用该方法的重载方法:

```
public boolean regionMatches(boolean b, int firstStart, String other, int ortherStart, int length)
```

可以通过参数 b 决定是否忽略大小写,当 b 取 true 时,忽略大小写。

例 9.2 判断 String 对象 s 的字符序列中共出现了几个 en。

例 9.2

Example9_2.java

```
public class Example9_2 {
    public static void main(String args[]) {
       int number = 0;
       String s = "student;entropy;engage,english,client";
       for(int k = 0;k < s.length();k++) {
           if(s.regionMatches(k,"en",0,2)) {
              number++;
           }
       }
       System.out.println("number = " + number); //输出结果为 number = 5
    }
}
```

❺ public int compareTo(String s)方法

String 对象调用 compareTo(String s)方法,按字典序与参数 s 的字符序列比较大小。如果当前 String 对象的字符序列与 s 的相同,该方法返回值 0;如果当前 String 对象的字符序列大于 s 的字符序列,该方法返回正值,否则返回负值。例如,对于:

```
String str  =  "abcde";
```

str.compareTo("boy")小于 0,str.compareTo("aba")大于 0,str.compareTo("abcde")等于 0。

按字典序比较两个 String 对象的字符序列还可以使用 public int compareToIgnoreCase (String s)方法,该方法忽略大小写。

下面的例 9.3 将一个 String 数组按字典序重新排列。

例 9.3

Example9_3.java

```
import java.util.Arrays;
public class Example9_3 {
     public static void main(String args[]) {
        String [] a = {"boy","apple","Applet","girl","Hat"};
        String [] b = Arrays.copyOf(a,a.length);
        System.out.println("使用用户编写的 SortString 类,按字典序排列数组 a:");
        SortString.sort(a);
        for(String s:a) {
           System.out.print(" " + s);
        }
```

```
        System.out.println();
        System.out.println("使用类库中的 Arrays 类,按字典序排列数组 b:");
        Arrays.sort(b);
        for(String s:b) {
           System.out.print(" " + s);
        }
    }
}
```

SortString.java

```
public class SortString {
    public static void sort(String a[]) {
        for(int i = 0;i < a.length - 1;i++) {
            for(int j = i + 1;j < a.length;j++) {
                if(a[j].compareTo(a[i])< 0) {
                    String temp = a[i];
                    a[i] = a[j];
                    a[j] = temp;
                }
            }
        }
    }
}
```

❻ public boolean contains(String s)

String 对象调用 contains 方法,判断当前 String 对象的字符序列是否含有 s 的字符序列。例如"tom = "student";",那么 tom.contains("stu")的值就是 true,而 tom.contains("ok")的值是 false。

❼ public int indexOf(String s)

String 对象调用方法 indexOf(String s)从当前 String 对象的字符序列索引位置 0 开始检索,并返回首次出现 s 的字符序列的位置。如果没有检索到 s 的字符序列,则该方法返回的值是 - 1。String 对象调用 indexOf(String s ,int startpoint)方法从当前 String 对象的字符序列索引位置 startpoint 开始检索,并返回首次出现 s 的字符序列的位置。如果没有检索到 s 的字符序列,则该方法返回的值是 - 1。String 对象调用 lastIndexOf(String s)方法从当前 String 对象的字符序列索引位置 0 开始检索,并返回最后出现 s 的字符序列的位置。如果没有检索到 s 的字符序列,则该方法返回的值是 - 1。

例如:

```
String tom  =  "I am a good cat";
tom.indexOf("a");                                  //值是 2
tom.indexOf("good",2);                             //值是 7
tom.indexOf("a",7);                                //值是 13
tom.indexOf("w",2);                                //值是 - 1
```

❽ public String substring(int startpoint)

String 对象调用该方法返回一个新的 String 对象,返回的 String 对象的字符序列是从当前 String 对象的字符序列索引位置 startpoint 开始(包括位置 startpoint 上的字符)截取到最后,所得到的字符序列。String 对象调用 substring(int start ,int end)方法返回一个新的 String 对象,返回的 String 对象的字符序列是从当前 String 对象的字符序列索引位置 start 开始(包括位置 start 上的字符)截取到 end-1 位置(注意不包括 end 位置上的字符),所得到的字符序列。例如:

```
String tom = "ABCDEFGH";
String s = tom.substring(2,5);
```

那么 s 的字符序列是"CDE"。

❾ public String trim()

一个 String 对象 s 调用方法 trim()返回一个 String 对象,返回的 String 对象的字符序列是 s 的字符序列去掉前后空格后所得到的字符序列。

例 9.4 使用了 String 类的常用方法。

例 9.4

Example9_4.java

```
public class Example9_4 {
    public static void main(String args[]) {
       String path = "c:\\book\\javabook\\xml.doc";
       int index = path.indexOf("\\");
       index = path.indexOf("\\",index);
       String sub = path.substring(index);
       System.out.println(sub);              //输出结果是\book\javabook\xml.doc
       index = path.lastIndexOf("\\");
       sub = path.substring(index + 1);
       System.out.println(sub);              //输出结果是 xml.doc
    }
}
```

▶ 9.1.3 String 对象与基本数据的相互转化

扫一扫

视频讲解

❶ String 对象的字符序列转化为数字

java.lang 包中的 Integer 类有一个类方法(static 方法):

```
public static int parseInt(String s)
```

如果参数 s 的字符序列中的字符都是"数字"字符,如"12356",该方法返回 int 型数据 12356。例如:

```
int x;
String s = "12356";
x = Integer.parseInt(s);
```

如果参数 s 的字符序列中的字符有非"数字"字符,如"1ab56",那么该方法在执行过程中会抛出 NumberFormatException 异常。

java.lang 包中的 Byte、Short、Long、Float、Double 也有类似的类方法:

```
public static byte parseByte(String s) throws NumberFormatException
public static short parseShort(String s) throws NumberFormatException
public static long parseLong(String s) throws NumberFormatException
public static float parseFloat(String s) throws NumberFormatException
public static double parseDouble(String s) throws NumberFormatException
```

可以使用 Long 类中的下列类方法得到整数的各种进制的 String 对象:

```
public static String toBinaryString(long i)
public static String toOctalString(long i)
public static String toHexString(long i)
public static String toString(long i, int p)
```

前三个方法分别是返回整数 i 的二进制、八进制和十六进制的字符序列表示,第 4 个方法返回整数 i 的 p 进制的字符序列表示，即称这些方法返回 String 对象的字符序列是整数的某个进制的字符序列表示。

有时程序需要将形如"12,123,446￥""1,1234,5668.89＄"货币值样式的字符序列转化为数字，例如货币值按千分组的写法是"1,123,898＄""124,019,578￥"，那么怎样将这样的 String 对象的字符序列转化为数字呢？

可以根据要转化的货币值的格式：

```
String currency = "124,019,578.8768￥";
```

首先创建一个 DecimalFormat 对象 df(DecimalFormat 类在 java.text 包中)，并将适合的 String 对象。例如 str：

```
String str = "###,###￥";                    //按千分组
```

传递给 df：

```
DecimalFormat df = new DecimalFormat(str);
```

对象 df 再调用 parse(String s)方法将返回一个 Number 对象(Number 类在 java.lang 包中)。例如：

```
Number num = df.parse(currency);
```

那么，Number 对象调用方法可以返回该对象中含有的数字。例如：

```
double d = num.doubleValue();
```

d 的值是 124019578.8768。

❷ 数字转化为 String 对象

任何数字和 String 常量""做并运算"+"，都将得到一个 String 对象。例如：

```
String str = 3.14 + "";
```

那么 str 对象中的字符序列就是 3.14。还可以使用 String 类的下列类方法：

```
public static String valueOf(byte n)
public static String valueOf(int n)
public static String valueOf(long n)
public static String valueOf(float n)
public static String valueOf(double n)
```

将形如 123、1232.98 等数值转化为 String 对象。例如：

```
String str = String.valueOf(12313.9876);
```

那么 String 对象 str 的字符序列是 12313.976。

现在举一个求若干数的平均数的例子，若干数从键盘输入。程序除了输出平均数外，还输出了整数 8642 的二进制和十六进制的字符序列表示，将一个货币值转化为 double 数，输出了一个 double 数有几位整数和几位小数。程序运行效果如图 9.3 所示。

```
C:\ch9>java Example9_5 10 20 30 50.7
10 20 30 50.7 的平均数:27.675
8642的二进制表示:10000111000010
8642的十六进制表示:21c2
9,019,578.8768￥转化成double:
9019578.876800
3.1415926有1位整数,7位小数。
```

图 9.3 String 对象与基本数据的转化

例 9.5

Example9_5.java

```
public class Example9_5 {
```

```
    public static void main(String args[]) {
      public static void main(String args[]) {
        double aver = 0, sum = 0, item = 0;
        boolean computable = true;
        for(String s:args) {
            try{ item = Double.parseDouble(s);
                 sum = sum + item;
            }
            catch(NumberFormatException e) {
                 System.out.println("您输入了非数字字符:" + e);
                 computable = false;
            }
        }
        if(computable) {
            aver = sum/args.length;
        }
        for(String s:args) {
           System.out.print(s + " ");
        }
        System.out.println("的平均数:" + aver);
        int number = 8642;
        String binaryString = Long.toBinaryString(number);
        System.out.println(number + "的二进制表示:" + binaryString);
        System.out.println(number + "的十六进制表示:" + Long.toString(number,16));
        String currency  =  "9,019,578.8768 ¥ ";
        String str  =  "###,### ¥ ";
        DecimalFormat df  =  new DecimalFormat(str);
        try {
              Number num  =  df.parse(currency);
              double d = num.doubleValue();
              System.out.printf(" %s%f\n",currency + "转化成 double:\n",d);
        }
        catch(Exception exp){}
        double pi  =  3.1415926;
        String numberStr  =  "" + pi;
        int index  =  numberStr.indexOf(".");
        String zs  =  numberStr.substring(0,index);
        String xs  =  numberStr.substring(index + 1);
        System.out.println(pi + "有" + zs.length() + "位整数," + xs.length() + "位小数。");
    }
}
```

在以前的应用程序中，我们未曾使用过 main 方法的参数。实际上应用程序中的 main 方法中的参数 args 能接受用户从键盘输入的字符序列。例如，如下使用解释器 java.exe 来执行主类（在主类的后面是空格分隔的若干个字符序列）：

```
C:\2000\> java Example9_5 10 20 30 50.7
```

这时，程序中 String 对象 args[0]、arg[1]、arg[2]、arg[3]的字符序列分别是 10、20、30 和 50.7。程序输出结果如图 9.3 所示。

▶ 9.1.4 对象的 String 表示

在子类中我们讲过，所有的类都默认是 java.lang 包中 Object 类的子类或间接子类。Object 类有一个 public String toString()方法，一个对象通过调用该方法可以返回一个 String 对象，称这个 String 对象是当前对象的 String 表示。一个对象调用 toString()方法返回的 String 对象的字符序列的一般形式为：

```
创建对象的类的名字@对象的引用的字符序列表示
```

```
C:\chapter9>java Example9_6
Mon Aug 03 22:14:41 CST 2009
Student@61de33
I am a student,my name is Zhang San
Student@14318bb
I am a student,my name is Li Xiao
```

图 9.4 重写 toString()方法

当然,Object 类的子类或间接子类也可以重写 toString()方法。例如,java.util 包中的 Date 类就重写了 toString()方法,重写的方法返回时间的字符序列表示。

例 9.6 中的 Student 类重写了 toString()方法,并使用 super 调用隐藏的 toString()方法,程序运行效果如图 9.4 所示。

例 9.6

Example9_6.java

```
import java.util.Date;
public class Example9_6 {
    public static void main(String args[]) {
        Date date = new Date();
        System.out.println(date.toString());
        Student zhang = new Student("Zhang San");
        System.out.println(zhang.toString());
        System.out.println(new Student("Li Xiao").toString());
    }
}
```

Student.java

```
public class Student {
    String name;
    public Student() {
    }
    public Student(String s) {
        name = s;
    }
    public String toString() {
        String oldStr = super.toString();
        return oldStr + "\nI am a student,my name is " + name;
    }
}
```

扫一扫

视频讲解

9.1.5 字符序列与字符、字节数组

❶ 字符序列与字符数组

我们已经知道 String 类的构造方法 String(char[])和 String(char[],int offset,int length)分别用数组 a 中的全部字符和部分字符创建 String 对象。String 类也提供了将 String 对象字符序列存放到数组中的方法:

```
public void getChars(int start,int end,char c[],int offset)
```

String 对象调用 getChars()方法将当前 String 对象的字符序列中的一部分字符复制到参数 c 指定的数组中,将 String 对象的字符序列中从索引位置 start 到 end-1 位置上的字符复制到数组 c 中,并从数组 c 的 offset 处开始存放这些字符。需要注意的是,必须保证数组 c 能容纳要被复制的字符。

```
public char[] toCharArray()
```

String 对象调用该方法,将它的字符序列依次存放在一个字符数组的单元中,并返回该数组的引用。

例 9.7 具体地说明了 getChars()和 toCharArray()方法的使用,运行效果如图 9.5 所示。

```
C:\chapter9>java Example9_7
击败
德国足球队击败巴西足球队
大家好,很高兴认识大家
```

图 9.5 String 与字符数组

例 9.7

Example9_7.java

```
public class Example9_7 {
    public static void main(String args[]) {
       char [] a,b,c;
       String s = "德国足球队击败巴西足球队";
       a = new char[2];
       s.getChars(5,7,a,0);
       System.out.println(a);
       b = new char[s.length()];
       s.getChars(7,12,b,0);
       s.getChars(5,7,b,5);
       s.getChars(0,5,b,7);
       System.out.println(b);
       c = "大家好,很高兴认识大家".toCharArray();
       for(char ch:c)
         System.out.print(ch);
    }
}
```

❷ 字符序列与字节数组

String 类的构造方法 String(byte[])用指定的字节数组构造一个 String 对象。String(byte[],int offset,int length)构造方法用指定的字节数组的一部分,即从数组起始位置 offset 开始取 length 字节构造一个 String 对象。

public byte[] getBytes():String 对象调用该方法,将它的字符序列转换为平台的默认编码,将编码依次存放在 byte 数组的单元中,并返回 byte 数组的引用。

public byte[] getBytes(String charsetName):String 对象调用该方法,将它的字符序列转换为参数 charsetName 指定编码,将编码依次存放在 byte 数组的单元中,并返回 byte 数组的引用。

如果平台默认的字符编码是 GB 2312(国标,简体中文),那么调用 getBytes()方法等同于调用 getBytes("GB 2312"),但需要注意的是,带参数的 getBytes(String charsetName)抛出 UnsupportedEncodingException 异常,因此,必须在 try…catch 语句中调用 getBytes(String charsetName)。

在下面的例 9.8 中,假设运行例 9.8 的机器的默认编码是 GB 2312。String 常量对象"abc 你我他"调用 getBytes()返回一个字节数组 d,该字节数组的 d[0]、d[1]和 d[2]单元分别是字符 a、b、c 的编码,第 d[3]和 d[4]单元存放的是字符"你"的编码(GB 2312 编码中,一个汉字占 2 字节)。"abc 你我他"调用 getBytes("UTF-8")返回一个字节数组 d,该字节数组的 d[0]、d[1]和 d[2]单元分别是字符 a、b、c 的编码,d[3]、d[4]、d[5]单元存放的是字符"你"的编码(UTF-8 编码中,一个汉字占 3 字节)。程序运行效果如图 9.6 所示。

```
数组d的长度是(GB 2312编码,一个汉字占2字节):9
你
他
数组d的长度是(UTF-8编码,一个汉字占4字节):12
```

图 9.6 String 与字节数组

例 9.8

Example9_8.java

```
public class Example9_8 {
     public static void main(String args[]) {
```

```
        byte d[] = "abc 你我他".getBytes();
        System.out.println("数组 d 的长度是(GB 2312 编码,一个汉字占 2 字节):" + d.length);
        String s = new String(d,3,2);       //输出:你
        System.out.println(s);
        s = new String(d,7,2);
        System.out.println(s);              //输出:他
        try {
         d = "abc 你我他".getBytes("UTF - 8");      //如果使用 UTF - 8 编码,一个汉字占 3 字节
         System.out.println("数组 d 的长度是(UTF - 8 编码,一个汉字占 3 字节):" + d.length);
        }
        catch(Exception exp){}
    }
}
```

9.2 正则表达式

扫一扫

视频讲解

9.2.1 正则表达式与元字符

一个正则表达式是含有一些具有特殊意义字符的字符序列,这些特殊字符称作正则表达式中的元字符。例如,“\\dhello”中的\\d 就是有特殊意义的元字符,代表 0～9 中的任何一个。字符序列“9hello”“3hello”都是和正则表达式“\\dhello”匹配的字符序列之一。

String 对象调用

```
public boolean matches(String regex)
```

方法可以判断当前 String 对象的字符序列是否和参数 regex 指定的正则表达式相匹配,即是否和 regex 的字符序列相匹配。

假设 String 对象 regex 的字符序列是正则表达式,如果一个 String 对象的字符序列和 regex 的字符序列相匹配,就简称 String 对象的字符序列和 regex 相匹配。

表 9.1 列出了常用的元字符及其意义。

表 9.1 元字符

元字符	在正则表达式中的写法	意 义
.	“.”	代表任何一个字符
\d	“\\d”	代表 0～9 的任何一个数字
\D	“\\D”	代表任何一个非数字字符
\s	“\\s”	代表空格类字符,‘\t’、‘\n’、‘\x0B’、‘\f’、‘\r’
\S	“\\S”	代表非空格类字符
\w	“\\w”	代表可用于标识符的字符(不包括美元符号)
\W	“\\W”	代表不能用于标识符的字符
\p{Lower}	\\p{Lower}	小写字母[a～z]
\p{Upper}	\\p{Upper}	大写字母[A～Z]
\p{ASCII}	\\p{ASCII}	ASCII 字符
\p{Alpha}	\\p{Alpha}	字母
\p{Digit}	\\p{Digit}	数字字符,即[0～9]
\p{Alnum}	\\p{Alnum}	字母或数字
\p{Punct}	\\p{Punct}	标点符号:!、"、#、$、%、&、'、()、*、+、,、-、.、/、:、;、<、=、>、?、@、[\]、^、_、`、{|}、~

续表

元字符	在正则表达式中的写法	意　义
\p{Graph}	\\p{Graph}	可视字符：\p{Alnum}\p{Punct}
\p{Print}	\\p{Graph}	可打印字符：\p{Graph}
\p{Blank}	\\p{Blank}	空格或制表符[\t]
\p{Cntrl}	\\p{Cntrl}	控制字符：[\x00 - \x1F\x7F]

在正则表达式中可以用方括号括起若干字符来表示一个元字符，该元字符代表方括号中的任何一个字符。例如 String regex = "[159]ABC"，那么"1ABC"、"5ABC"和"9ABC"都和 regex 相匹配。方括号元字符的意义如下：

[abc]：代表 a、b、c 中的任何一个。

[^abc]：代表除了 a、b、c 以外的任何字符。

[a-zA-Z]：代表英文字母中的任何一个。

[a-d]：代表 a～d 中的任何一个。

另外，方括号中允许嵌套方括号，可以进行并、交、差运算，举例如下。

[a-d[m-p]]：代表 a～d 或 m～p 中的任何字符(并)。

[a-z&&[def]]：代表 d、e 或 f 中的任何一个(交)。

[a-f&&[^bc]]：代表 a、d、e、f (差)。

注：由于"."代表任何一个字符，所以在正则表达式中如果想使用普通意义的点字符，必须使用[.]或\\.。

在正则表达式中可以使用限定修饰符。例如，对于限定修饰符"?"，如果 X 代表正则表达式中的一个元字符或普通字符，那么"X?"就表示 X 出现 0 次或 1 次。例如：

```
String regex = "hello[2468]?";
```

那么"hello""hello 2""hello 4""hello 6""hello 8"都与 regex 相匹配。

表 9.2 给出了常用的限定修饰符的用法。

表 9.2　限定符

带限定符号的模式	意　义	带限定符号的模式	意　义
X?	X 出现 0 次或 1 次	X{n,}	X 至少出现 n 次
X*	X 出现 0 次或多次	X{n,m}	X 出现 n～m 次
X+	X 出现 1 次或多次	XY	X 的后缀是 Y
X{n}	X 恰好出现 n 次	X|Y	X 或 Y

例如，String regex = "@\\w{4}"，那么"@abcd""@girl""@moon""@flag"都与 regex 相匹配。再如，String regex = "[a-zA-Z0-9]+"，那么任何由字母或数字组成的字符序列都与 regex 相匹配。

注：有关正则表达式的细节可查阅 java.util.regex 包中的 Pattern 类。

▶ 9.2.2　常用的正则表达式

以下通过几个常用的实际问题，熟悉怎样用元字符和限定字符来给出有一定意义的正则表达式。

❶ 匹配形如数字的正则表达式

这里给出匹配形如整数和浮点数的正则表达式。

```
String regex = "-?[0-9]\\d*";
```

任何形如整数的字符序列都与 regex 相匹配，例如，"123498". matches(regex)和"-98". matches(regex)的值都是 true。

```
String regex="-?[0-9][0-9]*[.][0-9]+";
```

任何形如浮点数的字符序列都与 regex 相匹配，例如，"12.86". matches(regex), "-0.198". matches(regex)及"-10.0". matches(regex)的值都是 true。

❷ 匹配形如 email 的正则表达式

这里给出匹配 email 的正则表达式。

```
String regex = "\\w+@\\w+\\.[a-z]+(\\.[a-z]+)?";
```

例如，"geng@163.com". matches(regex)和"liu@qh.edu.cn". matches(regex)的值都是 true。

❸ 匹配身份证号码的正则表达式

这里给出匹配 18 位身份证号码(最后一位是数字或字母)的正则表达式。

```
String regex = "[1-9][0-9]{16}[a-zA-Z0-9]{1}";
```

例如，"22030719981030023X". matches(regex)和"520608200309280226". matches(regex)的值都是 true。

❹ 匹配日期的正则表达式

不考虑二月的特殊情况，给出匹配日期(年限制为 4 位)的正则表达式。

```
String year = "[1-9][0-9]{3}";
String month = "((0?[1-9])|(1[012]))";
String day = "((0?[1-9][^0-9])|([12][0-9])|(3[01]?))";
String regex = year+"[-./]"+month+"[-./]"+day;
```

例如，"1998-12-31". matches(regex), "2008.6.5". matches(regex)和"1998/6/5". matches(regex)的值都是 true。

扫一扫

视频讲解

▶ 9.2.3 字符序列的替换与分解

String 对象调用：

```
public String replaceAll(String regex,String replacement)
```

方法返回一个新的 String 对象，返回的 String 对象的字符序列是把当前 String 对象的字符序列中，所有和参数 regex 相匹配的子字符序列替换成参数 replacement 指定的字符序列所得到的字符序列。例如：

```
String s = "12hello567";
String result = s.replaceAll("\\d+","你好。");
```

那么 result 的字符序列就是：

```
你好 hello 你好。
```

注： 当前 String 对象 s 调用 replaceAll()方法返回一个新的 String 对象，不改变当前 String 对象 s 的字符序列。

在下面的例 9.9 中，用正则表达式判断一个 String 对象的字符序列是否全部由数字字符所构成。如果 String 对象的字符序列中含数字，就调用 replaceAll()方法返回一个 String 对象，所返回的 String 对象的字符序列是当前 String 对象的字符序列剔除数字后的字符序列。程序运行效果如图 9.7 所示。

```
-0.618可以表示数字
剔除"999大家好,-123.45908明天放假了"中的数字,
得到的字符序列是:
大家好,明天放假了
```

图 9.7 正则表达式与字符序列的替换

例 9.9

Example9_9.java

```
public class Example9_9 {
    public static void main (String args[ ]) {
        String regex = "-?[0-9][0-9]*[.]?[0-9]*";
        String str1 = "-0.618";
        String str2 = "999 大家好, -123.45908 明天放假了";
        if(str1.matches(regex)) {
            System.out.println(str1 + "可以表示数字");
        }
        else {
            System.out.println(str1 + "不可以表示数字");
        }
        String result = str2.replaceAll(regex,"");
        System.out.println("剔除\"" + str2 + "\"中的数字,\n 得到的字符序列是:");
        System.out.println(result);
    }
}
```

String 类提供了一个实用的方法：

```
public String[] split(String regex)
```

String 对象调用该方法时，使用参数指定的正则表达式 regex 作为分隔标记，分解出 String 对象的字符序列中的单词，并将分解出的单词存放在 String 数组中。例如，对于 String 对象 str：

```
String str = "1931 年 9 月 18 日晚,日本发动侵华战争,请记住这个日子!";
```

如果准备分解出全部由数字字符组成的单词，则必须用非数字字符序列作为分隔标记，因此，可以使用正则表达式：

```
String regex = "\\D+";
```

作为分隔标记分解出 str 中的单词：

```
String digitWord[] = str.split(regex);
```

那么，digitWord[0]、digitWord[1]和 digitWord[2]的字符序列就分别是 1931、09 和 18。

需要特别注意的是，split 方法认为分隔标记的左右是单词，额外规则是，如果左面的单词是不含任何字符的字符序列，这个字符序列仍然算成一个单词，但右边的单词必须是含有字符的字符序列。例如，对于：

```
String str = "公元 2022 年 10 月 31 日";
```

使用正则表达式 String regex = "\\D+"作为分隔标记分解 str 的字符序列中的单词：

```
String digitWord[] = str.split(regex);
```

那么，数组 digitWord 的长度是 4，不是 3。digitWord[0]的字符序列不含任何字符，digitWord[1]的字符序列是 2022，digitWord[2]的字符序列是 10，digitWord[3]的字符序列是 31。

例 9.10 中,用户从键盘输入一行文本,程序输出其中的单词。用户从键盘输入"How are you(hello)"的运行效果如图 9.8 所示。

```
C:\chapter9>java Example9_10
一行文本:
How are you(hello)
单词1:How
单词2:are
单词3:you
单词4:hello
```

图 9.8 正则表达式与字符序列的分解

例 9.10

Example9_10.java

```
import java.util.Scanner;
public class Example9_10 {
    public static void main(String args[]) {
       System.out.println("一行文本:");
       Scanner reader = new Scanner(System.in);
       String str = reader.nextLine();
        //空格、数字和符号(!"#$%&'()*+,-./:;<=>?@[\]^_`{|}~)组成的正则表达式
       String regex = "[\\s\\d\\p{Punct}]+";
       String words[] = str.split(regex);
       for(int i = 0;i < words.length;i++){
           int m = i + 1;
           System.out.println("单词" + m + ":" + words[i]);
       }
    }
}
```

扫一扫

视频讲解

9.3 StringTokenizer 类

在 9.2.3 节我们学习了怎样使用 String 类的 split()方法分解字符序列,本节学习怎样使用 java.util 包中的 StringTokenizer 类的对象分解字符序列。和 split()方法不同的是, StringTokenizer 对象不使用正则表达式做分隔标记。

有时需要分析字符序列并将字符序列分解成可被独立使用的单词,这些单词叫作语言符号。例如,对于 String s = "We are students ",如果把空格作为 s 的字符序列的分隔标记,那么该字符序列有 3 个单词(语言符号)。而对于 String t = "We,are,student",如果把逗号作为 t 的字符序列的分隔标记,那么该字符序列有 3 个单词(语言符号)。

当分析一个字符序列并将字符序列分解成可被独立使用的单词时,可以使用 java.util 包中的 StringTokenizer 类,称该类的对象是一个字符序列分析器,该类有两个构造方法。

- StringTokenizer(String s):构造一个 StringTokeizer 对象,例如 fenxi。fenxi 使用默认的分隔标记(空格符、换行符、回车符、Tab 符、进纸符)分解出参数 s 的字符序列中的单词,即这些单词成为 fenxi 中的数据。
- StringTokenizer(String s, String delim):构造一个 StringTokeizer 对象,例如 fenxi。fenxi 用参数 dilim 的字符序列中的字符的任意排列作为分隔标记,分解出参数 s 的字符序列中的单词,即这些单词成为 fenxi 中的数据。

注: 分隔标记的任意排列仍然还是分隔标记。

例如:

```
StringTokenizer fenxi = new StringTokenizer("we are student");
StringTokenizer fenxi = new StringTokenizer("we,are ; student", ", ; ");
```

fenxi 调用 String nextToken()方法逐个获取 fenxi 中的单词(语言符号),每当 nextToken()返回一个单词(即一个 String 对象,该 String 对象的字符序列是单词),fenxi 就自动删除该单

词。fenxi 调用 boolean hasMoreTokens()方法可以返回一个 boolean 值，只要 fenxi 中还有单词，该方法就返回 true，否则返回 false。fenxi 调用 countTokens()方法可以返回当前 fenxi 中单词的个数。

例 9.11 分别输出字符序列中的单词，并统计出单词个数，运行效果如图 9.9 所示。

```
we
还剩3个单词
are
还剩2个单词
stud
还剩1个单词
ents
还剩0个单词
s共有单词：4个
```

图 9.9 使用 StringTokenizer 对象

例 9.11

Example9_11.java

```
import java.util.*;
public class Example9_11 {
    public static void main(String args[]) {
        String s = "we are stud,ents";
        StringTokenizer fenxi = new StringTokenizer(s," ,"); //用空格和逗号的任意组合作为分隔标记
        int number = fenxi.countTokens();
        while(fenxi.hasMoreTokens()) {
            String str = fenxi.nextToken();
            System.out.println(str);
            System.out.println("还剩" + fenxi.countTokens() + "个单词");
        }
        System.out.println("s 共有单词:" + number + "个");
    }
}
```

对于常见的收费单据，例如：

```
市话费: 28.89 元,长途话费: 128.87 元,上网费: 298 元。
```

如果将其中的非价格字符序列都替换成“#”字符，那么让 StringTokenizer 对象用“#”字符作为分隔标记就可以分解出单据中的价格数据。例 9.12 分解出单据中的费用，并计算出总费用，运行效果如图 9.10 所示。

```
28.89
128.87
298.0
总费用：455.76元
```

图 9.10 StringTokenizer 解析出通信费用

例 9.12

Example9_12.java

```
import java.util.*;
public class Example9_12 {
    public static void main(String args[]) {
        String s = "市话费:28.89 元,长途话费:128.87 元,上网费:298 元。";
        String delim = "[^0-9.]+";                          //非数字序列都匹配 delim
        s = s.replaceAll(delim,"#");
        StringTokenizer fenxi = new StringTokenizer(s,"#");     //用#字符作为分隔标记
        double totalMoney = 0;
        while(fenxi.hasMoreTokens()) {
            double money = Double.parseDouble(fenxi.nextToken());
            System.out.println(money);
            totalMoney += money;
        }
        System.out.println("总费用:" + totalMoney + "元");
    }
}
```

扫一扫
视频讲解

9.4 Scanner 类

在 9.3 节学习了怎样使用 StringTokenizer 类解析字符序列中的单词。本节学习怎样使用 Scanner 类的对象从字符序列中解析程序所需要的数据。

为了创建 Scanner 对象,需要把一个 String 对象传递给所构造的 Scanner 对象。例如,对于:

```
String s = " telephone cost 876 dollar.Computer cost 2398.89 dollar.";
```

为了解析出 s 的字符序列中的单词,可以如下构造一个 Scanner 对象:

```
Scanner scanner = new Scanner(s);
```

那么 scanner 默认地使用空格作为分隔标记来解析 s 的字符序列中的单词。也可以让 Scanner Scanner 对象调用方法:

```
useDelimiter(正则表达式);
```

将正则表达式作为分隔标记,即 Scanner 对象在解析 s 的字符序列时,把与正则表达式匹配的字符序列作为分隔标记。

Scanner 对象解析字符序列的特点如下:

- scanner 调用 next()方法依次返回 s 的字符序列中的单词,如果最后一个单词已被 next()方法返回,则 scanner 调用 hasNext()将返回 false,否则返回 true。
- 对于 s 的字符序列中的数字型的单词,例如 876,2398.89 等,scanner 可以用 nextInt()或 nextDouble()方法来代替 next()方法,即 scanner 可以调用 nextInt()或 nextDouble()方法将数字型单词转化为 int 或 double 数据返回。
- 如果单词不是数字型单词,则 scanner 调用 nextInt()或 nextDouble()方法将发生 InputMismatchException 异常,在处理异常时可以调用 next()方法返回该非数字化单词。

例 9.13 使用正则表达式(匹配所有非数字字符序列):

```
String regex = "[^0123456789.]+";
```

作为分隔标记解析单据中的全部价格数据,并计算了总费用。程序运行效果如图 9.11 所示。

图 9.11 Scanner 解析出通信费用

例 9.13

Example9_13.java

```
import java.util.*;
public class Example9_13 {
    public static void main(String args[]) {
        String cost = "话费清单:市话费 76.89 元,长途话费 167.38 元,短信费 12.68 元。";
        Scanner scanner = new Scanner(cost);
        scanner.useDelimiter("[^0123456789.]+");      //scanner 设置分隔标记
        double sum = 0;
        while(scanner.hasNext()){
            try{ double price = scanner.nextDouble();
                 sum = sum + price;
                 System.out.println(price);
        }
```

```
            catch(InputMismatchException exp){
                String t = scanner.next();
            }
        }
        System.out.println("总费用:" + sum + "元");
    }
}
```

StringTokenizer类和Scanner类都可用于分解字符序列中的单词，但二者在思想上有所不同。StringTokenizer类把分解出的全部单词都存放到StringTokenizer对象的实体中，因此，StringTokenizer对象能快速地获得单词，即StringTokenizer对象的实体占用较多的内存(多占内存空间提升速度，相当于生活中把单词记在大脑中)。与StringTokenizer类不同的是，Scanner类不把单词存放到Scanner对象的实体中，而是仅存放怎样获取单词的分隔标记，因此Scanner对象获得单词的速度相对较慢，但Scanner对象节省内存空间(减慢速度节省内存空间，相当于生活中把单词放在字典里，大脑只记住查字典的规则)。如果字符序列存放在磁盘空间的文件中，并且形成的文件比较大，那么用Scanner对象分解字符序列中的单词就可以节省内存(见例12.18)。StringTokenizer对象一旦诞生就立刻知道单词的数目，即可以使用countTokens()方法返回单词的数目，而Scanner类不能提供这样的方法，因为Scanner类不把单词存放到Scanner对象的实体中，如果想知道单词的数目，就必须一个一个地获取，并记录单词的数目。

9.5 Pattern与Matcher类

视频讲解

模式匹配就是检索和指定模式匹配的字符序列。Java提供了专门用来进行模式匹配的Pattern类和Matcher类，这些类都在java.util.regex包中。由于Matcher类的对象直接检索出和Pattern类的对象匹配的String对象，因此，在某些应用中，Matcher和Pattern类更容易解决某些检索问题。

以下结合具体问题来讲解使用Pattern类和Matcher类的步骤。假设有String对象input:

```
String input = "悟空的电子邮箱是 sunwokong@163.com,八戒的 email 是 bajie@sina.com.cn";
```

我们想知道input的字符序列从哪个位置开始至哪个位置结束曾出现了E-mail格式的字符序列。

使用Pattern类和Matcher类的步骤如下。

❶ Pattern对象

使用正则表达式regex作为参数得到一个称为模式的Pattern类的实例pattern。例如:

```
String regex = "\\w+@\\w+\\.[a-z]+(\\.[a-z]+)?";
Pattern pattern = Pattern.compile(regex);
```

Pattern类也可以调用类方法compile(String regex, int flags)返回一个Pattern对象，参数flags可以取下列有效值:

```
Pattern.CASE_INSENSITIVE
Pattern.MULTILINE
Pattern.DOTALL
Pattern.UNICODE_CASE
Pattern.CANON_EQ
```

例如,flags 取值 Pattern.CASE_INSENSITIVE,模式匹配时将忽略大小写。

❷ Matcher 对象

pattern 得到可用于检索 input 的 Matcher 类的实例 matcher(称为匹配对象)。

```
Matcher matcher = pattern.matcher(input);
```

模式对象 pattern 调用 matcher(CharSequence input)方法返回一个 Matcher 对象 matcher,称为匹配对象,参数 input 是 matcher 要检索的 String 对象。

进行了如上两个步骤后,对象 matcher 就可以调用各种方法检索 input。例如,matcher 依次调用 booelan find()方法检索 input 的字符序列中和 regex(regex 是匹配 E-mail 地址的正则表达式)匹配的子字符序列。例如,首次调用 find()方法将检索 input 中的第一个是 E-mail 地址的子字符序列,即检索到 sunwukong@163.com 并返回 true,这时 matcher.start()返回的值是 8(sunwukong@163.com 在 String 对象 input 的字符序列中的开始位置是 8),matcher.end()返回的值是 25(结束位置是 25)。start()和 end()方法得到 find()方法检索到的字符序列的开始和结束位置。此时,matcher.group() 返回的 String 对象中的字符序列是 sunwukong@163.com,即 find()方法检索到的字符序列。

Matcher 对象 matcher 可以使用下列方法寻找 input 的字符序列中是否有和模式 regex 匹配的子字符序列(regex 是创建模式对象 pattern 时使用的正则表达式)。

- public boolean find():寻找 input 的字符序列中和 regex 匹配的下一子序列,如果成功则该方法返回 true,否则返回 false。matcher 首次调用该方法时,寻找 input 中第 1 个和 regex 匹配的子序列,如果 find()返回 true,则 matcher 再调用 find()方法时,就会从上一次匹配模式成功的子序列后开始寻找下一个匹配 regex 的子字符序列。另外,当 find 方法返回 true 时,matcher 可以调用 start()方法和 end()方法得到子字符序列在 input 中的开始位置和结束位置。当 find 方法返回 true 时,matcher 调用 group()可以返回 find 方法本次找到的匹配 regex 的子字符序列。
- public boolean matches():matcher 调用该方法判断 input 的字符序列是否完全和 regex 匹配。
- public boolean lookingAt():matcher 调用该方法判断从 input 的字符序列开始位置是否有和 regex 匹配的子序列。
- public boolean find(int start):matcher 调用该方法判断 input 的字符序列从参数 start 指定位置开始是否有和 regex 匹配的子字符序列,参数 start 取值 0 时,该方法和 lookingAt()的功能相同。
- public String replaceAll(String replacement):matcher 调用该方法可以返回一个 String 对象,该 String 对象的字符序列是通过把 input 的字符序列中与模式 regex 匹配的子字符序列全部替换为参数 replacement 指定的字符序列得到的(注意 input 本身没有发生变化)。
- public String replaceFirst(String replacement):matcher 调用该方法可以返回一个 String 对象,该 String 对象的字符序列是通过把 input 的字符序列中第 1 个与模式 regex 匹配的子字符序列替换为参数 replacement 指定的字符序列得到的(注意 input 本身没有发生变化)。
- public String group():返回一个 String 对象,该对象的字符序列是 find 方法在 input 的字符序列中找到的匹配 regex 的子字符序列。

例 9.14 查找一个字符序列(账单)中的数字,并计算了这些数字的和;检索三地的气温信息,并统计了各自的平均气温。程序运行效果如图 9.12 所示。

```
从3到8匹配的子序列:76.89
从12到17匹配的子序列:67.38
从21到26匹配的子序列:12.68
通信总费用:156.95元
三地的平均气温:[-1.0, 15.5, -18.0]
三地的平均气温(升序):[-18.0, -1.0, 15.5]
```

图 9.12　模式匹配

例 9.14

Example9_14.java

```
import java.util.regex.Pattern;
import java.util.regex.Matcher;
import java.util.Arrays;
public class Example9_14 {
    public static void nain(String args[]) {
        Pattern pattern;                                       //模式对象
        Matcher matcher;                                       //匹配对象
        String regex = "-?[0-9][0-9]*[.]?[0-9]*" ;  //匹配数字,整数或浮点数的正则表达式
        pattern = Pattern.compile(regex);                      //初始化模式对象
        String input = "市话:76.89 元,长途 67.38 元,短信 12.68 元。";
        matcher = pattern.matcher(input);                      //初始化匹配对象,用于检索 input
        double sum = 0;
        while(matcher.find()) {
            String str = matcher.group();
            sum += Double.parseDouble(str);
            System.out.print("从" + matcher.start() + "到" + matcher.end() + "匹配的子序列:");
            System.out.println(str);
        }
        System.out.println("通信总费用:" + sum + "元");
        String [] weatherForecast = {"北京:-9 度至 7 度","广州:10 度至 21 度","哈尔滨:-29 度
至-7 度"};
        double averTemperture[] = new double[weatherForecast.length];    //存放三地的平均气温
        for(int i = 0;i<weatherForecast.length;i++){
            matcher = pattern.matcher(weatherForecast[i]);
            sum = 0;
            int count = 0;
            while(matcher.find()) {
                count++;
                sum = sum + Double.parseDouble(matcher.group());
            }
            averTemperture[i] = sum/count;              //计算出平均气温,并存放到数组的单元中
        }
        System.out.println("三地的平均气温:" + Arrays.toString(averTemperture));
        Arrays.sort(averTemperture);
        System.out.println("三地的平均气温(升序):" + Arrays.toString(averTemperture));
    }
}
```

9.6　StringBuffer 类

扫一扫

视频讲解

▶ 9.6.1　StringBuffer 对象的创建

前面学习的 String 类是 final 类,而且 String 类不提供修改字符序列的方法,也就是说,String 对象不能修改、删除或替换字符序列中的某个字符,即 String 对象一旦创建,实体就不可以再发生变化,称这样的对象是不可变对象,如图 9.13 所示。例如:

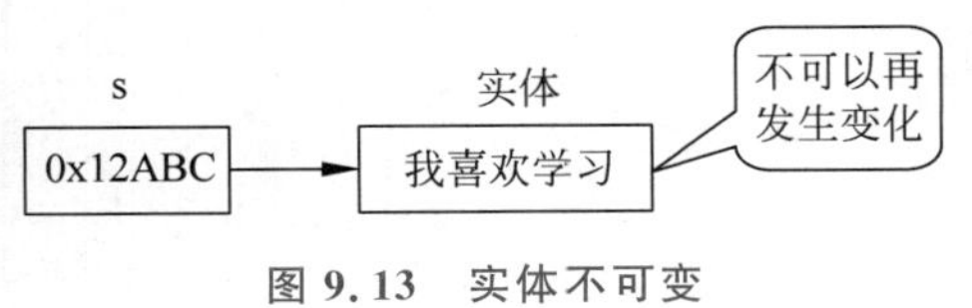

图 9.13　实体不可变

```
String s = new String("我喜欢学习");
```

本节介绍 StringBuffer 类,该类能创建可修改的字符序列,也就是说,该类的对象的实体的内存空间可以自动改变大小,便于存放一个可变的字符序列。例如,一个 StringBuffer 对象调用 append 方法可以追加字符序列:

```
StringBuffer buffer = new StringBuffer("我喜欢学习");
```

那么,对象 s 可调用 append 方法追加一个字符序列,如图 9.14 所示。

```
buffer.append("数学");
```

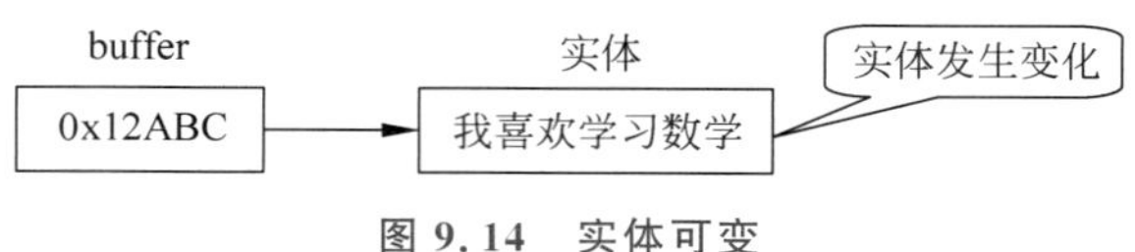

图 9.14　实体可变

StringBuffer 类有 3 种构造方法:

- StringBuffer();
- StringBuffer(int size);
- StringBuffer(String s)。

使用第 1 个无参数的构造方法创建一个 StringBuffer 对象,那么分配给该对象的实体的初始容量可以容纳 16 个字符,当该对象的实体存放的字符序列的长度大于 16 时,实体的容量自动增加,以便存放所增加的字符。StringBuffer 对象可以通过 length()方法获取实体中存放的字符序列的长度,通过 capacity()方法获取当前实体的实际容量。

使用第 2 个构造方法创建一个 StringBuffer 对象,那么可以指定分配给该对象的实体的初始容量为参数 size 指定的字符个数,当该对象的实体存放的字符序列的长度大于 size 个字符时,实体的容量自动增加,以便存放所增加的字符。

使用第 3 个构造方法创建一个 StringBuffer 对象,那么可以指定分配给该对象的实体的初始容量为参数 String 对象 s 的字符序列的长度额外再加 16 个字符。当该对象的实体存放的字符序列的长度大于 size 个字符时,实体的容量自动增加,以便存放所增加的字符。

```
str:大家好
length:3
capacity:16
str:大家好我们大家都很愿意学习Java语言
length:19
capacity:34
length:5
capacity:21
```

图 9.15　构造 StringBuffer 对象

例 9.15 使用了 StringBuffer 对象,运行效果如图 9.15 所示。

例 9.15

Example9_15.java

```
public class Example9_15 {
    public static void main(String args[ ]) {
        StringBuffer str = new StringBuffer();
        str.append("大家好");
        System.out.println("str:" + str);
        System.out.println("length:" + str.length());
        System.out.println("capacity:" + str.capacity());
        str.append("我们大家都很愿意学习 Java 语言");
        System.out.println("str:" + str);
        System.out.println("length:" + str.length());
        System.out.println("capacity:" + str.capacity());
```

```
        StringBuffer sb = new StringBuffer("Hello");
        System.out.println("length:" + sb.length());
        System.out.println("capacity:" + sb.capacity());
    }
}
```

▶ 9.6.2 StringBuffer 类的常用方法

❶ append 方法

- StringBuffer append(String s)：将 s 的字符序列追加到当前 StringBuffer 对象中，并返回当前 StringBuffer 对象的引用。
- StringBuffer append(int n)：将 n 作为字符序列尾加到当前 StringBuffer 对象的字符序列，并返回当前 StringBuffer 对象的引用。
- StringBuffer append(Object o)：将一个 Object 对象的字符序列表示尾加到当前 StringBuffer 对象的字符序列中，并返回当前 StringBuffer 对象的引用。

类似的方法还有 StringBuffer append(long n)、StringBuffer append(boolean n)、StringBuffer append(float n)、StringBuffer append(double n)、StringBuffer append(char n)。

❷ public chat charAt(int n)和 public void setCharAt(int n,char ch)

char charAt(int n) 得到参数 n 指定的位置上的单个字符。当前对象实体中的字符序列的第一个位置为 0,第二个位置为 1,以此类推。n 的值必须是非负的,并且小于当前对象的字符序列的长度。

setCharAt(int n,char ch) 将当前 StringBuffer 对象实体中的字符序列的位置 n 处的字符用参数 ch 指定的字符替换。n 的值必须是非负的,并且小于当前对象的字符序列的长度。

❸ StringBuffer insert(int index,String str)

StringBuffer 对象使用 insert 方法将参数 str 指定的字符序列插入参数 index 指定的位置,并返回当前对象的引用。

❹ public StringBuffer reverse()

StringBuffer 对象使用 reverse()方法将该对象实体中的字符序列翻转,并返回当前对象的引用。

❺ StringBuffer delete(int startIndex,int endIndex)

delete(int startIndex,int endIndex)从当前 StringBuffer 对象实体中的字符序列中删除一个子字符序列,并返回当前对象的引用。这里 startIndex 指定了需删除的第一个字符的下标,而 endIndex 指定了需删除的最后一个字符下标是 endIndex-1,即要删除的子字符序列从 startIndex 到 endIndex-1。deleteCharAt(int index)方法删除当前 StringBuffer 对象的字符序列中 index 位置处的一个字符。

❻ StringBuffer replace(int startIndex,int endIndex,String str)

replace(int startIndex,int endIndex,String str)方法将当前 StringBuffer 对象的 startIndex 到 endIndex－1 的字符序列替换成参数 str 指定的字符序列,并返回当前 StringBuffer 对象的引用。

例 9.16 使用 StringBuffer 类的常用方法,运行效果如图 9.16 所示。

```
we like Java
we all like Java
we all like apple
```

图 9.16 StringBuffer 类的常用方法

例 9.16

Example9_16.java

```
public class Example9_16 {
    public static void main(String args[]) {
        StringBuffer str =
        new StringBuffer("he like Java");
        str.setCharAt(0 ,'w');
        str.setCharAt(1 ,'e');
        System.out.println(str);
        str.insert(2, " all");
        System.out.println(str);
        int index = str.indexOf("Java");
        str.replace(index,str.length(),"apple");
        System.out.println(str);
    }
}
```

注：可以使用 String 类的构造方法 String(StringBuffer bufferstring)创建一个 String 对象。

扫一扫

视频讲解

9.7 日期与时间

9.7.1 java.time 包

从 Java SE 8 开始提供 java.time 包，该包中有专门处理日期和时间的类，而早期的 java.util 包中的 Date 类成为过期 API。

LocalDate、LocalDateTime 和 LocalTime 类的对象封装和日期、时间有关的数据(如年、月、日、时、分、秒、纳秒和星期等)，这 3 个类都是 final 类，而且不提供修改数据的方法，即这些类的对象的实体是不可再发生变化的，属于不可变对象(和 String 类似)。

❶ LocalDate

LocalDate 调用 now()方法可以返回一个 LocalDate 对象，该对象封装本地当前日期有关的数据(年、月、日、星期等)。例如：

```
LocalDate date = LocalDate.now();
```

假设本地当前日期是 2019-2-16，那么 date 中封装的年是 2019，月是 2，日是 16。

date 对象可以调用下列方法返回其中的有关数据。

- int getDayOfMonth()：返回月中的号码。例如 date.getDayOfMonth()的值是 16。
- int getMonthValue()：返回月的整数值(1～12)。例如 date.getMonthValue()的值是 2。
- Month getMonth()：返回月的枚举值(Month 是枚举类型)。例如 date.getMonth()的值是 February(Month 中的枚举常量之一)。
- int getDayOfYear()：返回当前年的第几天。例如 date.getDayOfYear()的值是 47，即 2019-02-16 是 2019 年的第 47 天。
- DayOfWeek getDayOfWeek()：返回星期的枚举值(DayOfWeek 是枚举类型，其枚举值有 Sunday、Monday、Tuesday、Wednesday、Thursday、Friday、Saturday)。例如 data.getDayOfWeek()的值是 Saturday。

- int getYear()：返回年值。例如 date.getYear()的值是 2019。
- int lengthOfYear()：返回年所含有的天数(365 或 366)。例如 date.lengthOfYear()的值是 365。
- int lengthOfMonth()：返回月含有的天数。例如 date.lengthOfMonth()的值是 28。
- boolean isLeapYear()：判断是否是闰年。例如 date.isLeapYear()的值是 false。
- LocalDate plusMonths(long monthsToAdd)：返回一个新的 LocalDate 对象，该对象中的日期是 date 对象的日期增加 monthsToAdd 月之后得到的日期(monthsToAdd 可以取负数)。例如 date.plusMonths(16)中的日期是 2020-06-16。

LocalDate 调用 LocalDate of(int year, int month, int dayOfMonth)方法可以返回一个 LocalDate 对象，该对象封装参数指定日期有关的数据(年、月、日、星期等)。例如：

```
LocalDate date = LocalDate.of(1988,12,16);
```

❷ LocalDateTime

相对 LocalDate 类，LocalDateTime 类的对象中还可以封装时、分、秒和纳秒(1 纳秒是 1 秒的 10 亿分之一)等时间数据。

例如：

```
LocalDateTime date = LocalDateTime.now();
```

假设本地当前日期是 2019-2-16，时间是 10:32:27，那么 date 中封装的年是 2019，月是 2，日是 16，时是 10，分是 32，秒是 27，纳秒是 820630500。

LocalDateTime 类的对象 date 可以调用下列方法获得时、分、秒、纳秒。

- int getHour()：返回时(0～23)。例如 data.getHour()的值是 10。
- int getMinute()：返回分(0～59)。例如 data.getMinute()的值是 32。
- int getSecond()：返回秒(0～59)。例如 data.getSecond()的值是 27。
- int getNano()：返回纳秒(0～999999999)。例如 data. getNano()的值是 820630500。

LocalDateTime 调用 LocalDateTime of(int year, int month, int dayOfMonth, int hour, int minute, int second, int nanoOfSecond)方法可以返回一个 LocalDateTime 对象，该对象封装参数指定日期有关的数据(年、月、日、星期、时、分、秒等)。例如：

```
LocalDateTime date = LocalDate.of(1988,12,16,22,35,55,0);
```

❸ LocalTime

相对 LocalDateTime 类的对象，LocalTime 只封装时、分、秒和纳秒等时间数据。

例如：

```
LocalTime time = LocalTime.now();
```

假设本地当前时间是 10:32:27，那么 time 中封装的时是 10，分是 32，秒是 27，纳秒是 820630500。

注：可以查看 API 帮助文档 jdk-8u25-docs-all，或在命令行反编译：

```
javap java.time.LocalDate
```

了解类中的方法。

LocalTime、LocalDateTime、LocalDate 类都重写了 toString()方法，例如对于 LocalDate 对象 date，System.out.println(date)将输出 date 封装的数据，而不是 date 变量中的引用信息。

在例 9.17 中输出了两个日期,一个本地机器的日期 dateOne,一个自定义日期 dateTwo;判断了 dateOne 和 dateTwo 的前后关系,并给出日期 dateOne 的 18 年之前的日期和日期 dateTwo 再经过 18 年零 23 个月、8976 天之后的日期。运行效果如图 9.17 所示。

```
自定日期:2019-01-22
2019-01-16在2019-01-22之后:false
2019-01-16在2019-01-22之前:true
2019-01-16和2019-01-22相同:false
2019-01-16 18年前是:
2001-01-16
是Tuesday
2019-01-22再过18年23个月8976天之后是:
2063-07-20
是Friday
23:30:01再过897秒是:23:44:58
```

图 9.17 日期与时间

例 9.17

Example9_17.java

```
public class Example9_5 {
    public static void main(String args[]) {
        LocalDate dateOne = LocalDate.now();
        System.out.println("本地日期:" + dateOne);
        LocalDate dateTwo = LocalDate.of(2019,1,22);
        System.out.println("自定日期:" + dateTwo);
        System.out.println(dateOne + "在" + dateTwo + "之后:" +
                           dateOne.isAfter(dateTwo));
        System.out.println(dateOne + "在" + dateTwo + "之前:" +
                           dateOne.isBefore(dateTwo));
        System.out.println(dateOne + "和" + dateTwo + "相同:" +
                           dateOne.isEqual(dateTwo));
        int year = 18,month = 23,day = 8976;
        LocalDate dateLater = dateOne.plusYears( - year);
        System.out.println(dateOne + " " + year + "年前是:\n" + dateLater);
        System.out.println("是" + dateLater.getDayOfWeek());
        dateLater = ((dateTwo.plusYears(year)).plusMonths(month)).plusDays(8976);
        System.out.println(dateTwo + "再过" + year + "年" + month + "个月" + day + "天之后是:");
        System.out.println(dateLater);
        System.out.println("是" + dateLater.getDayOfWeek());
        int second = 897;
        LocalTime time = LocalTime.of(23,30,1);
        System.out.println(time + "再过" + second + "秒是:" + time.plusSeconds(second));
    }
}
```

LocalDate 对象 date 也可以调用 int compareTo(LocalDate other)方法与 other 比较大小,规则是:按年、月、日三项的顺序进行比较,当出现某项不同时,该方法返回二者的此项目的差。因此,该方法返回正数表明 date 大于 other;返回负数表明 date 小于 other;返回 0 表明 date 等于 other。例如,对于日期是 2019-12-30 的 date 对象和日期是 2019-9-29 的 other 对象,date.compareTo(other)的值是 3。

▶ 9.7.2 日期、时间差和日历

在许多应用中可能经常需要计算两个日期或时间的差。LocalDate、LocalDateTime 和 LocalTime 都提供了计算日期、时间差的方法:

```
long until(Temporal endExclusive, TemporalUnit unit);
```

LocalDate、LocalDateTime、LocalTime 类都是实现了 Temporal 接口的类。枚举类型 ChronoUnit 实现了 TemporalUnit 接口,提供许多枚举常量。例如:

```
YEARS,MONTHS,DAYS,HOURS,MINUTES,SECONDS,NANOS,WEEKS
```

假设 dateStart 的时期是 2021-2-4,dateEnd 的日期是 2022-7-9,那么

```
dateStart.until(dateEnd,ChronoUnit.DAYS)
```

的值是 520，

```
dateStart.until(dateEnd,ChronoUnit.MONTHS)
```

的值是 17，

```
dateStart.until(dateEnd,ChronoUnit.YEARS)
```

的值是 1。

注：如果 dateEnd 小于 dateStart，until 方法返回的是负数。在计算日期差时，不足一个单位的零头按 0 计算。

例 9.18 计算了 1945 年和 1931 年之间相隔的天数、月数、年数、小时数等信息，运行效果如图 9.18 所示。

```
1931-09-18T00:00和1945-08-15T00:00相差
(分别按年、月、日、时和星期)：
13年(不足一年的零头按0计算)
166个月(不足一个月的零头按0计算)
5080天(不足一天的零头按0计算)
121920个小时(不足一小时的零头按0计算)
725个星期(不足一星期的零头按0计算)
1945-07-18T00:00和1945-08-15T00:00相差：
13年、零10个月、零28天。
```

图 9.18 计算日期时间差

例 9.18

Example9_18.java

```
import java.time.temporal.ChronoUnit;
public class Example9_18 {
    public static void main(String args[]) {
        LocalDateTime dateStart = LocalDateTime.of(1931,9,18,0,0,0);
        LocalDateTime dateEnd = LocalDateTime.of(1945,8,15,0,0,0);
        long years = dateStart.until(dateEnd,ChronoUnit.YEARS);
        long months = dateStart.until(dateEnd,ChronoUnit.MONTHS);
        long days = dateStart.until(dateEnd,ChronoUnit.DAYS);
        long hours = dateStart.until(dateEnd,ChronoUnit.HOURS);
        long weeks = dateStart.until(dateEnd,ChronoUnit.WEEKS);
        System.out.println(dateStart + "和" + dateEnd + "相差\n(分别按年、月、日、时和星期):");
        System.out.println(years + "年(不足一年的零头按 0 计算)");
        System.out.println(months + "个月(不足一个月的零头按 0 计算)");
        System.out.println(days + "天(不足一天的零头按 0 计算)");
        System.out.println(hours + "个小时(不足一小时的零头按 0 计算)");
        System.out.println(weeks + "个星期(不足一星期的零头按 0 计算)");
        dateStart = dateStart.plusYears(years);
        months = dateStart.until(dateEnd,ChronoUnit.MONTHS);
        dateStart = dateStart.plusMonths(months);
        days = dateStart.until(dateEnd,ChronoUnit.DAYS);
        System.out.println(dateStart + "和" + dateEnd + "相差:");
        System.out.println(years + "年、零" + months + "个月、零" + days + "天.");
    }
}
```

例 9.19 输出当前机器日期中月份的日历，效果如图 9.19 所示。

```
2019年1月日历:
 日  一  二  三  四  五  六
          1   2   3   4   5
  6   7   8   9  10  11  12
 13  14  15  16  17  18  19
 20  21  22  23  24  25  26
 27  28  29  30  31
```

图 9.19 输出日历

例 9.19

GiveCalendar.java

```
public class GiveCalendar {
    public LocalDate [] getCalendar(LocalDate date) {
        date = date.withDayOfMonth(1);          //确保 data 日期的 day 是 1,即 day 的值是 1
        int days = date.lengthOfMonth();        //得到该月有几天
        LocalDate dataArrays[] = new LocalDate[days];
        for(int i = 0;i<days;i++){
            dataArrays[i] = date.plusDays(i);
        }
        return dataArrays;
    }
}
```

Example9_19.java

```
import java.time.*;
public class Example9_19 {
    public static void main(String args[]) {
        LocalDate date = LocalDate.now();
        GiveCalendar giveCalendar = new GiveCalendar();
        LocalDate [] dataArrays = giveCalendar.getCalendar(date);
        printNameHead(date);                              //输出日历的头
        for(int i = 0;i<dataArrays.length;i++) {
          if(i == 0){
             printSpace(dataArrays[i].getDayOfWeek());    //根据 1 号是星期几,输出样式空格
             System.out.printf("%4d",dataArrays[i].getDayOfMonth());
          }
          else {
             System.out.printf("%4d",dataArrays[i].getDayOfMonth());
          }
          if(dataArrays[i].getDayOfWeek() == DayOfWeek.SATURDAY)
                                                          //星期六为一个星期的最后一天
             System.out.println();                        //日历样式中的星期回行
        }
    }
    public static void printSpace(DayOfWeek x) {          //输出空格
      switch(x) {
         case Sunday:printSpace(0);
                     break;
         case Monday:printSpace(1);
                     break;
         case Tuesday:printSpace(2);
                     break;
         case Wednesday:printSpace(3);
                     break;
         case Thursday: printSpace(4);
                     break;
         case Friday: printSpace(5);
                     break;
         case Saturday: printSpace(6);
                     break;
      }
    }
    public static void printSpace(int n){
      for(int i = 0;i<n;i++)
        System.out.printf("%4s","");                      //输出 4 个空格
    }
    public static void printNameHead(LocalDate date){     //输出日历的头
```

```
        System.out.println(date.getYear() + "年" + date.getMonthValue() + "月日历:");
        String name[] = {"日","一","二","三","四","五","六"};
        for(int i = 0;i < name.length;i++)
          System.out.printf("%3s",name[i]);
        System.out.println();
    }
}
```

▶ 9.7.3 日期格式化

我们可能希望按照某种习惯来输出时间，例如时间的顺序：

```
年  月  星期  日
```

或

```
年  月  星期  日  小时  分  秒
```

❶ format 方法

String 类的 format 方法：

```
String format(格式化模式,日期列表)
```

返回一个 String 对象，该对象的字符序列是把“格式化模式”的格式符号替换成“日期列表”中对应数据(年、月、日、小时等数据)后的字符序列。

format 方法中的“格式化模式”是一个用双引号括起的字符序列，该字符序列中的字符由时间格式符和普通字符构成。例如：

```
"日期:%ty-%tm-%td"
```

其中的%ty、%tm 和%td 都是时间格式符；开始的两个汉字(“日”和“期”)、冒号(:)、格式符之间的连接字符(-)都是普通字符(不是时间格式符的字符都被认为是普通字符，可查阅 Java API 中的 java.util.Formatter 类，了解时间格式符)。例如，格式符%ty、%tm 和%td 将分别表示日期中的“年”“月”和“日”。format 方法返回的 String 对象的字符序列就是把“格式化模式”中的时间格式符替换为相应的时间后的字符序列。例如：

```
LocalDate date = LocalDate.now();
```

假设本地当前日期是 2022-2-17：

```
String s = String.format("%tY年%tm月%td日",date,date,date);
```

那么 s 就是"2022 年 02 月 17 日"，因为%tY 对 date 的格式化的结果是 2022，%tm 对 date 的格式化的结果是 02，%td 对 date 的格式化的结果是 17。

format 方法中的“日期列表”可以是用逗号分隔的 LocalDate 对象。要保证 format 方法“格式化模式”中的格式符的个数与“日期列表”中列出的日期个数相同。format 方法默认按从左到右的顺序使用“格式化模式”中的格式符来格式“日期列表”中对应的日期，而“格式化模式”中的普通字符保留原样。

希望用几个格式符号来格式化“日期列表”中的同一个日期，可以在“格式化模式”中使用“<”，例如，"%ty-%<tm-%<td"中的 3 个格式符将会格式化同一日期，即含有“<”的格式符和它前面的格式符一同格式化同一个日期。例如：

```
String s = String.format("%ty年%<tm月%<td日",date);
```

那么%< tm 和%< td 都格式化 date,因此 s 的字符序列就是:19 年 02 月 16 日。

以下是常用的日期格式符及作用。

%tY:将日期中的“年”格式化为 4 位形式,例如,1999,2002。

%ty:将日期中的“年”格式化为 2 位形式(带前导零),例如,99,02。

%tm:将日期中的“月”格式化为 2 位形式(带前导零),即 01～13,其中“01”是一年的第一个月(“13”是支持阴历所需的一个特殊值)。

%td:将日期中的“日”格式化为当前月中的天(带前导零),即 01～31,其中“01”是一个月的第一天。

%tB:将日期中的“月”格式化为当前环境下的月份全称,例如(US 环境)“January”和“February”。

%tb:将日期中的“月”格式化为当前环境下的月份简称,例如(US 环境)“Jan”和“Feb”。

%tA:将日期中的“星期”格式化为当前环境下的星期几的全称,例如“Sunday”和“Monday”。

%ta:将日期中的“星期”格式化为当前环境下的星期几的简称,例如“Sun”和“Mon”。

%tH:将日期中的“时”格式化为 2 位形式(带前导零,24 小时制),即 00～23(00 对应午夜)。

%tI:将日期中的“时”格式化为 2 位形式(带前导零,12 小时制)即 1～12(1 对应于上午或下午的一点钟)。

%tM:将日期中的“分”格式化为 2 位形式(带前导零),即 00～60(60 是支持闰秒所需的一个特殊值)。

%tS:将日期中的“秒”格式化为 2 位形式(带前导零),即 00～50。

%tN:将日期中的 “纳妙”格式化为 9 位形式(带前导零),即 000 000 000～999 999 999。

另外,还有一些代表几个日期格式符组合在一起的日期格式符:

%tR 等价于%tH:%tM。

%tT 等价于%tH:%tM:%S。

%tr 等价于%tI:%tM:%tS%tp(上午或下午的%tp 的表示形式与地区有关)。

%tD 等价于%tm/%td/%ty。

%tF 等价于"%tY-%tm-%td"。

%tc 等价于"%ta %tb %td %tT %tZ %tY",例如“星期四 二月 10 17:50:07 CST 2011”。

❷ 不同区域的星期格式

不同国家的星期的简称或全称有很大的不同。例如,美国用 Thu(Thursday)简称(全称)星期四,日本用“木”(木曜日)简称(全称)星期四,意大利用 gio(giovedì)简称(全称)星期四等。如果想用特定地区的星期格式来表示日期中的星期,可以用 format 的重载方法:

```
format(Locale locale,格式化模式,日期列表);
```

其中的参数 locale 是一个 Locale 类的实例,用于表示地域。

Java.util 包中的 Locale 类的 static 常量都是 Locale 对象,其中 US 是表示美国的 static 常量。建议读者查阅 Java API 或反编译 Locale 类来了解表示不同国家的静态常量。

例如,假设时间是 2019 年 2 月 17 日,该日是星期四,如果 format 方法中的参数 local 取值 Locale.US,那么%< tA 得到的结果就是 Thursday,如果 format 方法中的参数 local 取值

Locale.JAPAN,那么%< tA 得到的结果就是木曜日。

注:如果 format 方法不使用 Locale 参数格式化日期,当前应用程序所在系统的地区设置是中国,那么相当于 locale 参数取 Locale.CHINA。

例 9.20 格式化日期,运行效果如图 9.20 所示。

```
2019-01-17(星期四)13:13:08
Thu Jan 17 2019 pm 13:13:08
2019年1月17日,木曜日13:13:08
```

图 9.20 format 方法格式化时间

例 9.20

Example9_20.java

```
import java.time.*;
import java.util.Locale;
public class Example9_20 {
    public static void main(String args[]) {
       LocalDateTime nowTime = LocalDateTime.now();
       String pattern = "%tY-%<tm-%<td(%<tA)%<tT";
       String s = String.format(pattern,nowTime);
       System.out.println(s);
       s = String.format(Locale.US,"%ta %<tb %<td %<tY %<tp %<tT",nowTime);
       System.out.println(s);
       s = String.format(Locale.JAPAN,"%tY年%<tb%<td日,%<tA%<tT",nowTime);
       System.out.println(s);
    }
}
```

9.8 Math、BigInteger 和 Random 类

扫一扫

视频讲解

▶ 9.8.1 Math 类

在编写程序时,可能需要计算一个数的平方根、绝对值,获取一个随机数等。java.lang 包中的 Math 类包含许多用来进行科学计算的类方法,这些方法可以直接通过类名调用。另外,Math 类还有两个静态常量:E 和 PI,它们的值分别是 2.7182828284590452354 和 3.14159265358979323846。

以下列出 Math 类的几个类方法。

- public static double random():产生一个大于或等于 0、小于 1 的随机数。
- public static double pow(double a,double b):返回 a 的 b 次幂。
- public static double sqrt(double a):返回 a 的平方根。
- public static double ceil(double a):返回大于 a 的最小整数,并将该整数转化为 double 型数据(方法的名字为 ceil-天花板,很形象)。例如,Math.ceil(15.2)的值是 16.0。
- public static double floor(double a):返回小于 a 的最大整数,并将该整数转化为 double 型数据,例如,Math.floor(15.2)的值是 15.0,Math.floor(-15.2)的值是 -16.0。
- public static long round(double a):返回值是(long)Math.floor(a+0.5)),即所谓 a 的"四舍五入"后的值。一个比较通俗好记的办法是:如果 a 是非负数,round 方法返

回 a 四舍五入后的整数(小数大于或等于 0.5 入,小于 0.5 舍);如果 a 是负数,round 方法返回 a 的绝对值四舍五入后的整数取负,但注意,小数大于 0.5 入,小于或等于 0.5 舍。例如,Math.round(-15.501)的值是-16,Math.round(-15.50)的值是-15。

▶ 9.8.2 BigInteger 类

程序有时需要处理大整数,java.math 包中的 BigInteger 类提供任意精度的整数运算。可以使用构造方法:

```
public BigInteger(String val)
```

构造一个十进制的 BigInteger 对象。该构造方法可以发生 NumberFormatException 异常,也就是说,如果参数 val 的字符序列中含有非数字字符,就会发生 NumberFormatException 异常。

以下是 BigInteger 类的常用方法。

- public BigInteger add(BigInteger val):返回当前大整数对象与参数指定的大整数对象的和。
- public BigInteger subtract(BigInteger val):返回当前大整数对象与参数指定的大整数对象的差。
- public BigInteger multiply(BigInteger val):返回当前大整数对象与参数指定的大整数对象的积。
- public BigInteger divide(BigInteger val):返回当前大整数对象与参数指定的大整数对象的商。
- public BigInteger remainder(BigInteger val):返回当前大整数对象与参数指定的大整数对象的余。
- public int compareTo(BigInteger val):返回当前大整数对象与参数指定的大整数的比较结果,返回值是 1、-1 或 0,分别表示当前大整数对象大于、小于或等于参数指定的大整数。
- public BigInteger abs():返回当前大整数对象的绝对值。
- public BigInteger pow(int a):返回当前大整数对象的 a 次幂。
- public String toString():返回当前大整数对象十进制的 String 对象。
- public String toString(int p):返回当前大整数对象 p 进制的 String 对象。

例 9.21 计算 5 的平方根以及 1+2!+…前 20 项之和,运行效果如图 9.21 所示。

```
5.0的平方跟:2.23606797749979
1+2!+…前20项之和:2561327494111820313
```

图 9.21 Math 与 BigInteger 类

例 9.21

Example9_21.java

```
import java.math.*;
public class Example9_21 {
    public static void main(String args[]) {
        double a = 5.0;
        double st = Math.sqrt(a);
        System.out.println(a + "的平方跟:" + st);
        String number = "20";
        BigInteger sum = new BigInteger("0"),
                   ONE = new BigInteger("1"),
                   i = ONE,
                   item = ONE,
                   m = new BigInteger(number);
```

```
            while(i.compareTo(m)<= 0) {
                sum = sum.add(item);
                i = i.add(ONE);
                item = item.multiply(i);
            }
            System.out.println("1 + 2! + … 前" + number + "项之和:" + sum);
        }
    }
```

▶ 9.8.3 Random 类

尽管可以使用 Math 类调用其类方法 random()返回一个 0～1 的随机数(包括 0,但不包括 1),即随机数取值范围是[0.0,1.0)的左闭右开区间,例如,下列代码得到 1～100 的一个随机整数(包括 1 和 100):

```
(int)(Math.random() * 100) + 1;
```

但是,Java 提供了更为灵活的用于获得随机数的 Random 类(该类在 java.util 包中)。使用 Random 类的如下构造方法:

```
public Random();
public Random(long seed);
```

创建 Random 对象,其中第二个构造方法使用参数 seed 指定的种子创建一个 Random 对象,第一个构造方法用计算机本机的时间做种子(将时间转换为毫秒,即从 1970-1-1 到当前时刻所需要的毫秒数)。人们习惯地将 Random 对象称为随机数生成器。例如,下列随机数生成器 random 调用不带参数的 nextInt()方法返回一个随机整数:

```
Random random = new Random();
random.nextInt();
```

如果想让随机数生成器 random 返回一个 0～m(包括 0,但不包括 m)的随机数,可以让 random 调用带参数的 nextInt(int m)方法(参数 m 必须取正整数值)。例如:

```
random.nextInt(100);
```

返回一个 0～100 的随机整数(包括 0,但不包括 100)。

如果程序需要随机得到 true 和 false 两个表示真和假的 boolean 值,可以让 random 调用 nextBoolean()方法。例如:

```
random.nextBoolean();
```

返回一个随机 boolean 值。

注: 需要注意的是,对于具有相同种子的两个 Random 对象,二者依次调用 nextInt()方法获取的随机数序列是相同的。

例 9.22 演示在 1～100 中随机得到 6 个不同的数。反复运行 3 次的效果如图 9.22 所示。

```
C:\ch9>java Example9_22
[55, 52, 32, 79, 20, 7]

C:\ch9>java Example9_22
[13, 19, 3, 22, 29, 68]

C:\ch9>java Example9_22
[72, 48, 98, 88, 60, 77]
```

图 9.22　得到随机数

例 9.22

Example9_22.java

```
public class Example9_22 {
    public static void main(String args[]) {
        int [] a = GetRandomNumber.getRandomNumber(100,6);
        System.out.println(java.util.Arrays.toString(a));
    }
}
```

GetRandomNumber

```
import java.util.*;
public class GetRandomNumber {
    public static int [] getRandomNumber(int max,int amount) {
        int [] result = new int[amount];                    //存放得到的 amount 随机数
        int [] a = new int[max];                            //存放 max 个整数
        Random random = new Random();
        for(int i = 0;i<a.length;i++){                      //将 1 至 max 放入数组 a
            a[i] = i+1;
        }
        for(int i =0 ;i<amount;i++) {                       //得到 amount 随机数
            int index = random.nextInt(a.length);           //随机得到数组的一个索引值
            result[i] = a[index];
            int [] b = Arrays.copyOfRange(a,0,index);       //数组 b 存放的是 a[0]至 a[index-1]
            int [] c = Arrays.copyOfRange(a,index+1,a.length);    //数组复制见 2.4.8 节
            a = new int[b.length+c.length];                 //新的数组 a 中去掉了抽到的数字
            for(int k=0;k<a.length;k++) {
                if(k<b.length)
                    a[k] = b[k];
                else
                    a[k] = c[k-b.length];
            }
        }
        return result;
    }
}
```

将 GetRandomNumber 类中的代码：

```
Random random = new Random();
```

更改为：

```
Random random = new Random(1000);
```

反复运行 3 次，通过观察运行结果来理解 Random 对象的种子。

9.9 小结

(1) 熟练掌握 String 类的常用方法，这些方法对于有效地处理字符序列信息是非常重要的。

(2) 熟悉正则表达式中常用的元字符和限定符，以及常用的正则表达式。

(3) 掌握 String 类和 StringBuffer 类的不同，以及二者之间的联系。

(4) StringTokenizer 和 Scanner 类分析字符序列，获取字符序列中被分隔符分隔开的单词。

(5) 当程序需要处理日期时间时，使用 LocalDate、LocalDateTime 和 LocalTime 类。

(6) 如果需要处理特别大的整数，使用 BigInteger 类。

(7) 当需要模式匹配时，使用 Pattern 和 Match 类。

习题 9

扫一扫

习题

扫一扫

自测题

第 10 章 Java Swing

扫一扫
视频讲解

主要内容：

- ❖ Java Swing 概述；
- ❖ 窗口；
- ❖ 常用组件、容器与布局；
- ❖ 处理事件；
- ❖ 使用 MVC 结构；
- ❖ 树组件与表格组件；
- ❖ 将按钮绑定到键盘；
- ❖ 发布 GUI 程序。

尽管 Java 的优势是网络应用方面，但 Java 也提供了强大的用于开发桌面程序的 API，这些 API 在 javax. swing 包中。Java Swing 不仅为桌面程序设计提供了强大的支持，而且 Java Swing 中的许多设计思想（特别是事件处理）对于读者掌握面向对象编程是非常有意义的。如果读者将来想学习 Android 手机程序设计，本章的知识对于掌握 Android 手机程序设计中的界面设计是非常有用的。

扫一扫
视频讲解

10.1 Java Swing 概述

通过图形用户界面（Graphics User Interface，GUI），用户和程序之间可以方便地进行交互。Java 的 java. awt 包，即 Java 抽象窗口工具包（Abstract Window Toolkit，AWT），提供了许多用来设计 GUI 的组件类。Java 早期进行用户界面设计时，主要使用 java. awt 包提供的类，如 Button（按钮）、TextField（文本框）、List（列表）等。JDK 1. 2 推出之后，增加了一个新的 javax. swing 包，该包提供了功能更为强大的用来设计 GUI 的类。java. awt 和 javax. swing 包中一部分类的层次关系的 UML 类图如图 10. 1 所示。

在学习 GUI 编程时，必须很好地理解、掌握两个概念，即容器类（Container）和组件类（Component）。javax. swing 包中的 JComponent 类是 java. awt 包中 Container 类的一个直接子类，是 java. awt 包中 Component 类的一个间接子类，学习 GUI 编程主要是学习使用 Component 类的一些重要的子类。以下是 GUI 编程经常提到的基本知识点：

（1）Java 把 Component 类的子类或间接子类创建的对象称为一个组件。

（2）Java 把 Container 的子类或间接子类创建的对象称为一个容器。

（3）可以向容器添加组件。Container 类提供了一个 public 方法——add()，一个容器可以调用这个方法将组件添加到该容器中。

（4）容器调用 removeAll()方法可以移掉容器中的全部组件；调用 remove(Component c)方法可以移掉容器中参数 c 指定的组件。

（5）容器本身也是一个组件，因此可以把一个容器添加到另一个容器中实现容器的嵌套。

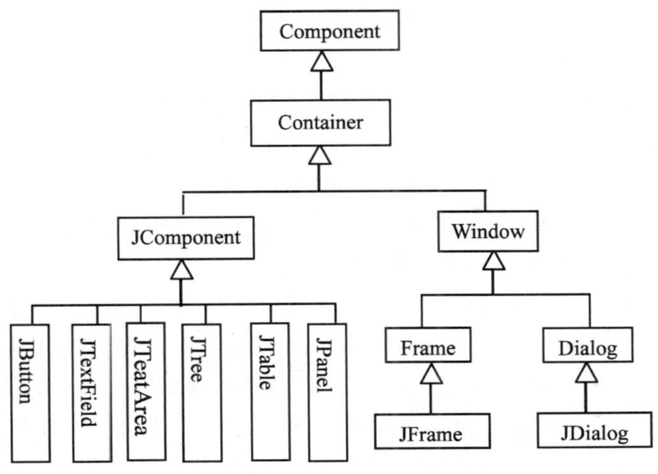

图 10.1 Component 类的部分子类

(6) 每当容器添加新的组件或移掉组件时,应当让容器调用 validate()方法,以保证容器中的组件能正确地显示出来。

Java Swing 是 Java 的一个庞大分支,内容相当丰富,本章选择了有代表性的 Swing 组件给予介绍,如果读者想深入学习 Swing 组件,可以参考两本著名的书籍:《JFC 核心编程》(中译本,清华大学出版社)和《Java 2 图形设计(卷 2):SWING》(中译本,机械工业出版社)。另外,本章在讲解 GUI 编程时,避免罗列类中的大量方法,所以读者在学习本章时要善于查阅 Java 提供的类库帮助文档,例如下载 Java 类库帮助文档 jdk-11-doc.zip。

10.2 窗口

扫一扫

视频讲解

一个基于 GUI 的应用程序应当提供一个能操作系统直接交互的容器,该容器可以被直接显示、绘制在操作系统所控制的平台上,例如显示器,这样的容器被称为 GUI 设计中的底层容器。Java 提供的 JFrame 类的实例就是一个底层容器,即通常所说的窗口,见图 10.1 的右半部分(JDialog 类的实例也是一个底层容器,即通常所说的对话框,见后面的 11.1 节)。其他组件必须被添加到底层容器中,以便借助这个底层容器和操作系统进行信息交互。简单地讲,如果应用程序需要一个按钮,并希望用户和按钮交互,即用户单击按钮使程序做出某种相应的操作,那么这个按钮必须出现在底层容器中,否则用户无法看见按钮,更无法让用户和按钮交互。JFrame 类是 Container 类的间接子类。当需要一个窗口时,可以使用 JFrame 或其子类创建一个对象。窗口也是一个容器,可以向窗口添加组件。需要注意的是,窗口默认被系统添加到显示器屏幕上,因此不允许将一个窗口添加到另一个容器中。

▶ 10.2.1 JFrame 常用方法

下面介绍 JFrame 常用方法。

- JFrame():创建一个无标题的窗口。
- JFrame(String s):创建标题为 s 的窗口。
- public void setBounds(int a,int b,int width,int height):设置窗口的初始位置是(a,b),即距屏幕左边 a 像素、距屏幕上方 b 像素;窗口的宽是 width,高是 height。

- public void setSize(int width,int height)：设置窗口的大小。
- public void setLocation(int x,int y)：设置窗口的位置,默认位置是(0,0)。
- public void setVisible(boolean b)：设置窗口是否可见,默认窗口是不可见的。
- public void setResizable(boolean b)：设置窗口是否可调整大小,默认可调整大小。
- public void dispose()：撤销当前窗口,并释放当前窗口所使用的资源。
- public void setExtendedState(int state)：设置窗口的扩展状态,其中,参数 state 取 JFrame 类中的类常量 MAXIMIZED_HORIZ(水平方向最大化)、MAXIMIZED_VERT(垂直方向最大化)、MAXIMIZED_BOTH(水平、垂直方向都最大化)。
- public void setDefaultCloseOperation(int operation)：该方法用来设置单击窗体右上角的关闭图标后,程序会做出怎样的处理。其中,参数 operation 取 JFrame 类中的 int 型 static 常量 DO_NOTHING_ON_CLOSE(什么也不做)、HIDE_ON_CLOSE(隐藏当前窗口)、DISPOSE_ON_CLOSE(隐藏当前窗口,并释放窗体占有的其他资源)、EXIT_ON_CLOSE(结束窗口所在的应用程序),程序根据参数 operation 的取值做出不同的处理。

例 10.1 用 JFrame 创建了两个窗口,程序运行效果如图 10.2 所示。

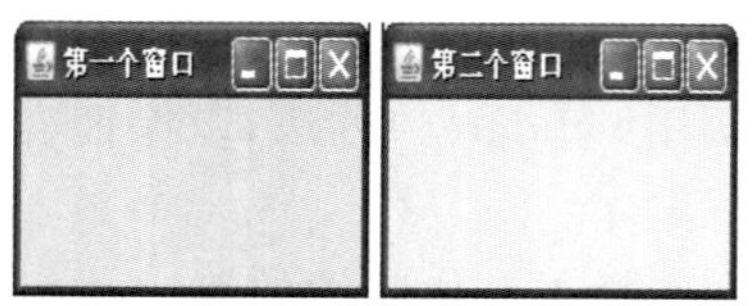

图 10.2　创建窗口

例 10.1

Example10_1.java

```
import javax.swing.*;
import java.awt.*;
public class Example10_1 {
    public static void main(String args[]) {
        JFrame window1 = new JFrame("第一个窗口");
        JFrame window2 = new JFrame("第二个窗口");
        Container con = window1.getContentPane();
        con.setBackground(Color.yellow) ;                          //设置窗口的背景色
        window1.setBounds(60,100,188,108);                         //设置窗口在屏幕上的位置及大小
        window2.setBounds(260,100,188,108);
        window1.setVisible(true);
        window1.setDefaultCloseOperation(JFrame.DISPOSE_ON_CLOSE);        //释放当前窗口
        window2.setVisible(true);
        window2.setDefaultCloseOperation(JFrame.EXIT_ON_CLOSE);           //退出程序
    }
}
```

注： 注意单击“第一个窗口”和“第二个窗口”右上角的关闭图标后,程序运行效果的不同。

▶ 10.2.2　菜单条、菜单、菜单项

菜单条、菜单、菜单项是窗口常用的组件,菜单放在菜单条里,菜单项放在菜单里。

❶ 菜单条

JComponent 类的子类 JMenubar 负责创建菜单条,即 JMenubar 的一个实例就是一个菜单条。JFrame 类有一个将菜单条放置到窗口中的方法：

```
setJMenuBar(JMenuBar bar);
```

该方法将菜单条添加到窗口的顶端,需要注意的是,只能向窗口添加一个菜单条。

❷ 菜单

JComponent 类的子类 JMenu 负责创建菜单，即 JMenu 的一个实例就是一个菜单。

❸ 菜单项

JComponent 类的子类 JMenuItem 负责创建菜单项，即 JMenuItem 的一个实例就是一个菜单项。

❹ 嵌入子菜单

JMenu 是 JMenuItem 的子类，因此，菜单本身也是一个菜单项，当把一个菜单看作菜单项添加到某个菜单中时，称这样的菜单为子菜单。

❺ 菜单上的图标

为了使菜单项有一个图标，可以用图标类 Icon 声明一个图标，然后用其子类 ImageIcon 创建一个图标。例如：

```
Icon icon = new ImageIcon("a.gif");
```

接着用菜单项调用 setIcon(Icon icon)方法将图标设置为 icon。

例 10.2 在主类的 main()方法中用 JFrame 的子类创建了一个含有菜单的窗口，效果如图 10.3 所示。

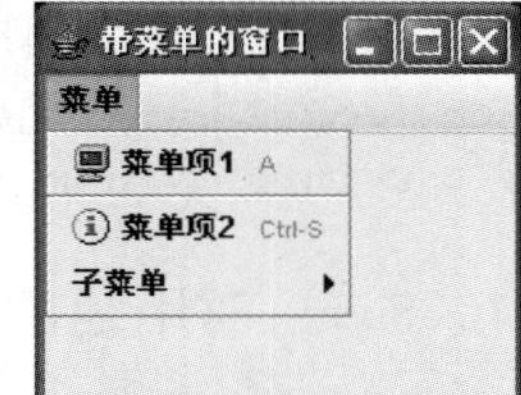

图 10.3 带菜单的窗口

例 10.2

Example10_2.java

```
public class Example10_2 {
   public static void main(String args[]) {
      WindowMenu win = new WindowMenu("带菜单的窗口",20,30,200,190);
   }
}
```

WindowMenu.java

```
import javax.swing.*;
import java.awt.event.InputEvent;
import java.awt.event.KeyEvent;
import static javax.swing.JFrame.*;
public class WindowMenu extends JFrame {
   JMenuBar menubar;
   JMenu menu,subMenu;
   JMenuItem item1,item2;
   public WindowMenu(){}
   public WindowMenu(String s,int x,int y,int w,int h) {
       init(s);
       setLocation(x,y);
       setSize(w,h);
       setVisible(true);
       setDefaultCloseOperation(DISPOSE_ON_CLOSE);
   }
   void init(String s){
       setTitle(s);
       menubar = new JMenuBar();
       menu = new JMenu("菜单");
       subMenu = new JMenu("子菜单");
       item1 = new JMenuItem("菜单项 1",new ImageIcon("a.gif"));
       item2 = new JMenuItem("菜单项 2",new ImageIcon("b.gif"));
       item1.setAccelerator(KeyStroke.getKeyStroke('A'));
       item2.setAccelerator(KeyStroke.getKeyStroke(KeyEvent.VK_S,InputEvent.CTRL_MASK));
```

```
        menu.add(item1);
        menu.addSeparator();
        menu.add(item2);
        menu.add(subMenu);
        subMenu.add(new JMenuItem("子菜单里的菜单项",new ImageIcon("c.gif")));
        menubar.add(menu);
        setJMenuBar(menubar);
    }
}
```

扫一扫

视频讲解

10.3 常用组件、容器与布局

本节列出一些常用的组件,读者可以查阅类库文档,了解这些组件的属性及常用方法,也可以在命令行窗口反编译组件即时查看组件所具有的属性及常用方法。例如:

```
C:\> javap javax.swing.JComponent
C:\> javap javax.swing.JButton
```

▶ 10.3.1 常用组件

本节介绍的组件都是由 JComponent 的某个子类负责创建的对象。

❶ 文本框

使用 JTextField 类创建文本框,允许用户在文本框中输入单行文本。

❷ 文本区

使用 JTexArea 类创建文本区,允许用户在文本区中输入多行文本。

❸ 按钮

使用 JButton 类创建按钮,允许用户单击按钮。

❹ 标签

使用 JLabel 类创建标签,标签为用户提供信息提示。

❺ 复选框

使用 JCheckBox 类创建复选框,为用户提供多项选择。复选框的右边有个名字,并提供了两种状态,一种是选中,另一种是未选中,用户通过单击该组件切换状态。

❻ 单选按钮

单选按钮和复选框相似,所不同的是,用户只能在一组单选按钮中选中一个,而且必须单击同组中的其他单选按钮来切换当前单选按钮的状态。在创建了若干单选按钮后,应使用 ButtonGroup 创建一个对象,然后利用这个对象把这若干单选按钮归组。例如:

```
ButtonGroup fruit  = new ButtonGroup();
JRadioButton button1 = new JRadioButton("苹果"),
             button2 = new JRadioButton("香蕉"),
             button3 = new JRadioButton("西瓜");
fruit.add(button1);
fruit.add(button2);
fruit.add(button3);
```

❼ 下拉列表

使用 JComboBox 类创建下拉列表,为用户提供单项选择。用户可以在下拉列表中看到第一个选项和它旁边的箭头按钮,当用户单击箭头按钮时,选项列表打开。

可以将某个对象作为 JComboBox 中的选项，在创建 JComboBox 类的实例时，需要说明 JComboBox 中的选项是哪种类型的对象（有关泛型的知识见第 13 章）。例如，希望将字符串对象作为下拉列表中的选项，那么可以如下创建一个下拉列表 comBox：

```
JComboBox < String > comBox;
comBox = new JComboBox < String >();
```

❽ 密码框

可以使用 JPasswordField 类创建密码框。允许用户在密码框中输入单行密码，密码框的默认回显字符是'*'。密码框可以使用 setEchoChar(char c)重新设置回显字符，当用户输入密码时，密码框只显示回显字符。密码框调用 char[] getPassword()方法返回用户在密码框中输入的密码。

例 10.3 包含上面提到的常用组件，效果如图 10.4 所示。

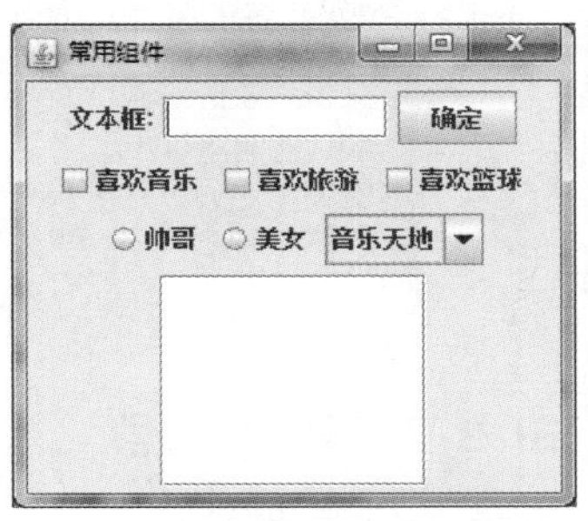

图 10.4 常用组件

例 10.3

Example10_3.java

```
public class E {
   public static void main(String args[]) {
      ComponentInWindow win = new ComponentInWindow();
      win.setBounds(100,100,300,260);
      win.setTitle("常用组件");
   }
}
```

ComponentInWindow.java

```
import java.awt.*;
import javax.swing.*;
public class ComponentInWindow extends JFrame {
   JTextField text;
   JButton button;
   JCheckBox checkBox1,checkBox2,checkBox3;
   JRadioButton radio1,radio2;
   ButtonGroup group;
   JComboBox < String > comBox;
   JTextArea area;
   public ComponentInWindow() {
      init();
      setVisible(true);
      setDefaultCloseOperation(JFrame.EXIT_ON_CLOSE);
   }
   void init() {
      setLayout(new FlowLayout());
      JLabel biaoqian = new JLabel("文本框:");                //标签
      add(biaoqian);
      text = new JTextField(10);                              //文本框
      add(text);
      button = new JButton("确定");                           //按钮
      add(button);
      checkBox1 = new JCheckBox("喜欢音乐");                  //复选框
      checkBox2 = new JCheckBox("喜欢旅游");
      checkBox3 = new JCheckBox("喜欢篮球");
      add(checkBox1);
      add(checkBox2);
      add(checkBox3);
      group = new ButtonGroup();
```

```
        radio1 = new JRadioButton("帅哥");                //单选按钮
        radio2 = new JRadioButton("美女");
        group.add(radio1);
        group.add(radio2);
        add(radio1);
        add(radio2);
        comBox = new JComboBox<String>();                 //下拉列表
        comBox.addItem("音乐天地");
        comBox.addItem("武术天地");
        comBox.addItem("象棋乐园");
        add(comBox);
        area = new JTextArea(6,12);                       //文本区
        add(new JScrollPane(area));
    }
}
```

▶ 10.3.2 常用容器

JComponent 是 Container 的子类,因此,JComponent 子类创建的组件也都是容器,但我们很少将 JButton、JTextFied、JCheckBox 等组件当作容器来使用。JComponent 专门提供了一些经常用来添加组件的容器。相对于 JFrame 底层容器,本节提到的容器被习惯地称为中间容器,中间容器必须被添加到底层容器中才能发挥作用。

❶ JPancl 面板

经常使用 JPanel 先创建一个面板,再向这个面板添加组件,然后把这个面板添加到其他容器中。JPanel 面板的默认布局是 FlowLayout 布局。

❷ 滚动窗格

滚动窗格只可以添加一个组件,可以把一个组件放到一个滚动窗格中,然后通过滚动条来观看该组件。JTextArea 不自带滚动条,因此需要把文本区放到一个滚动窗格中。例如:

```
JScrollPane scroll = new JScrollPane(new JTextArea());
```

❸ 拆分窗格

顾名思义,拆分窗格就是将容器分成两部分。拆分窗格有两种类型,即水平拆分窗格和垂直拆分窗格。水平拆分窗格用一条拆分线把窗格分成左、右两部分,左面放一个组件,右面放一个组件,拆分线可以水平移动。垂直拆分窗格用一条拆分线把窗格分成上、下两部分,上面放一个组件,下面放一个组件,拆分线可以垂直移动。

JSplitPane 常用的构造方法如下:

```
JSplitPane(int a,Component b,Component c)
```

参数 a 取 JSplitPane 的静态常量 HORIZONTAL_SPLIT 或 VERTICAL_SPLIT,以决定是水平还是垂直拆分,后两个参数决定要放置的组件。

```
JSplitPane(int a,boolean b,Component c,Component d)
```

参数 a 取 JSplitPane 的静态常量 HORIZONTAL_SPLIT 或 VERTICAL_SPLIT,以决定是水平还是垂直拆分,参数 b 决定当拆分线移动时,组件是否连续变化(true 是连续)。

❹ 分层窗格

如果添加到容器中的组件经常需要处理重叠问题,就可以考虑将组件添加到分层窗格。分层窗格分成 5 个层,分层窗格使用

```
add(Jcomponent com, int layer);
```

添加组件 com,并指定 com 所在的层,其中,参数 layer 取 JLayeredPane 类中的类常量 DEFAULT_LAYER、PALETTE_LAYER、MODAL_LAYER、POPUP_LAYER、DRAG_LAYER。

DEFAULT_LAYER 是最底层,添加到 DEFAULT_LAYER 层的组件如果和其他层的组件发生重叠,将被其他组件遮挡。DRAG_LAYER 是最上面的层,如果分层窗格中添加了许多组件,当用户用鼠标移动一组件时,可以把该组件放到 DRAG_LAYER 层,这样,用户在移动组件的过程中,该组件就不会被其他组件遮挡。添加到同一层上的组件,如果发生重叠,后添加的会遮挡先添加的组件。分层窗格调用

```
public void setLayer(Component c,int layer)
```

可以重新设置组件 c 所在的层,调用

```
public int getLayer(Component c)
```

可以获取组件 c 所在的层数。

❺ 选项卡窗格

JTabbedPane 容器属于中间容器。当用户向 JTabbedPane 容器添加一个组件时,JTabbedPane 容器就会自动为该组件指定对应的一个选项卡,即让一个选项卡对应一个组件。各个选项卡对应的组件层叠式放入 JTabbedPane 容器,当用户单击选项卡时,JTabbedPane 容器将显示该选项卡对应的组件。选项卡默认地在 JTabbedPane 容器的顶部,从左向右依次排列。因为选项卡这一特点,习惯称 JTabbedPane 容器为选项卡窗格。选项卡窗格可以使用

```
add(String text,Component c);
```

方法将组件 c 添加到选项卡窗格中,并指定和组件 c 对应的选项卡的文本提示是 text。

可以使用构造方法

```
public JTabbedPane(int tabPlacement)
```

创建选项卡窗格,选项卡的位置由参数 tabPlacement 指定,该参数的有效值为 JTabbedPane. TOP、JTabbedPane. BOTTOM、JTabbedPane. LEFT 和 JTabbedPane. RIGHT。

▶ 10.3.3 常用布局

当把组件添加到容器中时,如果希望控制组件在容器中的位置,需要学习布局设计的知识。本节分别介绍 java. awt 包中的 FlowLayout、BorderLayout、CardLayout、GridLayout 布局类。

容器可以使用方法

```
setLayout(布局对象);
```

设置自己的布局。

❶ FlowLayout 布局

FlowLayout 类创建的对象称为 FlowLayout 型布局。FlowLayout 型布局是 JPanel 型容器的默认布局,即 JPanel 及其子类创建的容器对象,如果不专门为其指定布局,则它们的布局就是 FlowLayout 型布局。

FlowLayout 类的一个常用构造方法如下:

```
FlowLayout();
```

该构造方法可以创建一个居中对齐的布局对象。例如:

```
FlowLayout flow = new FlowLayout();
```

如果一个容器 con 使用这个布局对象：

```
con.setLayout(flow);
```

那么，con 可以使用 Container 类提供的 add 方法将组件顺序添加到容器中，组件按照加入的先后顺序从左向右排列，一行排满之后就转到下一行继续从左至右排列，每一行中的组件都居中排列，组件之间的默认水平和垂直间隙是 5 像素。组件的大小为默认的最佳大小。例如，按钮的大小刚好能保证显示其上面的名字。对于添加到使用 FlowLayout 布局的容器中的组件，组件调用 setSize(int x,int y)设置的大小无效，如果需要改变最佳大小，组件需调用

```
public void setPreferredSize(Dimension preferredSize)
```

设置大小，例如：

```
button.setPreferredSize(new Dimension(20,20));
```

FlowLayout 布局对象调用 setAlignment(int align)方法可以重新设置布局的对齐方式，其中，align 可以取值 FlowLayout.LEFT、FlowLayout.CENTER、FlowLayout.RIGHT。

FlowLayout 布局对象调用 setHgap(int hgap)方法和 setVgap(int vgap)方法可以重新设置水平间隙和垂直间隙。

❷ BorderLayout 布局

BorderLayout 布局是 Window 型容器的默认布局，例如，JFrame、JDialog 都是 Window 类的子类，它们的默认布局都是 BorderLayout 布局。BorderLayout 也是一种简单的布局策略，如果一个容器使用这种布局，那么容器空间被简单地划分为东、西、南、北、中 5 个区域，中间的区域最大。每加入一个组件都应该指明把这个组件加在哪个区域中，区域由 BorderLayout 中的静态常量 CENTER、NORTH、SOUTH、WEST、EAST 表示。例如，一个使用 BorderLayout 布局的容器 con，可以使用 add 方法将一个组件 b 添加到中心区域：

```
con.add(b,BorderLayout.CENTER);
```

或

```
con.add(BorderLayout.CENTER,b);
```

添加到某个区域的组件将占据整个区域。每个区域只能放置一个组件，如果向某个已放置了组件的区域再放置一个组件，那么先前的组件将被后者替换掉。使用 BorderLayout 布局的容器最多能添加 5 个组件，如果容器中需要加入 5 个以上组件，必须使用容器的嵌套或改用其他的布局策略。

❸ CardLayout 布局

使用 CardLayout 的容器可以容纳多个组件，这些组件被层叠放入容器中，最先加入容器的是第一个(在最上面)，依次向下排列。使用该布局的特点是，同一时刻容器只能从这些组件中选出一个来显示，就像叠“扑克牌”，每次只能显示其中的一个，这个被显示的组件将占据所有的容器空间。

假设有一个容器 con，那么，使用 CardLayout 的一般步骤如下：

(1) 创建 CardLayout 对象作为布局。例如：

```
CardLayout card = new CardLayout();
```

(2) 使用容器的 setLayout()方法为容器设置布局。例如：

```
con.setLayout(card);
```

(3) 容器调用 add(String s,Component b)将组件 b 加入容器,并给出了显示该组件的代号 s。组件的代号是一个字符串,和组件的名字没有必然联系,但是不同的组件代号必须互不相同。最先加入 con 的是第一个组件,依次排列。

(4) 创建的布局 card 用 CardLayout 类提供的 show()方法,显示容器 con 中组件代号为 s 的组件,即 card.show(con,s)。

也可以按组件加入容器的顺序显示组件,其中,card.first(con)显示 con 中的第一个组件;card.last(con)显示 con 中的最后一个组件;card.next(con)显示当前正在被显示的组件的下一个组件;card.previous(con)显示当前正在被显示的组件的前一个组件。

❹ GridLayout 布局

GridLayout 是使用较多的布局编辑器,其基本布局策略是把容器划分成若干行和若干列的网格区域,组件就位于这些划分出来的小格中。GridLayout 比较灵活,划分多少网格由程序自由控制,而且组件定位也比较精确。使用 GridLayout 布局编辑器的一般步骤如下:

(1) 使用 GridLayout 的构造方法 GridLayout(int m,int n)创建布局对象,指定划分网格的行数 m 和列数 n。例如:

```
GridLayout grid = new GridLayout(10,8);
```

(2) 使用 GridLayout 布局的容器调用方法 add(Component c)将组件 c 加入容器,组件进入容器的顺序将按照第一行第一个、第一行第二个、……、第一行最后一个、……、最后一行第一个、最后一行第二个、……、最后一行最后一个。

使用 GridLayout 布局的容器最多可添加 m×n 个组件。GridLayout 布局中的每个网格都是大小相同,并且强制组件与网格的大小相同,这使得容器中的每个组件也都是大小相同,显得很不自然。为了克服这个缺点,读者可以使用容器嵌套。例如,一个容器使用 GridLayout 布局,将容器分为三行一列的网格,那么可以把另一个容器添加到某个网格中,而添加的这个容器又可以设置为 GridLayout 布局、FlowLayout 布局、CardLayout 布局或 BorderLayout 布局等。利用这种嵌套方法,可以设计出符合一定需要的布局。

例 10.4 在窗口的中心位置添加了一个选项卡窗格,该选项卡窗格里添加了一个网格布局面板和一个空布局的面板,效果如图 10.5(a)、(b)所示。

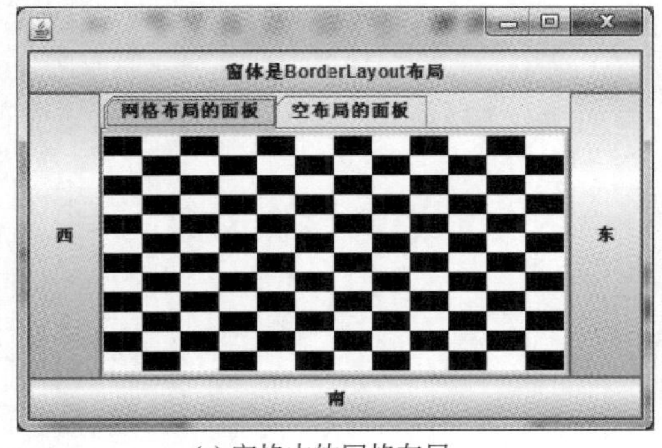

(a) 窗格中的网格布局

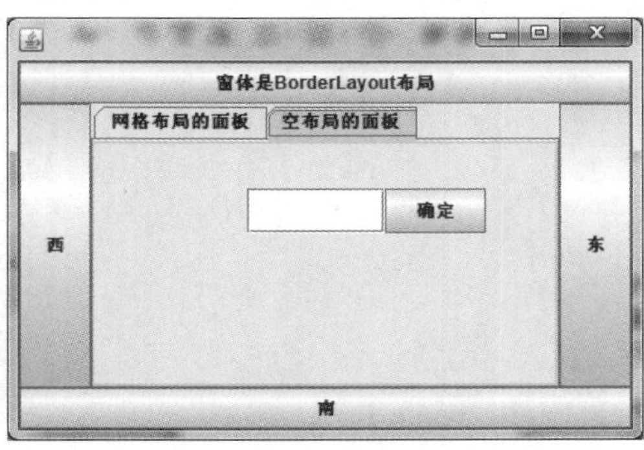

(b) 窗格中的空布局

图 10.5 添加选项卡窗格

例 10.4

Example10_4. java

```
public class Example10_4 {
    public static void main(String args[ ]) {
        new ShowLayout();
    }
}
```

ShowLayout. java

```
import java.awt. * ;
import javax.swing. * ;
public class ShowLayout extends JFrame {
    PanelGridLayout pannelGrid;                   //网格布局的面板
    PanelNullLayout panelNull ;                   //空布局的面板
    JTabbedPane tabbedPane;                       //选项卡窗格
    ShowLayout() {
        pannelGrid = new PanelGridLayout();
        panelNull = new PanelNullLayout();
        tabbedPane = new JTabbedPane();
        tabbedPane.add("网格布局的面板",pannelGrid);
        tabbedPane.add("空布局的面板",panelNull);
        add(tabbedPane,BorderLayout.CENTER);
        add(new JButton("窗体是 BorderLayout 布局"),BorderLayout.NORTH);
        add(new JButton("南"),BorderLayout.SOUTH);
        add(new JButton("西"),BorderLayout.WEST);
        add(new JButton("东"),BorderLayout.EAST);
        setBounds(10,10,570,390);
        setVisible(true);
        setDefaultCloseOperation(JFrame.DISPOSE_ON_CLOSE);
        validate();
    }
}
```

PanelGridLayout. java

```
import java.awt. * ;
import javax.swing. * ;
public class PanelGridLayout extends JPanel {
    PanelGridLayout() {
        GridLayout grid = new GridLayout(12,12);          //网格布局
        setLayout(grid);
        Label label[][] = new Label[12][12];
        for(int i = 0;i < 12;i++) {
          for(int j = 0;j < 12;j++) {
             label[i][j] = new Label();
             if((i + j) % 2 == 0)
                label[i][j].setBackground(Color.black);
             else
                label[i][j].setBackground(Color.white);
             add(label[i][j]);
          }
        }
    }
}
```

PanelNullLayout. java

```
import javax.swing. * ;
public class PanelNullLayout extends JPanel {
```

```
    JButton button;
    JTextField text;
    PanelNullLayout() {
       setLayout(null);                          //空布局
       button = new JButton("确定");
       text = new JTextField();
       add(text);
       add(button);
       text.setBounds(100,30,90,30);
       button.setBounds(190,30,66,30);
    }
}
```

❺ BoxLayout 布局

用 BoxLayout 类可以创建一个布局对象，称为盒式布局。BoxLayout 在 javax. swing. border 包中。javax. swing 包提供了 Box 类，该类也是 Container 类的一个子类，创建的容器称为一个盒式容器，盒式容器的默认布局是盒式布局，而且不允许更改盒式容器的布局。因此，在策划程序的布局时，可以利用容器的嵌套，将某个容器嵌入几个盒式容器，从而达到布局目的。

使用盒式布局的容器将组件排列在一行或一列，这取决于在创建盒式布局对象时是指定了以行排列还是以列排列。使用 BoxLayout 的构造方法 BoxLayout(Container con,int axis)可以创建一个盒式布局对象，参数 axis 的有效值是 BoxLayout. X_AXIS、BoxLayout. Y_AXIS。该参数 axis 的取值决定盒式布局是行型盒式布局还是列型盒式布局。使用行(列)型盒式布局的容器将组件排列在一行(列)，组件按加入的先后顺序从左(上)向右(下)排列，容器的两端是剩余的空间。和 FlowLayout 布局不同的是，使用行型盒式布局的容器只有一行(列)，即使组件再多，也不会延伸到下一行(列)，这些组件可能会被缩小，紧缩在这一行(列)中。

行型盒式布局容器中添加的组件的上沿在同一水平线上。列型盒式布局容器中添加的组件的左沿在同一垂直线上。

创建容器的目的是向其添加组件，并根据需要设置合理的布局。如果需要一个盒式布局的容器，可以使用 Box 类的类(静态)方法 createHorizontalBox()获得一个具有行型盒式布局的盒式容器；使用 Box 类的类(静态)方法 createVerticalBox()获得一个具有列型盒式布局的盒式容器。

如果想控制盒式布局容器中组件之间的距离，需要使用水平支撑组件或垂直支撑组件。

Box 类调用静态方法 createHorizontalStrut(int width)可以得到一个不可见的水平 Strut 对象，称为水平支撑。该水平支撑的高度为 0，宽度为 width。

Box 类调用静态方法 createVerticalStrut(int height)可以得到一个不可见的垂直 Strut 对象，称为垂直支撑。参数 height 决定垂直支撑的高度，垂直支撑的宽度为 0。

一个行型盒式布局的容器，可以在组件之间插入水平支撑来控制组件之间的距离。一个列型盒式布局的容器，可以在组件之间插入垂直支撑来控制组件之间的距离。

在例 10.5 中，有两个列型盒式容器(boxV1 和 boxV2)和一个行型盒式容器(baseBox)。在列型盒式容器的组件之间添加垂直支撑，控制组件之间的距离，将 boxV1、boxV2 添加到 baseBox 中，并在它们之间添加水平支撑。程序运行效果如图 10.6 所示。

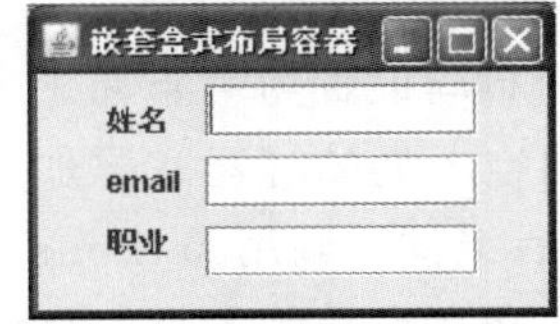

图 10.6 嵌套盒式容器的窗口

例 10.5

Example10_5.java

```
public class Example10_5 {
    public static void main(String args[]) {
        WindowBoxLayout win =
        new WindowBoxLayout();
        win.setBounds(100,100,310,260);
        win.setTitle("嵌套盒式布局容器");
    }
}
```

WindowBoxLayout.java

```
import javax.swing.*;
public class WindowBoxLayout extends JFrame {
    Box baseBox,boxV1,boxV2;
    public WindowBoxLayout() {
        setLayout(new java.awt.FlowLayout());
        init();
        setVisible(true);
        setDefaultCloseOperation(JFrame.EXIT_ON_CLOSE);
    }
    void init() {
        boxV1 = Box.createVerticalBox();
        boxV1.add(new JLabel("姓名"));
        boxV1.add(Box.createVerticalStrut(8));
        boxV1.add(new JLabel("email"));
        boxV1.add(Box.createVerticalStrut(8));
        boxV1.add(new JLabel("职业"));
        boxV2 = Box.createVerticalBox();
        boxV2.add(new JTextField(10));
        boxV2.add(Box.createVerticalStrut(8));
        boxV2.add(new JTextField(10));
        boxV2.add(Box.createVerticalStrut(8));
        boxV2.add(new JTextField(10));
        baseBox = Box.createHorizontalBox();
        baseBox.add(boxV1);
        baseBox.add(Box.createHorizontalStrut(10));
        baseBox.add(boxV2);
        add(baseBox);
    }
}
```

❻ null 布局

可以把一个容器的布局设置为 null 布局(空布局)。空布局容器可以准确地定位组件在容器中的位置和大小。setBounds(int a,int b,int width,int height)方法是所有组件都拥有的一个方法,组件调用该方法可以设置本身的大小和在容器中的位置。

例如,p 是某个容器:

```
p.setLayout(null);
```

把 p 的布局设置为空布局。

向空布局的容器 p 添加一个组件 c 需要两个步骤。首先,容器 p 使用 add(c)方法添加组件,然后组件 c 调用 setBounds(int a,int b,int width,int height)方法设置该组件在容器 p 中的位置和它本身的大小。组件都是一个矩形结构,方法中的参数 a、b 是组件 c 的左上角在容器 p 中的位置坐标,即该组件距容器 p 左面 a 像素,距容器 p 上方 b 像素;width、height 是组件 c 的宽和高。

10.4 处理事件

学习组件除了要熟悉组件的属性和功能外，一个更重要的内容是学习怎样处理组件上发生的界面事件。当用户在文本框中输入文本后按回车键、单击按钮或在一个下拉列表中选择一个条目等操作时，都会发生界面事件。程序有时需对发生的事件作出反应，来实现特定的任务。例如，用户单击一个名字叫"确定"或"取消"的按钮，程序可能需要作出不同的处理。

▶ 10.4.1 事件处理模式

读者在学习处理事件时，必须很好地掌握事件源、监视器、处理事件的接口 3 个概念。

❶ 事件源

能够产生事件的对象都可以称为事件源，如文本框、按钮、下拉列表等。也就是说，事件源必须是一个对象，而且这个对象必须是 Java 认为能够发生事件的对象。

❷ 监视器

需要一个对象对事件源进行监视，以便对发生的事件作出处理。事件源通过调用相应的方法将某个对象注册为自己的监视器。例如，对于文本框，这个方法是：

```
addActionListener(监视器);
```

对于注册了监视器的文本框，在文本框获得输入焦点后，如果用户按回车键，Java 运行环境就会自动用 ActionEvent 类创建一个对象，即发生了 ActionEvent 事件。也就是说，事件源注册监视器之后，相应的操作就会导致相应事件的发生，并通知监视器，监视器就会作出相应的处理。

❸ 处理事件的接口

监视器负责处理事件源发生的事件。监视器是一个对象，为了处理事件源发生的事件，监视器这个对象会自动调用一个方法来处理事件(对象只有调用方法才能产生行为)。那么，监视器调用哪个方法呢？我们已经知道，对象可以调用创建它的那个类中的方法，但是它到底调用该类中的哪个方法呢？Java 规定：为了让监视器这个对象能对事件源发生的事件进行处理，创建该监视器对象的类必须声明实现相应的接口，即必须在类体中重写接口中的所有方法，那么当事件源发生事件时，监视器就会自动调用被类重写的接口方法。

简单地说，Java 要求监视器必须和一个专用于处理事件的方法进行绑定，为了达到此目的，要求创建监视器类必须实现 Java 规定的接口，该接口中有专用于处理事件的方法。

事件处理模式如图 10.7 所示。

▶ 10.4.2 ActionEvent 事件

❶ ActionEvent 事件源

下列组件可以触发 ActionEvent 事件。

- 文本框和密码框：对于注册了监视器的文本框或密码框，在文本框或密码框获得输入焦点后，如果用户按回车键，Java 运行环境就会自动用 ActionEvent 类创建一个对象，即触发 ActionEvent 事件。
- 按钮和单选按钮：对于注册了监视器的按钮或单选按钮，如果用户单击按钮或单击单

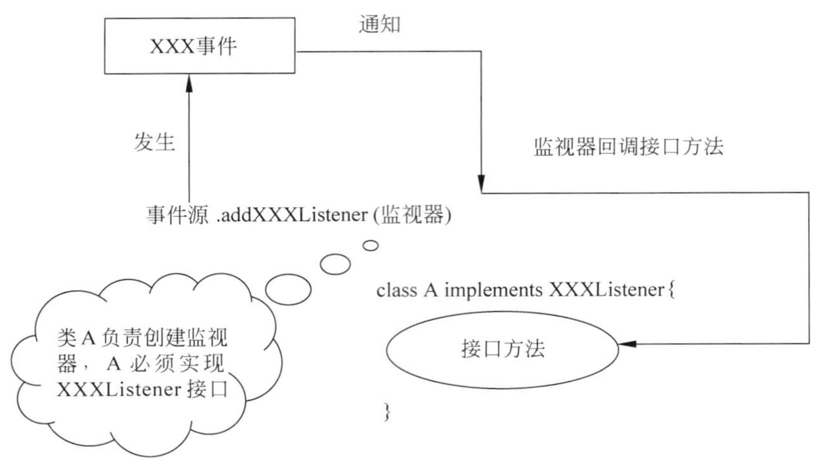

图 10.7 处理事件示意图

选按钮,就会触发 ActionEvent 事件。

- 菜单项：对于注册了监视器的菜单项,如果用户选中该菜单项,就会触发 ActionEvent 事件。

❷ 注册监视器

Java 规定能触发 ActionEvent 事件的组件使用方法：

```
addActionListener(ActionListener listen)
```

将实现 ActionListener 接口的类的实例注册为事件源的监视器,也就是说,Java 提供的这个方法的参数是接口类型,即 Java 是面向接口设计的这个方法(建议读者复习 7.2 节进一步体会面向接口设计的优点)。

❸ ActionListener 接口

ActionListener 接口在 java.awt.event 包中,该接口中只有一个方法：

```
public void actionPerformed(ActionEvent e)
```

事件源触发 ActionEvent 事件后,监视器调用接口中的方法：

```
actionPerformed(ActionEvent e)
```

对发生的事件作出处理。当监视器调用 actionPerformed(ActionEvent e)方法时,ActionEvent 类事先创建的事件对象就会传递给该方法的参数 e。

❹ ActionEvent 类中的方法

下面介绍 ActionEvent 类的常用方法。

- public Object getSource()：该方法是从 Event 继承的方法,ActionEvent 事件对象调用该方法可以获取发生 ActionEvent 事件的事件源对象的引用,即 getSource()方法将事件源上转型为 Object 对象,并返回这个上转型对象的引用。
- public String getActionCommand()：ActionEvent 对象调用该方法可以获取发生 ActionEvent 事件时和该事件相关的一个"命令"字符串,对于文本框,当发生 ActionEvent 事件时,默认的"命令"字符串是文本框中的文本。

注：能触发 ActionEvent 事件的事件源可以事先使用 setCommand(String s)设置触发事件后封装到事件中的一个被称为"命令"的字符串,以改变封装到事件中的默认"命令"。

在例 10.6 中,文本框 text 是 JTextField 的实例,text 的监视器 listener 是实现 ActionLiener 接口的 PoliceListen 类创建的对象。在 text 中输入数字字符串并按回车键,监视器负责将 text 中的字符串转化为数字,然后计算这个数字的平方,并在命令行窗口输出平方值。例 10.6 中的 text 对象和 listener 监视器都是 WindowNumber 类创建的窗口中的成员,该例程序的运行效果如图 10.8(a)和 10.8(b)所示。

(a) 事件源触发事件

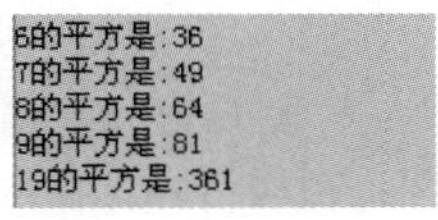

(b) 监视器负责处理事件

图 10.8 程序运行结果

例 10.6

Example10_6.java

```
public class Example10_6 {
    public static void main(String args[]) {
        WindowNumber win = new WindowNumber();
    }
}
```

WindowNumber.java

```
import java.awt.*;
import javax.swing.*;
import static javax.swing.JFrame.*;
public class WindowNumber extends JFrame {
    JTextField text;
    PoliceListen listener;
    public WindowNumber() {
        init();
        setBounds(100,100,150,150);
        setVisible(true);
        setDefaultCloseOperation(JFrame.EXIT_ON_CLOSE);
    }
    void init() {
        setLayout(new FlowLayout());
        text = new JTextField(10);
        listener = new PoliceListen();
        text.addActionListener(listener);          //text 是事件源,listener 是监视器
        add(text);
    }
}
```

PoliceListen.java

```
import java.awt.event.*;
public class PoliceListen implements ActionListener {
    public void actionPerformed(ActionEvent e) {
        int n = 0,m = 0;
        String str = e.getActionCommand();
        try{ n = Integer.parseInt(str);
             m = n * n;
             System.out.println(n + "的平方是:" + m);
        }
        catch(Exception ee) {
             System.out.println(ee.toString());
        }
    }
}
```

在例 10.6 中,监视器将计算的平方在命令行窗口输出似乎不符合 GUI 设计的理念,用户

希望在窗口的某个组件中,例如文本框中看到结果,这就给例 10.7 中的监视器带来了困难,因为例 10.6 中编写的创建监视器的 PoliceListen 类无法操作窗口中的成员。

在第 4 章讲过,利用组合可以让一个对象来操作另一个对象(见 4.5 节)。例 10.7 改进了例 10.6 中的 PoliceListen 类,在 PoliceListen 类中增加 WindowNumber 类型的成员(即组合窗口),以便 PoliceListen 类操作 WindowNumber(窗口)中的文本框。

图 10.9 处理 ActionEvent 事件

在例 10.7 中, WindowNumber 创建的窗口中有两个文本框和一个按钮,用户在可编辑的文本框中输入数字、回车确认或单击“确定”按钮,另一个不可编辑的文本框显示这个数的平方。例 10.7 程序运行效果如图 10.9 所示。

例 10.7

Example10_7.java

```
public class Example10_7 {
    public static void main(String args[ ]) {
        WindowNumber win = new WindowNumber();
    }
}
```

WindowNumber.java

```
import java.awt.*;
import javax.swing.*;
import static javax.swing.JFrame.*;
public class WindowNumber extends JFrame {
     public JTextField textInput,textShow;
     public JButton button;
     PoliceListen listener;
     public WindowNumber() {
        init();
        setBounds(100,100,320,100);
        setVisible(true);
        setDefaultCloseOperation(JFrame.EXIT_ON_CLOSE);
    }
    void init() {
        setLayout(new FlowLayout());
        button = new JButton("确定");
        textInput = new JTextField(10);
        textShow = new JTextField(10);
        textShow.setEditable(false);
        listener = new PoliceListen();
        listener.setView(this);                     //将当前窗口的引用传递给监视器
        textInput.addActionListener(listener);      //textInput 是事件源,listener 是监视器
        button.addActionListener(listener);         //button 是事件源,listener 是监视器
        add(textInput);
        add(button);
        add(textShow);
    }
}
```

PoliceListen.java

```
import java.awt.event.*;
public class PoliceListen implements ActionListener {
     WindowNumber view;
```

```
        public void setView(WindowNumber view) {
            this.view = view;
        }
        public void actionPerformed(ActionEvent e) {
            int n = 0,m = 0;
            String str = view.textInput.getText();     //view 用点运算符(.)访问自己的成员 textInput
            if(!str.isEmpty()) {
                try{
                    n = Integer.parseInt(str);
                    m = n * n;
                    view.textShow.setText("" + m);
                }
                catch(Exception exp) {
                    view.textInput.setText("请输入数字");
                }
            }
        }
    }
```

注：① Java 的事件处理基于授权模式，即事件源调用方法将某个对象注册为自己的监视器。读者领会了例 10.6 和例 10.7 之后，学习事件处理就不会有太大的困难了，其原因是，处理相应的事件使用相应的接口，在今后的学习中会自然地掌握。

② 如果用户没有在文本框中输入任何字符，文本框调用 getText()方法将返回一个长度为 0 的字符串，即不含有任何字符的字符串""。可以通过 getText()方法返回的字符串的长度来判断用户是否输入了字符。另外，如果使用 JDK 1.6 之后的版本，字符串对象可以调用 isEmpty()方法判断当前字符串是否不含任何字符。

▶ 10.4.3 ItemEvent 事件

扫一扫

视频讲解

❶ ItemEvent 事件源

复选框、下拉列表都可以触发 ItemEvent 事件。复选框提供了两种状态：一种是选中；另一种是未选中。对于注册了监视器的复选框，当用户的操作使得复选框从未选中状态变成选中状态或从选中状态变成未选中状态时，会触发 ItemEvent 事件；同样，对于注册了监视器的下拉列表，如果用户选中下拉列表中的某个选项，就会触发 ItemEvent 事件。

❷ 注册监视器

能触发 ItemEvent 事件的组件使用 addItemListener(ItemListener listen)将实现 ItemListener 接口的类的实例注册为事件源的监视器。

❸ ItemListener 接口

ItemListener 接口在 java.awt.event 包中，该接口中只有一个方法：

```
public void itemStateChanged(ItemEvent e)
```

事件源触发 ItemEvent 事件后，监视器将发现触发的 ItemEvent 事件，然后调用接口中的 itemStateChanged(ItemEvent e)方法对发生的事件作出处理。当监视器调用 itemStateChanged (ItemEvent e)方法时，ItemEvent 类事先创建的事件对象就会传递给该方法的参数 e。

ItemEvent 事件对象除了可以使用 getSource()方法返回发生 ItemEvent 事件的事件源外，也可以使用 getItemSelectable()方法返回发生 ItemEvent 事件的事件源。

例 10.8 是简单的计算器(程序运行效果如图 10.10 所示)，实现如下功能：

(1) 用户在窗口(WindowOperation 类负责创建)中的两个文本框中输入参与运算的两个

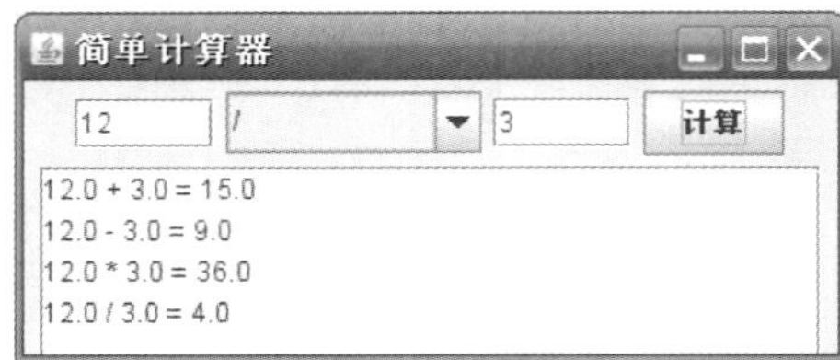

图 10.10 处理 ItemEvent 和 ActionEvent 事件

操作数。

(2) 用户在下拉列表中选择运算符触发 ItemEvent 事件，ItemEvent 事件的监视器 operator(OperatorListener 类负责创建)获得运算符，并将运算符传递给 ActionEvent 事件的监视器 computer。

(3) 用户单击按钮触发 ActionEvent 事件，监视器 computer(ComputerListener 类负责创建)给出运算结果。

例 10.8

Example10_8.java

```
public class Example10_8 {
    public static void main(String args[]) {
        WindowView view = new WindowView();
        view.setBounds(100,100,390,360);
        view.setTitle("简单计算器");
    }
}
```

WindowView.java

```
import java.awt.*;
import javax.swing.*;
public class WindowView extends JFrame {
    public JTextField inputNumberOne,inputNumberTwo;
    public JComboBox<String> choiceFuhao;
    public JTextArea textShow;
    public JButton button;
    public OperatorListener operator;          //监视 ItemEvent 事件的监视器
    public ComputerListener computer;          //监视 ActionEvent 事件的监视器
    public WindowView() {
       init();
       setVisible(true);
       setDefaultCloseOperation(JFrame.EXIT_ON_CLOSE);
    }
    void init() {
       setLayout(new FlowLayout());
       inputNumberOne = new JTextField(5);
       inputNumberTwo = new JTextField(5);
       choiceFuhao = new JComboBox<String>();
       button = new JButton("计算");
       choiceFuhao.addItem("选择运算符号:");
       String[] a = {"+","-","*","/"};
       for(int i=0;i<a.length;i++) {
           choiceFuhao.addItem(a[i]);
       }
       textShow = new JTextArea(9,30);
       operator = new OperatorListener();
       computer = new ComputerListener();
       operator.setView(this);                 //将当前窗口的引用传递给监视器
       computer.setView(this);                 //将当前窗口的引用传递给监视器
       choiceFuhao.addItemListener(operator);  //choiceFuhao 是事件源,operator 是监视器
       button.addActionListener(computer);     //button 是事件源,computer 是监视器
       add(inputNumberOne);
       add(choiceFuhao);
       add(inputNumberTwo);
```

```
        add(button);
        add(new JScrollPane(textShow));
    }
}
```

OperatorListener. java

```
import java.awt.event.*;
public class OperatorListener implements ItemListener {
    WindowView view;
    public void setView(WindowView view) {
        this.view = view;
    }
    public void itemStateChanged(ItemEvent e) {
        String fuhao = view.choiceFuhao.getSelectedItem().toString();
        view.computer.setFuhao(fuhao);
    }
}
```

ComputerListener. java

```
import java.awt.event.*;
public class ComputerListener implements ActionListener {
    WindowView view;
    String fuhao;
    public void setView(WindowView view) {
        this.view = view;
    }
    public void setFuhao(String s) {
        fuhao = s;
    }
    public void actionPerformed(ActionEvent e) {
      try {
            double number1 = Double.parseDouble(view.inputNumberOne.getText());
            double number2 = Double.parseDouble(view.inputNumberTwo.getText());
            double result = 0;
            boolean isShow = true;
            if(fuhao.equals("+")) {
                result = number1 + number2;
            }
            else if(fuhao.equals("-")) {
                result = number1 - number2;
            }
            else if(fuhao.equals("*")) {
                result = number1 * number2;
            }
            else if(fuhao.equals("/")) {
                result = number1/number2;
            }
            else {
                isShow = false;
            }
            if(isShow)
                view.textShow.append(number1 + " " + fuhao + " " + number2 + " = " + result + "\n");
      }
      catch(Exception exp) {
            view.textShow.append("\n请输入数字字符\n");
      }
    }
}
```

扫一扫
视频讲解

▶ 10.4.4 DocumentEvent 事件

❶ DocumentEvent 事件源

文本区含有一个实现 Document 接口的实例,该实例被称为文本区所维护的文档。文本区所维护的文档能触发 DocumentEvent 事件。需要特别注意的是,DocumentEvent 类不在 java. awt. event 包中,而是在 javax. swing. event 包中。用户在文本区中进行文本编辑操作,使得文本区中的文本内容发生变化,导致文本区所维护的文档模型中的数据发生变化,从而导致文本区所维护的文档触发 DocumentEvent 事件。文本区调用 getDocument()方法返回所维护的文档,该文档是实现了 Document 接口类的一个实例。

❷ 注册监视器

能触发 DocumentEven 事件的事件源使用 addDucumentListener(DocumentListener listen)将实现 DocumentListener 接口的类的实例注册为事件源的监视器。

❸ DocumentListener 接口

DocumentListener 接口在 javax. swing. event 包中,该接口中有 3 个方法:

```
public void changedUpdate(DocumentEvent e)
public void removeUpdate(DocumentEvent e)
public void insertUpdate(DocumentEvent e)
```

事件源触发 DucumentEvent 事件后,监视器将发现触发的 DocumentEvent 事件,然后调用接口中的相应方法对发生的事件作出处理。

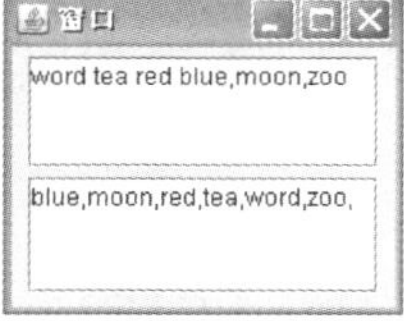

图 10.11 处理 DocumentEvent 事件

在例 10.9 中有两个文本区,当用户在一个文本区中输入若干英文单词时(用空格、逗号或回车作为单词之间的分隔符),另一个文本区同时对用户输入的英文单词按字典序排序,也就是说,随着用户输入的变化,另一个文本区不断地更新排序。程序运行效果如图 10.11 所示。

例 10.9

Example10_9. java

```
public class Example10_9 {
    public static void main(String args[]){
       WindowTextView view = new WindowTextView();
       view.setTitle("窗口");
    }
}
```

WindowTextView. java

```
import java.awt. * ;
import javax.swing. * ;
public class WindowTextView extends JFrame {
    public JTextArea textInput;                          //用户输入文本
    public JTextArea textShow;                           //排序显示用户输入的文本中的单词
    HandleWord handleWord;                               //负责排序的监视器
    WindowTextView() {
       init();
       setBounds(120,100,260,270);
       setVisible(true);
       setDefaultCloseOperation(JFrame.EXIT_ON_CLOSE);
    }
```

```
    void init() {
        textInput = new JTextArea(3,15);
        textShow = new JTextArea(3,15);
        setLayout(new FlowLayout());
        add(new JScrollPane(textInput));
        add(new JScrollPane(textShow));
        textInput.setLineWrap(true);
        textShow.setLineWrap(true);
        textShow.setEditable(false);
        handleWord = new HandleWord();
        handleWord.setView(this);
        (textInput.getDocument()).addDocumentListener(handleWord); //向文档注册监视器
    }
}
```

HandleWord.java

```
import javax.swing.event.*;
import java.util.Arrays;
public class HandleWord implements DocumentListener {
    WindowTextView view;
    public void setView(WindowTextView view){
        this.view = view;
    }
    public void changedUpdate(DocumentEvent e) {          //接口方法
        String str = view.textInput.getText();
       //空格、数字和符号(!"#$%&'()*+,-./:;<=>?@[\]^_`{|}~)组成的正则表达式
        String regex = "[\\s\\d\\p{Punct}]+";
        String words[] = str.split(regex);
        Arrays.sort(words);                               //按字典序从小到大排序
        view.textShow.setText(null);
        for(String s:words)
            view.textShow.append(s+",");
    }
    public void removeUpdate(DocumentEvent e) {           //接口方法
        changedUpdate(e);
    }
    public void insertUpdate(DocumentEvent e) {           //接口方法
        changedUpdate(e);
    }
}
```

▶ 10.4.5 MouseEvent 事件

扫一扫

视频讲解

在任何组件上都可以发生鼠标事件，例如，鼠标进入组件、退出组件，在组件上方单击鼠标、拖动鼠标等都触发鼠标事件，即导致 MouseEvent 类自动创建一个事件对象。事件源注册监视器的方法是 addMouseListener(MouseListener listener)。

❶ 使用 MouseListener 接口处理鼠标事件

使用 MouseListener 接口可以处理以下 5 种操作触发的鼠标事件：

- 在事件源上按下鼠标键。
- 在事件源上释放鼠标键。
- 在事件源上单击鼠标键。
- 鼠标进入事件源。
- 鼠标退出事件源。

MouseEvent 中有下列几个重要的方法。

- getX():获取鼠标指针在事件源坐标系中的 x 坐标。
- getY():获取鼠标指针在事件源坐标系中的 y 坐标。
- getButton():获取鼠标的左键或右键。鼠标的左键、中键和右键分别使用 MouseEvent 类中的常量 BUTTON1、BUTTON2 和 BUTTON3 来表示。
- getClickCount():获取鼠标被单击的次数。
- getSource():获取发生鼠标事件的事件源。

MouseListener 接口中有下列几个方法。

- mousePressed(MouseEvent):负责处理在组件上按下鼠标键触发的鼠标事件,即当用户在事件源上按下鼠标键时,监视器调用接口中的这个方法对事件作出处理。
- mouseReleased(MouseEvent):负责处理在组件上释放鼠标键触发的鼠标事件,即当用户在事件源上释放鼠标键时,监视器调用接口中的这个方法对事件作出处理。
- mouseEntered(MouseEvent):负责处理鼠标进入组件触发的鼠标事件,即当鼠标指针进入组件时,监视器调用接口中的这个方法对事件作出处理。
- mouseExited(MouseEvent):负责处理鼠标离开组件触发的鼠标事件,即当鼠标指针离开容器时,监视器调用接口中的这个方法对事件作出处理。
- mouseClicked(MouseEvent):负责处理在组件上单击鼠标键触发的鼠标事件,即当单击鼠标键时,监视器调用接口中的这个方法对事件作出处理。

在例 10.10 中,分别监视按钮、文本框和窗口上的鼠标事件,当发生鼠标事件时,获取鼠标指针的坐标值。注意,事件源的坐标系的左上角是原点。

例 10.10

Example10_10.java

```
public class Example10_10 {
    public static void main(String args[]) {
        WindowMouse win = new WindowMouse();
        win.setTitle("处理鼠标事件");
        win.setBounds(10,10,460,360);
    }
}
```

WindowMouse.java

```
import java.awt.*;
import javax.swing.*;
public class WindowMouse extends JFrame {
    JButton button;
    JTextArea area;
    MousePolice police;
    WindowMouse() {
        init();
        setVisible(true);
        setDefaultCloseOperation(JFrame.EXIT_ON_CLOSE);
    }
    void init() {
        setLayout(new FlowLayout());
        area = new JTextArea(10,28);
        police = new MousePolice();
        police.setView(this);
        button = new JButton("按钮");
        button.addMouseListener(police);
```

```
        addMouseListener(police);
        add(button);
        add(new JScrollPane(area));
    }
}
```

MousePolice.java

```
import java.awt.event.*;
import javax.swing.*;
public class MousePolice implements MouseListener {
    WindowMouse view;
    public void setView(WindowMouse view) {
        this.view = view;
    }
    public void mousePressed(MouseEvent e) {
        if(e.getSource() == view.button&&e.getButton() == MouseEvent.BUTTON1) {
            view.area.append("在按钮上按下鼠标左键:\n");
            view.area.append(e.getX() + "," + e.getY() + "\n");
        }
        else if(e.getSource() == view&&e.getButton() == MouseEvent.BUTTON1) {
            view.area.append("在窗体中按下鼠标左键:\n");
            view.area.append(e.getX() + "," + e.getY() + "\n");
        }
    }
    public void mouseReleased(MouseEvent e) {}
    public void mouseEntered(MouseEvent e) {
        if(e.getSource() instanceof JButton)
            view.area.append("\n鼠标进入按钮,位置:" + e.getX() + "," + e.getY() + "\n");
        if(e.getSource() instanceof JFrame)
            view.area.append("\n鼠标进入窗口,位置:" + e.getX() + "," + e.getY() + "\n");
    }
    public void mouseExited(MouseEvent e) {}
    public void mouseClicked(MouseEvent e) {
        if(e.getClickCount()>= 2)
            view.area.setText("鼠标连击\n");
    }
}
```

❷ 使用 MouseMotionListener 接口处理鼠标事件

使用 MouseMotionListener 接口可以处理以下两种操作触发的鼠标事件。

- 在事件源上拖动鼠标。
- 在事件源上移动鼠标。

鼠标事件的类型是 MouseEvent,即当发生鼠标事件时,MouseEvent 类自动创建一个事件对象。

事件源注册监视器的方法是 addMouseMotionListener(MouseMotionListener listener)。MouseMotionListener 接口中有下列两种方法。

- mouseDragged(MouseEvent):负责处理拖动鼠标触发的鼠标事件,即当用户拖动鼠标时(不必在事件源上),监视器调用接口中的这个方法对事件作出处理。
- mouseMoved(MouseEvent):负责处理移动鼠标触发的鼠标事件,即当用户在事件源上移动鼠标时,监视器调用接口中的这个方法对事件作出处理。

可以使用坐标变换来实现组件的拖动。当用鼠标拖动组件时,可以先获取鼠标指针在组件坐标系中的坐标(x,y),以及组件的左上角在容器坐标系中的坐标(a,b);如果在拖动组件时,想让鼠标指针的位置相对于拖动的组件保持静止,那么组件左上角在容器坐标系中的位置应当是(a + x - x0,a + y - y0),其中,(x0,y0)是最初在组件上按下鼠标时,鼠标指针在组件坐标系中的位置坐标。

例 10.11 使用坐标变换来实现组件的拖动。

例 10.11

Example10_11.java

```
public class Example10_11 {
   public static void main(String args[]) {
      WindowMove win = new WindowMove();
      win.setTitle("处理鼠标拖动事件");
      win.setBounds(10,10,460,360);
   }
}
```

WindowMove.java

```
import java.awt.*;
import javax.swing.*;
public class WindowMove extends JFrame {
   LP layeredPane;
   WindowMove() {
      layeredPane = new LP();
      add(layeredPane,BorderLayout.CENTER);
      setVisible(true);
      setBounds(12,12,300,300);
      setDefaultCloseOperation(JFrame.EXIT_ON_CLOSE);
   }
}
```

LP.java

```
import java.awt.*;
import java.awt.event.*;
import javax.swing.*;
import javax.swing.border.*;
public class LP extends JLayeredPane implements MouseListener,MouseMotionListener {
   JButton button;
   int x,y,a,b,x0,y0;
   LP() {
      button = new JButton("用鼠标拖动我");
      button.addMouseListener(this);
      button.addMouseMotionListener(this);
      setLayout(new FlowLayout());
      add(button,JLayeredPane.DEFAULT_LAYER);
   }
   public void mousePressed(MouseEvent e) {
      JComponent com = null;
      com = (JComponent)e.getSource();
      setLayer(com,JLayeredPane.DRAG_LAYER);
      a = com.getBounds().x;
      b = com.getBounds().y;
      x0 = e.getX();                    //获取鼠标在事件源中的位置坐标
      y0 = e.getY();
   }
   public void mouseReleased(MouseEvent e) {
      JComponent com = null;
      com = (JComponent)e.getSource();
```

```
        setLayer(com,JLayeredPane.DEFAULT_LAYER);
    }
    public void mouseEntered(MouseEvent e) {}
      public void mouseExited(MouseEvent e) {}
      public void mouseClicked(MouseEvent e){}
      public void mouseMoved(MouseEvent e){}
      public void mouseDragged(MouseEvent e) {
        Component com = null;
        if(e.getSource() instanceof Component) {
           com = (Component)e.getSource();
           a = com.getBounds().x;
           b = com.getBounds().y;
           x = e.getX();              //获取鼠标在事件源中的位置坐标
           y = e.getY();
           a = a+x;
           b = b+y;
           com.setLocation(a-x0,b-y0);
        }
      }
  }
```

扫一扫

视频讲解

▶ 10.4.6 焦点事件

组件可以触发焦点事件。组件可以使用 addFocusListener(FocusListener listener)注册焦点事件监视器。当组件获得焦点监视器后，如果组件从无输入焦点变成有输入焦点或从有输入焦点变成无输入焦点，都会触发 FocusEvent 事件。创建监视器的类必须实现 FocusListener 接口，该接口有两个方法：

```
public void focusGained(FocusEvent e)
public void focusLost(FocusEvent e)
```

当组件从无输入焦点变成有输入焦点触发 FocusEvent 事件时，监视器调用类实现的 FocusListener 接口中的 focusGained(FocusEvent e)方法；当组件从有输入焦点变成无输入焦点触发 FocusEvent 事件时，监视器调用类实现的 FocusListener 接口中的 focusLost (FocusEvent e)方法。

用户通过单击组件可以使得该组件有输入焦点，同时也使得其他组件变成无输入焦点。一个组件也可调用 public boolean requestFocusInWindow()方法获得输入焦点。

扫一扫

视频讲解

▶ 10.4.7 键盘事件

当按下、释放或敲击键盘上的一个键时就触发了键盘事件，在 Java 事件模式中，必须有发生事件的事件源。当一个组件处于激活状态时，敲击键盘上的一个键就导致了这个组件触发键盘事件。使用 KeyListener 接口处理键盘事件有以下 3 个方法：

```
public void keyPressed(KeyEvent e)
public void keyTyped(KeyEvent e)
public void keyReleased(KeyEvent e)
```

某个组件使用 addKeyListener()方法注册监视器之后，当该组件处于激活状态时，用户按下键盘上的某个键会触发 KeyEvent 事件，监视器调用 keyPressed()方法；用户释放键盘上按下的键时会触发 KeyEvent 事件，监视器调用 keyReleased()方法。keyTyped()方法是 keyPressed 和 keyReleased()方法的组合，当键被按下，紧接着被释放时，监视器调用

keyTyped()方法。

用 KeyEvent 类的 public int getKeyCode()方法,可以判断哪个键被按下、敲击或释放,getKeyCode 方法返回一个键码值(如表 10.1 所示)。用户也可以用 KeyEvent 类的 public char getKeyChar()方法判断哪个键被按下、敲击或释放,getKeyChar()方法返回键上的字符。表 10.1 所示为 KeyEvent 类的静态常量。

表 10.1　键码表

键　　码	键
VK_F1-VK_F12	功能键 F1～F12
VK_LEFT	向左箭头键
VK_RIGHT	向右箭头键
VK_UP	向上箭头键
VK_DOWN	向下箭头键
VK_KP_UP	小键盘上的向上箭头键
VK_KP_DOWN	小键盘上的向下箭头键
VK_KP_LEFT	小键盘上的向左箭头键
VK_KP_RIGHT	小键盘上的向右箭头键
VK_END	END 键
VK_HOME	HOME 键
VK_PAGE_DOWN	向后翻页键
VK_PAGE_UP	向前翻页键
VK_PRINTSCREEN	打印屏幕键
VK_SCROLL_LOCK	滚动锁定键
VK_CAPS_LOCK	大写锁定键
VK_NUM_LOCK	数字锁定键
PAUSE	暂停键
VK_INSERT	插入键
VK_DELETE	删除键
VK_ENTER	回车键
VK_TAB	制表符键
VK_BACK_SPACE	退格键
VK_ESCAPE	Esc 键
VK_CANCEL	取消键
VK_CLEAR	清除键
VK_SHIFT	Shift 键
VK_CONTROL	Ctrl 键
VK_ALT	Alt 键
VK_PAUSE	暂停键
VK_SPACE	空格键
VK_COMMA	逗号键
VK_SEMICOLON	分号键
VK_PERIOD	. 键
VK_SLASH	/ 键
VK_BACK_SLASH	\ 键
VK_0～VK_9	0～9 键
VK_A～VK_Z	A～Z 键
VK_OPEN_BRACKET	[键
VK_CLOSE_BRACKET	] 键
VK_UNMPAD0-VK_NUMPAD9	小键盘上的 0～9 键
VK_QUOTE	左单引号'键
VK_BACK_QUOTE	右单引号'键

在安装某些软件时，经常要求用户输入序列号码，并且要在几个文本框中依次输入。每个文本框中输入的字符数目都是固定的，当在第一个文本框中输入了恰好的字符个数后，输入光标会自动转移到下一个文本框。例 10.12 通过处理键盘事件来实现软件序列号的输入。当文本框获得输入焦点后，用户敲击键盘将使得当前文本框触发 KeyEvent 事件，在处理事件时，程序检查文本框中光标的位置，如果光标已经到达指定位置，就将输入焦点转移到下一个文本框。程序运行效果如图 10.12 所示。

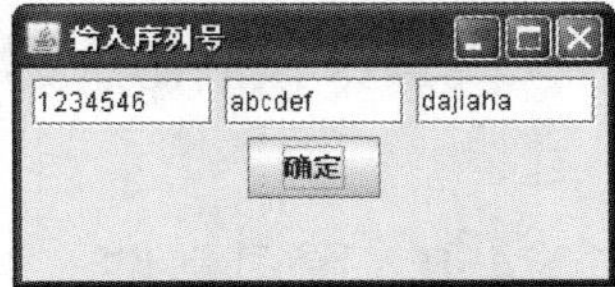

图 10.12　输入序列号

例 10.12

Example10_12.java

```
public class Example10_12 {
   public static void main(String args[]) {
      Win win = new Win();
      win.setTitle("输入序列号");
      win.setBounds(10,10,460,360);
   }
}
```

Win.java

```
import java.awt.*;
import javax.swing.*;
public class Win extends JFrame {
   JTextField text[] = new JTextField[3];
   Police police;
   JButton b;
   Win() {
      setLayout(new FlowLayout());
      police = new Police();
      for(int i = 0;i<3;i++) {
         text[i] = new JTextField(7);
         text[i].addKeyListener(police);        //监视键盘事件
         text[i].addFocusListener(police);
         add(text[i]);
      }
      b = new JButton("确定");
      add(b);
      text[0].requestFocusInWindow();
      setVisible(true);
      setDefaultCloseOperation(JFrame.EXIT_ON_CLOSE);
   }
}
```

Police.java

```
import java.awt.event.*;
import javax.swing.*;
public class Police implements KeyListener,FocusListener {
   public void keyPressed(KeyEvent e) {
      JTextField t = (JTextField)e.getSource();
      if(t.getCaretPosition()>=6)
         t.transferFocus();
   }
   public void keyTyped(KeyEvent e) {}
   public void keyReleased(KeyEvent e) {}
```

```
    public void focusGained(FocusEvent e) {
      JTextField text = (JTextField)e.getSource();
      text.setText(null);
    }
    public void focusLost(FocusEvent e){}
}
```

扫一扫

视频讲解

▶ 10.4.8 窗口事件

对于 JFrame 及子类创建的窗口，可以调用

```
setDefaultCloseOperation(int operation)
```

方法设置窗口的关闭方式（如前面章节中的各个例子所示），参数 Operation 取 JFrame 的 static 常量，即 DO_NOTHING_ON_CLOSE（什么也不做）、HIDE_ON_CLOSE（隐藏当前窗口）、DISPOSE_ON_CLOSE（隐藏当前窗口，并释放窗体占有的其他资源）、EXIT_ON_CLOSE（结束窗口所在的应用程序）。

但是仅仅用上述 4 种方式可能不能满足程序的需要，例如用户单击窗口上的关闭图标时，程序可能需要提示用户是否保存窗口中的有关数据到磁盘等。所以，本节讲解窗口事件，通过处理事件来满足程序的要求。需要注意的是，如果准备处理窗口事件，必须事先保证窗口的默认关闭方式为 DO_NOTHING_ON_CLOSE（什么也不做）。

❶ WindowEvent 事件源

JFrame 是 Window 的子类，凡是 Window 子类创建的对象都可以发生 WindowEvent 事件，即窗口事件。

❷ WindowListener 接口

当一个窗口被激活、撤销激活、打开、关闭、图标化或撤销图标化时，就触发了 WindowEvent 事件（窗口事件），即 WindowEvent 创建一个窗口事件对象。WindowEvent 创建的事件对象调用 getWindow()方法可以获取发生窗口事件的窗口。窗口使用 addWindowListener 方法获得监视器，创建监视器对象的类必须实现 WindowListener 接口，该接口中有 7 个不同的方法。

(1) public void windowActivated(WindowEvent e)：当窗口从非激活状态到激活时，窗口的监视器调用该方法。

(2) public void windowDeactivated(WindowEvent e)：当窗口从激活状态到非激活状态时，窗口的监视器调用该方法。

(3) public void windowClosing(WindowEvent e)：当窗口正在被关闭时，窗口的监视器调用该方法。

(4) public void windowClosed(WindowEvent e)：当窗口关闭后，窗口的监视器调用该方法。

(5) public void windowIconified(WindowEvent e)：当窗口图标化时，窗口的监视器调用该方法。

(6) public void windowDeiconified(WindowEvent e)：当窗口撤销图标化时，窗口的监视器调用该方法。

(7) public void windowOpened(WindowEvent e)：当窗口打开时，窗口的监视器调用该方法。

当单击窗口右上角的图标化按钮时，监视器调用 windowIconified()方法，还将调用

windowDeactivated()方法。当撤销窗口图标化时，监视器调用 windowDeiconified()方法，还会调用 windowActivated()方法。当单击窗口上的关闭图标时，监视器首先调用 windowClosing()方法，该方法的执行必须保证窗口调用 dispose()方法，这样才能触发"窗口已关闭"，监视器才会再调用 windowClosed()方法。

需要特别注意的是，当单击窗口右上角的关闭图标时，监视器首先调用 windowClosing()方法，如果在该方法中使用

```
System.exit(0);
```

退出程序的运行，那么监视器就没有机会再调用 windowClosed()方法。

❸ WindowAdapter 适配器

大家知道，当一个类实现一个接口时，即使不准备处理某个方法，也必须给出接口中所有方法的实现。单接口适配器可以代替接口来处理事件(见 8.5 节)，当 Java 提供处理事件的接口中多于一个方法时，Java 相应地提供一个适配器类，例如 WindowAdapter 类。适配器已经实现了相应的接口，例如 WindowAdapter 类实现了 WindowListener 接口。因此，可以使用 WindowAdapter 的子类创建的对象做监视器，在子类中重写所需要的接口方法即可。

在下面的例 10.13 中，使用适配器做监视器，只处理窗口关闭事件，因此，只需重写 windowColsing()方法即可。

例 10.13

Example10_13.java

```
import java.awt.*;
import java.awt.event.*;
import javax.swing.*;
class MyFrame extends JFrame {
    Boy police;
    MyFrame(String s) {
        super(s);
        police = new Boy();
        setBounds(100,100,200,300);
        setVisible(true);
        addWindowListener(police);             //向窗口注册监视器
        validate();
    }
}
class Boy extends WindowAdapter {
    public void windowClosing(WindowEvent e) {
        System.exit(0);
    }
}
public class Example1C_13 {
    public static void main(String args[]) {
        new MyFrame("窗口");
    }
}
```

扫一扫

视频讲解

▶ 10.4.9 匿名类、适配器或窗口做监视器

❶ 匿名类的实例做监视器

在第 6 章曾学习了匿名类，其方便之处是匿名类的外嵌类的成员变量在匿名类中仍然有效。如果用内部类的实例做监视器，那么当发生事件时，监视器就比较容易操作事件源所在的

外嵌类中的成员。使用内部类或匿名类的实例做监视器,将损失监视器的复用性,但是,如果事件的处理比较简单,系统也不复杂时,使用匿名类或内部类做监视器是一个不错的选择,而且还可以使用 Lambda 表达式(见 6.3 节)简化代码。

❷ 适配器的实例做监视器

如果一个类实现一个接口,即使不准备处理接口中的某个方法,也必须重写接口中的所有方法。当接口中多于一个方法时,Java 核心 API 就提供一个相应的适配器类,例如 MouseAdapter、WindowAdapter、FocusAdapter 等类。适配器已经实现了相应的接口,当用户定义适配器的子类时,只需在子类中重写所需要的接口方法即可(见前面的例 10.13)。

❸ 窗口做监视器

如果让组件所在的窗口做监视器,能让事件的处理比较方便,这是因为监视器可以方便地操作窗口中的其他成员。使用窗口的实例做监视器,将损失监视器的复用性,如果事件的处理比较简单,系统也不复杂时,让窗口做监视器是一个不错的选择。

例 10.14 是一个猜数字小游戏,窗口中有两个按钮: buttonGetNumber 和 buttonEnter,单击 buttonGetNumber 按钮可以获得一个随机数,然后在一个文本框中输入猜测再单击 buttonEnter 按钮。在本例子中,用匿名类的实例做 buttonGetNumber 的监视器,用窗口做 buttonEnter 的监视器。程序运行效果如图 10.13 所示。

图 10.13 猜数字

例 10.14

Example10_14.java

```
public class Example10_14 {
    public static void main(String args[]) {
       WindowGuessNumber win = new WindowGuessNumber();
       win.setTitle("猜数字");
    }
}
```

WindowGuessNumber.java

```
import java.awt.*;
import java.awt.event.*;
import javax.swing.*;
public class WindowGuessNumber extends JFrame implements ActionListener {
     int number;
     JLabel hintLabel;
     JTextField inputGuess;
     JButton buttonGetNumber,buttonEnter;
     WindowGuessNumber() {
        setLayout(new FlowLayout());
        buttonGetNumber = new JButton("得到一个随机数");
        add(buttonGetNumber);
        hintLabel = new JLabel("输入你的猜测:",JLabel.CENTER);
        hintLabel.setBackground(Color.cyan);
        inputGuess = new JTextField("0",10);
        add(hintLabel);
        add(inputGuess);
        buttonEnter = new JButton("确定");
        add(buttonEnter);
        buttonGetNumber.addActionListener((ActionEvent e) ->{
                                          number = (int)(Math.random() * 100) + 1;
```

```
                                hintLabel.setText("输入你的猜测:");
                            }); //匿名类的实例做监视器,使用了 Lambda 表达式
        buttonEnter.addActionListener(this);   //窗口做监视器
        setBounds(100,100,560,120);
        setVisible(true);
        setDefaultCloseOperation(JFrame.DISPOSE_ON_CLOSE);
        validate();
    }
    public void actionPerformed(ActionEvent e) {
        int guess = 0;
        try { guess = Integer.parseInt(inputGuess.getText());
              if(guess == number) {
                  hintLabel.setText("猜对了!");
              }
              else if(guess > number) {
                  hintLabel.setText("猜大了!");
                  inputGuess.setText(null);
              }
              else if(guess < number) {
                  hintLabel.setText("猜小了!");
                  inputGuess.setText(null);
              }
        }
        catch(NumberFormatException event) {
              hintLabel.setText("请输入数字字符");
        }
    }
}
```

代码分析：事件源发生的事件传递到监视器对象，这意味着要把监视器注册到按钮。当事件发生时，监视器对象将“监视”它。在上述例 10.14 中的 WindowGuessNumber 类中，通过把 WindowGuessNumber 类的实例（窗口）的引用传值给

```
addActionListener(ActionListener listen)
```

方法中的接口参数，使窗口成为监视器：

```
buttonEnter.addActionListener(this);
```

this 出现在构造方法中（this 关键字的知识点见 4.7 节），就代表 WindowGuessNumber 创建的对象，即代表在 Example10_14.java 中 WindowGuessNumber 类创建的 win。因为事件源发生的事件是 ActionEvent 类型，所以 WindowGuessNumber 类要实现 ActionListener 接口。

扫一扫

视频讲解

▶ 10.4.10 事件的总结

❶ 授权模式

Java 的事件处理基于授权模式，即事件源调用方法将某个对象注册为自己的监视器。大家领会了上述 10.4.2 节～10.4.4 节的几个例子，学习事件处理就不会有太大的困难了，其原因是，处理相应的事件使用相应的接口。

❷ 接口回调

Java 语言使用接口回调技术实现处理事件的过程，在 Java 中能触发事件的对象都用方法：

```
addXXXListener(XXXListener listener)
```

将某个对象注册为自己的监视器,方法中的参数是一个接口,listener 可以引用任何实现了该接口的类所创建的对象,当事件源发生事件时,接口 listener 立刻回调被类实现的接口中的某个方法。

❸ 方法绑定

从方法绑定角度看,Java 运行系统要求监视器必须绑定某些方法来处理事件,这就需要用接口来达到此目的,即将某种事件的处理绑定到对应的接口,即绑定到接口中的方法。也就是说,当事件源触发事件发生后,监视器知道去调用哪个方法(自动去调用)。

❹ 保持松耦合关系

监视器和事件源应当保持一种松耦合关系,也就是说,尽量让事件源所在的类和监视器是组合关系(见例 10.6、例 10.7),也就是说,当事件源触发事件发生后,系统知道某个方法会被执行,但无须关心到底是哪个对象调用了这个方法,因为任何实现接口的类的实例(做监视器)都可以调用这个方法来处理事件。

扫一扫

视频讲解

10.5 使用 MVC 结构

模型-视图-控制器(Model-View-Controller),简称为 MVC。MVC 是一种先进的设计结构,是 Trygve Reenskaug 教授于 1978 年最早开发的一个基本结构,其目的是以会话形式提供方便的 GUI 支持。MVC 首先出现在 Smalltalk 编程语言中。

MVC 是一种通过 3 个不同部分构造一个软件或组件的理想办法。

- 模型(model):用于存储数据的对象。
- 视图(view):为模型提供数据显示的对象。
- 控制器(controller):处理用户的交互操作,对于用户的操作作出响应,让模型和视图进行必要的交互,即通过视图修改、获取模型中的数据,当模型中的数据变化时,让视图更新显示。

从面向对象的角度看,MVC 结构可以使程序更具有对象化特性,也更容易维护。在设计程序时,可以将某个对象看作"模型",然后为"模型"提供恰当的显示组件,即"视图"。为了对用户的操作做出响应,可以选择某个组件做"控制器",当触发事件时,通过"视图"修改或得到"模型"中维护的数据,并让"视图"更新显示。

在例 10.15 中,首先编写一个封装三角形的类(模型角色),然后编写一个窗口。要求窗口使用 3 个文本框和一个文本区为三角形对象中的数据提供视图,其中,3 个文本框用来显示和更新三角形对象的 3 个边的长度;文本区对象用来显示三角形的面积。窗口中有一个监视器担任控制器角色,用户单击该按钮后,控制器用 3 个文本框中的数据更新三角形的 3 个边,然后让三角形返回面积,并将返回的面积显示在文本区中。程序运行效果如图 10.14 所示。

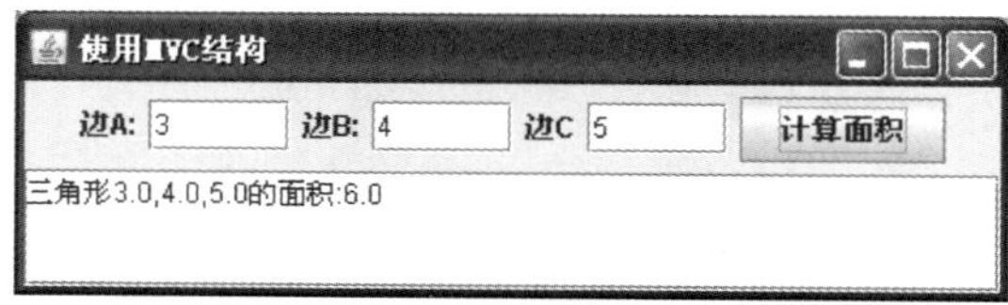

图 10.14　MVC 结构

例 10.15

Example10_15.java

```
public class Example10_15 {
    public static void main(String args[]){
       MVCWindow win = new MVCWindow();
       win.setTitle("使用 MVC 结构");
       win.setBounds(100,100,420,260);
    }
}
```

TriangeModel.java

```
public class TriangeModel {
     double sideA,sideB,sideC;
     boolean isTriange;
     public double getArea() {
      if(isTriange) {
         double p = (sideA + sideB + sideC)/2.0;
         double area = Math.sqrt(p * (p - sideA) * (p - sideB) * (p - sideC)) ;
         return area;
      }
      else {
         return Double.NaN;       //Not - a - Number
      }
     }
     public void setA(double a) {
         sideA = a;
         if(sideA + sideB > sideC&&sideA + sideC > sideB&&sideC + sideB > sideA)
             isTriange = true;
         else
             isTriange = false;
     }
     public void setB(double b) {
         sideB = b;
         if(sideA + sideB > sideC&&sideA + sideC > sideB&&sideC + sideB > sideA)
             isTriange = true;
         else
             isTriange = false;
     }
     public void setC(double c) {
         sideC = c;
         if(sideA + sideB > sideC&&sideA + sideC > sideB&&sideC + sideB > sideA)
             isTriange = true;
         else
             isTriange = false;
     }
}
```

MVCWindow.java

```
import java.awt. * ;
import javax.swing. * ;
public class MVCWindow extends JFrame {
     TriangeModel model;                          //模型
     JTextField textA,textB,textC;                //视图
     JTextArea showArea;                          //视图
     JButton button;
     Controller controller;                       //控制器(监视器充当该角色)
     MVCWindow() {
```

```
        init();
        setVisible(true);
        setDefaultCloseOperation(JFrame.DISPOSE_ON_CLOSE);
    }
    void init() {
        model = new TriangeModel();
        textA = new JTextField(5);
        textB = new JTextField(5);
        textC = new JTextField(5);
        button = new JButton("计算面积");
        showArea = new JTextArea();
        JPanel pNorth = new JPanel();
        pNorth.add(new JLabel("边 A:"));
        pNorth.add(textA);
        pNorth.add(new JLabel("边 B:"));
        pNorth.add(textB);
        pNorth.add(new JLabel("边 C"));
        pNorth.add(textC);
        pNorth.add(button);
        add(pNorth,BorderLayout.NORTH);
        add(new JScrollPane(showArea),BorderLayout.CENTER);
        controller = new Controller();
        button.addActionListener(controller);
        controller.setMVCWindow(this);
        validate();
    }
}
```

Controller.java

```
import java.awt.event.*;
public class Controller implements ActionListener {
    MVCWindow mvc;
    public void setMVCWindow(MVCWindow mvc){
        this.mvc = mvc;
    }
    public void actionPerformed(ActionEvent e) {
     try{
        double a = Double.parseDouble(mvc.textA.getText().trim());
        double b = Double.parseDouble(mvc.textB.getText().trim());
        double c = Double.parseDouble(mvc.textC.getText().trim());
        mvc.model.setA(a) ;                            //更新模型中的数据
        mvc.model.setB(b);
        mvc.model.setC(c);
        double area = mvc.model.getArea();
        mvc.showArea.append("三角形" + a + "," + b + "," + c + "的面积:");
        mvc.showArea.append("" + area + "\n");    //更新视图
     }
     catch(Exception exp) {
        mvc.showArea.append("\n" + exp + "\n");
     }
   }
}
```

10.6 树组件与表格组件

树组件和表格组件较前面学习的组件复杂,因此作为一节单独讲解。

▶ 10.6.1 树组件

JTree 类的对象称为树组件，树组件也是常用组件之一。

❶ DefaultMutableTreeNode 结点

树组件由结点组成，其外观比前面学习的组件复杂。要想构造一个树组件，必须事先为其创建结点对象。任何实现 MutableTreeNode 接口的类创建的对象都可以成为树上的结点。树中只有一个根结点，所有其他结点从这里引出。除根结点外，其他结点分为两类，一类是带子结点的分支结点，另一类是不带子结点的叶结点。每一个结点关联着一个描述该结点的文本标签和图像图标。文本标签是结点中对象的字符串表示(有关对象的字符串表示见 9.1.4 节)，图标指明该结点是否是叶结点。在默认情况下，初始状态的树形视图只显示根结点和它的直接子结点。用户可以双击结点的图标或单击图标前的“开关”使该结点扩展或收缩(如图 10.15 中左侧之组件)。

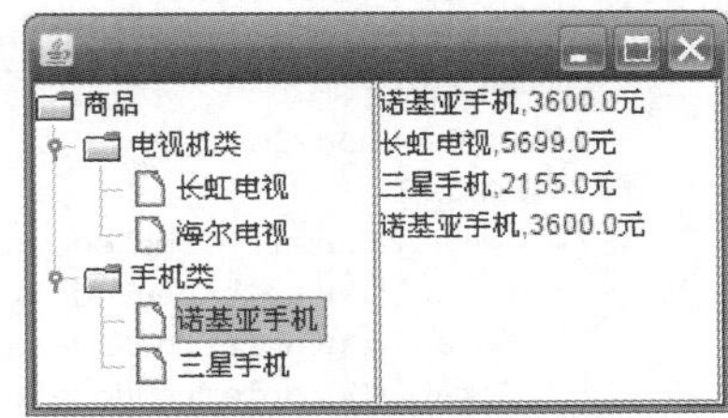

图 10.15 左侧是树组件

javax.swing.tree 包提供的 DefaultMutableTreeNode 类是实现了 MutableTreeNode 接口的类，用户可以使用这个类创建树上的结点。DefaultMutableTreeNode 类的两个常用的构造方法如下：

```
DefaultMutableTreeNode(Object userObject)
DefaultMutableTreeNode(Object userObject,boolean allowChildren)
```

第一个构造方法创建的结点默认可以有子结点，即可以使用方法 add()添加其他结点作为它的子结点。如果需要，一个结点可以使用 setAllowsChildren(boolean b)方法来设置是否允许有子结点。两个构造方法中的参数 userObject 用来指定结点中存放的对象，结点可以调用 getUserObject()方法得到结点中存放的对象。

创建若干结点，并规定好了它们之间的父子关系后，再使用 JTree 的构造方法 JTree (TreeNode root)创建根结点是 root 的树组件。

❷ 树上的 TreeSelectionEvent 事件

树组件可以触发 TreeSelectionEvent 事件，树使用

```
addTreeSelectionListener(TreeSelectionListener listener)
```

方法获得一个监视器。当单击树上的结点时，系统将自动用 TreeSelectionEvent 创建一个事件对象，通知树的监视器，监视器将自动调用 TreeSelectionListener 接口中的方法。创建监视器的类必须实现 TreeSelectionListener 接口，此接口中的方法如下：

```
public void valueChanged(TreeSelectionEvent e)
```

树使用 getLastSelectedPathComponent()方法获取选中的结点。

在例 10.16 中，结点中存放的对象由 Goods 类(描述商品)创建，当用户选中结点时，窗口中的文本区显示结点中存放的对象的有关信息，程序运行效果如图 10.15 所示。

例 10.16

Example10_16.java

```
public class Example10_16{
    public static void main(String args[]){
```

```
        TreeWin win = new TreeWin();
    }
}
```

TreeWindow.java

```
import javax.swing.*;
import javax.swing.tree.*;
import java.awt.*;
import javax.swing.event.*;
public class TreeWin extends JFrame implements TreeSelectionListener{
    JTree tree;
    JTextArea showText;
    TreeWin(){
       DefaultMutableTreeNode root = new DefaultMutableTreeNode("商品");          //根结点
       DefaultMutableTreeNode nodeTV = new DefaultMutableTreeNode("电视机类");  //结点
       DefaultMutableTreeNode nodePhone = new DefaultMutableTreeNode("手机类");  //结点
       DefaultMutableTreeNode tv1 =
       new DefaultMutableTreeNode(new Goods("长虹电视",5699));     //结点
       DefaultMutableTreeNode tv2 =
       new DefaultMutableTreeNode(new Goods("海尔电视",7832));     //结点
       DefaultMutableTreeNode phone1 =
       new DefaultMutableTreeNode(new Goods("诺基亚手机",3600));   //结点
       DefaultMutableTreeNode phone2 =
       new DefaultMutableTreeNode(new Goods("三星手机",2155));     //结点
       root.add(nodeTV);                                           //确定结点之间的关系
       root.add(nodePhone);
       nodeTV.add(tv1);                                            //确定结点之间的关系
       nodeTV.add(tv2);
       nodePhone.add(phone1);
       nodePhone.add(phone2);
       tree = new JTree(root);                                     //用 root 做根的树组件
       tree.addTreeSelectionListener(this);                        //窗口监视树组件上的事件
       showText = new JTextArea();
       setLayout(new GridLayout(1,2));
       add(new JScrollPane(tree));
       add(new JScrollPane(showText));
       setDefaultCloseOperation(JFrame.EXIT_ON_CLOSE);
       setVisible(true);
       setBounds(80,80,300,300);
       validate();
    }
    public void valueChanged(TreeSelectionEvent e){
       DefaultMutableTreeNode node =
       (DefaultMutableTreeNode)tree.getLastSelectedPathComponent();
       if(node.isLeaf()){
          Goods s = (Goods)node.getUserObject();                   //得到结点中存放的对象
          showText.append(s.name + "," + s.price + "元\n");
       }
       else{
          showText.setText(null);
       }
    }
}
```

Goods.java

```
public class Goods{
    String name;
    double price;
```

```
    Goods(String n,double p){
        name = n;
        price = p;
    }
    public String toString() {        //返回对象的串表示
        return name;
    }
}
```

扫一扫

视频讲解

▶ 10.6.2 表格组件

表格组件以行和列的形式显示数据，允许用户对表格中的数据进行编辑。表格的模型功能强大、灵活并易于执行。表格是最复杂的组件，对于初学者，这里只介绍默认的表格模型。

JTable 有 7 个构造函数，这里介绍常用的 3 个。

JTable()：创建默认的表格模型。

JTable(int a,int b)：创建 a 行、b 列的默认模型表格。

JTable(Object data[][],Object columnName[])：创建默认表格模型对象，并且显示由 data 指定的二维数组的值，其列名由数组 columnName 指定。

通过对表格中的数据进行编辑，可以修改表格中二维数组 data 中对应的数据。在表格中输入或修改数据后，需按回车键或单击表格的单元格确定所输入或修改的结果。当表格需要刷新显示时，让表格调用 repaint 方法。

例 10.17 是一个成绩单输入程序(效果如图 10.16 所示)，客户通过一个表格的单元格输入学生的数学和英语成绩。单击“计算每人总成绩”按钮后，将总成绩放入相应的表格单元中。因为 Object 类是所有类的默认父类，所以在表格中输入一个数值被认为是一个 Object 对象。Object 类有一个很有用的方法，即 toString()，可以得到对象的字符串表示。

姓名	英语成绩	数学成绩	总成绩
张三	77	66	143.0
李四	88	100	188.0
孙强	56	99	155.0
姓名	0	0	0.0

计算每人总成绩

图 10.16　表格

例 10.17

Example10_17.java

```
import javax.swing.*;
import java.awt.*;
import java.awt.event.*;
public class Example10_17 {
    public static void main(String args[]) {
        WinTable Win = new WinTable();
    }
}
class WinTable extends JFrame implements ActionListener {
    JTable table;Object a[][];
    Object name[] = {"姓名","英语成绩","数学成绩","总成绩"};
    JButton button;
    WinTable() {
        a = new Object[8][4];
        for(int i = 0;i < 8;i++) {
            for(int j = 0;j < 4;j++) {
                if(j!= 0)
                    a[i][j] = "0";
                else
                    a[i][j] = "姓名";
            }
        }
```

```
        button = new JButton("计算每人总成绩");
        table = new JTable(a,name);
        button.addActionListener(this);
        add(new JScrollPane(table),BorderLayout.CENTER);
        add(new JLabel("修改或录入数据后,需按回车键确认"),BorderLayout.SOUTH);
        add(button,BorderLayout.SOUTH);
        setSize(500,230);
        setVisible(true);
        validate();
        setDefaultCloseOperation(JFrame.DISPOSE_ON_CLOSE);
    }
    public void actionPerformed(ActionEvent e) {
        for(int i = 0;i < 8;i++) {
            double sum = 0;
            boolean boo = true;
            for(int j = 1;j <= 2;j++){
                try{ sum = sum + Double.parseDouble(a[i][j].toString());
                }
                catch(Exception ee){
                    boo = false;
                    table.repaint();
                }
                if(boo == true) {
                    a[i][3] = "" + sum;
                    table.repaint();
                }
            }
        }
    }
}
```

扫一扫

视频讲解

10.7 将按钮绑定到键盘

在某些应用中,用户希望敲击键盘上的某个键和单击按钮程序产生同样的效果,这就需要掌握本节的知识(将按钮绑定到键盘通常理解为用户直接敲击某个键代替单击该按钮所产生的效果)。

❶ AbstractAction 类与特殊的监视器

如果希望把用户对按钮的操作绑定到键盘上的某个键,必须用某种办法(见之后内容)将按钮绑定到某个键,即为按钮绑定键盘操作,然后为按钮的键盘操作指定一个监视器(该监视器负责处理按钮的键盘操作)。Java 对监视按钮的键盘操作的监视器有更加严格的要求,要求创建监视器的类必须实现 ActionListener 接口的子接口 Action。

如果按钮通过 addActionListener()方法注册的监视器和程序为按钮的键盘操作指定的监视器是同一个监视器,那么用户直接敲击某个键(按钮的键盘操作)就可以代替单击该按钮所产生的效果,这就是人们通常理解的按钮的键盘绑定。

抽象类 javax.swing.AbstractAction 类已经实现了 Action 接口,因为大部分应用不需要实现 Action 中的其他方法,因此在编写 AbstractAction 类的子类时,只要重写

```
public void actionPerformed(ActionEvent e)
```

方法即可。为按钮的键盘操作指定了监视器后,用户只要敲击相应的键,监视器就执行 actionPerformed()方法。

❷ 指定监视器的步骤

以下假设按钮是 button，listener 是 AbstractAction 类的子类的实例。

(1) 获取输入映射。

按钮首先调用

```
public final InputMap getInputMap(int condition)
```

方法返回一个 InputMap 对象，其中，参数 condition 取 JComponent 类的 static 常量 WHEN_FOCUSED(仅在击键发生、同时组件具有焦点时才调用操作)、WHEN_IN_FOCUSED_WINDOW(当击键发生、同时组件具有焦点时，或者组件处于具有焦点的窗口中时调用操作，注意，只要窗口中的任意组件具有焦点，就调用向此组件注册的操作)、WHEN_ANCESTOR_OF_FOCUSED_COMPONENT(当击键发生、同时组件具有焦点时，或者该组件是具有焦点的组件的祖先时，调用该操作)。

例如：

```
InputMap inputmap = button.getInputMap(JComponent.WHEN_IN_FOCUSED_WINDOW);
```

(2) 绑定按钮的键盘操作。

步骤(1)返回的输入映射首先调用方法

```
public void put(KeyStroke keyStroke,Object actionMapKey)
```

将敲击键盘上的某键指定为按钮的键盘操作，并为该操作指定一个 Object 类型的映射关键字(再使用该关键字为按钮上的键盘操作指定监视器，见稍后的步骤)。例如：

```
inputmap.put(KeyStroke.getKeyStroke("A"),"dog");
```

(3) 为按钮的键盘操作指定监视器。

按钮调用方法

```
public final ActionMap getActionMap()
```

返回一个 ActionMap 对象：

```
ActionMap actionmap = button.getActionMap();
```

然后，该对象 actionmap 调用方法

```
public void put(Object key,Action action)
```

为按钮的键盘操作指定监视器(实现单击键盘上的键通知监视器的过程)。例如：

```
actionmap.put("dog",listener);
```

在例 10.18 中，单击按钮或敲击键盘上的 A 键，程序将移动按钮。

例 10.18

Example10_18.java

```
public class Example10_18 {
   public static void main(String args[]){
         BindButtonWindow win = new BindButtonWindow();
   }
}
```

BindButtonWindow.java

```
import javax.swing.*;
import java.awt.*;
import java.awt.event.*;
public class BindButtonWindow extends JFrame {
    JButton button;
    Police listener;
    BindButtonWindow(){
        setLayout(new FlowLayout());
        listener = new Police();
        button  =  new JButton("单击我或按 A 键移动我");
        add(button);
        button.addActionListener(listener); //listener 以注册方式成为监视器,监视鼠标单击按钮
        InputMap inputmap  =  button.getInputMap(JComponent.WHEN_IN_FOCUSED_WINDOW);
        inputmap.put(KeyStroke.getKeyStroke("A"),"dog");
        ActionMap actionmap = button.getActionMap();
        actionmap.put("dog",listener);         //指定 listener 是按钮键盘操作的监视器
        setVisible(true);
        setBounds(100,100,200,200);
        setDefaultCloseOperation(JFrame.DISPOSE_ON_CLOSE);
    }
    class Police extends AbstractAction {      //Police 是内部类
        public void actionPerformed(ActionEvent e) {
            JButton b = (JButton)e.getSource();
            int x = b.getBounds().x;                //获取按钮的位置
            int y = b.getBounds().y;
            b.setLocation(x + 10,y + 10);          //移动按钮
        }
    }
}
```

❸ 注意事项

实际上,为按钮的键盘操作指定的监视器和按钮本身使用 addActionListener()方法注册的监视器可以不是同一个,甚至按钮可以不使用 addActionListener()方法注册任何监视器。例如,如果想仅敲击键盘就移动按钮,可以不为按钮注册监视器,即删除程序中的

```
button.addActionListener(listener);
```

那么,程序只有按 A 键才能移动按钮(单击按钮不能移动按钮)。

需要注意的是,不要把为按钮绑定键盘操作的思想和按钮调用方法

```
public void setMnemonic(int mnemonic)
```

设置按钮的快捷键相混淆。例如:

```
button.setMnemonic('B');
```

仅设置了按钮的快捷键是 B,即用户可以用 Alt+B 组合键代替单击按钮(并不涉及处理事件的问题)。

扫一扫

视频讲解

10.8 使用中介者模式

在第 8 章曾介绍了几个重要的设计模式,本节介绍在组件设计中经常使用的中介者模式,其定义是:“用一个中介对象来封装一系列的对象交互。中介者使各对象不需要显式地相互引用,从而使其耦合松散,而且可以独立地改变它们之间的交互”。

中介者模式的结构中包括 4 种角色。

- 中介者(Mediator)：中介者是一个接口，该接口定义了用于同事(Colleague)对象之间进行通信的方法。
- 具体中介者(ConcreteMediator)：具体中介者是实现中介者接口的类。要允许具体中介者包含所有具体同事(ConcreteColleague)的引用，例如允许具体中介者通过组合或方法的参数调用任何一个同事，并通过实现中介者接口中的方法来满足具体同事之间的通信请求。
- 同事(Colleague)：一个接口，规定了具体同事需要实现的方法。
- 具体同事(ConcreteColleague)：实现同事接口的类。具体同事需要包含具体中介者的引用，当一个具体同事需要和其他具体同事交互时，只需将自己的请求通知给它所包含的具体中介者即可。

中介者模式结构中的角色形成的 UML 类图如图 10.17 所示。

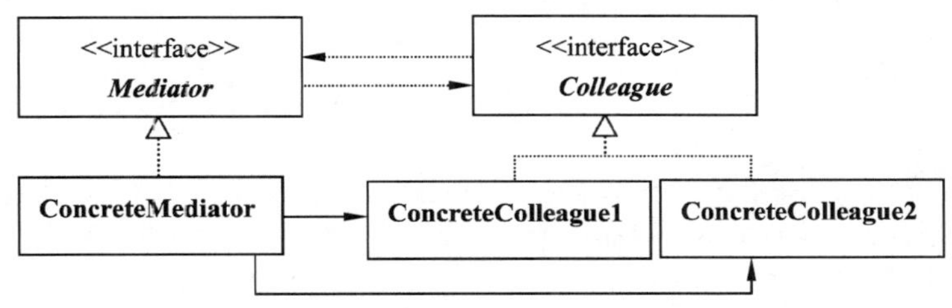

图 10.17　中介者模式的类图

注：如果仅仅需要一个具体中介者，模式中的中介者接口可以省略。

在设计 GUI 程序时，即使组件不是很多，之间的交互也可能非常复杂，这时经常需要使用中介者模式协调各个组件。

我们很熟悉如何将程序中的文本复制或剪切到剪贴板，以及将剪贴板中的文本粘贴到程序中。例如一个程序需要实现以下功能：

- 程序中有一个文本区，当文本区中有文本被选中时，负责复制和剪切的组件将处于可用状态；当文本区中没有文本被选中时，负责复制和剪切的组件将处于不可用状态。
- 当剪贴板上无内容时，负责粘贴的组件处于不可用状态；当剪贴板上有内容时，负责粘贴的组件处于可用状态。

为实现上述功能，并不需要明确地定义中介者模式中的同事接口和中介者接口，只需要给出具体同事和具体中介者即可。

❶ 具体同事

具体同事是 javax.swing 包中的 JMenu、JMenuItem 以及 JTextArea 类。

❷ 具体中介者

具体中介者类是 ConcreteMediator 类，代码如下：

ConcreteMediator.java

```
import javax.swing.*;
import java.awt.datatransfer.*;
public class ConcreteMediator{
    JMenu menu;
    JMenuItem copyItem,cutItem,pasteItem;
    JTextArea text;
```

```
    public void openMenu(){
        Clipboard clipboard = text.getToolkit().getSystemClipboard();
        String str = text.getSelectedText();
        if(str == null){
            copyItem.setEnabled(false);
            cutItem.setEnabled(false);
        }
        else{
            copyItem.setEnabled(true);
            cutItem.setEnabled(true);
        }
        boolean boo = clipboard.isDataFlavorAvailable(DataFlavor.stringFlavor);
        if(boo){
            pasteItem.setEnabled(true);
        }
    }
    public void paste(){
        text.paste();
    }
    public void copy(){
        text.copy();
    }
    public void cut(){
        text.cut();
    }
    public void registerMenu(JMenu menu){
        this.menu = menu;
    }
    public void registerPasteItem(JMenuItem item){
        pasteItem = item;
    }
    public void registerCopyItem(JMenuItem item){
        copyItem = item;
        copyItem.setEnabled(false);
    }
    public void registerCutItem(JMenuItem item){
        cutItem = item;
        cutItem.setEnabled(false);
    }
    public void registerText(JTextArea text){
        this.text = text;
    }
}
```

❸ 应用程序

在下列应用程序中,Application.java 使用了中介者模式中所涉及的类,运行效果如图 10.18 所示。

图 10.18　使用中介者模式

Application.java

```
import javax.swing.*;
import java.awt.event.*;
```

```
import java.awt.*;
import javax.swing.event.*;
public class Application extends JFrame{
    ConcreteMediator mediator;
    JMenuBar bar;
    JMenu menu;
    JMenuItem copyItem,cutItem,pasteItem;
    JTextArea text;
    Application(){
      mediator = new ConcreteMediator();
      bar = new JMenuBar();
      menu = new JMenu("编辑");
      menu.addMenuListener(new MenuListener(){
                          public void menuSelected(MenuEvent e){
                            mediator.openMenu();
                          }
                          public void menuDeselected(MenuEvent e){}
                          public void menuCanceled(MenuEvent e){}
                       });
      copyItem = new JMenuItem("复制");
      copyItem.addActionListener(new ActionListener(){
                          public void actionPerformed(ActionEvent e){
                            mediator.copy();
                          }
                       });
      cutItem = new JMenuItem("剪切");
      cutItem.addActionListener(new ActionListener(){
                          public void actionPerformed(ActionEvent e){
                            mediator.cut();
                          }
                       });
      pasteItem = new JMenuItem("粘贴");
      pasteItem.addActionListener(new ActionListener(){
                          public void actionPerformed(ActionEvent e){
                            mediator.paste();
                          }
                       });
      text = new JTextArea();
      bar.add(menu);
      menu.add(cutItem);
      menu.add(copyItem);
      menu.add(pasteItem);
      setJMenuBar(bar);
      add(text,BorderLayout.CENTER);
      register();
        setDefaultCloseOperation(JFrame.DISPOSE_ON_CLOSE);
    }
    private void register(){
      mediator.registerMenu(menu);
      mediator.registerCopyItem(copyItem);
      mediator.registerCutItem(cutItem);
      mediator.registerPasteItem(pasteItem);
      mediator.registerText(text);
    }
    public static void main(String args[]){
      Application application = new Application();
      application.setBounds(100,200,300,300);
      application.setVisible(true);
    }
}
```

扫一扫

视频讲解

10.9 发布 GUI 程序

可以使用 jar.exe 把一些文件压缩成一个 JAR 文件，来发布 GUI 程序。首先将程序中的字节码文件复制到一个新目录中(例如 D:\2019)，即该新目录中的字节码文件刚好是程序的全部字节码文件。例 10.19 为例说明步骤。

例 **10.19**

❶ 清单文件(mymoon.mf)。

```
Manifest-Version: 1.0
Main-Class: Example10_16
Created-By: 11
```

编写清单文件时，在"Manifest-Version:"和"1.0"之间、"Main-Class:"和主类"Example10_16"之间，以及"Created-By:"和"11"之间必须有且仅有一个空格。命名清单文件的名字是 mymoon.mf，保存到 D:\2019。

❷ 生成 JAR 文件(Tom.jar)

生成 JAR 文件 Tom.jar：

```
D:\2019> jar cfm Tom.jar mymoon.mf Example10_16.class TreeWin.class
```

如果 D:\2019 下的字节码文件刚好是应用程序需要的全部字节码文件，也可以如下生成 JAR 文件 Tom.jar：

```
D:\2019> jar cfm Tom.jar mymoon.mf *.class
```

其中，参数 c 表示要生成一个新的 JAR 文件；f 表示要生成的 JAR 文件的名字；m 表示文件清单文件的名字。

❸ 制作 bat 文件(tree.bat)

编写如下的 tree.bat，用记事本保存该文件时需要将"保存类型"选择为"所有文件(*.*)"。

```
path ./bin
pause
start javaw -jar Tom.jar
```

将 tree.bat 保存到新的文件夹中，例如名字为"软件发布"的文件夹，然后将 Tom.jar 以及 Java 运行环境，即 JDK 安装目录下的\bin 和\lib(Java 运行环境，见第 1.3.2 节)复制到"软件发布"中。可以将"软件发布"文件夹作为软件发布，也可以用压缩工具将该"软件发布"下的所有文件压缩成.zip 或.jar 文件发布。用户解压后，双击 tree.bat 即可运行程序(正常情况下，双击 Tom.jar 文件也可以运行程序，但在安装某些压缩软件后，双击 Tom.jar 导致解压操作)。如果客户计算机上有 Java SE 11 或后续版本的运行环境，可以不把\bin 和\lib 复制到"软件发布"中，同时去除 bat 文件中的 path./bin 内容。

注：javaw.exe 和 java.exe 都是运行 Java 程序，但 javaw 运行 Java 程序后，将不再占用当前命令行窗口，即后台运行 Java 程序。如果源文件使用了包语句，可参考 4.13.2 节。

10.10 小结

(1) 掌握将其他组件嵌套到 JFrame 窗体中的方法。
(2) 掌握各种组件的特点和使用方法。
(3) 重点掌握组件的事件处理,Java 处理事件的模式是事件源、监视器、处理事件的接口。

习题 10

扫一扫

习题

扫一扫

自测题

第 11 章 对话框

主要内容：

❖ JDialog 类；
❖ 文件对话框；
❖ 消息对话框；
❖ 输入对话框；
❖ 确认对话框；
❖ 颜色对话框。

难点：

❖ 文件对话框。

11.1 JDialog 类

JDialog 类和 JFrame 类都是 Window 的子类，二者的实例都是底层容器，但二者既有相似之处也有不同的地方，主要区别是 JDialog 类创建的对话框必须依赖于某个窗口。

创建对话框与创建窗口类似，通过建立 JDialog 的子类来建立一个对话框类，然后这个类的一个实例，即这个子类创建的一个对象，就是一个对话框。对话框是一个容器，它的默认布局是 BorderLayout，对话框可以添加组件，实现与用户的交互操作。需要注意的是，对话框可见时，默认被系统添加到显示器屏幕上，因此不允许将一个对话框添加到另一个容器中。

11.1.1 JDialog 类的主要方法

下面介绍 JDialog 类的主要方法。

- JDialog()：构造一个无标题的、初始不可见的对话框。对话框依赖一个默认的不可见的窗口，该窗口由 Java 运行环境提供。
- JDialog(JFrame owner)：构造一个无标题的、初始不可见的、无模式的对话框。owner 是对话框所依赖的窗口，如果 owner 取 null，对话框依赖一个默认的不可见的窗口，该窗口由 Java 运行环境提供。
- JDialog(JFrame owner,String title)：构造一个具有标题的初始不可见的无模式的对话框。参数 title 是对话框的标题的名字，owner 是对话框所依赖的窗口，如果 owner 取 null，对话框依赖一个默认的不可见的窗口，该窗口由 Java 运行环境提供。
- JDialog(JFrame owner,String title,boolean modal)：构造一个具有标题 title 的、初始不可见的对话框。参数 modal 决定对话框是否有模式，参数 owner 是对话框所依赖的窗口，如果 owner 取 null，对话框依赖一个默认的不可见的窗口，该窗口由 Java 运行环境提供。
- getTitle()：获取对话框的标题。

- setTitle()：设置对话框的标题。
- setModal(boolean)：设置对话框的模式。
- setSize()：设置对话框的大小。
- setVisible(boolean b)：显示或隐藏对话框。
- public void setJMenuBar(JMenuBar menu)：为对话框添加菜单条。

▶ 11.1.2 对话框的模式

对话框分为无模式和有模式两种。

如果一个对话框是有模式的对话框，那么当这个对话框处于激活状态时，只让程序响应对话框内部的事件，而且将堵塞其他线程的执行，用户不能再激活对话框所在程序中的其他窗口，直到该对话框消失，不可见。

当无模式对话框处于激活状态时，能激活其他窗口，且不堵塞其他线程的执行。

在例 11.1 中，MyDialog 类负责创建的对话框依赖于 MyWindow 创建的窗口，当对话框处于激活状态时，窗口中的文本区 text 中无法显示信息；当对话框消失时，再根据对话框消失的原因，文本区 text 分别显示信息"你单击了对话框的 Yes 按钮"、"你单击了对话框的 No 按钮"或"你单击了对话框的关闭图标"。例 11.1 中主要类的 UML 图如图 11.1 所示，程序运行效果如图 11.2 所示。

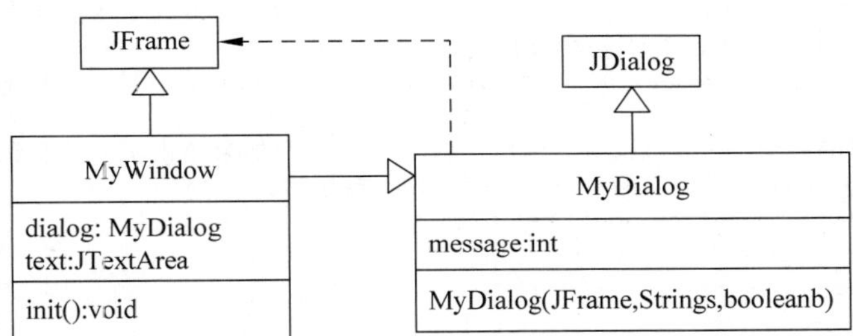

图 11.1 例 11.1 涉及的主要类的 UML 图

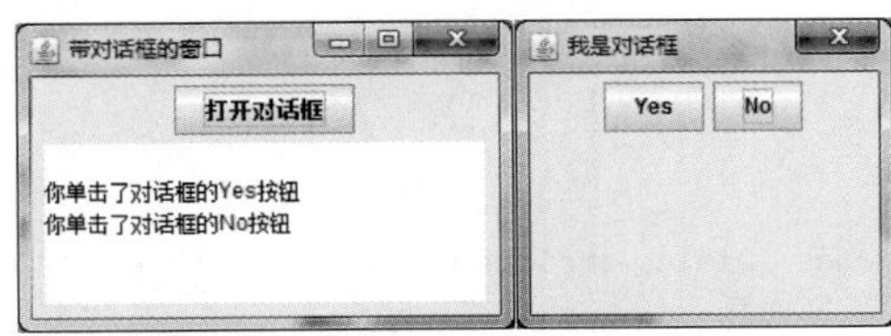

图 11.2 窗口和对话框

例 11.1

Example11_1.java

```
public class Example11_1 {
    public static void main(String args[]) {
        MyWindow win = new MyWindow();
        win.setTitle("带对话框的窗口");
    }
}
```

MyWindow.java

```
import java.awt.*;
import java.awt.event.*;
```

```
import javax.swing.*;
public class MyWindow extends JFrame implements ActionListener {
   JTextArea text;
   JButton button;
   MyDialog dialog;
   MyWindow() {
      init();
      setBounds(60,60,300,300);
      setVisible(true);
      setDefaultCloseOperation(JFrame.EXIT_ON_CLOSE);
   }
   void init() {
      text = new JTextArea(5,22);
      button = new JButton("打开对话框");
      button.addActionListener(this);
      setLayout(new FlowLayout());
      add(button);
      add(text);
      dialog = new MyDialog(this,"我是对话框",true); //对话框依赖于 MyWindow 创建的窗口
   }
   public void actionPerformed(ActionEvent e) {
      if(e.getSource() == button) {
         int x = this.getBounds().x + this.getBounds().width;
         int y = this.getBounds().y;
         dialog.setLocation(x,y);
         dialog.setVisible(true);                  //对话框处于激活状态时，堵塞下面的语句
         //对话框消失后下面的语句继续执行
         if(dialog.getMessage() == MyDialog.Yes)   //如果单击了对话框的 Yes 按钮
            text.append("\n你单击了对话框的 Yes 按钮");
         else if(dialog.getMessage() == MyDialog.No)  //如果单击了对话框的 No 按钮
            text.append("\n你单击了对话框的 No 按钮");
         else if(dialog.getMessage() == -1)
            text.append("\n你单击了对话框的关闭图标");
      }
   }
}
```

MyDialog.java

```
import java.awt.*;
import java.awt.event.*;
import javax.swing.*;
public class MyDialog extends JDialog implements ActionListener  {      //对话框类
   static final int YES = 1,NO = 0;
   int message = -1;
   JButton yes,no;
    MyDialog(JFrame f,String s,boolean b) {                             //构造方法
      super(f,s,b);
      yes = new JButton("Yes");
      yes.addActionListener(this);
      no = new JButton("No");
      no.addActionListener(this);
      setLayout(new FlowLayout());
      add(yes);
      add(no);
      setBounds(60,60,100,100);
      addWindowListener(new WindowAdapter(){
                          public void windowClosing(WindowEvent e){
                             message = -1;
                             setVisible(false);
```

```
                }
            });
        }
        public void actionPerformed(ActionEvent e) {
            if(e.getSource() == yes) {
                message = YES;
                setVisible(false);
            }
            else if(e.getSource() == no) {
                message = NO;
                setVisible(false);
            }
        }
        public int getMessage() {
            return message;
        }
    }
```

注：在进行一个重要的操作之前，最好能弹出一个有模式的对话框。

11.2 文件对话框

扫一扫

视频讲解

文件对话框是一个从文件中选择文件的界面。文件对话框实际上并不能打开或保存文件，它只能得到要打开或保存的文件的名字或所在的目录，要想真正地打开或保存文件，还必须使用输入流与输出流（见 12.5 节）。

使用 javax. swing 包中的 JFileChooser 类可以创建文件对话框，使用该类的构造方法 JFileChooser()创建初始不可见的有模式的文件对话框，然后文件对话框调用下列两个方法：

```
showSaveDialog(Component a);
showOpenDialog(Component a);
```

都可以使对话框可见，只是呈现的外观有所不同，showSaveDialog()方法提供保存文件的界面，showOpenDialog()方法提供打开文件的界面。上述两个方法中的参数 a 指定对话框可见时的位置，当 a 是 null 时，文件对话框出现在屏幕的中央；如果组件 a 不空，文件对话框在组件 a 的正前面居中显示。

showSaveDialog()或 showOpenDialog()方法一直要等到用户单击文件对话框上的“确定”“取消”按钮或关闭图标后才返回，即用户单击文件对话框上的“确定”“取消”按钮或关闭图标，文件对话框将消失。showSaveDialog()或 showOpenDialog()方法返回下列常量之一：

```
JFileChooser.APPROVE_OPTION
JFileChooser.CANCEL_OPTION
```

showSaveDialog()或 showOpenDialog()方法的返回值依赖于单击了文件对话框上的“确定”按钮还是“取消”按钮。当返回的值是 JFileChooser. APPROVE_OPTION 时，可以使用 JFileChooser 类的 getSelecedFile()方法得到文件对话框所选择的文件（如果文件对话框中的 file name 文本框是 null，就得不到文件）。

在例 11.2 中，一个窗口带有文件对话框。窗口中还有一个菜单，当选择菜单中的“打开文件”命令时，文件对话框呈现打开文件的界面；当选择菜单中的“保存文件”命令时，文件对话框呈现保存文件的界面。

例 11.2

Example11_2.java

```
public class Example11_2 {
   public static void main(String args[]) {
      WindowFile win = new WindowFile();
      win.setTitle("带文件对话框的窗口");
   }
}
```

WindowFile.java

```
import java.awt.*;
import java.awt.event.*;
import javax.swing.*;
public class WindowFile extends JFrame implements ActionListener {
   JFileChooser fileDialog ;                //文件对话框
   JMenuBar menubar;
   JMenu menu;
   JMenuItem itemSave,itemOpen;
   JTextArea text;
   WindowFile() {
      init();
      setSize(300,400);
      setVisible(true);
      setDefaultCloseOperation(JFrame.EXIT_ON_CLOSE);
   }
   void init() {
      text = new JTextArea(10,10);
      add(new JScrollPane(text),BorderLayout.CENTER);
      menubar = new JMenuBar();     menu = new JMenu("文件");
      itemSave = new JMenuItem("保存文件");
      itemOpen = new JMenuItem("打开文件");
      itemSave.addActionListener(this);
      itemOpen.addActionListener(this);
      menu.add(itemSave);
      menu.add(itemOpen);
      menubar.add(menu);
      setJMenuBar(menubar);
      fileDialog = new JFileChooser();    }
   public void actionPerformed(ActionEvent e) {
      if(e.getSource() == itemSave) {
         int state = fileDialog.showSaveDialog(this);
         if(state == JFileChooser.APPROVE_OPTION) {
            text.append("\n单击了对话框上的\"确定\"按钮");
            text.append("\n保存的文件名字: " + fileDialog.getSelectedFile());
         }
         else {
            text.append("\n单击了对话框上的\"取消\"按钮或关闭图标");
         }
      }
      else if(e.getSource() == itemOpen) {
         int state = fileDialog.showOpenDialog(this);
         if(state == JFileChooser.APPROVE_OPTION) {
            text.append("\n单击了对话框上的\"确定\"按钮");
            text.append("\n打开的文件名字: " + fileDialog.getSelectedFile());
         }
         else {
           text.append("\n单击了对话框上的\"取消\"按钮或关闭图标");
         }
      }
   }
}
```

11.3 消息对话框

消息对话框是有模式的对话框，在进行一个重要的操作之前，最好能弹出一个消息对话框。可以用 javax.swing 包中的 JOptionPane 类的静态方法：

```
public static void showMessageDialog(Component parentComponent,
                                      String message,
                                      String title,
                                      int messageType)
```

创建一个消息对话框，其中，参数 parentComponent 指定消息对话框可见时的位置，如果 parentComponent 为 null，消息对话框会在屏幕的正前方显示出来；如果组件 parentComponent 不为空，消息对话框会在组件 parentComponent 的正前面居中显示。message 指定对话框上显示的消息；title 指定消息对话框的标题；messageType 的取值为 JOptionPane. INFORMATION_MESSAGE、JOptionPane. WARNING_MESSAGE、JOptionPane. ERROR_MESSAGE、JOptionPane. QUESTION_MESSAGE 或 JOptionPane. PLAIN_MESSAGE，这些值可以给出消息对话框的外观。例如，当取值为 JOptionPane. WARNING_MESSAGE 时，消息对话框上会有一个明显的“!”符号。

在例 11.3 中，要求用户在文本框中只能输入数字字符，当输入非数字字符时，弹出消息对话框。程序中消息对话框的运行效果如图 11.3 所示。

图 11.3 消息对话框

例 11.3

Example11_3. java

```
public class Example11_3 {
    public static void main(String args[]) {
        WindowMess win = new WindowMess();
        win.setTitle("带消息对话框的窗口");
    }
}
```

WindowMess. java

```
import java.awt.event.*;
import java.awt.*;
import javax.swing.*;
public class WindowMess extends JFrame implements ActionListener {
     JTextField inputNumber;
     JTextArea show;
     String regex ;
     WindowMess() {
         regex = "-?[0-9][0-9]*[.]?[0-9]*";
         inputNumber = new JTextField(22);
         inputNumber.addActionListener(this);
         show = new JTextArea();
         add(inputNumber,BorderLayout.NORTH);
         add(show,BorderLayout.CENTER);
         setBounds(60,60,300,300);
         setVisible(true);
         setDefaultCloseOperation(JFrame.EXIT_ON_CLOSE);
     }
```

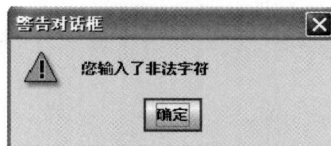

```
    public void actionPerformed(ActionEvent e) {
        String s = inputNumber.getText();
        if(s.length() == 0) return;
        if(!s.matches(regex)) {      //弹出"警告"消息对话框.
            JOptionPane.showMessageDialog(this,"您输入了非法字符","警告对话框",
                                          JOptionPane.WARNING_MESSAGE);
            inputNumber.setText(null);
        }
        else {
            double number = Double.parseDouble(s);
            show.append("\n" + number + "平方:" + (number * number));
        }
    }
}
```

扫一扫

视频讲解

11.4 输入对话框

输入对话框含有供用户输入文本的文本框,可以用"确定"按钮和"取消"按钮,是有模式的对话框。当输入对话框可见时,要求用户输入一个字符串。可以用javax.swing包中的JOptionPane类的静态方法:

```
public static String showInputDialog(Component parentComponent,
                                     Object message,
                                     String title,
                                     int messageType)
```

创建一个输入对话框,其中,参数parentComponent指定输入对话框所依赖的组件,输入对话框会在该组件的正前方显示出来(如果parentComponent为null,输入对话框会在屏幕的正前方显示出来)。参数message指定对话框上的提示信息;参数title指定对话框上的标题;参数messageType可取的有效值是JOptionPane中的类常量ERROR_MESSAGE、INFORMATION_MESSAGE、WARNING_MESSAGE、QUESTION_MESSAGE、PLAIN_MESSAGE,这些值可以确定对话框的外观。例如取值为WARNING_MESSAGE时,对话框会有一个明显的"!"符号。

单击输入对话框上的"确定"按钮、"取消"按钮或关闭图标,都可以使输入对话框消失,不可见。如果单击的是"确定"按钮,输入对话框将返回用户在对话框的文本框中输入的字符串,否则返回null。

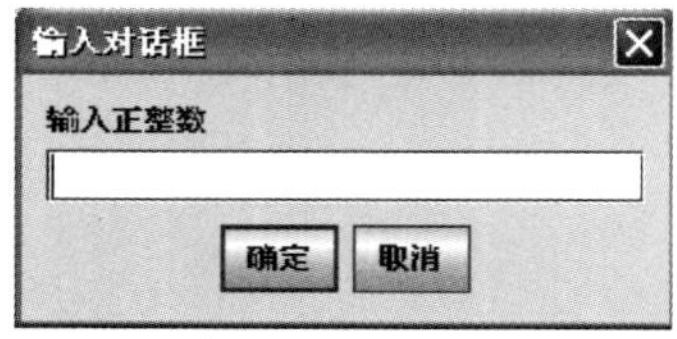

图11.4 输入对话框

在例11.4中,单击按钮将弹出输入对话框,在输入对话框中输入一个正整数后,如果单击输入对话框上的"确定"按钮,程序将窗口的宽度和高度设置为用户输入的正整数。该程序中输入对话框的运行效果如图11.4所示。

例11.4

Example11_4.java

```
public class Example11_4 {
   public static void main(String args[]) {
       WindowInput win = new WindowInput();
       win.setTitle("带输入对话框的窗口");
   }
}
```

WindowInput.java

```
import java.awt.event.*;
import java.awt.*;
import javax.swing.*;
public class WindowInput extends JFrame implements ActionListener {
   int m;
   JButton openInput;
   WindowInput() {
       openInput = new JButton("弹出输入对话框");
       add(openInput,BorderLayout.NORTH);
       openInput.addActicnListener(this);
       setBounds(60,60,300,300);
       setVisible(true);
       setDefaultCloseOperation(JFrame.EXIT_ON_CLOSE);
   }
   public void actionPerformed(ActionEvent e) {
      String str = JOptionPane.showInputDialog(this,"输入正整数","输入对话框",
                                               JOptionPane.PLAIN_MESSAGE);
      if(str!= null) {
          try {
              m = Integer.parseInt(str);
              setSize(m,m);
          }
          catch(Exception exp){}
      }
   }
}
```

11.5 确认对话框

确认对话框是有模式的对话框，可以用 javax.swing 包中的 JOptionPane 类的静态方法：

```
public static int showConfirmDialog(Component parentComponent,Object message,
                                    String title,int optionType)
```

得到一个确认对话框，其中，参数 parentComponent 指定确认对话框可见时的位置，确认对话框在参数 parentComponent 指定的组件的正前方显示出来；如果 parentComponent 为 null，确认对话框会在屏幕的正前方显示出来。message 指定对话框上显示的消息；title 指定确认对话框的标题；optionType 的取值为 JOptionPane.YES_NO_OPTION、JOptionPane.YES_NO_CANCEL_OPTION 或 JOptionPane.OK_CANCEL_OPTION，这些值可以给出确认对话框的外观。例如，当取值为 JOptionPane.YES_NO_OPTION 时，确认对话框上会有是(Y)、否(N)两个按钮。在确认对话框消失后，showConfirmDialog 方法会返回 JOptionPane.YES_OPTION、JOptionPane.NO_OPTION、JOptionPane.CANCEL_OPTION、JOptionPane.OK_OPTION 或 JOptionPane.CLOSED_OPTION，返回的具体值依赖于用户所单击的对话框上的按钮和对话框上的关闭图标。

在例 11.5 中，用户在文本框中输入姓名，按 Enter 键后，将弹出一个确认对话框。如果单击确认对话框上的“是(Y)”按钮，则将名字放入文本区。该程序中确认对话框的运行效果如图 11.5 所示。

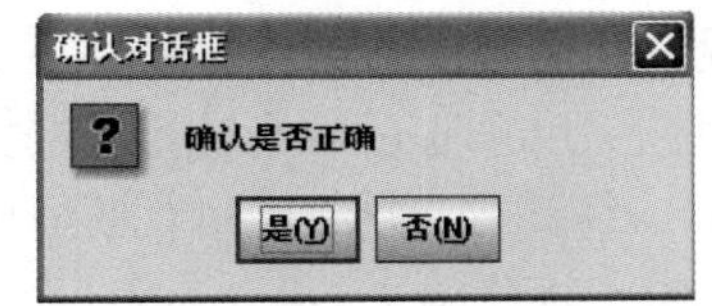

图 11.5　确认对话框

例 11.5

Example11_5.java

```
public class Example11_5 {
   public static void main(String args[ ]) {
      WindowEnter win = new WindowEnter();
      win.setTitle("带确认对话框的窗口");
   }
}
```

WindowEnter.java

```
import java.awt.event.*;
import java.awt.*;
import javax.swing.*;
public class WindowEnter extends JFrame implements ActionListener {
   JTextField inputName;
   JTextArea  save;
   WindowEnter() {
      inputName = new JTextField(22);
      inputName.addActionListener(this);
      save = new JTextArea();
      add(inputName,BorderLayout.NORTH);
      add(new JScrollPane(save),BorderLayout.CENTER);
      setBounds(60,60,300,300);
      setVisible(true);
      setDefaultCloseOperation(JFrame.EXIT_ON_CLOSE);
   }
   public void actionPerformed(ActionEvent e) {
      String s = inputName.getText();
      int n = JOptionPane.showConfirmDialog(this,"确认是否正确","确认对话框",
                                            JOptionPane.YES_NO_OPTION );
      if(n == JOptionPane.YES_OPTION) {
         save.append("\n" + s);
      }
      else if(n == JOptionPane.NO_OPTION) {
         inputName.setText(null);
      }
   }
}
```

扫一扫

视频讲解

11.6 颜色对话框

可以用 javax.swing 包中的 JColorChooser 类的静态方法

```
public static Color showDialog(Component component,String title,Color initialColor)
```

创建一个有模式的颜色对话框,其中,参数 component 指定颜色对话框可见时的位置,颜色对话框在参数 component 指定的组件的正前方显示出来;如果 component 为 null,颜色对话框在屏幕的正前方显示出来。title 指定对话框的标题;initialColor 指定颜色对话框返回的初始颜色。用户通过颜色对话框选择颜色后,如果单击“确定”按钮,那么颜色对话框将消失,showDialog()方法返回对话框所选择的颜色对象;如果单击“撤销”按钮或关闭图标,那么颜色对话框将消失,showDialog()方法返回 null。

在例 11.6 中,当用户单击按钮时会弹出一个颜色对话框,然后根据选择的颜色来改变按钮的颜色。该程序中颜色对话框的运行效果如图 11.6 所示。

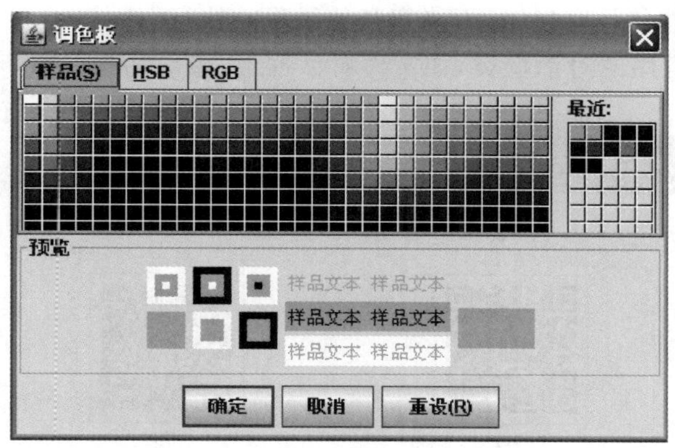

图 11.6 颜色对话框

例 11.6

Example11_6.java

```
public class Example11_6 {
    public static void main(String args[]) {
        WindowColor win = new WindowColor();
        win.setTitle("带颜色对话框的窗口");
    }
}
```

WindowColor.java

```
import java.awt.event.*;
import java.awt.*;
import javax.swing.*;
public class WindowColor extends JFrame implements ActionListener {
    JButton button;
    WindowColor() {
        button = new JButton("弹出颜色对话框");
        button.addActionListener(this);
        setLayout(new FlowLayout());
        add(button);
        setBounds(60,60,300,300);
        setVisible(true);
        setDefaultCloseOperation(JFrame.EXIT_ON_CLOSE);
    }
    public void actionPerformed(ActionEvent e) {
        Color newColor = JColorChooser.showDialog(this,"调色板",button.getBackground());
        if(newColor!= null) {
            button.setBackground(newColor);
        }
    }
}
```

11.7 小结

(1) 用 JDialog 的子类创建一个对话框,对话框可以添加组件,实现与用户的交互操作。

(2) 对话框分为无模式和有模式两种。对于有模式的对话框,当对话框处于激活状态时,只让程序响应对话框内部的事件,不能激活对话框所在程序中的其他窗口,而且将堵塞其他线程的执行,直到该对话框消失,不可见;对于无模式的对话框,当对话框处于激活状态时,能激活对话框所在程序中的其他窗口,且不堵塞其他线程的执行。

(3) Java 提供了常用的对话框类,如文件对话框、消息对话框、确认对话框和颜色对话框。

习题 11

扫一扫

习题

扫一扫

自测题

第 12 章　输入流与输出流

扫一扫

视频讲解

主要内容：

❖ 文件字节流与文件字符流；
❖ 缓冲流；
❖ 随机流；
❖ 数组流；
❖ 数据流；
❖ 对象流；
❖ 序列化与对象克隆；
❖ 文件锁；
❖ 使用 Scanner 类解析文件。

难点：

❖ 序列化与对象克隆；
❖ 使用 Scanner 类解析文件。

输入流、输出流提供了一条通道程序，用户可以使用这条通道读取源中的数据或把数据传送到目的地。把输入流的指向称为源，程序从指向源的输入流中读取源中的数据，如图 12.1 所示；而输出流的指向是数据要去的一个目的地，程序通过向输出流中写入数据把数据传送到目的地，如图 12.2 所示。虽然输入流、输出流经常与磁盘文件的存取有关，但是程序的源和目的地也可以是键盘、鼠标、内存或显示器窗口。

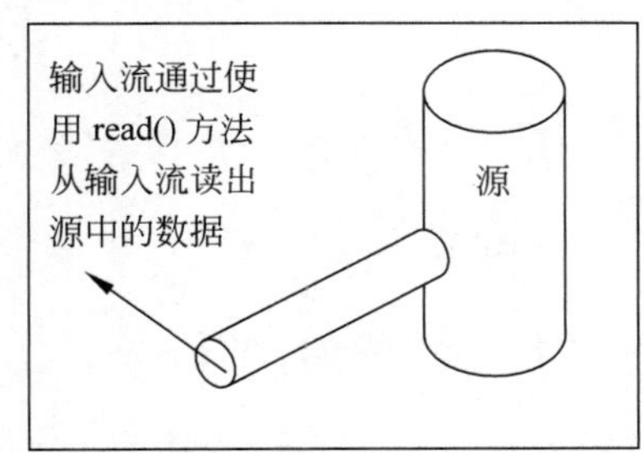

图 12.1　输入流示意图

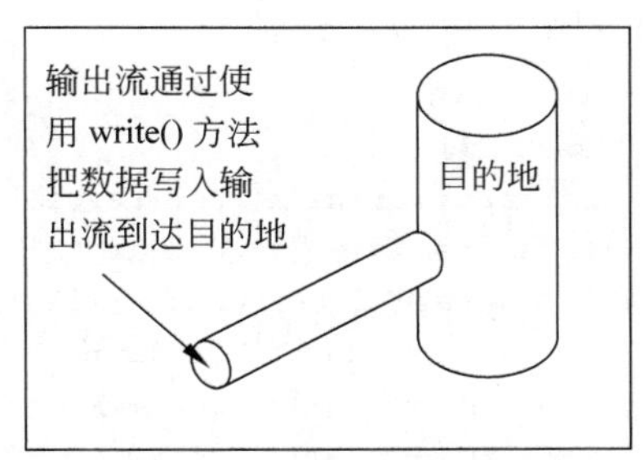

图 12.2　输出流示意图

Java 的 java.io 包提供了大量的流类，Java 把 InputStream 抽象类的子类创建的流对象称为字节输入流，把 OutputStream 抽象类的子类创建的流对象称为字节输出流；Java 把 Reader 抽象类的子类创建的流对象称为字符输入流，把 Writer 抽象类的子类创建的流对象称为字符输出流。

扫一扫

视频讲解

12.1　File 类

File 对象主要用来获取文件本身的一些信息，例如文件所在的目录、文件的长度和文件的读/写权限等，不涉及对文件的读/写操作。

创建 File 对象的构造方法有以下 3 个：

```
File(String filename)
File(String directoryPath,String filename)
File(File f, String filename)
```

其中,filename 是文件名字,directoryPath 是文件的路径,f 是指定成一个目录的文件。

在使用 File(String filename)创建文件时,该文件被认为与当前应用程序在同一目录中。

▶ 12.1.1 文件的属性

在 Java 中,经常使用 File 类的下列方法获取文件本身的一些信息。

- public String getName()：获取文件的名字。
- public boolean canRead()：判断文件是否是可读的。
- public boolean canWrite()：判断文件是否可以被写入。
- public boolean exists()：判断文件是否存在。
- public long length()：获取文件的长度(单位是字节)。
- public String getAbsolutePath()：获取文件的绝对路径。
- public String getParent()：获取文件的父目录。
- public boolean isFile()：判断文件是否是一个普通文件。
- public boolean isDirectory()：判断文件是否是一个目录。
- public boolean isHidden()：判断文件是否是隐藏文件。
- public long lastModified()：获取文件最后修改的时间(时间是从 1970 年午夜至文件最后修改时刻的毫秒数)。

在例 12.1 中,使用上述一些方法获取某些文件的信息。程序运行效果如图 12.3 所示。

```
Example12_1.java是可读的吗?true
Example12_1.java的长度:483
Example12_1.java的绝对路径:C:\chapter12\Example12_1.java
chapter11是目录吗? true
```

图 12.3 获取文件的相关信息

例 12.1

Example12_1.java

```
import java.io. * ;
public class Example12_1 {
    public static void main(String args[ ]) {
      File f1 = new File("C:\\chapter12","Example12_1.java");
      File f2 = new File("c:\\chapter11");
      System.out.println(f1.getName() + "是可读的吗?" + f1.canRead());
      System.out.println(f1.getName() + "的长度:" + f1.length());
      System.out.println(f1.getName() + "的绝对路径:" + f1.getAbsolutePath());
      System.out.println(f2.getName() + "是目录吗?" + f2.isDirectory());
    }
}
```

▶ 12.1.2 目录

❶ 创建目录

File 对象调用方法 public boolean mkdir()创建一个目录,如果创建成功则返回 true,否则返回 false(如果该目录已经存在将返回 false)。

❷ 列出目录中的文件

如果 File 对象是一个目录，那么该对象可以调用下述方法列出该目录下的文件和子目录。

- public String [ ] list()：用字符串形式返回目录下的所有文件。
- public File [ ] listFiles()：用 File 对象形式返回目录下的所有文件。

有时需要列出目录下指定类型的文件，如. java、. txt 等扩展名的文件，此时可以使用 File 类的下述两个方法。

- public String[ ] list(FilenameFilter obj)：该方法用字符串形式返回目录下指定类型的所有文件。
- public File [ ] listFiles(FilenameFilter obj)：该方法用 File 对象形式返回目录下指定类型的所有文件。

上述两个方法的参数 FilenameFilter 是一个接口，该接口有一个方法：

```
public boolean accept(File dir,String name)
```

在使用 list 方法时，需向该方法传递一个实现 FilenameFilter 接口的对象，list 方法在执行时，参数 obj 不断回调接口方法 accept(File dir，String name)，该方法中的参数 name 被实例化为目录中的一个文件名，参数 dir 为调用 list 的当前目录，当接口方法返回 true 时，list 方法将目录 dir 中的文件存放到返回的数组中。

在例 12.2 中，列出当前目录(应用程序所在的目录)下所有 Java 文件的名字。

例 12.2

Example12_2. java

```
import java.io.*;
public class Example12_2 {
    public static void main(String args[]) {
      File dir = new File(".");
      FileAccept fileAccept = new FileAccept();
      fileAccept.setExtendName("java");
      String fileName[] = dir.list(fileAccept);
      for(String name:fileName) {
          System.out.println(name);
      }
    }
}
```

FileAccept. java

```
import java.io.*;
public class FileAccept implements FilenameFilter {
    private String extendName;
    public void setExtendName(String s) {
      extendName = "." + s;
    }
    public boolean accept(File dir,String name) {              //重写接口中的方法
      return name.endsWith(extendName);
    }
}
```

▶ 12.1.3　文件的创建与删除

在使用 File 类创建一个文件对象后，例如：

```
File file = new File("C:\myletter","letter.txt");
```

如果 C:\myletter 目录中没有名字为 letter.txt 的文件,文件对象 file 调用方法:

```
public boolean createNewFile()
```

可以在 C:\myletter 目录中建立一个名字为 letter.txt 的文件。文件对象调用方法:

```
public boolean delete()
```

可以删除当前文件。例如:

```
file.delete();
```

▶ 12.1.4 运行可执行文件

当要执行一个本地机上的可执行文件时,可以使用 java.lang 包中的 Runtime 类。首先使用 Runtime 类声明一个对象,例如:

```
Runtime ec;
```

然后使用该类的 getRuntime()静态方法创建这个对象:

```
ec = Runtime.getRuntime();
```

ec 可以调用 exec(String command)方法打开本地机上的可执行文件或执行一个操作。

在例 12.3 中,Runtime 对象打开 Windows 平台上的记事本程序并运行了例 11.6 的 java 程序。

例 12.3

Example12_3.java

```
import java.io.*;
public class Example12_3 {
    public static void main(String args[]) {
        try{
            Runtime ce = Runtime.getRuntime();
            File file = new File("c:/windows","Notepad.exe");
            ce.exec("java Example11_6");
            ce.exec(file.getAbsolutePath());
        }
        catch(Exception e) {
            System.out.println(e);
        }
    }
}
```

扫一扫

视频讲解

12.2 文件字节流

由于应用程序经常需要和文件“打交道”,因此,InputStream 专门提供了读/写文件的子类 FileInputStream 类和 FileOutputSream 类。如果程序对文件的操作比较简单,例如只是顺序地读/写文件,那么就可以使用 FileInputStream 类和 FileOutputSream 类创建的流对文件进行读/写操作。

▶ 12.2.1 文件字节输入流

❶ 创建文件字节输入流

FileInputStream 类创建的对象被称为文件字节输入流。FileInputStream 类是从

InputStream 中派生出来的简单输入流类，该类的所有方法都是从 InputStream 类继承而来的。为了创建 FileInputStream 类的对象，用户可以调用它的构造方法。下面显示了两个构造方法：

```
FileInputStream(String name)
FileInputStream(File file)
```

第一个构造方法使用给定的文件名 name 创建一个 FileInputStream 对象，第二个构造方法使用 File 对象创建 FileInputStream 对象。参数 name 和 file 指定的文件称为输入流的源，输入流通过调用 read 方法读出源中的数据。

FileInputStream 输入流打开一个到达文件的输入流（源就是这个文件，输入流指向这个文件）。当使用文件输入流构造方法建立通往文件的输入流时，可能会出现错误（也被称为异常）。例如，试图打开的文件可能不存在。当出现 I/O 错误时，Java 生成一个出错信号，它使用一个 IOException（IO 异常）对象来表示这个出错信号。程序必须在 try…catch 语句中的 try 块部分创建输入流对象，在 catch（捕获）块部分检测并处理这个异常。例如，为了读取一个名为 hello. txt 的文件，建立一个文件输入流对象：

```
try { FileInputStream in = new FileInputStream("hello.txt"); //创建文件字节输入流
}
catch (IOException e) {
    System.out.println("File read error:" + e );
}
```

❷ 以字节为单位读文件

InputStream 的子类都继承了它的 read 方法，该方法的特点是以字节为单位读取源中的数据。

read 方法的格式如下：

```
int read()
```

输入流调用 read 方法顺序地读取源中的单字节数据，该方法返回字节值（0～255 的一个整数），如果到达源的末尾，该方法返回 -1。

read 方法还有其他一些形式，这些形式能使程序把多字节读到一字节数组中：

```
int read(byte b[ ])
int read(byte b[ ], int off, int len)
```

其中，第一个方法试图从文件读取 b. length 字节，并将读取的字节存放在数组 b 中；第二个方法试图读取 len 字节，并将读取的字节存放在数组 b 中，off 是首字节在数组中的存放位置。这两个 read 方法都返回实际读取的字节个数，如果到达文件的末尾，方法返回 -1。

read 方法顺序地读取文件，只要不关闭流，每次调用 read 方法都会顺序地读取文件中的其余内容，直到文件的末尾或文件字节输入流被关闭。

例 12.4 使用文件字节输入流读取文件，将文件的内容显示在屏幕上。程序运行效果如图 12.4 所示。

```
import java.io.*;
public class Example12_4 {
   public static void main(String args[]) {
      int b;
      byte tom[]=new byte[18];
```

图 12.4　使用文件字节流读文件

例 12.4

Example12_4. java

```
import java.io.*;
public class Example12_4 {
```

```
    public static void main(String args[]) {
        int b;
        byte tom[] = new byte[18];
        try{   File f = new File("Example12_4.java");
               FileInputStream in = new FileInputStream(f);
               while((b = in.read(tom,0,18))!= -1) {
                    String s = new String (tom,0,b);
                    System.out.print(s);
               }
               in.close();
        }
        catch(IOException e) {
               System.out.println("File read Error" + e);
        }
    }
}
```

▶ 12.2.2 文件字节输出流

❶ 创建文件字节输出流

与 FileInputStream 类相对应的类是 FileOutputStream 类。FileOutputStream 类创建的对象被称作文件字节输出流,文件字节输出流提供了基本的文件写入能力。以下是 FileOutputStream 类的两个构造方法:

```
FileOutputStream(String name)
FileOutputStream(File file)
```

第一个构造方法使用给定的文件名 name 创建 FileOutputStream 流,第二个构造方法使用 File 对象创建 FileOutputStream 流。参数 name 和 file 指定的文件称为输出流的目的地。

FileOutputStream 输出流开通一个到达文件的通道(目的地就是这个文件,输出流指向这个文件)。需要特别注意的是,如果输出流指向的文件不存在,Java 就会创建该文件;如果指向的文件是已存在的文件,输出流将刷新该文件(使得文件的长度为 0)。

FileOutputStream 类的下列两个构造方法在创建输出流时,可以选择是否刷新文件:

```
FileOutputStream(String name, boolean append)
FileOutputStream(File file, boolean append)
```

当用构造方法创建指向一个文件的输出流时,如果参数 append 取值 true,输出流不会刷新所指向的文件(假如文件已存在),输出流的 write 的方法将从文件的末尾开始向文件写入数据;如果参数 append 取值 false,输出流将刷新所指向的文件(假如文件已存在)。

❷ 以字节为单位写文件

字节流 OutputStream 的子类都继承了它的 write(byte b[])方法,该方法的特点是以字节为单位向文件写入数据。方法

```
public void write(byte b[])
```

写 b.length 字节到文件。方法

```
public void write(byte b[],int off,int len)
```

是从给定字节数组中起始于偏移量 off 处写 len 字节到文件,参数 b 是存放了数据的字节数组,off 是数据的起始偏移量,len 是要写出的字节数。

FileOutStream 流顺序地写文件,只要不关闭流,每次调用 write 方法就顺序地向文件写

入内容，直到流被关闭。需要注意的是，如果 FileOutputStream 流要写的文件不存在，该流将首先创建要写的文件，然后向文件写入内容；如果 FileOutputStream 流要写的文件已经存在，那么根据创建输入流时所使用的构造方法的不同，则可能刷新文件中的内容，然后顺序地向文件写入内容或直接向已存在的文件继续写入新内容。

例 12.5 首先使用具有刷新功能的构造方法创建指向文件 a.txt 的输出流，并向 a.txt 文件写入“新年快乐”，然后选择使用不刷新文件的构造方法指向 a.txt，并向文件写入(即尾加)“Happy New Year”。

例 12.5

Example12_5.java

```
import java.io.*;
public class Example12_5 {
    public static void main(String args[]) {
        byte [] a = "新年快乐".getBytes();
        byte [] b = "Happy New Year".getBytes();
        File file = new File("a.txt");                              //输出的目的地
        try{
            OutputStream out = new FileOutputStream(file);          //指向目的地的输出流
            System.out.println(file.getName() + "的大小:" + file.length() + "字节");
                                                                    //a.txt 的大小:0 字节
            out.write(a);                                           //向目的地写数据
            out.close();
            out = new FileOutputStream(file,true);                  //准备向文件尾加内容
            System.out.println(file.getName() + "的大小:" + file.length() + "字节");
                                                                    //a.txt 的大小:8 字节
            out.write(b,0,b.length);
            System.out.println(file.getName() + "的大小:" + file.length() + "字节");
                                                                    //a.txt 的大小:22 字节
            out.close();
        }
        catch(IOException e) {
             System.out.println("Error " + e);
        }
    }
}
```

▶ 12.2.3 关闭流

虽然 Java 在程序结束时自动关闭所有打开的流，但是当程序使用完流后，显式地关闭任何打开的流仍是一个良好的习惯。一个被打开的流可能会用尽系统资源，这取决于平台和实现。如果没有关闭被打开的流，那么可能不允许另一个程序操作这些流所用的资源。关闭输出流的另一个原因是把该流缓冲区的内容冲洗掉(通常冲洗到磁盘文件上)。正如将要学到的，在操作系统把程序写到输出流上的那些字节保存到磁盘上之前，有时会存放在内存缓冲区中，通过调用 close()方法可以保证操作系统把流缓冲区的内容写到它的目的地。

12.3 文件字符流

扫一扫

视频讲解

文件字节输入流和输出流的 read 和 write 方法使用字节数组读/写数据，即以字节为基本单位处理数据，因此，字节流不能很好地操作 Unicode 字符。例如，一个汉字在文件中占用 2 字节，如果使用字节流，读取不当会出现“乱码”现象。

与 FileInputStream、FileOutputStream 字节流相对应的是 FileReader、FileWriter 字符流,FileReader 和 FileWriter 分别是 Reader 和 Writer 的子类,其构造方法分别如下:

```
FileReader(String filename)      FileReader(File filename)
FileWriter (String filename)     FileWriter (File filename)
```

字符输入流和字符输出流的 read 和 write 方法使用字符数组读/写数据,即以字符为基本单位处理数据。二者的常用方法如下。

- int read():字符输入流调用该方法从源中读取一个字符,该方法返回一个整数(0~65 535 的一个整数,Unicode 字符值),如果未读出字符返回-1。
- int read(char b[ ]):字符输入流调用该方法从源中试图读取 b.length 个字符到字符数组 b 中,返回实际读取的字符数目。如果到达源的末尾,则返回-1。
- int read(char b[ ],int off,int len):字符输入流调用该方法从源中试图读取 len 个字符并存放到字符数组 b 中,off 是首字符在数组中的存放位置,返回实际读取的字符数目。如果到达文件的末尾,则返回-1。
- void write(int n):字符输出流调用该方法向文件写入一个字符。
- void write(char b[ ]):字符输出流调用该方法向文件写入一个字符数组。
- void write(char b[ ],int off,int length):字符输出流调用该方法把从字符数组中起始于偏移量 off 处取出的 len 个字符写到文件。

FileReader 流顺序地读取文件,只要不关闭流,每次调用 read 方法都会顺序地读取文件其余的内容,直到源的末尾或流被关闭。

FileWriter 流顺序地写文件,只要不关闭流,每次调用 writer 方法都会顺序地向文件写入内容,直到流被关闭。

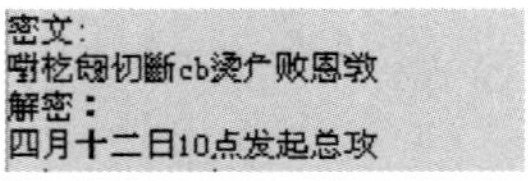

```
密文:
嘣柁阏切斷cb烫广败恩敩
解密:
四月十二日10点发起总攻
```

图 12.5 使用文件字符流读/写文件

例 12.6 使用字符输入流、字符输出流读/写文件,将一段文字加密后存入文件,然后再读取。程序运行效果如图 12.5 所示。

例 12.6

Example12_6.java

```
import java.io.*;
public class Example12_6 {
    public static void main(String args[]) {
      char a[] = "四月十二日 10 点发起总攻".toCharArray();
      int n = 0,m = 0;
      try{  File f = new File("secret.txt");
            for(int i = 0;i < a.length;i ++ ) {
                a[i] = (char)(a[i]^'R');
            }
            FileWriter out = new FileWriter(f);
            out.write(a,0,a.length);
            out.close();
            FileReader in = new FileReader(f);
            char tom[] = new char[10];
            System.out.println("密文:");
            while((n = in.read(tom,0,10))!= -1) {
                String s = new String (tom,0,n);
                System.out.print(s);
            }
            in.close();
```

```
            System.out.printf("\n解密:\n");
            in = new FileReader(f);
            while((n = in.read(tom,0,10))!= -1) {
                for(int i = 0;i<n;i++) {
                  tom[i] = (char)(tom[i]^'R');
                }
                String s = new String(tom,0,n);
                System.out.print(s);
            }
            in.close();
      }
      catch(IOException e) {
          System.out.println(e.toString());
      }
   }
}
```

注：对于 Writer 流，write 方法将数据首先写入缓冲区，每当缓冲区溢出时，缓冲区的内容被自动写入目的地，如果关闭流，缓冲区的内容会立刻被写入目的地。流调用 flush()方法可以立刻刷新当前缓冲区，即将当前缓冲区的内容写入目的地。

12.4 缓冲流

扫一扫

视频讲解

BufferedReader 类和 BufferedWriter 类创建的对象称为缓冲输入流、输出流(缓冲流)，二者增强了读/写文件的能力。例如 Student.txt 是一个学生名单，每个姓名占一行。如果想读取名字，那么每次必须读取一行，使用 FileReader 流很难完成这样的任务，因为我们不清楚一行有多少个字符，FileReader 类没有提供读取一行的方法。

Java 提供了更高级的流，即 BufferedReader 流和 BufferedWriter 流，二者的源和目的地必须是字符输入流和字符输出流。因此，如果把字符输入流作为 BufferedReader 流的源，把字符输出流作为 BufferedWriter 流的目的地，那么，BufferedReader 类和 BufferedWriter 类创建的流将比字符输入流和字符输出流有更强的读/写能力。例如，BufferedReader 流就可以按行读取文件。

BufferedReader 类和 BufferedWriter 类的构造方法分别如下：

```
BufferedReader(Reader in)
BufferedWriter(Writer out)
```

BufferedReader 流能够读取文本行，方法是 readLine()。

通过向 BufferedReader 传递一个 Reader 子类的对象(例如 FileReader 的实例)来创建一个 BufferedReader 对象。例如：

```
FileReader inOne  =  new FileReader("Student.txt");
BufferedReader inTwo  =  BufferedReader(inOne);
```

然后 inTwo 流调用 readLine()方法读取 Student.txt。例如：

```
String strLine = inTwo.readLine();
```

类似地，可以将 BufferedWriter 流和 FileWriter 流连接在一起，然后使用 BufferedWriter 流将数据写到目的地。例如：

```
FileWriter tofile = new FileWriter("hello.txt");
BufferedWriter out = BufferedWriter(tofile);
```

然后 out 使用 BufferedWriter 类的方法

```
write(String s,int off,int len)
```

把字符串 s 写到 hello.txt 中,参数 off 是 s 开始处的偏移量,len 是写入的字符数量。

另外,BufferedWriter 流有自己独特的向文件写入一个回行符的方法:

```
newLine()
```

可以把 BufferedReader 和 BufferedWriter 称为上层流,把它们指向的字符流称为底层流。Java 采用缓存技术将上层流和底层流连接。底层字符输入流首先将数据读入缓存,BufferedReader 流再从缓存读取数据;BufferedWriter 流将数据写入缓存,底层字符输出流会不断地将缓存中的数据写入目的地。当 BufferedWriter 流调用 flush()方法刷新缓存或调用 close()方法关闭时,即使缓存没有溢出,底层流也会立刻将缓存的内容写入目的地。

天气预报:
北京晴
上海多云,有小雨
大连晴,有时多云

图 12.6 使用缓冲流读/写文件

在例 12.7 中使用 BufferedWriter 流把字符串按行写入文件,然后使用 BufferedReader 流按行读取文件。程序运行效果如图 12.6 所示。

例 12.7

Example12_7.java

```
import java.io.*;
public class Example12_7 {
    public static void main(String args[]) {
      File file = new File("Student.txt");
      String content[] = {"天气预报:","北京晴","上海多云,有小雨","大连晴,有时多云"};
      try{
            FileWriter outOne = new FileWriter(file);
            BufferedWriter outTwo =  new BufferedWriter(outOne);
            for(String str:content) {
                outTwo.write(str);
                outTwo.newLine();
            }
            outTwo.close();
            outOne.close();
            FileReader inOne = new FileReader(file);
            BufferedReader inTwo =  new BufferedReader(inOne);
            String s = null;
            while((s = inTwo.readLine())!= null) {
              System.out.println(s);
            }
            inOne.close();
            inTwo.close();
      }
      catch(IOException e) {
          System.out.println(e);
      }
    }
}
```

扫一扫

视频讲解

12.5 使用文件对话框

在第 11 章大家学过文件对话框(见 11.2 节),但那时没有真正地实现对文件的读/写操作。在学习了文件输入流、文件输出流之后,可以使用文件对话框方便地打开和保存文件,因为文件对话框可以使用户很方便地选择文件所在的目录及文件的名字。

在例 12.8 中使用文件对话框打开和保存文件。

例 12.8

Example12_8.java

```
public class Example12_8 {
    public static void main(String args[]) {
      WindowReader win = new WindowReader();
      win.setTitle("使用文件对话框读/写文件");
    }
}
```

WindowReader.java

```
import java.awt.*;
import java.awt.event.*;
import javax.swing.*;
import java.io.*;
public class WindowReader extends JFrame implements ActionListener {
    JFileChooser fileDialog;
    JMenuBar menubar;
    JMenu menu;
    JMenuItem itemSave,itemOpen;
    JTextArea text;
    BufferedReader in;
    FileReader fileReader;
    BufferedWriter out;
    FileWriter fileWriter;
    WindowReader() {
      init();
      setSize(300,400);
      setVisible(true);
      setDefaultCloseOperation(JFrame.EXIT_ON_CLOSE);
    }
    void init() {
      text = new JTextArea(10,10);
      text.setFont(new Font("楷体_gb2312",Font.PLAIN,28));
      add(new JScrollPane(text),BorderLayout.CENTER);
      menubar = new JMenuBar();
      menu = new JMenu("文件");
      itemSave = new JMenuItem("保存文件");
      itemOpen = new JMenuItem("打开文件");
      itemSave.addActionListener(this);
      itemOpen.addActionListener(this);
      menu.add(itemSave);
      menu.add(itemOpen);
      menubar.add(menu);
      setJMenuBar(menubar);
      fileDialog = new JFileChooser();
    }
    public void actionPerformed(ActionEvent e) {
      if(e.getSource() == itemSave) {
          int state = fileDialog.showSaveDialog(this);
          if(state == JFileChooser.APPROVE_OPTION) {
            try{
                File dir = fileDialog.getCurrentDirectory();
                String name = fileDialog.getSelectedFile().getName();
                File file = new File(dir,name);
                fileWriter = new FileWriter(file);
                out = new BufferedWriter(fileWriter);
                out.write(text.getText());
```

```
                out.close();
                fileWriter.close();
            }
            catch(IOException exp){}
        }
    }
    else if(e.getSource() == itemOpen) {
        int state = fileDialog.showOpenDialog(this);
        if(state == JFileChooser.APPROVE_OPTION) {
            text.setText(null);
            try{
                File dir = fileDialog.getCurrentDirectory();
                String name = fileDialog.getSelectedFile().getName();
                File file = new File(dir,name);
                fileReader = new FileReader(file);
                in = new BufferedReader(fileReader);
                String s = null;
                while((s = in.readLine())!= null) {
                    text.append(s + "\n");
                }
                in.close();
                fileReader.close();
            }
            catch(IOException exp){}
        }
    }
  }
}
```

当使用文件对话框操作文件时，可能经常操作具有特定扩展名的文件，例如，经常打开扩展名为.java 的文件等。但是，文件对话框默认的文件类型是“所有文件”，如图 12.7 所示。

如果希望文件对话框默认的文件类型是我们希望的特定类型，那么可以将 javax.swing.filechooser 包中的 FileNameExtensionFilter 类的实例传递给文件对话框(JDK 版本必须是 1.6)，如下列代码：

```
JFileChooser chooser = new JFileChooser();
FileNameExtensionFilter filter = new
FileNameExtensionFilter("Java 源文件", "java");
chooser.setFileFilter(filter);
```

那么，当 chooser 可见时文件对话框中的文件类型就是 Java 源文件类型，对话框的文件列表中也只列出扩展名为.java 的文件，以方便用户选择，如图 12.8 所示。

图 12.7　对话框中的文件类型

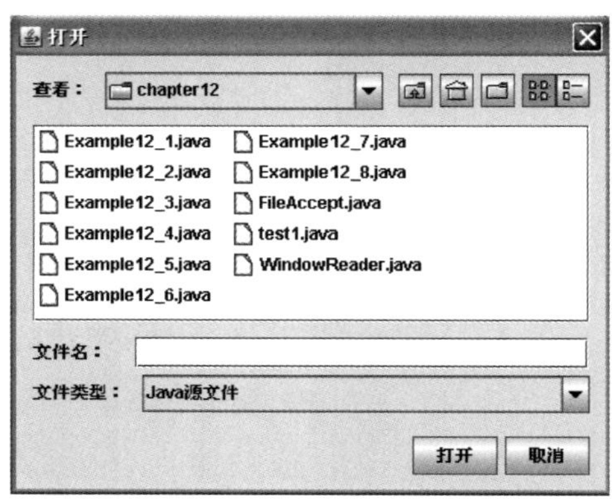

图 12.8　设置对话框的文件类型

12.6 随机流

前面学习了用来处理文件的几个文件输入流、文件输出流，而且通过一些例子，大家已经了解了这些流的功能。Java 还提供了专门用来处理文件输入、文件输出操作的功能更完善的 RandomAccessFile 类，该类创建的对象称为随机访问文件流。当用户真正需要严格地处理文件时，可以使用 RandomAccessFile 类创建一个随机访问文件流。

RandomAccessFile 类创建的流与前面的输入流、输出流不同，RandomAccessFile 类既不是 InputStream 类的子类，也不是 OutputStram 类的子类。但是，RandomAccessFile 类创建的流的指向既可以作为源也可以作为目的地。换句话说，当准备对一个文件进行读/写操作时，创建一个指向该文件的随机访问文件流即可，这样既可以从这个流中读取文件的数据，也可以通过这个流写数据到文件。

RandomAccessFile 类有下列两个构造方法。

- RandomAccessFile(String name,String mode)：参数 name 用来确定一个文件名，给出创建的流的源，也是流的目的地。参数 mode 取 r(只读)或 rw(可读/写)，决定创建的流对文件的访问权利。
- RandomAccessFile(File file,String mode)：参数 file 是一个 File 对象，给出创建的流的源，也是流的目的地。参数 mode 取 r(只读)或 rw(可读/写)，决定创建的流对文件的访问权利。

RandomAccessFile 类中有一个方法 seek(long a)，用来定位 RandomAccessFile 流的读/写位置，其中，参数 a 确定读/写位置距离文件开头的字节个数。另外，流还可以调用 getFilePointer()方法获取流的当前读/写位置。RandomAccessFile 流对文件的读/写比顺序读/写更为灵活。

例 12.9 把几个 int 型整数写入一个名为 tom.dat 文件中，然后按相反的顺序读出这些数据。

例 12.9

Example12_9.java

```
import java.io.*;
public class Example12_9 {
    public static void main(String args[]) {
       RandomAccessFile inAndOut = null;
       int data[] = {1,2,3,4,5,6,7,8,9,10};
       try{ inAndOut = new RandomAccessFile("tom.dat","rw");
            for(int i = 0;i < data.length;i ++ ) {
               inAndOut.writeInt(data[i]);
            }
            for(long i = data.length - 1;i >= 0;i -- ) {
                                                 //一个 int 型数据占 4 字节，inAndOut 从
               inAndOut.seek(i * 4);             //文件的第 36 字节读取最后面的一个整数
               System.out.print("," + inAndOut.readInt()); //每隔 4 字节向前读取一个整数
            }
            inAndOut.close();
       }
       catch(IOException e){}
    }
}
```

表 12.1 是 RandomAccessFile 类的常用方法。

表 12.1　RandomAccessFile 类的常用方法

方　　法	描　　述
close()	关闭文件
getFilePointer()	获取当前读/写的位置
length()	获取文件的长度
read()	从文件中读取 1 字节的数据
readBoolean()	从文件中读取一个布尔值,0 代表 false,其他值代表 true
readByte()	从文件中读取 1 字节
readChar()	从文件中读取一个字符(2 字节)
readDouble()	从文件中读取一个双精度浮点值(8 字节)
readFloat()	从文件中读取一个单精度浮点值(4 字节)
readFully(byte b[])	读 b.length 字节放入数组 b,完全填满该数组
readInt()	从文件中读取一个 int 值(4 字节)
readLine()	从文件中读取一个文本行
readLong()	从文件中读取一个长型值(8 字节)
readShort()	从文件中读取一个短型值(2 字节)
readUnsignedByte()	从文件中读取一个无符号字节(1 字节)
readUnsignedShort()	从文件中读取一个无符号短型值(2 字节)
readUTF()	从文件中读取一个 UTF 字符串
seek(long position)	定位读/写位置
setLength(long newlength)	设置文件的长度
skipBytes(int n)	在文件中跳过给定数量的字节
write(byte b[])	写 b.length 字节到文件
writeBoolean(boolean v)	把一个布尔值作为单字节值写入文件
writeByte(int v)	向文件写入 1 字节
writeBytes(String s)	向文件写入一个字符串
writeChar(char c)	向文件写入一个字符
writeChars(String s)	向文件写入一个作为字符数据的字符串
writeDouble(double v)	向文件写入一个双精度浮点值
writeFloat(float v)	向文件写入一个单精度浮点值
writeInt(int v)	向文件写入一个 int 值
writeLong(long v)	向文件写入一个长型 int 值
writeShort(int v)	向文件写入一个短型 int 值
writeUTF(String s)	写入一个 UTF 字符串

需要注意的是,RandomAccessFile 流的 readLine()方法在读取含有非 ASCII 字符的文件时(例如含有汉字的文件)会出现“乱码”现象,因此,需要把 readLine()读取的字符串用 ISO 8859-1 重新编码存放到 byte 数组中,然后用当前计算机的默认编码将该数组转化为字符串,操作如下:

(1) 读取字符串。

```
String str = in.readLine();
```

(2) 用 ISO 8859-1 重新编码。

```
byte b[] = str.getBytes("ISO 8859 - 1");
```

(3) 使用当前计算机的默认编码将字节数组转化为字符串。

```
String content = new String(b);
```

如果计算机的默认编码是 GB 2312,那么:

```
String content = new String(b);
```

等同于:

```
String content = new String(b, "GB 2312");
```

例 12.10 中的 RandomAccessFile 流使用 readLine()读取文件。

例 12.10

Example12_10.java

```
import java.io.*;
public class Example12_10 {
    public static void main(String args[]) {
      RandomAccessFile in = null;
      try{ in = new RandomAccessFile("Example12_10.java","rw");
            long length = in.length();      //获取文件的长度
            long position = 0;
            in.seek(position);              //将读取位置定位到文件的起始位置
            while(position < length) {
              String str = in.readLine();
              byte b[] = str.getBytes("ISO-8859-1");
              str = new String(b);
              position = in.getFilePointer();
              System.out.println(str);
            }
      }
      catch(IOException e){}
    }
}
```

12.7　数组流

扫一扫
视频讲解

流的源和目标除了可以是文件外,还可以是计算机内存。

❶ 字节数组流

字节数组输入流 ByteArrayInputStream 和字节数组输出流 ByteArrayOutputStream 分别使用字节数组作为流的源和目标。ByteArrayInputStream 的构造方法如下:

```
ByteArrayInputStream(byte[] buf)
ByteArrayInputStream(byte[] buf, int offset, int length)
```

第一个构造方法构造的字节数组流的源是参数 buf 指定的数组的全部字节单元;第二个构造方法构造的字节数组流的源是 buf 指定的数组从 offset 处按顺序取 length 字节单元。

字节数组输入流调用"public int read();"方法可以顺序地从源中读出 1 字节,该方法返回读出的字节值;调用"public int read(byte[] b,int off,int len);"方法可以顺序地从源中读出参数 len 指定的字节数,并将读出的字节存放到参数 b 指定的数组中,参数 off 指定数组 b 存放读出字节的起始位置,该方法返回实际读出的字节个数。如果未读出字节,read 方法返回-1。

ByteArrayOutputStream 流的构造方法如下：

```
ByteArrayOutputStream()
ByteArrayOutputStream(int size)
```

第一个构造方法构造的字节数组输出流指向一个默认大小为 32 字节的缓冲区，如果输出流向缓冲区写入的字节个数大于缓冲区，缓冲区的容量会自动增加；第二个构造方法构造的字节数组输出流指向的缓冲区的初始大小由参数 size 指定，如果输出流向缓冲区写入的字节个数大于缓冲区，缓冲区的容量会自动增加。

字节数组输出流调用"public void write(int b);"方法可以顺序地向缓冲区写入 1 字节；调用"public void write(byte[] b,int off,int len);"方法可以将参数 b 中指定的 len 字节顺序地写入缓冲区，参数 off 指定从 b 中写出的字节的起始位置；调用"public byte[] toByteArray();"方法可以返回输出流写入缓冲区的所有字节。

❷ 字符数组流

与数组字节流对应的是字符数组流 CharArrayReader 类和 CharArrayWriter 类，字符数组流分别使用字符数组作为流的源和目标。例 12.11 使用数组流向内存(输出流的缓冲区)写入"How are you"和"您好"，然后从内存读取曾写入的数据。

例 12.11

Example12_11.java

```
import java.io.*;
public class Example12_11 {
    public static void main(String args[]) {
      try {
          ByteArrayOutputStream outByte = new ByteArrayOutputStream();
          byte [] byteContent = "How are you".getBytes();
          outByte.write(byteContent);
          ByteArrayInputStream inByte = new ByteArrayInputStream(outByte.toByteArray());
          byte backByte [] = new byte[outByte.toByteArray().length];
          inByte.read(backByte);
          System.out.println(new String(backByte));
          CharArrayWriter outChar = new CharArrayWriter();
          char [] charContent = "您好".toCharArray();
          outChar.write(charContent);
          CharArrayReader inChar = new CharArrayReader(outChar.toCharArray());
          char backChar [] = new char[outChar.toCharArray().length];
          inChar.read(backChar);
          System.out.println(new String(backChar));
      }
      catch(IOException exp){}
    }
}
```

扫一扫

视频讲解

12.8 数据流

DataInputStream 类和 DataOutputStream 类创建的对象称为数据输入流和数据输出流。这两个流很有用，它们允许程序按照与机器无关的风格读取 Java 原始数据。也就是说，当读取一个数值时，不必再关心这个数值应当是多少字节。下面介绍 DataInputStream 类和 DataOutputStream 类的构造方法。

- DataInputStream(InputStream in)：创建的数据输入流指向一个由参数 in 指定的底

层输入流。

- DataOutputStream(OutputStream out)：创建的数据输出流指向一个由参数 out 指定的底层输出流。

表 12.2 是 DataInputStream 类和 DataOutputStream 类的常用方法。

表 12.2　DataInputStream 类及 DataOutputStream 类的常用方法

方　法	描　述
close()	关闭流
readBoolean()	读取一个布尔值
readByte()	读取 1 字节
readChar()	读取一个字符
readDouble()	读取一个双精度浮点值
readFloat()	读取一个单精度浮点值
readInt()	读取一个 int 值
readlong()	读取一个长型值
readShort()	读取一个短型值
readUnsignedByte()	读取一个无符号字节
readUnsignedShort()	读取一个无符号短型值
readUTF()	读取一个 UTF 字符串
skipBytes(int n)	跳过给定数量的字节
writeBoolean(boolean v)	写入一个布尔值
writeBytes(String s)	写入 1 字节
writeChars(String s)	写入一个字符串
writeDouble(double v)	写入一个双精度浮点值
writeFloat(float v)	写入一个单精度浮点值
writeInt(int v)	写入一个 int 值
writeLong(long v)	写入一个长型值
writeShort(int v)	写入一个短型值
writeUTF(String s)	写入一个 UTF 字符串

例 12.12 首先将几个 Java 类型的数据写到一个文件中，然后读出来。

例 12.12

Example12_12.java

```
import java.io.*;
public class Example12_12 {
    public static void main(String args[]) {
      File file = new File("apple.txt");
      try{
          FileOutputStream fos = new FileOutputStream(file);
          DataOutputStream outData = new DataOutputStream(fos);
          outData.writeInt(100);
          outData.writeLong(123456);
          outData.writeFloat(3.1415926f);
          outData.writeDouble(987654321.1234);
          outData.writeBoolean(true);
          outData.writeChars("How are you doing");
        }
        catch(IOException e){}
        try{
           FileInputStream fis = new FileInputStream(file);
           DataInputStream inData = new DataInputStream(fis);
```

```
            System.out.println(inData.readInt());          //读取 int 数据
            System.out.println(inData.readLong());         //读取 long 数据
            System.out.println(inData.readFloat());        //读取 float 数据
            System.out.println(inData.readDouble());       //读取 double 数据
            System.out.println(inData.readBoolean());      //读取 boolean 数据
            char c;
            while((c = inData.readChar())!= '\0') {        //'\0'表示空字符
                System.out.print(c);
            }
        }
        catch(IOException e){}
    }
}
```

扫一扫

视频讲解

12.9 带进度条的输入流

可以使用带进度条的输入流读取文件。如果读取文件时希望让用户看见文件的读取进度，可以使用 javax.swing 包提供的输入流类 ProgressMonitorInputStream，它的构造方法如下：

```
ProgressMonitorInputStream(Component c,String s,InputStream)
```

图 12.9 带进度条的输入流

该类创建的输入流在读取文件时会弹出一个显示读取速度的进度条，进度条在参数 c 指定的组件的正前方显示；若该参数取 null，则在屏幕的正前方显示。用户可以随时单击进度条上的"取消"按钮关闭流的读取操作。

例 12.13 使用带进度条的输入流读取文件的内容，程序中进度条的运行效果如图 12.9 所示。

例 12.13

Example12_13.java

```
import javax.swing.*;
import java.io.*;
import java.awt.*;
public class Example12_13 {
    public static void main(String args[]) {
       byte b[] = new byte[30];
       JTextArea text = new JTextArea(20,20);
       JFrame jframe = new JFrame();
       jframe.setSize(280,300);
       jframe.setVisible(true);
       jframe.setDefaultCloseOperation(JFrame.EXIT_ON_CLOSE);
       jframe.add(new JScrollPane(text),BorderLayout.CENTER);
       jframe.validate();
       try{
          FileInputStream input = new FileInputStream("Example12_13.java");
          ProgressMonitorInputStream input_progress =
          new ProgressMonitorInputStream(null,"读取 java 文件",input);
          ProgressMonitor p = input_progress.getProgressMonitor();    //获得进度条
          int m = -1;
          while( (m = input_progress.read(b))!= -1) {
            String s = new String(b,0,m);
            text.append(s);
            Thread.sleep(200);              //由于文件较小,为了看清进度条,这里有意延缓 0.2 秒
          }
```

```
        }
        catch(Exception e){}
    }
}
```

12.10 对象流

ObjectInputStream 类和 ObjectOutputStream 类分别是 InputStream 类和 OutputStream 类的子类。ObjectInputStream 类和 ObjectOutputStream 类创建的对象称为对象输入流和对象输出流。对象输出流使用 writeObject(Object obj)方法将一个对象 obj 写入一个文件；对象输入流使用 readObject()方法读取一个对象到程序中。

ObjectInputStream 类和 ObjectOutputStream 类的构造方法如下：

```
• ObjectInputStream(InputStream in)
• ObjectOutputStream(OutputStream out)
```

ObjectOutputStream 的指向应当是一个输出流对象，因此当准备将一个对象写入文件时，首先用 OutputStream 的子类创建一个输出流，例如用 FileOutputStream 创建一个文件输出流，见下列代码：

```
FileOutputStream fileOut = new FileOutputStream("tom.txt");
ObjectOutputStream objectOut = new ObjectOutputStream(fileOut);
```

同样，ObjectInputStream 的指向应当是一个输入流对象，因此当准备从文件中读入一个对象到程序中时，首先用 InputStream 的子类创建一个输入流，例如用 FileInputStream 创建一个文件输入流，见下列代码：

```
FileInputStream fileIn = new FileInputStream("tom.txt");
ObjectInputStream objectIn = new ObjectInputStream(fileIn);
```

当使用对象流写入或读入对象时，要保证对象是序列化的。这是为了保证能把对象写入文件，并能再把对象正确地读回到程序中。Java 提供给用户的绝大多数对象都是序列化的，例如组件等。一个类如果实现了 Serializable 接口，那么这个类创建的对象就是所谓序列化的对象。需要强调的是，Serializable 接口中没有方法，因此实现该接口的类不需要实现额外的方法。需要注意的是，使用对象流把一个对象写入文件时不仅要保证该对象是序列化的，而且该对象的成员对象也必须是序列化的。

Serializable 接口中的方法对程序是不可见的，因此实现该接口的类不需要实现额外的方法，当把一个序列化的对象写入对象输出流时，JVM 会实现 Serializable 接口中的方法，将一定格式的文本(对象的序列化信息)写入目的地。当 ObjectInputStream 对象流从文件读取对象时，就会从文件中读取对象的序列化信息，并根据对象的序列化信息创建一个对象。

```
张三 身高是：1.77
李四 身高是：1.88
```

图 12.10 使用对象流读/写对象

例 12.14 使用对象流读/写 Student 类创建的对象。程序运行效果如图 12.10 所示。

例 12.14

Student.java

```
import java.io.*;
public class Student implements Serializable {      //实现 Serializable 接口
```

```
    String name = null;
    double height;
    public void setName(String name) {
        this.name = name;
    }
    public void setHeight (double height) {
      this.height = height;
    }
}
```

Example12_14.java

```
import java.io.*;
public class Example12_14 {
    public static void main(String args[]) {
       Student zhang = new Student();
       zhang.setName("张三");
       zhang.setHeight(1.77);
       File file = new File("people.txt");
       try{
           FileOutputStream fileOut = new FileOutputStream(file);
           ObjectOutputStream objectOut = new ObjectOutputStream(fileOut);
           objectOut.writeObject(zhang);
           objectOut.close();
           FileInputStream fileIn = new FileInputStream(file);
           ObjectInputStream objectIn = new ObjectInputStream(fileIn);
           Student li = (Student)objectIn.readObject();
           li.setName("李四");
           objectIn.close();
           li.setHeight(1.88);
           System.out.println(zhang.name + " 身高是: " + zhang.height);
           System.out.println(li.name + " 身高是: " + li.height);
       }
       catch(ClassNotFoundException event) {
           System.out.println("不能读出对象");
       }
       catch(IOException event) {
           System.out.println(event);
       }
    }
}
```

请读者仔细观察例12.14程序产生的people.txt文件中保存的对象序列化内容,尤其要注意Student类实现Serializable接口和不实现Serializable接口时,程序产生的people.txt文件在内容上的区别。

扫一扫

视频讲解

12.11 序列化与对象克隆

大家已经知道,一个类的两个对象如果具有相同的引用,那么它们就具有相同的实体和功能。例如:

```
A one = new A();
A two = one;
```

假设A类有名字为x的int型成员变量,那么,如果进行以下操作:

```
two.x = 100;
```

one. x 的值也会是 100。再如,某个方法的参数是 People 类型:

```
public void f(People p) {
    p.x = 200;
}
```

如果调用该方法,将 People 的某个对象的引用,例如 zhang,传递给参数 p,那么该方法执行后,zhang. x 的值也是 200。

有时想得到对象的一个"复制品",复制品实体的变化不会引起原对象实体的变化,反之亦然,这样的复制品称为原对象的一个克隆对象或简称克隆。一个对象调用 clone()方法就可以获取该对象的克隆对象。但是,在使用 clone()方法获取克隆时需要特别注意的是,如果原对象有引用型成员变量,克隆对象对应的成员变量的引用就与原对象那个成员变量的引用相同,那么,克隆对象对自己的这个成员变量所引用的实体的操作,将影响原对象引用型成员变量的实体。这样一来就涉及一个深度克隆问题,因为原对象的成员变量中可能还会有其他对象。因此,程序必须重写 clone()方法(clone()方法是 Object 类中的方法),增加了编程的难度。

使用对象流很容易获取一个序列化对象的克隆,只需将该对象写入对象输出流指向的目的地,然后将该目的地作为一个对象输入流的源,那么该对象输入流从源中读回的对象一定是原对象的一个克隆,即对象输入流通过对象的序列化信息得到当前对象的一个克隆。例如,12.10 节中的例 12.14 中的对象 li 就是对象 zhang 的一个克隆。

Java 提供的绝大多数对象都是所谓序列化的,例如 StringBuffer 类及 Component 类等,也就是说,Component 类是实现 Serializable 接口的类。因此,可以把组件写入输出流,然后再用输入流读回该组件的克隆。

在例 12.15 中,用户在程序的文本区中输入若干字符后,单击"得到文本区的克隆"按钮,获得文本区的克隆,并改变克隆对象的背景颜色,然后把它添加到窗口中。程序运行效果如图 12.11 所示。

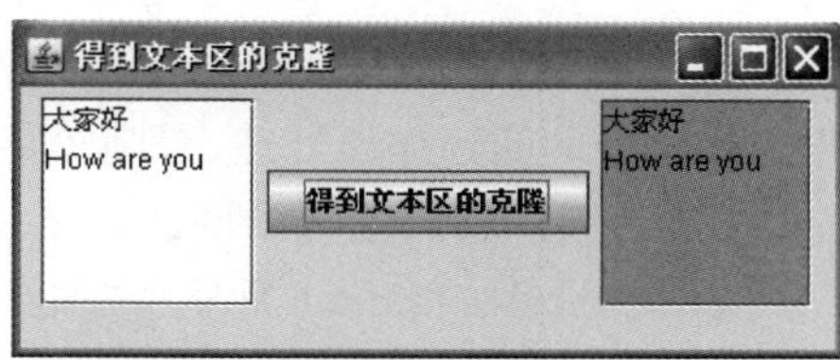

图 12.11　组件的克隆

例 12.15

Example12_15. java

```
public class Example12_15 {
    public static void main(String args[ ]) {
      WindowClone win = new WindowClone();
      win.setTitle("得到文本区的克隆");
    }
}
```

WindowClone. java

```
import java.awt.*;
import java.awt.event.*;
import javax.swing.*;
import java.io.*;
public class WindowClone extends JFrame implements ActionListener {
    JTextArea text = null;
    JButton button;
    WindowClone() {
      setLayout(new FlowLayout());
      text = new JTextArea(5,8);
      button = new JButton("得到文本区的克隆");
```

```
        button.addActionListener(this);
        setVisible(true);
        add(new JScrollPane(text));
        add(button);
        setSize(580,300);
        setDefaultCloseOperation(JFrame.EXIT_ON_CLOSE);
    }
    public void actionPerformed(ActionEvent e) {
        try {
            ByteArrayOutputStream out = new ByteArrayOutputStream();
            ObjectOutputStream objectOut = new ObjectOutputStream(out);
            objectOut.writeObject(text);
            ByteArrayInputStream in = new ByteArrayInputStream(out.toByteArray());
            ObjectInputStream objectIn = new ObjectInputStream(in);
            JTextArea cloneText = (JTextArea)objectIn.readObject();
            cloneText.setBackground(Color.pink);
            this.add(new JScrollPane(cloneText));
            this.validate();
        }
        catch(Exception exp){}
    }
}
```

扫一扫

视频讲解

12.12 文件锁

在操作时，经常会出现几个程序处理同一个文件的情景，例如同时更新或读取文件。此时，用户应对这样的问题作出处理，否则可能发生混乱。JDK 1.4 版本以后，Java 提供了文件锁功能，可以帮助用户解决这样的问题。下面详细介绍和文件锁相关的类。

FileLock、FileChannel 类分别在 java.nio 和 java.nio.channels 包中。输入流、输出流读/写文件时可以使用文件锁，下面结合 RandomAccessFile 类来说明文件锁的使用方法。

RandomAccessFile 创建的流在读/写文件时可以使用文件锁，只要不解除该锁，其他程序无法操作被锁定的文件。使用文件锁的步骤如下：

(1) 先使用 RandomAccessFile 流建立指向文件的流对象，该对象的读/写属性必须是 rw。例如：

```
RandomAccessFile input = new RandomAccessFile("Example.java","rw");
```

(2) input 流调用方法 getChannel()获得一个连接到底层文件的 FileChannel 对象(信道)。例如：

```
FileChannel channel = input.getChannel();
```

(3) 信道调用 tryLock()或 lock()方法获得一个 FileLock(文件锁)对象，这一过程也称为对文件加锁。例如：

```
FileLock lock = channel.tryLock();
```

文件锁对象产生后，将禁止任何程序对文件进行操作或再进行加锁。对一个文件加锁之后，如果想读/写文件，必须让 FileLock 对象调用 release()释放文件锁。例如：

```
lock.release();
```

在例 12.16 中，Java 程序通过每次单击按钮释放文件锁，并读取文件中的一行文本，然后马上进行加锁。当例 12.16 中的 Java 程序运行时，用户无法用其他程序来操作被当前 Java 程序加锁的文件，例如用户使用 Windows 操作系统提供的“记事本”程序(Notepad. exe)无法保存被当前 Java 程序加锁的文件。

例 12.16

Example12_16. java

```
import java.io.*;
public class Example12_16 {
    public static void main(String args[]) {
      File file = new File("Example12_15.java");
      WindowFileLock win = new WindowFileLock(file);
      win.setTitle("使用文件锁");
    }
}
```

WindowFileLock. java

```
import java.io.*;
import java.nio.*;
import java.nio.channels.*;
import javax.swing.*;
import java.awt.*;
import java.awt.event.*;
public class WindowFileLock extends JFrame implements ActionListener {
    JTextArea text;
    JButton button;
    File file;
    RandomAccessFile input;
    FileChannel channel;
    FileLock lock;
    WindowFileLock(File f) {
      file = f;
      try {
          input = new RandomAccessFile(file,"rw");
          channel = input.getChannel();
          lock = channel.tryLock();
      }
      catch(Exception exp){}
      text = new JTextArea();
      button = new JButton("读取一行");
      button.addActionListener(this);
      add(new JScrollPane(text),BorderLayout.CENTER);
      add(button,BorderLayout.SOUTH);
      setSize(300,400);
      setVisible(true);
      setDefaultCloseOperation(JFrame.EXIT_ON_CLOSE);
    }
    public void actionPerformed(ActionEvent e) {
      try{
            lock.release();
            String lineString = input.readLine();
            text.append("\n" + lineString);
            lock = channel.tryLock();
            if(lineString == null)
              input.close();
      }
      catch(Exception ee){}
    }
}
```

扫一扫
视频讲解

12.13 使用 Scanner 类解析文件

应用程序可能需要解析文件中的特殊数据,此时,应用程序可以把文件的内容全部读入内存,然后使用第 9 章的有关知识(见 9.3 节和 9.5 节)解析所需要的内容,其优点是处理速度快,如果读入的内容较大将消耗较多的内存,即以空间换取时间。

本节介绍怎样借助 Scanner 类和正则表达式来解析文件,例如,要解析文件中的特殊单词、数字等信息。使用 Scanner 类和正则表达式来解析文件的特点是以时间换取空间,即解析的速度相对较慢,但节省内存。

❶ 使用默认分隔标记解析文件

创建 Scanner 对象,并指向要解析的文件。例如:

```
File file = new File("hello.java");
Scanner sc = new Scanner(file);
```

那么,sc 将空白作为分隔标记,调用 next()方法依次返回 file 中的单词,如果 file 的最后一个单词已被 next()方法返回,sc 调用 hasNext()将返回 false,否则返回 true。

另外,对于数字型的单词,例如 618、168.98 等,可以用 nextInt()或 nextDouble()方法来代替 next()方法,即 sc 可以调用 nextInt()或 nextDouble()方法将数字型单词转化为 int 或 double 数据返回。但需要注意的是,如果单词不是数字型单词,调用 nextInt()或 nextDouble()方法将发生 InputMismatchException 异常,在处理异常时可以调用 next()方法返回该非数字化单词。在例 12.17 中,假设 student.txt 的内容如下:

```
student.txt
张三 90 李四 98 刘五 88
```

例 12.17 使用 Scanner 对象解析文件中的全部成绩,即 90、98、88,然后计算出平均成绩。程序运行效果如图 12.12 所示。

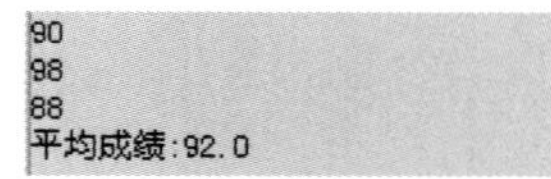

图 12.12 使用默认分隔标记解析文件

例 12.17

Example12_17.java

```
import java.io.*;
import java.util.*;
public class Example12_17 {
    public static void main(String args[]) {
      File file = new File("student.txt");
      Scanner sc = null;
      int count = 0;
      double sum = 0;
      try { int score = 0;
            sc = new Scanner(file);
            while(sc.hasNext()){
                try{
                    score = sc.nextInt();
                    count ++ ;
                    sum = sum + score;
                    System.out.println(score);
                }
                catch(InputMismatchException exp){
```

```
                    String t = sc.next();
                }
            }
            double aver = sum/count;
            System.out.println("平均成绩:" + aver);
        }
        catch(FileNotFoundException exp){
            System.out.println(exp);
        }
    }
}
```

❷ 使用正则表达式作为分隔标记解析文件

创建 Scanner 对象，指向要解析的文件，并使用 useDelimiter 方法指定正则表达式作为分隔标记。例如：

```
File file = new File("hello.java");
Scanner sc = new Scanner(file);
sc.useDelimiter(正则表达式);
```

那么，sc 将正则表达式作为分隔标记，调用 next()方法依次返回 file 中的单词，如果 file 的最后一个单词已被 next()方法返回，sc 调用 hasNext()将返回 false，否则返回 true。

另外，对于数字型的单词，例如 1260、1.6128 等，可以用 nextInt()或 nextDouble()方法来代替 next()方法，即 sc 可以调用 nextInt()或 nextDouble()方法将数字型单词转化为 int 型或 double 型数据返回。但需要注意的是，如果单词不是数字型单词，调用 nextInt()或 nextDouble()方法将发生 InputMismatchException 异常，那么在处理异常时可以调用 next()方法返回该非数字化单词。

对于上述例 12.17 中提到的 student.txt 文件，如果用非数字字符串作为分隔标记，那么所有的数字就是单词。

例 12.18 使用正则表达式(匹配所有非数字字符串)：

```
String regex = "[^0123456789.]+";
```

作为分隔标记解析 goods.txt 文件中的商品价格，并计算平均价格。goods.txt 文件的内容如下：

```
goods.txt
电视机 2989.98 元
洗衣机 5678.876 元
冰箱   6589.99 元
```

程序运行效果如图 12.13 所示。

```
2989.98
5678.876
6589.99
平均价格:5086.282
```

图 12.13 使用正则表达式解析文件

例 12.18

Example12_18.java

```
import java.io.*;
import java.util.*;
public class Example12_18 {
    public static void nain(String args[]) {
      File file = new File("goods.txt");
      Scanner sc = null;
      int count = 0;
      double sum = 0;
      try { double price = 0;
            sc = new Scanner(file);
            sc.useDelimiter("[^0123456789.]+");
```

```
            while(sc.hasNextDouble()){
                price = sc.nextDouble();
                count ++ ;
                sum = sum + price;
                System.out.println(price);
            }
            double aver = sum/count;
            System.out.println("平均价格:" + aver);
        }
        catch(FileNotFoundException exp){
            System.out.println(exp);
        }
    }
}
```

12.14 小结

(1) 输入流、输出流提供了一条通道程序,用户可以使用这条通道读取“源”中的数据,或把数据送到“目的地”。输入流的指向称为源,程序从指向源的输入流中读取源中的数据;输出流的指向称为目的地,程序通过向输出流中写入数据把信息传递到目的地。

(2) InputStream 的子类创建的对象称为字节输入流,字节输入流按字节读取“源”中的数据,只要不关闭流,每次调用读取方法时都会顺序地读取“源”中的其余内容,直到“源”中的末尾或流被关闭。

(3) Reader 的子类创建的对象称为字符输入流,字符输入流按字符读取“源”中的数据,只要不关闭流,每次调用读取方法时都会顺序地读取“源”中的其余内容,直到“源”中的末尾或流被关闭。

(4) OutputStream 的子类创建的对象称为字节输出流,字节输出流按字节将数据写入输出流指向的目的地中,只要不关闭流,每次调用写入方法都会顺序地向目的地写入内容,直到流被关闭。

(5) Writer 的子类创建的对象称为字符输出流,字符输出流按字符将数据写入输出流指向的目的地中,只要不关闭流,每次调用写入方法都会顺序地向目的地写入内容,直到流被关闭。

(6) 使用对象流写入或读入对象时要保证对象是序列化的,这是为了保证能把对象写入文件,并能再把对象正确地读回到程序中。使用对象流很容易获取一个序列化对象的克隆,只需将该对象写入对象输出流指向的目的地,然后将该目的地作为一个对象输入流的源,那么该对象输入流从源中读回的对象一定是原对象的一个克隆。

习题 12

扫一扫

习题

扫一扫

自测题

第 13 章 泛型与集合框架

主要内容：

- ❖ 泛型；
- ❖ 链表；
- ❖ 堆栈；
- ❖ 散列映射；
- ❖ 树集；
- ❖ 树映射；
- ❖ 集合。

难点：

- ❖ 树映射。

13.1 泛型

泛型(Generics)是在 JDK 1.5 中推出的，其主要目的是建立具有类型安全的集合框架，如链表、散列映射等数据结构。本节主要对 Java 的泛型给予一个初步的介绍，更深刻、详细的讨论已超出本书的范围，详细内容可参见 java.sun.com 网站上的泛型教程：

```
http://java.sun.com/j2se/1.5/pdf/generics-tutorial.pdf
```

▶ 13.1.1 泛型类

可以使用"class 名称<泛型列表>"声明一个类，为了和普通的类有所区别，这样声明的类称作泛型类。例如：

```
class People<E>
```

其中，People 是泛型类的名称，E 是其中的泛型，也就是说并没有指定 E 是何种类型的数据，它可以是任何类或接口，但不能是基本类型数据。也可以不用 E 表示泛型，使用任何一个合理的标识符都可以，但最好和我们熟悉的类型名称有所区别。泛型类声明时，"泛型列表"给出的泛型可以作为类的成员变量的类型、方法的类型以及局部变量的类型。

泛型类的类体和普通类的类体完全类似，由成员变量和方法构成。例如，设计一个锥，锥只关心它的底面积是多少，并不关心底的具体形状，它所关心的是用底面积和高计算出自身的体积。因此，锥可以用泛型 E 作为自己的底，Cone.java 的代码如下：

Cone.java

```
class Cone<E> {
    double height;
    E bottom;
    public Cone (E b) {
```

```
        bottom = b;
    }
}
```

▶ 13.1.2 使用泛型类声明对象

和普通的类相比,泛型类声明和创建对象时,类名后多了一对“<>”,而且要用具体的类型替换“<>”中的泛型(或使用统配“?”)。

- 使用具体类型

用具体的类型替换“<>”中的泛型。例如,用具体类型 Circle 替换泛型 E:

```
Circle circle = new Circle();
Cone<Circle> coneOne;        //用具体类型 Circle,不可以用泛型 E:Cone<E> coneOne;
coneOne = new Cone<Circle>(circle);
```

- 使用统配“?”

泛型类声明对象时,可以使用通配符“?”来限制泛型的范围。例如,限制泛型 E 的范围:

```
Cone<? extends Geometry> coneOne;
```

如果 Geometry 是类,那么“<? extends Geometry >”中的“: ? extends Geometry”表示任何 Geometry 类的子类或 Geometry 类本身(可理解为泛型 E 被限制了范围);如果 Geometry 是接口,那么“<? extends Geometry >”中的“: ? extends Geometry”表示任何实现 Geometry 接口的类。

假设 Geometry 是接口,Circle 是实现了 Geometry 接口的类,那么下列创建 coneOne 就是合法的:

```
Circle circle = new Circle();
coneOne = new Cone<Circle>(circle);
```

再如:

```
Cone<? super B> coneOne;
```

这里 B 必须是一个类,不可以是接口,“<? super B >”中的“: ? super B”表示 B 类的任何父类(包括 B 类本身)。

泛型类声明对象时,也可以仅仅使用通配符“?”代表泛型 E,但不限制泛型 E 的范围(“?”代表任意类型),创建对象时,必须用具体的类型。例如:

```
Circle circle = new Circle();
Cone<?> coneOne = new Cone<Circle>(circle);
```

在例 13.1 中,定义了一个 Cone< E >泛型类,一个 Cone< E >的对象计算体积时,只关心它的底是否能计算面积,并不关心底的类型。运行效果如图 13.1 所示。

```
1675.5160819145563
11270.0
22770.0
10471.975511965977
```

图 13.1 使用泛型类

例 13.1

Cone.java

```
public class Cone<E> {                    //泛型类
    double height;
    E bottom;                             //用泛型 E 声明对象 bottom
    public Cone (E b) {
```

```
        bottom = b;
    }
    public void setHeight(double h) {
        height  =  h;
    }
    public double computerVolume() {
        String s = bottom.toString();      //泛型变量只能调用从 Object 类继承的或重写的方法
        double area = Double.parseDouble(s);
        return 1.0/3.0 * area * height;
    }
}
```

Computable.java

```
public interface Computable {
      public String toString();
}
```

Rect.java

```
public class Rect implements Computable{
    double sideA,sideB,area;
    Rect(double a,double b) {
      sideA = a;
      sideB = b;
    }
    public String toString() {
       area = sideA * sideB;
       return "" + area;
    }
}
```

Circle.java

```
public class Circle implements Computable{
    double area,radius;
    Circle(double r) {
       radius = r;
    }
    public String toString() {             //重写 Object 类的 toString()方法
       area = radius * radius * Math.PI;
       return "" + area;
    }
}
```

Example13_1.java

```
public class Example13_1 {
    public static void main(String args[]) {
       Circle circle = new Circle(10);
       Cone<? extends Computable> cone = new Cone<Circle>(circle); //使用限定符号"?"限定实现接口
       cone.setHeight(16);
       System.out.println(cone.computerVolume());
       Rect rect = new Rect(15,23);
       cone = new Cone<Rect>(rect);                                //(方)锥对象
       cone.setHeight(98);
       System.out.println(cone.computerVolume());
       Cone<Rect> coneRect = new Cone<Rect>(rect);                 //不使用限定符号"?"
       coneRect.setHeight(198);
       System.out.println(coneRect.computerVolume());
       Cone<?> coneCircle = new Cone<Circle>(circle);              //使用限定符号"?"
```

```
        coneCircle.setHeight(100);
        System.out.println(coneCircle.computerVolume());
    }
}
```

注：Java 中的泛型类和 C++的类模板有很大的不同，泛型变量只能调用从 Object 类继承的或重写的方法。

▶ 13.1.3 泛型接口

可以使用"interface 名称<泛型列表>"声明一个接口，这样声名的接口称作泛型接口，例如：

```
interface Computer<E>
```

其中，Computer 是泛型接口的名称；E 是其中的泛型。泛型类可以使用泛型接口，如例 13.2 所示，运行效果如图 13.2 所示。

```
你和我,我和你,同住地球村
|3 5 1-|1 3 5-|12 35 2-|
```

图 13.2 使用泛型接口

例 13.2

Example13_2.java

```
interface Computer<E,F> {
    void makeChorus(E x,F y);
}
class Chorus<E,F> implements Computer<E,F> {
    public void makeChorus(E x,F y) {
        x.toString();
        y.toString();
    }
}
class 乐器 {
    public String toString() {
        System.out.println("|3 5 1 - |1 3 5 - |12 35 2 - |");
        return "";
    }
}
class 歌手 {
    public String toString() {
        System.out.println("你和我,我和你,同住地球村");
        return "";
    }
}
public class Example13_2 {
    public static void main(String args[ ]) {
        Chorus<歌手,乐器> model = new Chorus<歌手,乐器>();
        歌手 pengliyuan = new 歌手();
        乐器 piano = new 乐器();
        model.makeChorus(pengliyuan,piano);
    }
}
```

Java 泛型的主要目的是可以建立具有类型安全的数据结构，如链表、散列表等数据结构。其最重要的一个优点就是：在使用这些泛型类建立的数据结构时，不必进行强制类型转换，即不要求进行运行时类型检查。JDK 1.5 是支持泛型的编译器，它将运行时的类型检查提前到编译时执行，使代码更安全。Java 推出泛型的主要目的是为了建立具有类型安全的数据结构，如链表、散列映射等。

13.2　链表

如果需要处理一些类型相同的数据，人们习惯上使用数组这种数据结构，但数组在使用之前必须定义其元素的个数，即数组的大小，而且不能轻易改变数组的大小，因为数组改变大小就意味着放弃原有的全部单元。有时可能给数组分配了太多的单元而浪费了宝贵的内存资源，糟糕的是，程序运行时需要处理的数据可能多于数组的单元。当需要动态地减少或增加数据项时，可以使用链表这种数据结构。

链表是由若干被称为结点的对象组成的一种数据结构，每个结点含有一个数据和下一个结点的引用（单链表，如图 13.3 所示），或含有一个数据并含有上一个结点的引用和下一个结点的引用（双链表，如图 13.4 所示）。

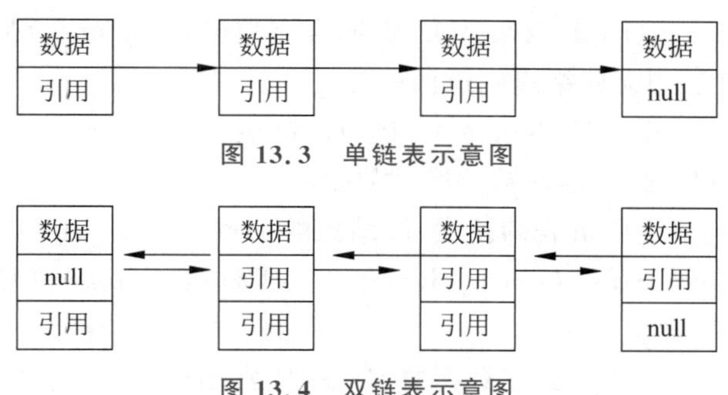

图 13.3　单链表示意图

图 13.4　双链表示意图

▶ 13.2.1　LinkedList<E>泛型类

java.util 包中的 LinkedList<E>泛型类创建的对象以链表结构存储数据，习惯上称 LinkedList 类创建的对象为链表对象。例如：

```
LinkedList<String> mylist = new LinkedList<String>();
```

创建一个空双链表。

使用 LinkedList<E>泛型类声明和创建链表时，必须指定 E 的具体类型，然后链表就可以使用 add(E obj)方法向链表依次增加结点。例如，上述链表 mylist 使用 add 方法添加结点，结点中的数据必须是 String 对象，见下列代码：

```
mylist.add("How");
mylist.add("Are");
mylist.add("You");
mylist.add("Java");
```

这时，链表 mylist 就有了 4 个结点，结点是自动链接在一起的，不需要做链接。也就是说，不需要操作安排结点中所存放的下一个或上一个结点的引用。

▶ 13.2.2　LinkedList<E>泛型类的常用方法

LinkedList<E>是实现了泛型接口 List<E>的泛型类，而泛型接口 List<E>又是 Collection<E>泛型接口的子接口。LinkedList<E>泛型类中的绝大部分方法都是泛型接口方法的实现。在编程时，可以使用接口回调技术，即把 LinkedList<E>对象的引用赋给 Collection<E>接口变量或 List<E>接口变量，那么接口就可以调用类实现的接口方法。

下面是 LinkedList<E>泛型类实现 List<E>泛型接口中的一些常用方法。

- public boolean add(E element)：向链表末尾添加一个新的结点，该结点中的数据是参数 element 指定的数据。
- public void add(int index,E element)：向链表的指定位置添加一个新的结点，该结点中的数据是参数 element 指定的数据。
- public void clear()：删除链表的所有结点，使当前链表成为空链表。
- public E remove(int index)：删除指定位置上的结点。
- public boolean remove(E element)：删除首次出现含有数据 element 的结点。
- public E get(int index)：得到链表中指定位置处结点中的数据。
- public int indexOf(E element)：返回含有数据 element 的结点在链表中首次出现的位置，如果链表中无此结点则返回-1。
- public int lastIndexOf(E element)：返回含有数据 element 的结点在链表中最后出现的位置，如果链表中无此结点则返回-1。
- public E set(int index,E element)：将当前链表 index 位置结点中的数据替换为参数 element 指定的数据，并返回被替换的数据。
- public int size()：返回链表的长度，即结点的个数。
- public boolean contains(Object element)：判断链表结点中是否有结点含有数据 element。

下面是 LinkedList<E>泛型类本身新增加的一些常用方法。

- public void addFirst(E element)：向链表的头添加新结点，该结点中的数据是参数 element 指定的数据。
- public void addLast(E element)：向链表的末尾添加新结点，该结点中的数据是参数 elememt 指定的数据。
- public E getFirst()：得到链表中第一个结点中的数据。
- public E getLast()：得到链表中最后一个结点中的数据。
- public E removeFirst()：删除第一个结点，并返回这个结点中的数据。
- public E removeLast()：删除最后一个结点，并返回这个结点中的数据。
- public Object clone()：得到当前链表的一个克隆链表，该克隆链表中结点数据的改变不会影响当前链表中结点的数据，反之亦然。

13.2.3 遍历链表

无论何种集合，应当允许客户以某种方法遍历集合中的对象，而不需要知道这些对象在集合中是如何表示及存储的，Java 集合框架为各种数据结构的集合。例如链表、散列表等不同存储结构的集合都提供了迭代器。

某些集合根据其数据存储结构和所具有的操作也会提供返回数据的方法。例如 LinkedList 类中的 get(int index)方法将返回当前链表中第 index 结点中的对象。LinkedList 的存储结构不是顺序结构，因此，链表调用 get(int index)方法的速度比顺序存储结构的集合调用 get(int index)方法的速度慢。因此，当用户需要遍历集合中的对象时，应当使用该集合提供的迭代器，而不是让集合本身来遍历其中的对象。由于迭代器遍历集合的方法在找到集合中的一个对象的同时，也得到了待遍历的后继对象的引用，因此，迭代器可以快速地遍历集合。

链表对象可以使用 iterator()方法获取一个 Iterator 对象,该对象就是针对当前链表的迭代器。

例 13.3 比较了使用迭代器遍历链表和使用 get(int index)方法遍历链表所用的时间,运行效果如图 13.5 所示。

```
使用迭代器遍历集合所用时间:0毫秒
使用get方法遍历集合所用时间:16359毫秒
```

图 13.5　遍历链表

例 13.3

Example13_3.java

```
import java.util.*;
public class Example13_3 {
    public static void main(String args[]){
      LinkedList<String> list = new LinkedList<String>();
      for(int i = 0;i <= 60096;i++){
              list.add("speed" + i);
      }
      Iterator<String> iter = list.iterator();
      long starttime = System.currentTimeMillis();
      while(iter.hasNext()){
            String te = iter.next();
      }
      long endTime = System.currentTimeMillis();
      long result = endTime - starttime;
      System.out.println("使用迭代器遍历集合所用时间:" + result + "毫秒");
      starttime = System.currentTimeMillis();
      for(int i = 0;i < list.size();i++){
          String te = list.get(i);
      }
      endTime = System.currentTimeMillis();
      result = endTime - starttime;
      System.out.println("使用 get 方法遍历集合所用时间:" + result + "毫秒");
    }
}
```

注:Java 也提供了顺序结构的动态数组表类 ArrayList,数组表采用顺序结构来存储数据。数组表不适合动态地改变它存储的数据,如增加、删除单元等(比链表慢)。但是,由于数组表采用顺序结构存储数据,数组表获得第 n 个单元中数据的速度要比链表获得第 n 个单元中数据的速度快。ArrayList 类的很多方法与 LinkedList 类似,二者的本质区别是一个使用顺序结构,一个使用链式结构。请读者将例 13.3 中的 LinkedList 用 ArrayList 替换,并观察程序的运行效果。

JDK 1.5 版本之前没有泛型的 LinkedList 类,可以用普通的 LinkedList 创建一个链表对象。例如:

```
LinkedList mylist = new LinkedList();
```

然后,mylist 链表可以使用 add(Object obj)方法向这个链表依次添加结点。由于任何类都是 Object 类的子类,因此可以把任何一个对象作为链表结点中的对象。需要注意的是,使用 get()获取一个结点中的对象时,要用类型转换运算符转换回原来的类型。Java 泛型的主要目的是建立具有类型安全的集合框架,优点是在使用这些泛型类建立的数据结构时,不必进行强制类型转换,即不要求进行运行时类型检查。如果使用旧版本的 LinkedList 类,JDK 1.5 后续版本的编译器会给出警告信息,但程序仍能正确运行。例 13.4 使用了 JDK 1.5 版本之前的 LinkedList。

例 13.4

Example13_4.java

```
import java.util.*;
public class Example13_4{
    public static void main(String args[]){
        LinkedList mylist = new LinkedList();
        mylist.add("你");                          //链表中的第一个结点
        mylist.add("好");                          //链表中的第二个结点
        int number = mylist.size();                //获取链表的长度
        for(int i = 0;i < number;i++){
          String temp = (String)mylist.get(i);     //必须强制转换取出的数据
          System.out.println("第" + i + "结点中的数据:" + temp);
        }
        Iterator iter = mylist.iterator();
        while(iter.hasNext()) {
          String te = (String)iter.next();         //必须强制转换取出的数据
          System.out.println(te);
        }
    }
}
```

在例 13.5 中使用对象流实现商品库存的录入与显示系统。例 13.5 中有一个实现接口 Serializable 的“商品”类,程序将该类的对象作为链表的结点,然后把链表写入文件。运行效果如图 13.6 所示。

图 13.6　商品的录入与显示

例 13.5

Example13_5.java

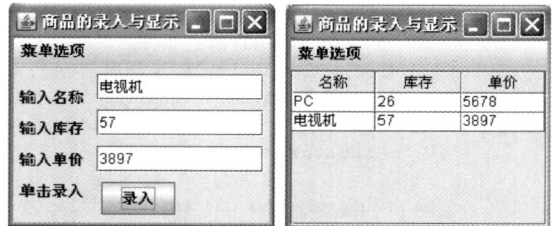

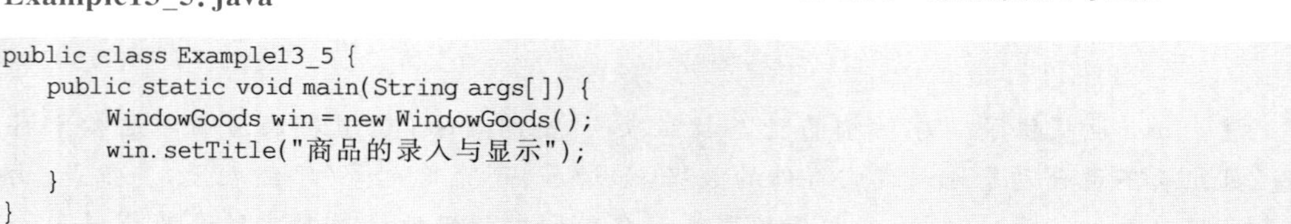

```
public class Example13_5 {
   public static void main(String args[]) {
       WindowGoods win = new WindowGoods();
       win.setTitle("商品的录入与显示");
   }
}
```

Goods.java

```
public class Goods implements java.io.Serializable {
    String name, mount,price;
    public void setName(String name) {
       this.name = name;
    }
    public void setMount(String mount) {
       this.mount = mount;
    }
    public void setPrice(String price) {
       this.price = price;
    }
    public String getName() {
       return name;
    }
    public String getMount() {
       return mount;
    }
    public String getPrice() {
       return price;
    }
}
```

InputArea. java

```
import java.io.*;
import javax.swing.*;
import java.awt.*;
import java.awt.event.*;
import java.util.*;
public class InputArea extends JPanel implements ActionListener {
    File f = null;                                    //存放链表的文件
    Box baseBox ,boxV1,boxV2;
    JTextField name,mount,price;                      //为 Goods 对象提供的视图
    JButton button;                                   //控制器
    LinkedList<Goods> goodsList;                      //存放 Goods 对象的链表
    InputArea(File f) {
        this.f = f;
        goodsList = new LinkedList<Goods>();
        name = new JTextField(12);
        mount = new JTextField(12);
        price = new JTextField(12);
        button = new JButton("录入");
        button.addActionListener(this);
        boxV1 = Box.createVerticalBox();
        boxV1.add(new JLabel("输入名称"));
        boxV1.add(Box.createVerticalStrut(8));
        boxV1.add(new JLabel("输入库存"));
        boxV1.add(Box.createVerticalStrut(8));
        boxV1.add(new JLabel("输入单价"));
        boxV1.add(Box.createVerticalStrut(8));
        boxV1.add(new JLabel("单击录入"));
        boxV2 = Box.createVerticalBox();
        boxV2.add(name);
        boxV2.add(Box.createVerticalStrut(8));
        boxV2.add(mount);
        boxV2.add(Box.createVerticalStrut(8));
        boxV2.add(price);
        boxV2.add(Box.createVerticalStrut(8));
        boxV2.add(button);
        baseBox = Box.createHorizontalBox();
        baseBox.add(boxV1);
        baseBox.add(Box.createHorizontalStrut(10));
        baseBox.add(boxV2);
        add(baseBox);
    }
    public void actionPerformed(ActionEvent e) {
      if(f.exists()) {
        try{
           FileInputStream fi = new FileInputStream(f);
           ObjectInputStream oi = new ObjectInputStream(fi);
           goodsList = (LinkedList<Goods>)oi.readObject();
           fi.close();
           oi.close();
           Goods goods = new Goods();
           goods.setName(name.getText());
           goods.setMount(mount.getText());
           goods.setPrice(price.getText());
           goodsList.add(goods);
           FileOutputStream fo = new FileOutputStream(f);
           ObjectOutputStream out = new ObjectOutputStream(fo);
           out.writeObject(goodsList);
```

```
                out.close();
            }
            catch(Exception ee) {}
        }
        else{
            try{
                f.createNewFile();
                Goods goods = new Goods();
                goods.setName(name.getText());
                goods.setMount(mount.getText());
                goods.setPrice(price.getText());
                goodsList.add(goods);
                FileOutputStream fo = new FileOutputStream(f);
                ObjectOutputStream out = new ObjectOutputStream(fo);
                out.writeObject(goodsList);
                out.close();
            }
            catch(Exception ee) {}
        }
    }
}
```

ShowArea.java

```
import java.io.*;
import javax.swing.*;
import java.awt.*;
import java.awt.event.*;
import java.util.*;
public class ShowArea extends JPanel {
    JTable table;
    Object tableElement[][],name[] = {"名称","库存","单价"};
    public ShowArea(){
        setLayout(new BorderLayout());
        table = new JTable();
        add(table);
    }
    public void show(LinkedList<Goods> goodsList) {
        remove(table);
        int length = goodsList.size();
        tableElement = new Object[length][3];
        table = new JTable(tableElement,name);
        add(table);
        Iterator<Goods> iter = goodsList.iterator();
        int i = 0;
        while(iter.hasNext()) {
            Goods goods = iter.next();
            tableElement[i][0] = goods.getName();
            tableElement[i][1] = goods.getMount();
            tableElement[i][2] = goods.getPrice();
            i++;
        }
        table.repaint();
    }
}
```

WindowGoods.java

```
import java.io.*;
import javax.swing.*;
```

```
import java.awt.*;
import java.awt.event.*;
import java.util.LinkedList;
public class WindowGoods extends JFrame implements ActionListener {
    File file = null;
    JMenuBar bar;
    JMenu fileMenu;
    JMenuItem login,show;
    InputArea inputMessage;                         //录入界面
    ShowArea showMessage;                           //显示界面
    JPanel pCenter ;
    CardLayout card;
    WindowGoods() {
        file = new File("库存.txt");                  //存放链表的文件
        login = new JMenuItem("录入");
        show = new JMenuItem("显示");
        bar = new JMenuBar();
        fileMenu = new JMenu("菜单选项");
        fileMenu.add(login);
        fileMenu.add(show);
        bar.add(fileMenu);
        setJMenuBar(bar);
        login.addActionListener(this);
        show.addActionListener(this);
        inputMessage = new InputArea(file);     //创建录入界面
        showMessage = new ShowArea();           //创建显示界面
        card = new CardLayout();
        pCenter = new JPanel();
        pCenter.setLayout(card);
        pCenter.add("录入",inputMessage);
        pCenter.add("显示",showMessage);
        add(pCenter,BorderLayout.CENTER);card.show(pCenter,"录入");
        setVisible(true);
        setBounds(100,50,420,380);
        validate();
        setDefaultCloseOperation(JFrame.DISPOSE_ON_CLOSE);
    }
    public void actionPerformed(ActionEvent e) {
        if(e.getSource() == login) {
            card.show(pCenter,"录入");
        }
        else if(e.getSource() == show) {
            try{
                FileInputStream fi = new FileInputStream(file);
                ObjectInputStream oi = new ObjectInputStream(fi);
                LinkedList<Goods> goodsList = (LinkedList<Goods>)oi.readObject();
                fi.close();
                oi.close();
                card.show(pCenter,"显示");
                showMessage.show(goodsList);
            }
            catch(Exception ee){
                System.out.println(ee);
                JOptionPane.showMessageDialog(this,"没有信息","提示对话框",
                                        JOptionPane.WARNING_MESSAGE);
            }
        }
    }
}
```

扫一扫

视频讲解

13.3 堆栈

堆栈是一种“后进先出”的数据结构,只能在一端进行输入或输出数据的操作。堆栈把第一个放入该堆栈的数据放在最底下,而把后续放入的数据放在已有数据的上面。向堆栈中输入数据的操作称为“压栈”,从堆栈中输出数据的操作称为“弹栈”。由于堆栈总是在顶端进行数据的输入/输出操作,所以,弹栈总是输出(删除)最后压入堆栈中的数据,这就是“后进先出”的原因。

使用 java.util 包中的 Stack<E>泛型类创建一个堆栈对象,堆栈对象可以使用“public E push(E item);”实现压栈操作;使用“public E pop();”实现弹栈操作;使用“public boolean empty();”判断堆栈是否还有数据,有数据返回 false,否则返回 true;使用“public E peek();”获取堆栈顶端的数据,但不删除该数据;使用“public int search(Object data);”获取数据在堆栈中的位置,最顶端的位置是 1,向下依次增加,如果堆栈不含此数据,则返回-1。

堆栈是很灵活的数据结构,使用堆栈可以节省内存的开销。例如,递归是一种很消耗内存的算法,可以借助堆栈消除大部分递归,达到和递归算法同样的目的。Fibonacci 整数序列是我们熟悉的一个递归序列,它的第 n 项是前两项的和,第 1 项和第 2 项是 1。例 13.6 用堆栈输出该递归序列的若干项。

例 13.6

Example13_6.java

```
import java.util.*;
public class Example13_6 {
    public static void main(String args[]) {
        Stack<Integer> stack = new Stack<Integer>();
        stack.push(1);
        stack.push(1);
        int k = 1;
        while(k <= 10) {
          for(int i = 1;i <= 2;i++) {
            int f1 = stack.pop();
            int f2 = stack.pop();
            int next  =  f1 + f2;
            System.out.println("" + next);
            stack.push(next);
            stack.push(f2);
            k++;
          }
        }
    }
}
```

扫一扫

视频讲解

13.4 散列映射

13.4.1 HashMap<K,V>泛型类

HashMap<K,V>泛型类实现了泛型接口 Map<K,V>,HashMap<K,V>类中的绝大部分方法都是 Map<K,V>接口方法的实现。编程时,可以使用接口回调技术,即把 HashMap<K,V>对象的引用赋给 Map<K,V>接口变量,那么接口变量就可以调用类实现的接口方法。

HashMap<K,V>对象采用散列表这种数据结构存储数据，习惯上称 HashMap<K,V>对象为散列映射。散列映射用于存储“键/值”对，允许把任何数量的“键/值”对存储在一起。键不可以发生逻辑冲突，即两个数据项不要使用相同的键，如果两个数据项对应相同的键，那么，先前散列映射中的“键/值”对将被替换。散列映射在需要更多的存储空间时会自动增大容量。例如，如果散列映射的装载因子是 0.75，那么当散列映射的容量被使用了 75%时，它就把容量增加到原始容量的两倍。对于数组表和链表两种数据结构，如果要查找它们存储的某个特定的元素却不知道位置，则需要从头开始访问元素直到找到匹配的为止。如果数据结构中包含很多元素，就会浪费时间，这时最好使用散列映射来存储要查找的数据，使用散列映射可以减少检索的开销。

HashMap<K,V>泛型类创建的对象称为散列映射。例如：

```
HashMap<String,Student> hashtable = new HashSet<String,Student>();
```

那么，hashtable 就可以存储“键/值”对数据，其中的键必须是一个 String 对象，键对应的值必须是 Student 对象。hashtable 可以调用 public V put(K key,V value)将键/值对数据存放到散列映射中，该方法同时返回键所对应的值。

13.4.2　HashMap<K,V>泛型类的常用方法

下面介绍 HashMap<K,V>泛型类的常用方法。

- public void clear()：清空散列映射。
- public Object clone()：返回当前散列映射的一个克隆。
- public boolean containsKey(Object key)：如果散列映射有“键/值”对使用了参数指定的键，则该方法返回 true，否则返回 false。
- public boolean containsValue(Object value)：如果散列映射有“键/值”对的值是参数指定的值，则该方法返回 true，否则返回 false。
- public V get(Object key)：返回散列映射中使用 key 作为键的“键/值”对中的值。
- public boolean isEmpty()：如果散列映射不含任何“键/值”对，则该方法返回 true，否则返回 false。
- public V remove(Object key)：删除散列映射中键为参数指定的“键/值”对，并返回键对应的值。
- public int size()：返回散列映射的大小，即散列映射中“键/值”对的数目。

13.4.3　遍历散列映射

public Collection<V> values()方法返回一个实现 Collection<V>接口类创建的对象，可以使用接口回调技术，即将该对象的引用赋给 Collection<V>接口变量，该接口变量可以回调 iterator()方法获取一个 Iterator 对象，这个 Iterator 对象存放着散列映射中所有“键/值”对中的“值”。

13.4.4　基于散列映射的查询

对于经常需要进行查找的数据可以采用散列映射来存储，即为数据指定一个查找它的关键字，然后按照“键/值”对将关键字和数据一起存入散列映射中。

下面的例 13.7 是一个英语单词查询的 GUI 程序，用户在界面的一个文本框中输入一个

英文单词并按 Enter 键确认,另一个文本框显示英文单词的汉语翻译。例 13.7 中使用一个文本文件 word. txt 来管理若干个英文单词及汉语翻译,如下所示:

word. txt

```
grandness  伟大  swim  游泳  sparrow  麻雀
boy  男孩 sun  太阳 moon  月亮  student  学生
```

即文件 word. txt 用空白分隔单词。例 13.7 中的 wordPolice 类使用 Scanner 解析 word. txt 中的单词,然后将英文单词-汉语翻译作为"键/值"存储到散列映射中供用户查询。程序运行效果如图 13.7 所示。

图 13.7 使用散列映射

例 13.7

Example13_7. java

```
public class Example13_7 {
    public static void main(String args[ ]) {
       WindowWord win = new WindowWord();
       win.setTitle("英 - 汉小字典");
    }
}
```

WindowWord. java

```
import java.awt. * ;
import javax.swing. * ;
public class WindowWord extends JFrame {
    JTextField inputText,showText;
    WordPolice police;                                   //监视器
    WindowWord() {
       setLayout(new FlowLayout());
       inputText = new JTextField(6);
       showText = new JTextField(6);
       add(inputText);
       add(showText);
       police = new WordPolice();
       police.setView(this);
       inputText.addActionListener(police);
       setBounds(100,100,400,280);
       setVisible(true);
       setDefaultCloseOperation(JFrame.EXIT_ON_CLOSE);
    }
}
```

WordPolice. java

```
import java.awt.event. * ;
import java.io.File;
import java.util.HashMap;
import java.util.Scanner;
public class WordPolice implements ActionListener {
    WindowWord view;
    HashMap < String,String > hashtable;
    File file = new File("word.txt");
    Scanner sc = null;
    WordPolice() {
      hashtable = new HashMap < String,String >();
      try{ sc = new Scanner(file);
```

```
            while(sc.hasNext()){
                String englishWord = sc.next();
                String chineseWord = sc.next();
                hashtable.put(englishWord,chineseWord);
            }
        }
        catch(Exception e){}
    }
    public void setView(WindowWord view) {
        this.view = view;
    }
    public void actionPerformed(ActionEvent e) {
        String englishWord = view.inputText.getText();
        if(hashtable.containsKey(englishWord)) {
            String chineseWord = hashtable.get(englishWord);
            view.showText.setText(chineseWord);
        }
        else {
            view.showText.setText("没有此单词");
        }
    }
}
```

扫一扫

视频讲解

13.5 树集

▶ 13.5.1 TreeSet < E >泛型类

TreeSet < E >类是实现 Set < E >接口的类,它的大部分方法都是接口方法的实现,称 TreeSet < E >类的对象(实例)为树集。树集是一棵平衡二叉查询树,因此树集的任何一个结点 node 的左子树中所有结点中的对象都小于 node 中的对象,node 的右子树中所有结点的对象都大于或等于 node 中的对象,node 的左、右子树仍然都是平衡二叉查询树。

▶ 13.5.2 结点的大小关系

树集上的结点中的对象必须是可以比较大小的,如果不指定对象的大小关系,树集默认使用对象的引用比较大小。所以,在实际应用中创建对象的类需要实现 Comparable < T >接口(java. lang 包中的泛型接口)。例如,java. lang 包中的 String 类实现了 Comparable < T >接口,规定按 String 对象中封装的字符串的字典序比较大小。创建对象的类通过实现 Comparable < T >接口,即实现该接口中的方法 int compareTo(T b)来规定对象的大小关系。实现 Comparable < T >接口类创建的对象可以调用 compareTo(Object T stro)方法和参数指定的对象比较大小关系。假如 a 和 b 是实现 Comparable < T >接口的类创建的两个对象,当 a. compareTo (b)< 0 时,称 a 小于 b; 当 a. compare(b)> 0 时,称 a 大于 b; 当 a. compare(b) = = 0 时,称 a 等于 b。

树集结点的排列和链表不同,不按添加的先后顺序排列,而是始终保持树集是平衡二叉查询树。例如:

```
TreeSet < String > mytree = new TreeSet <>();
```

然后 mytree 使用 add 方法添加结点:

```
mytree.add("A");
mytree.add("B");
```

```
mytree.add("C");
mytree.add("D");
mytree.add("E);
mytree.add("F");
```

mytree 的示意图如图 13.8 所示。

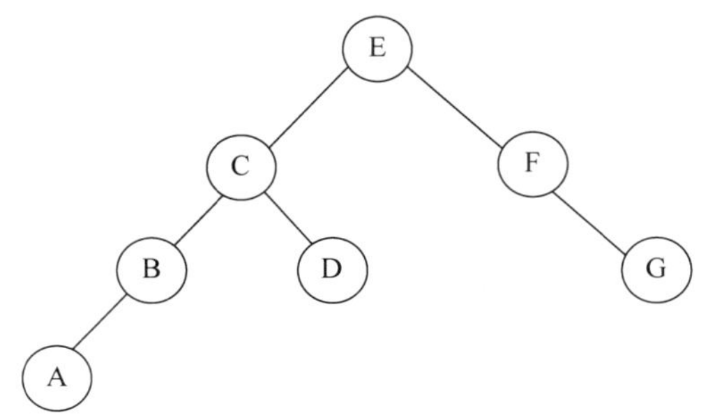

图 13.8　树集

当遍历树集时会自动按中序遍历,即按升序输出结点中的数据,因此树集也被称为有序集(有关二叉树知识点的详细介绍已经超出本书的范围,读者可参见作者编写的《数据结构与算法(Java 语言版)》,清华大学出版社出版)。

▶ 13.5.3　TreeSet 类的常用方法

下面介绍 TreeSet 类的常用方法。

- public boolean add(E o):向树集添加结点,结点中的数据由参数指定,若添加成功则返回 true,否则返回 false。
- public void clear():删除树集中的所有结点。
- public void contains(Object o):如果树集中有包含参数指定的对象,则该方法返回 true,否则返回 false。
- public E first():返回树集中第一个结点中的数据(最小的结点)。
- public E last():返回最后一个结点中的数据(最大的结点)。
- public isEmpty():判断是否是空树集,如果树集不含任何结点,该方法返回 true。
- public boolean remove(Object o):删除树集中存储参数指定的对象的最小结点,如果删除成功,则该方法返回 true,否则返回 false。
- public int size():返回树集中结点的数目。

例 13.8 中的树集按照英语成绩从低到高存放 4 个 Student 对象。程序运行效果如图 13.9 所示。

```
钱二 66
李四 76
孙三 86
赵一 90
```

图 13.9　使用 TreeSet 排序

例 13.8

Example13_8.java

```
import java.util.*;
class Student implements Comparable {
    int english = 0;
    String name;
    Student(int english,String name) {
      this.name = name;
      this.english = english;
    }
```

```
        public int compareTo(Object b) {
            Student st = (Student)b;
            return (this.english - st.english);
        }
    }
    public class Example13_8 {
        public static void main(String args[]) {
            TreeSet<Student> mytree = new TreeSet<Student>();
            Student st1,st2,st3,st4;
            st1 = new Student(90,"赵一");
            st2 = new Student(66,"钱二");
            st3 = new Student(86,"孙三");
            st4 = new Student(76,"李四");
            mytree.add(st1);
            mytree.add(st2);
            mytree.add(st3);
            mytree.add(st4);
            Iterator<Student> te = mytree.iterator();
            while(te.hasNext()) {
                Student stu = te.next();
                System.out.println("" + stu.name + " " + stu.english);
            }
        }
    }
```

树集中不允许出现大小相等的两个结点。例如，在例 13.8 中如果再添加语句：

```
st5 = new Student(76,"keng wenyi");
mytree.add(st5);
```

是无效的。如果允许成绩相同，可把例 13.8 中 Student 类的 compareTo 方法更改为：

```
public int compareTo(Object b) {
  Student st = (Student)b;
  if((this.english - st.English) == 0)
      return 1;
   else
      return (this.english - st.english);
}
```

注：大家从理论上已经知道，把一个元素插入树集的合适位置要比插入数组或链表中的合适位置效率高。

13.6 树映射

扫一扫
视频讲解

前面学习的树集 TreeSet<E>适合用于数据的排序，结点按照存储对象的大小升序排列。TreeMap<K,V>类实现了 Map<K,V>接口，称 TreeMap<K,V>对象为树映射。树映射使用“public V put(K key,V value);”方法添加结点，该结点不仅存储着数据 value，而且存储着和其关联的关键字 key，也就是说，树映射的结点存储“关键字/值”对。和树集不同的是，树映射保证结点是按照结点中的关键字升序排列。

例 13.9 使用了 TreeMap，分别按照学生的英语成绩和数学成绩排序结点。程序运行效果如图 13.10 所示。

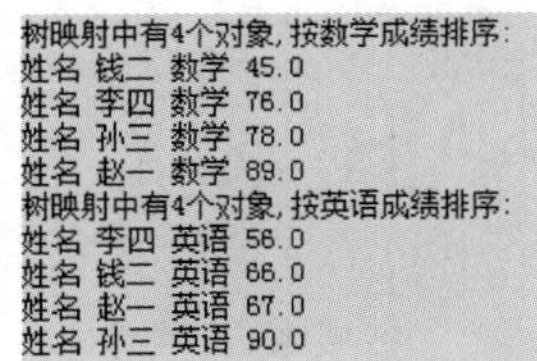
树映射中有4个对象,按数学成绩排序:
姓名 钱二 数学 45.0
姓名 李四 数学 76.0
姓名 孙三 数学 78.0
姓名 赵一 数学 89.0
树映射中有4个对象,按英语成绩排序:
姓名 李四 英语 56.0
姓名 钱二 英语 66.0
姓名 赵一 英语 67.0
姓名 孙三 英语 90.0

图 13.10 使用 TreeMap 排序

例 13.9

Example13_9.java

```
import java.util.*;
class StudentKey implements Comparable {
    double d = 0;
    StudentKey (double d) {
      this.d = d;
    }
    public int compareTo(Object b) {
      StudentKey st = (StudentKey)b;
      if((this.d - st.d) == 0)
        return -1;
      else
        return (int)((this.d - st.d) * 1000);
  }
}
class Student {
    String name = null;
    double math,english;
    Student(String s,double m,double e) {
        name = s;
        math = m;
        english = e;
    }
}
public class Example13_9 {
    public static void main(String args[]) {
      TreeMap<StudentKey,Student>  treemap =  new TreeMap<StudentKey,Student>();
      String str[] = {"赵一","钱二","孙三","李四"};
      double math[] = {89,45,78,76};
      double english[] = {67,66,90,56};
      Student student[] = new Student[4];
      for(int k = 0;k < student.length;k++) {
          student[k] = new Student(str[k],math[k],english[k]);
      }
      StudentKey key[] = new StudentKey[4] ;
      for(int k = 0;k < key.length;k++) {
          key[k] = new StudentKey(student[k].math);      //关键字按数学成绩排列大小
      }
      for(int k = 0;k < student.length;k++) {
          treemap.put(key[k],student[k]);
      }
      int number = treemap.size();
      System.out.println("树映射中有" + number + "个对象,按数学成绩排序:");
      Collection<Student> collection = treemap.values();
      Iterator<Student> iter = collection.iterator();
      while(iter.hasNext()) {
          Student stu = iter.next();
          System.out.println("姓名 " + stu.name + " 数学 " + stu.math);
      }
      treemap.clear();
      for(int k = 0;k < key.length;k++) {
          key[k] = new StudentKey(student[k].english);  //关键字按英语成绩排列大小
      }
      for(int k = 0;k < student.length;k++) {
          treemap.put(key[k],student[k]);
      }
      number = treemap.size();
      System.out.println("树映射中有" + number + "个对象,按英语成绩排序:");
```

```
        collection = treemap.values();
        iter = collection.iterator();
        while(iter.hasNext()) {
            Student stu = (Student)iter.next();
            System.out.println("姓名 " + stu.name + " 英语 " + stu.english);
        }
    }
}
```

13.7 自动装箱与拆箱的使用

4.11.4 节介绍了 JDK 1.5 新增的基本类型数据和相应的对象之间相互自动转换的功能，称为基本数据类型的自动装箱与拆箱(Autoboxing and Auto-Unboxing of Primitive Types)。在没有自动装箱与拆箱功能之前，不能将基本数据类型数据添加到类似链表的数据结构中。自 JDK 1.5 版本以后，程序允许把一个基本数据类型添加到类似链表等数据结构中，系统会自动完成基本类型到相应对象的转换(自动装箱)。当从一个数据结构中获取对象时，如果该对象是基本数据的封装对象，那么系统将自动完成对象到基本类型的转换(自动拆箱)。

例 13.10 使用了自动装箱与拆箱。

例 13.10

Example13_10.java

```
import java.util.*;
public class Example13_10 {
    public static void main(String args[]) {
      ArrayList<Integer> list = new ArrayList<Integer>();
      for(int i = 0;i<10;i++) {
          list.add(i);              //自动装箱，实际添加到 list 中的是 new Integer(i)
      }
      for(int k = list.size() - 1;k >= 0;k--) {
          int m = list.get(k);      //自动拆箱，获取 Integer 对象中的 int 型数据
          System.out.printf("%3d",m);
      }
    }
}
```

13.8 集合

HashSet<E>泛型类在数据组织上类似于数学上的集合，可以进行“交”“并”“差”等运算。HashSet<E>泛型类实现了泛型接口 Set<E>，而 Set<E>接口是 Collection<E>接口的子接口。HashSet<E>类中的绝大部分方法都是接口方法的实现。编程时，可以使用接口回调技术，即把 HashSet<E>对象的引用赋值给 Collection<E>接口变量或 Set<E>接口变量，那么接口就可以调用类实现的接口方法。

▶ 13.8.1 HashSet<E>泛型类

HashSet<E>泛型类创建的对象称为集合。如

```
HashSet<String> set =  HashSet<String>();
```

那么 set 就是一个可以存储 String 类型数据的集合，可以调用 add(String s)方法将 String 类

型的数据添加到集合中,添加到集合中的数据称作集合的元素。集合不允许有相同的元素,也就是说,如果 b 已经是集合中的元素,那么再执行 set.add(b)操作是无效的。集合对象的初始容量是 16 字节,装载因子是 0.75。也就是说,如果集合添加的元素超过总容量的 75%时,集合的容量将增加一倍。

▶ 13.8.2 常用方法

HashSet<E>泛型类的常用方法如下。

- public boolean add(E o):向集合添加参数指定的元素。
- public void clear():清空集合,使集合不含有任何元素。
- public boolean contains(Object o):判断参数指定的数据是否属于集合。
- public boolean isEmpty():判断集合是否为空。
- public boolean remove(Object o):集合删除参数指定的元素。
- public int size():返回集合中元素的个数。
- Object[] toArray():将集合元素存放到数组中,并返回这个数组。
- boolean containsAll(HanshSet set):判断当前集合是否包含参数指定的集合。
- public Object clone():得到当前集合的一个克隆对象,该对象中元素的改变不会影响到当前集合中的元素,反之亦然。

可以借助泛型类 Iterator<E>实现遍历集合,一个集合对象可以使用 iterator()方法返回一个 Iterator<E>类型的对象。如果集合是 Student 类型的集合,即集合中的元素是 Student 类创建的对象,那么该集合使用 iterator()方法返回一个 Iterator<Student>类型的对象,该对象使用 next()方法遍历集合。在例 13.11 中,我们把学生的成绩存放在一个集合中,并实现了遍历集合。程序运行效果如图 13.11 所示。

```
1675.5160819145563
11270.0
22770.0
10471.975511965977
```

图 13.11 使用集合

例 13.11

Example13_11.java

```
import java.util.*;
class Student{
    String name;
    int score;
    Student(String name,int score){
       this.name = name;
       this.score = score;
    }
}
public class Example13_11{
    public static void main(String args[]){
        Student zh = new Student("张三",76),
                wa = new Student("王二",88),
                li = new Student("李四",97);
        HashSet<Student> set = new HashSet<Student>();
        HashSet<Student> subset = new HashSet<Student>();
        set.add(zh);
        set.add(wa);
        set.add(li);
        subset.add(wa);
        subset.add(li);
        if(set.contains(wa)){
```

```
            System.out.println("集合 set 中含有:" + wa.name);
        }
        if(set.containsAll(subset)){
            System.out.println("集合 set 包含集合 subset");
        }
        int number = subset.size();
        System.out.println("集合 subset 中有" + number + "个元素:");
        Object s[] = subset.toArray();
        for(int i = 0;i < s.length;i++){
            System.out.printf("姓名:%s,分数:%d\n",((Student)s[i]).name,((Student)s[i]).score);
        }
        number = set.size();
        System.out.println("集合 set 中有" + number + "个元素:");
        Iterator<Student> iter = set.iterator();
        while(iter.hasNext()){
            Student te = iter.next();
            System.out.printf("姓名:%s,分数:%d\n",te.name,te.score);
        }
    }
}
```

▶ 13.8.3　集合的交、并与差

集合对象调用 boolean retainAll(HashSet set)方法可以与参数指定的集合求交运算,使得当前集合成为两个集合的交。

集合对象调用 boolean addAll(HashSet set)方法可以与参数指定的集合求并运算,使得当前集合成为两个集合的并。

集合对象调用 boolean removeAll(HashSet set)方法可以与参数指定的集合求差运算,使得当前集合成为两个集合的差。

参数指定的集合必须与当前集合是同种类型的集合,否则上述方法返回 false。

例 13.12 求两个集合 A、B 的对称差集合,即求 A－B 与 B－A 的合集。程序运行效果如图 13.12 所示。

```
A和B的对称差集合有4个元素:
3, 4, 5, 6,
```

图 13.12　集合运算

例 13.12

Example13_12.java

```
import java.util.*;
public class Example13_12{
    public static void main(String args[]){
        HashSet<Integer> A = new HashSet<Integer>(),
                         B = new HashSet<Integer>();
        for(int i = 1;i <= 4;i++){
            A.add(i);
        }
        B.add(1);
        B.add(2);
        B.add(5);
        B.add(6);
        HashSet<Integer> tempSet = (HashSet<Integer>)A.clone();
        A.removeAll(B);                //A 变成调用该方法之前的集合 A 与集合 B 的差集
        B.removeAll(tempSet);          //B 变成调用该方法之前的集合 B 与集合 tempSet 的差集
        B.addAll(A);                   //B 就是最初的 A 与 B 的对称差
        int number = B.size();
        System.out.println("A 和 B 的对称差集合有" + number + "个元素:");
        Iterator<?> iter = B.iterator();
```

```
            while(iter.hasNext()){
                System.out.printf("%d,",iter.next());
            }
        }
    }
```

13.9 小结

(1) 使用“class 名称<泛型列表>”声明一个泛型类,当使用泛型类声明对象时,必须用具体的类型(不能是基本数据类型)替换泛型列表中的泛型。

(2) LinkedList<E>泛型类创建的对象以链表结构存储数据,链表是由若干被称为结点的对象组成的一种数据结构,每个结点含有一个数据及上一个结点的引用和下一个结点的引用。

(3) Stack<E>泛型类创建一个堆栈对象,堆栈把第一个放入该堆栈的数据放在最底下,而把后续放入的数据放在已有数据的上面,堆栈总是在顶端进行数据的输入/输出操作。

(4) HashMap<K,V>泛型类创建散列映射,散列映射采用散列表结构存储数据,用于存储键/值数据对,允许把任何数量的键/值数据对存储在一起。使用散列映射存储经常需要检索的数据,可以减少检索的开销。

(5) TreeSet<E>类创建树集,树集结点的排列和链表不同,不按添加的先后顺序排列,当一个树集中的数据是实现 Comparable 接口类创建的对象时,结点将按对象的大小关系升序排列。

(6) TreeMap<K,V>类创建树映射,树映射的结点存储“键/值”对,和树集不同的是,树映射保证结点是按照结点中的“键”升序排列。

习题 13

扫一扫

习题

扫一扫

自测题

第14章 JDBC与MySQL数据库

主要内容：

❖ MySQL数据库管理系统；
❖ 连接MySQL数据库；
❖ 查询操作；
❖ 更新、添加与删除操作；
❖ 使用预处理语句；
❖ 通用查询；
❖ 事务。

许多应用程序都在使用数据库进行数据的存储与查询，其原因是数据库在数据查询、修改、保存、安全等方面有着其他数据处理手段无法替代的地位。例如，数据库支持强大的SQL语句，可进行事务处理等。本章并非讲解数据库原理，而是讲解如何在Java程序中使用JDBC提供的API和数据库交互信息，特点是，只要掌握与某种数据库管理系统所管理的数据库交互信息，就会很容易地掌握和其他数据库管理系统所管理的数据库交互信息。本章使用MySQL数据库管理系统，其原因是MySQL是应用开发中的主流数据库管理系统之一，而且是开源的。本书也介绍了其他常用的数据库管理系统（读者可以选择任何熟悉的数据库管理系统学习本章的内容，见14.11节、14.13节）。

扫一扫
视频讲解

14.1 MySQL数据库管理系统

MySQL数据库管理系统，简称MySQL（或MySQL服务器），是世界上最流行的开源数据库管理系统，其社区版（MySQL Community Edition）是最流行的免费下载的开源数据库管理系统。MySQL最初由瑞典MySQL AB公司开发，目前由Oracle公司负责源代码的维护和升级，Oracle将MySQL分为社区版和商业版，并保留MySQL开放源码这一特点。目前许多应用开发项目都选用MySQL，其主要原因是MySQL的社区版性能卓越，满足许多应用已经绰绰有余，而且MySQL的社区版是开源数据库管理系统，可以降低软件的开发和使用成本。

本书使用的版本是MySQL 8.0.17，本节给出如何下载、安装MySQL 8.0.15。

❶ 下载

MySQL是开源项目，很多网站都提供免费下载。可以使用任何搜索引擎搜索关键字“MySQL社区版下载”获得有关的下载地址。直接输入网址：

```
https://dev.mysql.com/downloads/mysql/
```

请求下载页，然后在出现的页面中（在页面的下部）选择Windows（x86，64-bit），ZIP Archive 8.0.15（184.1M），然后单击Download（下载）按钮，如图14.1所示。

图 14.1　选择 MySQL Installer for Windows

在出现的新页面中，忽略页面上的 Sign up(注册)，直接单击超链接"No thanks, just start my download."即可，如图 14.2 所示。这里下载的是 mysql-8.0.15-winx64.zip(适合 64 位机器的 Windows 版)。

图 14.2　开始下载 MySQL

注：作者将 mysql-8.0.15-winx64.zip、mysql-5.7.15-winx64.zip 和 mysql-5.6.16-win32.zip 上传到自己的网盘，下载地址分别是：

```
https://pan.baidu.com/s/1cURNmiVrPyJiGHnCWyx7zQ
https://pan.baidu.com/s/1i5pvVnR
https://pan.baidu.com/s/1jH7u9hG
```

❷ 安装

将下载的 mysql-8.0.15-winx64.zip 解压缩到本地计算机即可，例如解压缩到 D:\。这里将下载的 mysql-8.0.15-winx64.zip 解压缩到 D:\，形成的目录结构如图 14.3 所示。

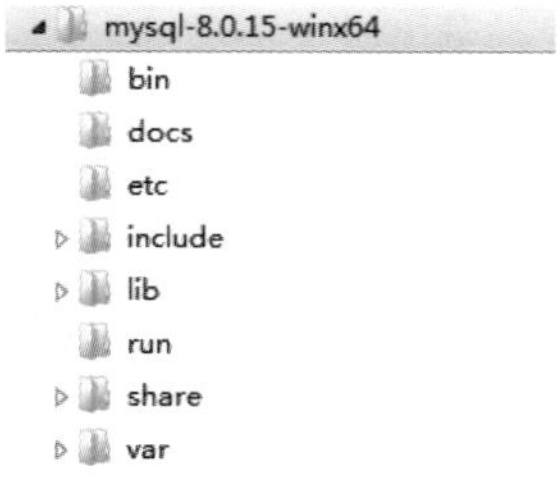

图 14.3　MySQL 的安装目录结构

14.2 启动MySQL数据库服务器

❶ 初始化

首次启动MySQL数据库需要进行一些必要的初始化工作。初次启动之前必须进行初始化(不要进行两次初始化,除非重新安装了MySQL)。用管理员身份启动命令行窗口,可以在任何已有的"命令提示符"快捷图标上右击,选择"以管理员身份运行"或使用文件资源管理器在C:\Windows\System32下找到cmd.exe,然后在cmd.exe上右击,选择"以管理员身份运行",然后在命令行窗口进入MySQL安装目录的bin子目录,输入"mysqld --initialize"命令,回车确认,如图14.4所示。

```
D:\mysql-8.0.15-winx64\bin>mysqld --initialize
```

图14.4 进行必要的初始化

```
D:\mysql-8.0.15-winx64\bin> mysqld -- initialize
```

初始化的目的是在MySQL安装目录下初始化data子目录,并授权一个root用户,该用户的默认密码可以在data目录的DESKTOP-4DGOGO5.err文件中找到。在DESKTOP-4DGOGO5.err文件中找到(选择用记事本打开该文件)"A temporary password is generated for root@localhost: drH&&1svhvoa",就可以知道root用户的临时密码是drH&&1svhvoa(注意,对于Windows 10系统,root的初始密码是随机的;对于Windows 7系统,root初始无密码)。

❷ 启动

MySQL是一个网络数据库管理系统,可以使远程的计算机访问它所管理的数据库。安装好MySQL后,需启动MySQL提供的数据库服务器(数据库引擎),以便使远程的计算机访问它所管理的数据库。用管理员身份启动命令行窗口,然后进入MySQL安装目录的bin子目录,输入"net start mysql"(Windows 7输入"mysqld"),回车确认启动MySQL数据库服务器(以后再启动MySQL就不需要初始化了),MySQL服务器占用的端口是3306(3306是MySQL服务器使用的端口号),如图14.5所示。

```
D:\mysql-8.0.15-winx64\bin>net start mysql
MySQL 服务正在启动 .
MySQL 服务已经启动成功。
```

图14.5 启动MySQL服务器

注:对于Windows 7系统,输入"mysqld"启动MySQL数据库服务器,启动成功后MySQL数据库服务器将占用当前MS-DOS窗口。

❸ 关闭

进入MySQL安装目录的bin子目录,输入"net stop mysql",回车确认关闭MySQL数据库服务器。

注:对于Windows 7系统,关闭MySQL数据库服务器占用当前的MS-DOS窗口,将关闭MySQL数据库服务器。

❹ root用户及密码

MySQL数据库服务器启动后,MySQL授权可以访问该服务器的用户只有一个,名字是root,初始密码是drH&&1svhvoa(如果是Windows 7,root初始无密码)。应用程序以及MySQL客户端管理工具软件都必须借助MySQL授权的"用户"来访问数据库服务器。如果没有任何"用户"可以访问启动的MySQL数据库服务器,那么这个服务器就如同虚设、没有意义了。MySQL数据库服务器启动后,不仅可以用root用户访问数据库服务器,而且可以再授权能访问数据库服务器的新用户(只有 root 用户有权建立新的用户)。关于建立新的用户的命令见 14.3 节。

MySQL 8.0.15 必须对 root 用户进行身份确认,否则将导致其他 mysql 客户端程序,如 Navicat for MySQL 等,无法访问 MySQL 8.0.21 数据库服务器。因此,MySQL 数据库服务器启动后,再用管理员身份打开另一个命令行窗口,使用 mysqladmin 命令确认 root 用户和 root 用户的密码或确认 root 用户并修改 root 用户的密码。在新的命令行窗口进入 MySQL 的安装目录 D:\mysql-8.0.15-winx64\bin,使用 mysqladmin 命令:

```
mysqladmin -u root -p password
```

回车确认后,将提示输入 root 的用户的密码,如果无密码,就直接回车确认;如果输入正确,将继续提示用户修改 root 用户的密码,即输入 root 的新密码,以及确认新密码,如图 14.6 所示。

```
Enter password: ************
New password:
Confirm new password:
Warning: Since password will be sent to server in plain text,
sl connection to ensure password safety.
```

图 14.6　确认 root 用户和密码

注:本书始终让 root 用户的密码是无密码。

扫一扫

视频讲解

14.3　MySQL 客户端管理工具

所谓 MySQL 客户端管理工具,就是专门让客户端在 MySQL 服务器上建立数据库的软件。可以下载图形用户界面(GUI)的 MySQL 管理工具,并使用该工具在 MySQL 服务器上进行创建数据库、在数据库中创建表等操作,MySQL 管理工具有免费的也有需要购买的。读者可以在搜索引擎中搜索 MySQL 客户端管理工具,选择一款 MySQL 客户端管理工具。例如 Navicat for MySQL(目前 Navicat for MySQL 的最新版本是 12.1,连接 MySQL 8.0 或之前版本的 MySQL 没有任何问题),可以在搜索引擎搜索 Navicat for MySQL 或登录 http://www.navicat.com.cn/download 下载试用版或购买商业版。例如下载 navicat121_premium_cs_x64.tar.gz,解压即可。

MySQL 管理工具必须和数据库服务器建立连接后,才可以建立数据库及相关操作。因此,在使用客户端管理工具之前需启动 MySQL 数据库服务器(见第 14.2 节)。

本书为了加强训练,在命令行使用 SQL 语句,首先讲解 MySQL 自带的命令行客户端管理工具,然后简单介绍 Navicat for MySQL。如果会使用命令行客户端管理工具建立数据库等操作,那么自然会使用图形用户界面(GUI)的 MySQL 管理工具,例如 Navicat for MySQL。

❶ 命令行客户端

启动 MySQL 数据库服务器后,也可以用命令行方式创建数据库(要求有比较好的 SQL 语句基础)。允许用户使用命令行方式管理数据库。如果读者有比较好的数据库知识,特别是 SQL 语句的知识,那么使用命令行方式管理 MySQL 数据库也是很方便的,本节只介绍几个简单的命令,以满足本书的需求。

注:可以在网络上搜索到 MySQL 命令详解,详细讲解 MySQL 本身的知识内容不属于本书的范畴。

为了启动命令行客户端(即和 MySQL 数据库服务器建立连接),需打开一个新的命令行窗口(不必以管理员身份),进入 MySQL 安装目录下的 bin 子目录。执行 mysql. exe,即启动命令行客户端。执行格式为:

```
mysql -h ip -u root -p
```

对于本机调试(即客户端和数据库服务器同机),执行格式为:

```
mysql -u root -p
```

然后按要求输入密码即可(如果密码是空,可以不输入密码)。如果在远程的数据库服务器(假设 IP 是 192.168.0.1)建立数据库或管理数据库,执行格式为:

```
mysql -h 192.168.0.1 -u root -p
```

然后按要求输入密码即可。

成功启动命令行客户端后,MS-DOS 窗口出现"mysql >"字样,如图 14.7 所示。如果想关闭命令行客户端,输入"exit"即可。

```
D:\mysql-8.0.15-winx64\bin>mysql  -u root -p
Enter password:
Welcome to the MySQL monitor.  Commands end with ; or \g.
Your MySQL connection id is 19
Server version: 8.0.15 MySQL Community Server - GPL

Copyright (c) 2000, 2019, Oracle and/or its affiliates. All rights r

Oracle is a registered trademark of Oracle Corporation and/or its
affiliates. Other names may be trademarks of their respective
owners.

Type 'help;' or '\h' for help. Type '\c' to clear the current input

mysql> _
```

图 14.7 启动 MySQL 命令行客户端

❷ 创建数据库

启动命令行客户端后就可以使用 SQL 语句进行创建数据库、建表等操作。在 MS-DOS 命令行窗口输入 SQL 语句需要用";"号结束,在编辑 SQL 语句的过程中可以使用\c 终止当前 SQL 语句的编辑。需要提醒的是,可以把一个完整的 SQL 语句命令分成几行来输入,最后用分号作结束标志即可。

注:建议用记事本编辑相关的 SQL 语句,然后复制、粘贴到命令行窗口。

下面使用命令行客户端创建一个名字为 Book 的数据库。在当前命令行客户端占用的命令行窗口输入创建数据库的 SQL 语句:

```
create database Book;
```

如果数据库已经存在,将提示数据库已经存在,不再创建数据库,否则将创建数据库,如图 14.8 所示。

❸ 建表

创建数据库后就可以使用 SQL 语句在该库中创建表。为了在数据库中创建表,必须首先进入该数据库(即使用数据库),命令格式是:"user 数据库名;"或"user 数据库名"。在当前命令行客户端管理工具占用的命令行窗口输入:

```
use Book
```

回车确认进入数据库 Book,操作如图 14.9 所示。

```
mysql> create database Book;
Query OK, 1 row affected (0.03 sec)
```

图 14.8　创建数据库

```
mysql> use Book
Database changed
```

图 14.9　进入 Book 数据库

下面在数据库 Book 中建立一个名字为 bookList 的表,该表的字段为:

```
ISBN(varchar) name(varchar) price(float) chubanDate(date)
```

输入创建 bookList 表的 SQL 语句(操作效果如图 14.10 所示):

```
CREATE TABLE bookList (
ISBN varchar(100) not null,
name varchar(100) CHARACTER SET gb2312,
price float,
chubanDate date,
PRIMARY KEY (ISBN)
);
```

```
mysql> CREATE TABLE bookList (
    -> ISBN varchar(100) not null ,
    -> name varchar(100) CHARACTER SET gb2312,
    -> price float ,
    -> chubanDate date,
    -> PRIMARY KEY (ISBN)
    -> );
Query OK, 0 rows affected (0.37 sec)
```

图 14.10　创建 bookList 表

创建 bookList 表之后就可以使用 SQL 语句对 bookList 表进行添加、更新和查询等操作(如果已经退出数据库,需要再次进入数据库)。在当前命令行客户端占用的命令行窗口输入插入记录的 SQL 语句,如图 14.11 所示,记录之间用逗号分隔:

```
insert into bookList values('7-302-01465-5','高等数学',28.67,'2020-12-10'),
                           ('7-352-01465-8','大学英语',58.5,'1999/9/10');
```

```
mysql> insert into bookList values('7-302-01465-5','高等数学',28.67,'2020-12-10'
),('7-352-01465-8','大学英语',58.5,'1999/9/10');
Query OK, 2 rows affected (0.25 sec)
Records: 2  Duplicates: 0  Warnings: 0
```

图 14.11　向 bookList 表添加记录

在当前命令行客户端占用的命令行窗口输入查询记录的 SQL 语句,如图 14.12 所示。

```
select * from bookList;
```

❹ 导入.sql 文件中的 SQL 语句

在使用命令行客户端时,如果觉得在命令行输入 SQL 语句不方便,可以事先将需要的 SQL 语句保存在一个扩展名是.sql 的文本文件中,然后在命令行客户端占用的命令行窗口使用 source 命令导入.sql 文件中的 SQL 语句。

在数据库建立之后,使用这样的方式操作数据库也很方便。例如,插入记录 SQL 语句和查询 SQL 语句,存放在一个 a.sql 文本文件中(a.sql 保存在 C:\ch14 中)。a.sql 文本文件的内容如下:

```
insert into bookList values('8-302-08465-8','月亮湾',38.67,'2021-12-10'),
                           ('9-352-91465-7','雨后',78,'1998/5/19');
select * from bookList;
```

在当前命令行客户端占用的命令行窗口输入如下命令:

```
mysql> source C:/ch14/a.sql
```

回车确认,导入 sql 文件中的 SQL 语句。如果 a.sql 文件中存在错误的 SQL 语句,将提示错误信息,否则将成功执行这些 SQL 语句,操作效果如图 14.13 所示。

```
mysql> select * from bookList;
+--------------+----------+-------+------------+
| ISBN         | name     | price | chubanDate |
+--------------+----------+-------+------------+
| 7-302-01465-5 | 高等数学 | 28.67 | 2020-12-10 |
| 7-352-01465-8 | 大学英语 |  58.5 | 1999-09-10 |
+--------------+----------+-------+------------+
2 rows in set (0.00 sec)
```

图 14.12　查询 bookForm 表中的记录

```
mysql> source C:/ch14/a.sql
Query OK, 2 rows affected (0.06 sec)
Records: 2  Duplicates: 0  Warnings: 0

+--------------+----------+-------+------------+
| ISBN         | name     | price | chubanDate |
+--------------+----------+-------+------------+
| 7-302-01465-5 | 高等数学 | 28.67 | 2020-12-10 |
| 7-352-01465-8 | 大学英语 |  58.5 | 1999-09-10 |
| 8-302-08465-8 | 月亮湾   | 38.67 | 2021-12-10 |
| 9-352-91465-7 | 雨后     |    78 | 1998-05-19 |
+--------------+----------+-------+------------+
4 rows in set (0.00 sec)
```

图 14.13　导入.sql 文件中的 SQL 语句

❺ 删除数据库或表

删除数据库的命令：

```
drop database <数据库名>
```

例如，删除名为 tiger 的数据库：

```
drop database tiger;
```

删除表的命令：

```
drop table <表名>
```

例如，使用 book 数据库后，执行：

```
drop table booklist;
```

将删除 book 数据库中的 bookList 表。

❻ 使用 Navicat for MySQL

使用图形用户界面(GUI)的 MySQL 客户端管理工具，可以更加方便地创建数据库、在数据库中创建表等。登录 http://www.navicat.com.cn/download 下载试用版或购买商业版，例如下载 navicat121_premium_cs_x64.tar.gz 试用版，解压后运行 Navicat.exe 启动 Navicat，然后建立一个连接。例如，名字是 gengxinagyi 的连接。成功建立连接后，在连接名字上右击打开连接就可以在数据库服务器上建立数据库了。在连接名字上右击选择建立数据库，或查看数据库，在数据库下的"表"上右击建表，如图 14.14 所示。在图 14.14 中可以看到前面用命令行客户端建立的 Book 数据库，以及数据库中的 boolList 表。单击图 14.14 界面上的"用户"，可以新增访问 MySQL 数据库服务器的用户。

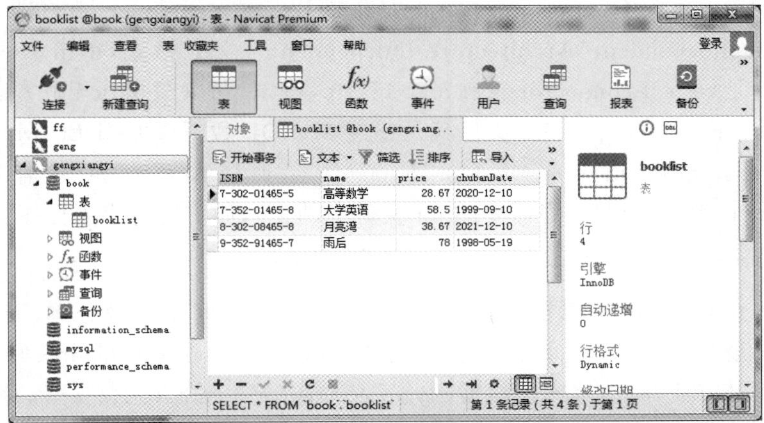

图 14.14　Navicat for MySQL

扫一扫 视频讲解

14.4 JDBC

为了使 Java 编写的程序不依赖于具体的数据库,Java 提供了专门用于操作数据库的 API,即 JDBC(Java Data Base Connectivity)。JDBC 操作不同的数据库仅仅是连接方式上的差异而已,使用 JDBC 的应用程序一旦和数据库建立连接,就可以使用 JDBC 提供的 API 操作数据库。

程序经常进行如下的操作:

- 与一个数据库建立连接;
- 向已连接的数据库发送 SQL 语句;
- 处理 SQL 语句返回的结果。

扫一扫 视频讲解

14.5 连接 MySQL 数据库

MySQL 数据库服务器启动后,应用程序为了能和数据库交互信息,必须首先和 MySQL 数据库服务器上的数据库建立连接。目前在开发中常用的连接数据库的方式是加载 JDBC-数据库连接器,如图 14.15 所示。

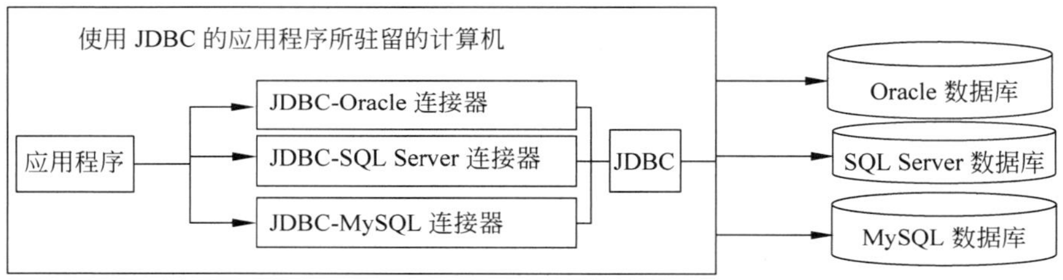

图 14.15 使用 JDBC 操作数据库

❶ 下载 JDBC-MySQL 数据库连接器

应用程序为了能访问 MySQL 数据库服务器上的数据库,必须保证应用程序所驻留的计算机上安装有相应的 JDBC-MySQL 数据库连接器。直接在浏览器的地址栏中输入:

```
https://dev.mysql.com/downloads/connector/j/
```

在给出的下拉列表 Select Operating System 中选择 Platform Independent(即 Java 平台),然后选择 Platform Independent(Architecture Independent),ZIP 格式,单击 Download 按钮即可。本书下载的是 mysql-connector-java-8.0.15.zip,将该 zip 文件解压至硬盘,在解压目录下的 mysql-connector-java-8.0.15.jar 文件就是连接 MySQL 数据库的 JDBC-MySQL 数据库连接器。可以将 mysql-connector-java-8.0.15.jar 保存到应用程序的当前目录中(例如 C:\ch14),使用-cp 参数(加载程序需要的 jar 文件中的类),如下运行应用程序:

```
C:\ch14 > java  -cp mysql-connector-java-8.0.15.jar; 主类
```

需要特别注意的是,-cp 参数给出的 jar 文件和主类名之间用分号分隔,而且分号和主类名之间必须留有至少一个空格(分号前面不能有空格)。有关 jar 文件的知识见 4.13 节。

为了调试程序方便,将数据库连接器 mysql-connector-java-8.0.15.jar 保存到 C:\ch14 目录中,并重新命名为 mysqlcon.jar。

注：作者将 mysql-connector-java-8.0.15.jar(以及后面要用的 Derby 数据库、Access 数据库的连接器)上传到了自己的网盘，下载地址是：

https://pan.baidu.com/s/1Lt6tQ8Cqsz3-5MhbPGvefQ

❷ 加载 JDBC-MySQL 数据库连接器

应用程序负责加载的 JDBC-MySQL 连接器的代码如下(注意字符序列和 8.0 版本之前的 com.mysql.jdbc.Driver 不同)：

```
try{ Class.forName("com.mysql.cj.jdbc.Driver ");
}
catch(Exception e){}
```

MySQL 数据库驱动是 mysql-connector-java-8.0.15.jar 文件中的 Driver 类，该类的包名是 com.mysql.cj.jdbc(包名和以前的版本不同)。Driver 类不是 Java 运行环境类库中的类，是连接器 mysql-connector-java-8.0.15.jar 中的类。

❸ 连接数据库

java.sql 包中的 DriverManager 类有两个用于建立连接的类方法(static 方法)：

```
Connection getConnection(java.lang.String, java.lang.String, java.lang.String)
Connection getConnection(java.lang.String)
```

上述两个方法都可能抛出 SQLException 异常，DriverManager 类调用上述方法可以和数据库建立连接，即可以返回一个 Connection 对象。

为了能和 MySQL 数据库服务器管理的数据库建立连接，必须保证该 MySQL 数据库服务器已经启动。如果没有更改过 MySQL 数据库服务器的配置，那么该数据库服务器占用的端口是 3306。假设 MySQL 数据库服务器所驻留的计算机的 IP 地址是 192.168.100.1(命令行运行 ipconfig 可以得到当前计算机的 IP 地址)。

应用程序要和 MySQL 数据库服务器管理的数据库 Book(在 14.3 节建立的数据库)建立连接，而有权访问数据库 Book 的用户的 id 和密码分别是 root 和空，那么使用

```
Connection getConnection(java.lang.String)
```

方法建立连接的代码如下：

```
Connection con;
String uri =
    "jdbc:mysql://192.168.100.1:3306/Book?user = root&password = &useSSL = false" +
           "&serverTimezone = GMT";
try{
     con = DriverManager.getConnection(uri);       //连接代码
   }
catch(SQLException e){
       System.out.println(e);
}
```

对于 MySQL 8.0 版本，必须设置 serverTimezone 参数的值(值可以是 MySQL 8.0 支持的时区之一，如 EST、CST、GMT 等)，例如，serverTimezone = CST 或 serverTimezone = GMT(CST 是 Eastern Standard Time 的缩写，CST 是 China Standard Time 的缩写，GMT 是 Greenwich Mean Time 的缩写)。如果 root 用户密码是 99，将 &password = 更改为 &password = 99 即可。

MySQL 5.7 以及之后的版本建议应用程序和数据库服务器建立连接时明确设置 SSL

(Secure Sockets Layer),即在连接信息中明确使用 useSSL 参数,并设置值是 true 或 false;如果不设置 useSSL 参数,程序运行时总会提示用户程序进行明确设置(但不影响程序的运行)。对于早期的 MySQL 版本,用户程序不必设置该项。

使用

```
Connection getConnection(java.lang.String, java.lang.String, java.lang.String)
```

方法建立连接的代码如下:

```
Connection con;
String uri =
     "jdbc:mysql://192.168.100.1:3306/Book? useSSL = false&serverTimezone = GMT";
String user = "root";
String password = "";
try{
       con = DriverManager.getConnection(uri,user,password);      //连接代码
   }
catch(SQLException e){
       System.out.println(e);
}
```

应用程序一旦和某个数据库建立连接,就可以通过 SQL 语句和该数据库中的表交互信息。例如,查询、修改、更新表中的记录。

注:如果用户要和连接 MySQL 驻留在同一计算机上,使用的 IP 地址可以是 127.0.0.1 或 localhost。另外,由于 3306 是 MySQL 数据库服务器的默认端口号,链接数据库时允许应用程序省略默认的 3360。

❹ 注意汉字问题

需要特别注意的是,如果数据库的表中的记录有汉字,那么在建立连接时需要额外多传递一个参数 characterEncoding,并取值 gb2312 或 utf-8:

```
    String uri =
"jdbc:mysql://localhost/Book?useSSL = false&serverTimezone = GMT&characterEncoding = utf - 8";
con = DriverManager.getConnection(uri, "root","");      //连接代码
```

❺ 程序调试

在后续的例子中,别忘记首先要启动 MySQL 数据库服务器,见 14.2 节。

为了调试程序方便,我们将数据库连接器:

```
mysql - connector - java - 8.0.15.jar
```

保存到 C:\ch14 目录中,并重新命名为 mysqlcon.jar。除非特别声明,后续的例子中的源文件都保存到 C:\ch14 中,编译通过后,如下运行主类:

```
C:\ch14 > java  - cp mysqlcon.jar; 主类
```

当使用-cp 参数加载 jar 文件中的类时,特别注意在 jar 文件和主类名之间用分号分隔,而且分号和主类名之间必须留有至少一个空格。

扫一扫

视频讲解

14.6 查询操作

和数据库建立连接后,就可以使用 JDBC 提供的 API 和数据库交互信息,例如查询、修改和更新数据库中的表等。JDBC 和数据库表进行交互的主要方式是使用 SQL 语句,JDBC 提

供的 API 可以将标准的 SQL 语句发送给数据库，实现和数据库的交互。

对一个数据库中的表进行查询操作的具体步骤如下。

❶ 得到 SQL 查询语句

首先使用 Statement 声明一个 SQL 语句对象，然后让已创建的连接对象 con 调用方法 createStatement()创建这个 SQL 语句对象，代码如下。

```
try{ Statement sql = con.createStatement();
}
catch(SQLException e ){}
```

❷ 处理查询结果

有了 SQL 语句对象后，这个对象就可以调用相应的方法实现对数据库中表的查询和修改，并将查询结果存放在一个 ResultSet 类声明的对象中。也就是说，SQL 查询语句对数据库的查询操作将返回一个 ResultSet 对象，ResultSet 对象是由按"列"（字段）组织的数据行构成的。例如，对于

```
ResultSet rs = sql.executeQuery("SELECT * FROM bookList");
```

内存的结果集 rs 的列数是 4 列，刚好和数据库的表 bookList 的列数相同，第 1～4 列分别是 ISBN、name、price 和 chubanDate 列；而对于

```
ResultSet rs = sql.executeQuery("SELECT name,price FROM bookList");
```

内存的结果集对象 rs 列数只有两列，第 1 列是 name 列，第 2 列是 price 列。

ResultSet 对象一次只能看到一个数据行，使用 next()方法移到下一个数据行，获得一行数据后，ResultSet 对象可以使用 getXxx 方法获得字段值(列值)，将位置索引(第一列使用 1，第二列使用 2 等)或列名传递给 getXxx 方法的参数即可。表 14.1 给出了 ResultSet 对象的若干方法。

表 14.1　ResultSet 对象的若干方法

返回类型	方法名称	返回类型	方法名称
boolean	next()	byte	getByte(String columnName)
byte	getByte(int columnIndex)	Date	getDate(String columnName)
Date	getDate(int columnIndex)	double	getDouble(String columnName)
double	getDouble(int columnIndex)	float	getFloat(String columnName)
float	getFloat(int columnIndex)	int	getInt(String columnName)
int	getInt(int columnIndex)	long	getLong(String columnName)
long	getLong(int columnIndex)	String	getString(String columnName)
String	getString(int columnIndex)		

注：无论字段是何种属性，都可以使用 getString(int columnIndex)或 getString(String columnName)方法返回字段值的 String 表示。

❸ 关闭连接

需要特别注意的是，ResultSet 对象和数据库连接对象(Connection 对象)实现了紧密的绑定，一旦连接对象被关闭，ResultSet 对象中的数据立刻消失。这就意味着，应用程序在使用 ResultSet 对象中的数据时，就必须始终保持和数据库的连接，直到应用程序将 ResultSet 对象中的数据查看完毕。例如，如果在代码

```
ResultSet rs = sql.executeQuery("SELECT * FROM bookList");
```

之后立刻关闭连接

```
con.close();
```

那么程序将无法获取 rs 中的数据。

▶ 14.6.1 顺序查询

所谓顺序查询,是指 ResultSet 对象一次只能看到一个数据行,使用 next()方法移到下一个数据行,next()方法最初的查询位置,即游标位置,位于第一行的前面。next()方法向下(向后、数据行号大的方向)移动游标,移动成功返回 true,否则返回 false。

例 14.1 查询 Book 数据库中 bokList 表的全部记录(见第 14.3 节建立的数据库)。程序运行效果如图 14.16 所示。

```
C:\ch14>java -cp mysqlcon.jar; Example14_1
7-302-01465-5,高等数学,28.67,2020-12-10
7-352-01465-8,大学英语,58.50,1999-09-10
8-302-08465-8,月亮湾,38.67,2021-12-10
9-352-91465-7,雨后,78.00,1998-05-19
```

图 14.16 顺序查询

例 14.1

Example14_1.java

```
import java.sql.*;
public class Example14_1 {
      public static void main(String args[]) {
         Connection con = null;
         Statement sql;
         ResultSet rs;
         try{                                                          //加载 JDBC - MySQL8.0 连接器
              Class.forName("com.mysql.cj.jdbc.Driver");
         }
         catch(Exception e){}
         String uri = "jdbc:mysql://localhost:3306/Book?" +
         "useSSL = false&serverTimezone = CST&characterEncoding = utf - 8";
         String user = "root";
         String password = "";
         try{
            con = DriverManager.getConnection(uri,user,password);   //连接
         }
         catch(SQLException e){
              System.out.println(e);
         }
         try{
              sql = con.createStatement();
              rs = sql.executeQuery("SELECT * FROM bookList");          //查表
              while(rs.next()) {
                 String number = rs.getString(1);
                 String name = rs.getString(2);
                 float price = rs.getFloat(3);
                 Date date = rs.getDate(4);
                 System.out.printf("%s, %s, %.2f, %s\n",
                                        number,name,price,date);
              }
              con.close();
         }
        catch(SQLException e) {
             System.out.println(e);
         }
     }
}
```

例 14.1 中的源文件保存到 C:\ch14 中,编译通过后,如下运行主类。

```
C:\ch14 > java - cp mysqlcon.jar; Example14_1
```

注：使用-cp 参数加载 jar 文件中的类，要特别注意在 jar 文件和主类名之间用分号分隔，而且分号和主类名之间必须至少留有一个空格。有关程序调试的约定见 14.5 节。

14.6.2 控制游标

结果集的游标的初始位置在结果集第 1 行的前面，结果集调用 next()方法向下(后)移动游标，移动成功返回 true，否则返回 false。如果需要在结果集中上下(前后)移动、显示结果集中某条记录或随机显示若干条记录等，必须返回一个可滚动的结果集。为了得到一个可滚动的结果集，需使用下述方法获得一个 Statement 对象。

```
Statement stmt = con.createStatement(int type ,int concurrency);
```

然后，根据参数 type、concurrency 的取值情况，stmt 返回相应类型的结果集。

```
ResultSet re = stmt.executeQuery(SQL 语句);
```

type 的取值决定滚动方式，取值如下。

- ResultSet.TYPE_FORWORD_ONLY：结果集的游标只能向下滚动。
- ResultSet.TYPE_SCROLL_INSENSITIVE：结果集的游标可以上下移动，当数据库变化时，当前结果集不变。
- ResultSet.TYPE_SCROLL_SENSITIVE：返回可滚动的结果集，当数据库变化时，当前结果集同步改变。

Concurrency 取值决定是否可以用结果集更新数据库，Concurrency 取值如下。

- ResultSet.CONCUR_READ_ONLY：不能用结果集更新数据库中的表。
- ResultSet.CONCUR_UPDATABLE：能用结果集更新数据库中的表。

滚动查询经常用到 ResultSet 的下述方法。

- public boolean previous()：将游标向上移动，该方法返回 boolean 型数据，当移到结果集第一行之前时返回 false。
- public void beforeFirst()：将游标移动到结果集的初始位置，即在第一行之前。
- public void afterLast()：将游标移到结果集最后一行之后。
- public void first()：将游标移到结果集的第一行。
- public void last()：将游标移到结果集的最后一行。
- public boolean isAfterLast()：判断游标是否在最后一行之后。
- public boolean isBeforeFirst()：判断游标是否在第一行之前。
- public boolean isFirst()：判断游标是否指向结果集的第一行。
- public boolean isLast()：判断游标是否指向结果集的最后一行。
- public int getRow()：得到当前游标所指行的行号，行号从 1 开始，如果结果集没有任何行，返回 0。
- public boolean absolute(int row)：将游标移到参数 row 指定的行。

注：如果 row 取负值，就是倒数的行数，absolute(-1)表示移到最后一行，absolute(-2)表示移到倒数第二行。当移动到第一行前面或最后一行的后面时，该方法返回 false。

例 14.2 将数据库连接的代码单独封装到一个 GetDatabaseConnection 类中。例 14.2 随机查询数据库 Book 中 bookList 表的 2 条记录(见第 14.3 节建立的数据库),首先将游标移动到最后一行,然后获取最后一行的行号,以便获得表中的记录数目。例 14.2 中的 GetRandomNumber 类的 static 方法

```
public static int [] GetRandomNumber(int max,int amount)
```

返回 1～max 的 amount 个不同的随机数。程序运行效果如图 14.17 所示。

```
C:\ch14>java -cp mysqlcon.jar; Example14_2
表共有4条记录,随机抽取2条记录:
7-352-01465-8,大学英语,58.5,1999-09-10.
8-302-08465-8,月亮湾,38.67,2021-12-10.
```

图 14.17　随机抽取 2 条记录

例 14.2

GetDBConnection.java

```
import java.sql.*;
public class GetDBConnection {
    public static Connection connectDB
                        (String DBName,String id,String password) {
        try{                    //加载 JDBC-MySQL 8.0 连接器
            Class.forName("com.mysql.cj.jdbc.Driver");
        }
        catch(Exception e){}
        Connection con = null;
        String uri = "jdbc:mysql://localhost:3306/" + DBName + "?" +
                "useSSL = false&serverTimezone = CST&characterEncoding = utf-8";
        try{
            con = DriverManager.getConnection(uri,id,password);     //连接
        }
        catch(SQLException e){
            System.out.println(e);
        }
        return con;
    }
}
```

Example14_2.java

```
import java.sql.*;
public class Example14_2 {
    public static void main(String args[]) {
        Connection con;
        Statement sql;
        ResultSet rs;
        con = GetDBConnection.connectDB("Book","root","");
        if(con == null ) return;
        try {
            sql = con.createStatement(ResultSet.TYPE_SCROLL_SENSITIVE,
                                    ResultSet.CONCUR_READ_ONLY);
            rs = sql.executeQuery("SELECT * FROM bookList ");
            rs.last();
            int max = rs.getRow();
            System.out.println("表共有" + max + "条记录,随机抽取 2 条记录:");
            int [] a = GetRandomNumber.getRandomNumber(max,2);
            for(int i:a){                   //i 依次取数组每个单元的值(见第 3.7 节)
                rs.absolute(i);             //游标移动到第 i 行
                String ISBN = rs.getString(1);
                String name = rs.getString(2);
```

```
                String price = rs.getString(3);
                String date = rs.getString(4);
                System.out.printf("%s, %s, %s, %s.\n",ISBN,name,price,date);
            }
            con.close();
        }
        catch(SQLException e) {}
    }
}
```

GetRandomNumber.java

```
import java.util.LinkedList;
import java.util.Random;
public class GetRandomNumber {
    public static int [] getRandomNumber(int max,int amount){
        LinkedList<Integer> list = new LinkedList<Integer>();
        for(int i = 1;i <= max;i++){
            list.add(i);
        }
        int result[] = new int[amount];
        while(amount > 0){
            int index = new Random().nextInt(list.size());
            int m = list.remove(index);
            result[amount - 1] = m;
            amount --;
        }
        return result;
    }
}
```

▶ 14.6.3 条件与排序查询

❶ where 子语句

一般格式：

```
select 字段 from 表名 where 条件
```

（1）字段值和固定值比较。例如：

```
select name,price from bookList where name = '高等数学'
```

（2）字段值在某个区间范围。例如：

```
select * from bookList where price > 28.68 and price <= 87.7
select * from bookList where price > 56 and name != '月亮湾'
```

使用某些特殊的日期函数，如 year、month、day：

```
select * from bookList where year(chubanDay)< 1980 and month(chubanDay)<= 10
select * from bookList where year(chubanDay) between 2015 and 2020
```

使用某些特殊的时间函数，如 hour、minute、second：

```
select * from time_list where second(shijian) = 56;
select * from time_list where minute(shijian)> 15;
```

（3）用操作符 like 进行模式匹配，使用"%"代替 0 个或多个字符，用一个下画线(_)代替一个字符。例如查询 name 有"林"字的记录：

```
select * from bookList where name like '%程序%'
```

❷ 排序

用 order by 子语句对记录排序:

```
select * from 表名 order by 字段名(列名)
select * from 表名 where 条件 order by 字段名(列名)
```

例如:

```
select * from bookList order by price
select * from bookList where name like '%编程%' order by name
```

例 14.3 查询 bookList 表中价格大于 30,出版年份在 1999—2021 的图书,按价格 price 排序。程序运行效果如图 14.18 所示(使用了例 14.2 中的 GetDBConnection 类)。

```
C:\ch14>java -cp mysqlcon.jar; Example14_3
8-302-08465-8,月亮湾,38.67,2021-12-10.
7-352-01465-8,大学英语,58.5,1999-09-10.
```

图 14.18 条件查询与排序

例 14.3

Example14_3.java

```java
import java.sql.*;
public class Example14_3 {
    public static void main(String args[]) {
        Connection con;
        Statement sql;
        ResultSet rs;
        con = GetDBConnection.connectDB("Book","root","");
        String SQL = "select * from bookList " +
        "where year(chubanDate) between 1999 and 2021 and price >= 30 " +
        "order by price";
        if(con == null ) return;
        try {
            sql = con.createStatement();
            rs = sql.executeQuery(SQL);
            while(rs.next()) {
               String ISBN = rs.getString(1);
               String name = rs.getString(2);
               String price = rs.getString(3);
               String date = rs.getString(4);
               System.out.printf("%s,%s,%s,%s.\n",ISBN,name,price,date);
            }
            con.close();
        }
        catch(SQLException e) {}
    }
}
```

扫一扫

视频讲解

14.7 更新、添加与删除操作

Statement 对象调用方法

```
public int executeUpdate(String sqlStatement);
```

通过参数 sqlStatement 指定的方式实现对数据库表中记录的更新、添加和删除操作,方法执行成功(成功更新、添加或删除)将返回一个正整数,否则返回 0。

❶ 更新

```
update 表 set 字段 = 新值 where <条件子句>
```

下述 SQL 语句将 bookList 表中 name 值为“大学英语”的记录的 chubanDate 字段的值更新为'2019-12-26'：

```
update bookList set chubanDate = '2019-12-26' where name = '大学英语'
```

❷ 添加

```
insert into 表(字段列表) values(对应的具体的记录)
```

或

```
insert into 表 values(对应的具体的记录)
```

下述 SQL 语句将向 bookList 表中添加两条新的记录(记录之间用逗号分隔)：

```
insert into mess values
                         ('2-306-08465-7','春天', 35.8,'2020-3-20'),
                         ('5-777-56462-9','冬日', 29.9,'2019-12-23')
```

❸ 删除

```
delete from 表名 where <条件子句>
```

下述 SQL 语句将删除 bookList 表中的 ISBN 字段值为'5-777-56462-9'的记录：

```
delete from bookList where ISBN = '5-777-56462-9'
```

注：需要注意的是，当返回结果集后，没有立即输出结果集的记录，而是执行了更新语句，那么结果集就不能输出记录了。要想输出记录，就必须重新返回结果集。

例 14.4 更新了 bookList 表中一条记录，并向 bookList 插入两条记录(使用了例 14.2 中的 GetDBConnection 类)。

例 14.4

Example14_4.java

```
import java.sql.*;
public class Example14_4 {
    public static void main(String args[]) {
       Connection con;
       Statement sql;
       ResultSet rs;
       con = GetDBConnection.connectDB("Book","root","");
       if(con == null ) return;
       String updateRecord =
      "update bookList set chubanDate = '2019-12-26' where name = '大学英语'";
       String record = "('2-306-08465-7','春天', 35.8,'2020-3-20')," +
                       "('5-777-56462-9','冬日', 29.9,'2019-12-23')";
       String addRecord = "insert into bookList values" + record;
       try {
           sql = con.createStatement();
           int ok = sql.executeUpdate(addRecord);      //添加两条记录
           ok = sql.executeUpdate(updateRecord);       //更新一条记录
           rs = sql.executeQuery("select * from bookList");
           while(rs.next()) {
                String ISBN = rs.getString(1);
                String name = rs.getString(2);
                String price = rs.getString(3);
                String date = rs.getString(4);
```

```
                System.out.printf("%s, %s, %s, %s.\n",ISBN,name,price,date);
            }
            con.close();
        }
        catch(SQLException e) {
            System.out.println("记录中 ISBN 的值不能重复" + e);
        }
    }
}
```

扫一扫

视频讲解

14.8 使用预处理语句

Java 提供了效率更高的数据库操作机制，就是 PreparedStatement 对象，该对象被习惯地称作预处理语句对象。本节学习怎样使用预处理语句对象操作数据库中的表。

▶ 14.8.1 预处理语句的优点

向数据库发送一个 SQL 语句，例如 select * from mess，数据库中的 SQL 解释器负责把 SQL 语句生成底层的内部命令，然后执行该命令，完成有关的操作。如果不断地向数据库提交 SQL 语句，势必增加数据库中 SQL 解释器的负担，影响执行的速度。如果应用程序能针对连接的数据库，事先就将 SQL 语句解释为数据库底层的内部命令，然后直接让数据库去执行这个命令，显然不仅减轻了数据库的负担，而且提高了访问数据库的速度。

对于 JDBC，如果使用 Connection 和某个数据库建立了连接对象 con，那么 con 就可以调用 prepareStatement(String sql)方法对参数 sql 指定的 SQL 语句进行预编译处理，生成该数据库底层的内部命令，并将该命令封装在 PreparedStatement 对象中，那么该对象调用下列方法都可以使得该底层内部命令被数据库执行：

```
ResultSet executeQuery()
boolean execute()
int executeUpdate()
```

只要编译好了 PreparedStatement 对象，那么该对象可以随时执行上述方法，显然提高了访问数据库的速度。

▶ 14.8.2 使用通配符

在对 SQL 进行预处理时可以使用通配符“?”(英文问号)来代替字段的值，只要在预处理语句执行之前再设置通配符所代表的具体值即可。例如：

```
String str = "select * from mess where height < ? and name = ? "
PreparedStatement preSql = con.prepareStatement(str);
```

在 preSql 对象调用 executeUpdate()方法(或 boolean execute()、int executeUpdate())之前，必须调用相应的方法设置通配符“?”代表的具体值。例如：

```
preSql.setFloat(1,1.76f);
preSql.setString(2, "武泽");
```

指定上述预处理 SQL 语句 sql 中第 1 个通配符“?”代表的值是 1.76，第 2 个通配符“?”代表的值是'武泽'。通配符按照它们在预处理 SQL 语句中从左到右依次出现的顺序分别被称为第 1 个、第 2 个、……、第 m 个通配符。使用通配符可以使得应用程序更容易动态地改变 SQL 语句中关于字段值的条件。

预处理语句设置通配符"?"的值的常用方法有：

```
void setDate( int parameterIndex, Date x)
void setDouble( int parameterIndex, double x)
void setFloat( int parameterIndex, float x)
void setInt( int parameterIndex, int x)
void setLong( int parameterIndex, long x)
void setString( int parameterIndex, String x)
```

例 14.5 使用预处理语句向 mess 表添加记录并查询了记录(使用了例 14.2 中的 GetDBConnection 类)。

例 14.5

Example14_5. java

```
import java.sql. * ;
public class Example14_5 {
    public static void main(String args[ ]) {
       Connection con;
       PreparedStatement preSql;                         //预处理语句对象 preSql
       ResultSet rs;
       con = GetDBConnection.connectDB("Book","root","");
       if(con == null) return;
       String sqlStr = "insert into bookList values(?,?,?,?)";
       try {
           preSql = con.prepareStatement(sqlStr);        //得到预处理语句对象 preSql
           preSql.setString(1,"1-602-98465-0");          //设置第 1 个"?"代表的值
           preSql.setString(2,"红楼梦");                  //设置第 2 个"?"代表的值
           preSql.setFloat(3,256.9F);                    //设置第 3 个"?"代表的值
           preSql.setString(4,"1990-1-31");              //设置第 4 个"?"代表的值
           int ok = preSql.executeUpdate();              //预处理语句调用方法
           sqlStr = "select * from bookList where name like ? ";
           preSql = con.prepareStatement(sqlStr);        //得到预处理语句对象 preSql
           preSql.setString(1," % 数 % ");                //设置第 1 个"?"代表的值
           rs = preSql.executeQuery();
           while(rs.next()) {
                String ISBN = rs.getString(1);
                String name = rs.getString(2);
                String price = rs.getString(3);
                String date = rs.getString(4);
                System.out.printf(" % s, % s, % s, % s.\n",ISBN,name,price,date);
           }
           con.close();
       }
       catch(SQLException e) {
           System.out.println("记录中 ISBN 值不能重复" + e);
       }
    }
}
```

14.9 通用查询

本节的目的是编写一个类，只要用户将数据库名、SQL 语句传递给该类对象，那么该对象就用一个二维数组返回查询的记录。

为了编写通用查询，需要知道数据库表的列(字段)的名字，特别是表的列数(字段的个

数),那么一个简单常用的办法是使用返回到程序中的结果集来获取相关的信息。

程序中的结果集 ResultSet 对象 rs 调用 getMetaData()方法返回一个 ResultSetMetaData 对象(结果集的元数据对象):

```
ResultSetMetaData metaData = rs.getMetaData();
```

然后 ResultSetMetaData 对象,例如 metaData,调用 getColumnCount()方法就可以返回结果集 rs 中的列的数目:

```
int columnCount = metaData.getColumnCount();
```

ResultSetMetaData 对象,例如 metaData,调用 getColumnName(int i)方法就可以返回结果集 rs 中的第 i 列的名字:

```
String columnName = metaData.getColumnName(i);
```

例 14.6 将数据库名以及 SQL 语句传递给 Query 类的对象,用表格(见第 10.6.2 节)显示查询到的记录。程序运行效果如图 14.19 所示。

ISBN	name	price	chubanDate
7-302-01465-5	高等数学	28.67	2020-12-10
7-352-01465-8	大学英语	58.5	1999-12-26
8-302-08465-8	月亮湾	38.67	2021-12-10
9-352-91465-7	雨后	78.0	1998-05-19

图 14.19 通用查询

例 14.6

Example14_6.java

```
import javax.swing.*;
public class Example14_6 {
     public static void main(String args[]) {
        String [] tableHead;
        String [][] content;
        JTable table ;
        JFrame win= new JFrame();
        Query findRecord = new Query();
        findRecord.setDatabaseName("Book");
        findRecord.setSQL("select * from bookList");
        content = findRecord.getRecord();             //返回二维数组,即查询的全部记录
        tableHead = findRecord.getColumnName();       //返回全部字段(列)名
        table = new JTable(content,tableHead);
        win.add(new JScrollPane(table));
        win.setBounds(12,100,400,200);
        win.setVisible(true);
        win.setDefaultCloseOperation(JFrame.DISPOSE_ON_CLOSE);
     }
}
```

Query.java

```
import java.sql.*;
public class Query {
    String databaseName = "";                     //数据库名
    String SQL;                                   //SQL 语句
    String [] columnName;                         //全部字段(列)名
    String [][] record;                           //查询到的记录
```

```
    public Query() {
        try{Class.forName("com.mysql.cj.jdbc.Driver");
        }
        catch(Exception e){}
    }
    public void setDatabaseName(String s) {
        databaseName = s.trim();
    }
    public void setSQL(String SQL) {
        this.SQL = SQL.trim();
    }
    public String[] getColumnName() {
        if(columnName == null ){
            System.out.println("先查询记录");
            return null;
        }
        return columnName;
    }
    public String[][] getRecord() {
        startQuery();
        return record;
    }
    private void startQuery() {
        Connection con;
        Statement sql;
        ResultSet rs;
        String uri =
        "jdbc:mysql://localhost:3306/" + databaseName +
         "?useSSL = false&serverTimezone = CST&characterEncoding = utf-8";
        try {
            con = DriverManager.getConnection(uri,"root","");
            sql = con.createStatement(ResultSet.TYPE_SCROLL_SENSITIVE,
                                        ResultSet.CONCUR_READ_ONLY);
            rs = sql.executeQuery(SQL);
            ResultSetMetaData metaData = rs.getMetaData();
            int columnCount = metaData.getColumnCount();   //字段数目
            columnName = new String[columnCount];
            for(int i = 1;i <= columnCount;i++){
                columnName[i - 1] = metaData.getColumnName(i);
            }
            rs.last();
            int recordAmount = rs.getRow();                //结果集中的记录数目
            record = new String[recordAmount][columnCount];
            int i = 0;
            rs.beforeFirst();
            while(rs.next()) {
              for(int j = 1;j <= columnCount;j++){
                record[i][j - 1] = rs.getString(j);        //第 i 条记录放入二维数组第 i 行
              }
              i++;
            }
            con.close();
        }
        catch(SQLException e) {
            System.out.println("请输入正确的表名" + e);
        }
    }
}
```

扫一扫

视频讲解

14.10 事务

▶ 14.10.1 事务及处理

事务由一组 SQL 语句组成。所谓事务处理,是指应用程序保证事务中的 SQL 语句要么全部执行,要么一个都不执行。

事务处理是保证数据库中数据完整性与一致性的重要机制。应用程序和数据库建立连接之后,可能使用多条 SQL 语句操作数据库中的一个表或多个表。例如,一个管理资金转账的应用程序为了完成一个简单的转账业务可能需要两条 SQL 语句,即需要将数据库 user 表中 id 号是 0001 的记录的 userMoney 字段的值由原来的 100 更改为 50,然后将 id 号是 0002 的记录的 userMoney 字段的值由原来的 20 更新为 70。应用程序必须保证这两条 SQL 语句要么全都执行,要么全都不执行。

▶ 14.10.2 JDBC 事务处理步骤

❶ 用 setAutoCommit(boocan b)方法关闭自动提交模式

所谓关闭自动提交模式,就是关闭 SQL 语句的即刻生效性。连接对象 con 的提交模式是自动提交模式,即 con 产生的 Statement 对象或 PreparedStatement 对象,对数据库提交 SQL 语句操作都会立刻生效。立刻生效显然不能满足事务处理的要求。例如,把 0001 用户的 50 元钱转账给 0002 用户时需要两个 SQL 语句来完成任务,第一个 SQL 语句把 0001 用户的 userMoney 的值减少 50,第二个 SQL 语句把 0002 用户的 userMoney 的值增加 50。如果第二个 SQL 语句操作未能成功,第一个 SQL 语句操作就不应当生效。因此,为了能进行事务处理,必须关闭 con 的这个自动提交模式。

con 对象首先调用 setAutoCommit(boolean autoCommit)方法,将参数 autoCommit 取值 false 来关闭默认设置:

```
con.setAutoCommit(false);
```

注意,先关闭自动提交模式,再获取 Statement 对象 sql:

```
sql = con.createStatement();
```

❷ 用 commit()方法处理事务

con 调用 setAutoCommit(false)后,con 所产生的 Statement 对象对数据库提交任何一条 SQL 语句都不会立刻生效,这样一来,就有机会让 Statement 对象(PreparedStatement 对象)提交多条 SQL 语句,这些 SQL 语句就是一个事务。事务中的 SQL 语句不会立刻生效,直到连接对象 con 调用 commit()方法。con 调用 commit()方法就是试图让事务中的 SQL 语句全部生效。

❸ 用 rollback()方法处理事务失败

所谓处理事务失败,就是撤销事务所做的操作。con 调用 commit()方法进行事务处理时,只要事务中任何一个 SQL 语句未能生效成功,就抛出 SQLException 异常。在处理 SQLException 异常时,必须让 con 调用 rollback()方法,其作用是:撤销事务中成功执行的 SQL 语句对数据库数据所做的更新、插入或删除操作,即撤销引起数据发生变化的 SQL 语句所产生的操作,将数据库中的数据恢复到 commit()方法执行之前的状态。

例 14.7 使用了事务处理，将 bookList 表中 ISBN 字段是'8-302-08465-8 '的 price 的值减少 5，并将减少的 5 增加到 ISBN 字段是'7-302-01465-5 '的 price 上（使用了例 14.2 中的 GetDBConnection 类）。

例 14.7

Example14_7.java

```
import java.sql.*;
public class Example14_7{
    public static void main(String args[]){
        Connection con = null;
        Statement sql;
        ResultSet rs;
        String sqlStr;
        con = GetDBConnection.connectDB("Book","root","");
        if(con == null ) return;
        try{
            con.setAutoCommit(false);     //先关闭自动提交模式
            sql = con.createStatement(); //再返回 Statement 对象
            sqlStr = "select name,price from bookList" +
                     " where ISBN = '7-302-01465-5'";
            rs = sql.executeQuery(sqlStr);
            rs.next();
            float price1 = rs.getFloat(2);
            System.out.println("事务之前" + rs.getString(1) + "价格:" + price1);
            sqlStr = "select name,price from bookList" +
                     " where ISBN = '8-302-08465-8'";
            rs = sql.executeQuery(sqlStr);
            rs.next();
            float price2 = rs.getFloat(2);
            System.out.println("事务之前" + rs.getString(1) + "价格:" + price2);
            float n = 5;
            price2 = price2 - n;
            price1 = price1 + n;
            sqlStr = "update bookList set price = " + price2 +
                     " where ISBN = '8-302-08465-8'";
            sql.executeUpdate(sqlStr);
            sqlStr = "update bookList set price = " + price1 +
                     " where ISBN = '7-302-01465-5'";
            sql.executeUpdate(sqlStr);
            con.commit();                //开始事务处理,如果发生异常直接执行 catch 块
            con.setAutoCommit(true);     //恢复自动提交模式
            String s = "select name,price from bookList" +
            " where ISBN = '7-302-01465-5'or ISBN = '8-302-08465-8'";
            rs = sql.executeQuery(s);
            while(rs.next()){
               System.out.println("事务后" +
              rs.getString(1) + "价格:" + rs.getFloat(2));
            }
            con.close();
        }
        catch(SQLException e){
            try{ con.rollback();                   //撤销事务所做的操作
            }
            catch(SQLException exp){}
        }
    }
}
```

扫一扫
视频讲解

14.11 连接 SQL Server 数据库

许多常见的数据库都有相应的 JDBC-数据库连接器以及客户端管理工具，只要将本章例子中加载的 JDBC-MySQL 数据库连接器的代码以及连接 MySQL 数据库的代码更换成相应的其他数据库的即可。例如，对于喜欢用 SQL Server 数据库的读者也可以用 SQL Server 数据库学习本章内容。本节简要介绍怎样连接 SQL Server 2012 管理的数据库。

❶ Microsoft SQL Server 2012

登录微软的下载中心：

```
http://www.microsoft.com/zh-cn/download/default.aspx
```

在热门下载里选择选项“服务器”，然后选择 Microsoft SQL Server 2012 Express 及相应的客户端管理工具 Microsoft SQL Server 2008 Management Studio Express 或 Microsoft SQL Server Management Studio Express。64 位系统可下载 SQLEXPR_x64_CHS.exe，32 位系统可下载 SQLEXPR32_x86_CHS.exe。

安装好 SQL Server 2012 后，需启动 SQL Server 2012 提供的数据库服务器(数据库引擎)，以便使远程的计算机访问它所管理的数据库。在安装 SQL Server 2012 时如果选择的是自动启动数据库服务器，数据库服务器会在开机后自动启动，否则需手动启动 SQL Server 2012 服务器。可以单击“开始”→“程序”→Microsoft SQL Server，启动 SQL Server 2012 服务器。

图 14.20 SQL Server 对象资源管理器

❷ 建立数据库

启动 SQL Server 2012 提供的数据库服务器，打开 SSMS 提供的“对象资源管理器”，将出现相应的操作界面，如图 14.20 所示。

图 14.20 所示界面上的“数据库”目录下是已有的数据库的名称，在“数据库”目录上右击可以建立新的数据库，例如建立名称为 warehouse 的数据库。

创建好数据库后，就可以建立若干表。如果准备在 warehouse 数据库中创建名字为 product 的表，那么可以单击“数据库”下的 warehouse 数据库，在 warehouse 管理的“表”的选项上右击，选择“新建表”，将出现相应的建表界面。

❸ JDBC-SQL Server 数据库连接器

可以登录 www.microsoft.com 下载 Microsoft JDBC Driver 6.0 for SQL Server，即下载 sqljdbc_6.0.8112.200_chs.tar.gz。在解压目录的 sqljdbc_6.0\chs\jre8 子目录中可以找到 JDBC-SQLServer 连接器 sqljdbc42.jar。作者也提供了网盘下载地址：

```
https://pan.baidu.com/s/1cchXfT-W5ve8p4pL-U5nwA
```

应用程序加载 SQL Server 驱动程序代码如下：

```
try { Class.forName("com.microsoft.sqlserver.jdbc.SQLServerDriver");
}
catch(Exception e){
}
```

❹ 建立连接

假设 SQL Server 数据库服务器所驻留的计算机的 IP 地址是 192.168.100.1，SQL Server 数据库服务器占用的端口是 1433（默认端口）。应用程序要和 SQL Server 数据库服务器管理的数据库 warehouse 建立连接，而有权访问数据库 warehouse 的用户的 id 和密码分别是 sa、dog123456，那么建立连接的代码如下：

```
try{
   String uri =
  "jdbc:sqlserver://192.168.100.1:1433;DatabaseName = warehouse";
       String user = "sa";
       String password = "dog123456";
       con = DriverManager.getConnection(uri,user,password);
    }
   catch(SQLException e){
       System.out.println(e);
   }
```

14.12　连接内置 Derby 数据库

Derby 数据库管理系统是 Apache 开发的，其项目名称是 Derby，因此，人们习惯将 Java 平台提供的数据库管理系统称作 Derby 数据库管理系统，或简称 Derby 数据库。Derby 是一个纯 Java 实现、开源的数据库管理系统。Derby 数据库管理系统只有大约 2.6MB，相对于那些大型的数据库管理系统可谓是小巧玲珑，并且 Derby 支持几乎大部分的数据库应用所需要的特性。

Derby 数据库管理系统使得应用程序内嵌数据库成为现实，可以让应用程序更好、更方便地处理相关的数据。例如，对于 Java 应用程序，有时需要动态地创建一个数据库，并向其添加数据，那么 Derby 就可以帮助应用程序动态地创建数据库完成程序的目的。内置 Derby 数据库的特点是应用程序必须和该 Derby 数据库驻留在相同的计算机上，并且在当前 Java 虚拟机中，同一时刻不能有两个程序访问同一个内置 Derby 数据库。

登录

```
http://db.apache.org/derby/derby_downloads.html
```

下载适合 Java 平台的 Derby 数据库，例如 For Java 8 and Higher 的 db-derby-10.14.2.0-bin.zip，然后解压该文件。因为 Java 程序仅仅需要建立内置 Derby 数据库，在解压目录下找到 derby.jar 文件（JDBC-Derby 连接器），将该文件复制到 C:/ch14 中。

作者也将该文件放在了教学资源的源代码文件夹中，也可以到作者的网盘下载：

```
https://pan.baidu.com/s/1Lt6tQ8Cqsz3 - 5MhbPGvefQ
```

应用程序连接 Derby 数据库的步骤如下：

❶ 加载 Derby 数据库连接器程序

加载 Derby 数据库连接器程序的代码是：

```
Class.forName("org.apache.derby.jdbc.EmbeddedDriver");
```

其中的 org.apache.derby 包是 derby.jar 提供的，该包中的 EmbeddedDriver 类封装着驱动。加载 Derby 数据库连接器需要捕获 ClassNotFoundException、InstantiationException、IllegalAccessException 和 SQLException 异常（编程时可以直接捕获 Exception）。

❷ 创建并连接数据库或连接已有的数据库

创建名字是 students 的数据库,并与其建立连接(create 取值是 true)的代码是:

```
Connection con =
DriverManager.getConnection("jdbc:derby:students;create=true");
```

如果数据库 students 已经存在,那么就不创建 students 数据库,而直接与其建立连接。连接已有的 students 数据库(create 取值是 false)的代码是:

```
Connection con =
DriverManager.getConnection("jdbc:derby:students;create=false");
```

当应用程序创建数据库之后,例如 students 的数据库,运行环境会在当前应用程序所在目录下(例如 C:\ch14)建立名字是 student 的子目录,该子目录下存放着和该数据库相关的配置文件。

```
C:\ch14>java -cp derby.jar;   Example14_8
张三    90.0
李斯    88.0
刘二    67.0
```

图 14.21 Derby 数据库

例 14.8 使用了名字是 students 的 Derby 数据库,并在数据库中建立了 chengji 表。程序运行效果如图 14.21 所示。

例 14.8

Example14_8.java

```
import java.sql.*;
public class Example14_8 {
    public static void main(String[] args) {
       Connection con = null;
       Statement sta = null;
       ResultSet rs;
       String SQL;
       try {
         Class.forName("org.apache.derby.jdbc.EmbeddedDriver");          //加载驱动
       }
       catch(Exception e) { }
       try {
          String uri = "jdbc:derby:students;create=true";
          con=DriverManager.getConnection(uri);                           //连接数据库
          sta = con.createStatement();
       }
       catch(Exception e) {}
       try { SQL = "create table chengji(name varchar(40),score float)";
             sta.execute(SQL);                          //创建表
       }
       catch(SQLException e) {
          //System.out.println("该表已经存在");
       }
       SQL = "insert into chengji values" +
             "('张三', 90),('李斯', 88),('刘二', 67)";
       try {
          sta.execute(SQL);
          rs = sta.executeQuery("select * from chengji ");
          while(rs.next()) {
             String name=rs.getString(1);
             System.out.print(name+"\t");
             float score=rs.getFloat(2);
             System.out.println(score);
          }
```

```
            con.close();
        }
        catch(SQLException e) {}
    }
}
```

例 14.8 中的源文件保存到 C:\ch14 中，编译通过后，如下运行主类(如图 14.21 所示)。

```
C:\ch14 > java  - cp derby.jar; Example14_8
```

注：使用-cp 参数加载 jar 文件中的类，要特别注意在 jar 文件和主类名之间用分号分隔，而且分号和主类名之间必须留有至少一个空格。

14.13 连接 Access 数据库

许多院校的实验环境都是 Mirosoft 的操作系统，在安装 Office 办公系统软件的同时就安装好了 Microsoft Access 数据库管理系统，例如 Microsoft Access 2010。这里不再介绍 Access 数据库本身的使用。如果喜欢用 Accesss 数据库，那么学习本节后，可以把前面的例子全部换成 Access 数据库，仅仅需要改变数据库的连接方式。

用 Access 数据库管理系统建立一个名字是 Book.accdb 的数据库，并在数据库中建立名字是 bookList 的表(与 14.3 节的 MySQL 数据库结构相同，仅仅是数据库不同而已)。数据库保存在 C:\ch14 目录中。

登录

```
http://www.hxtt.com/access.zip
```

下载 JDBC-Access 连接器。解压下载的 access.zip，在解压目录下\lib 子目录中的 Access_JDBC30.jar 就是 JDBC-Access 连接器，将该文件复制到 C:/ch14 中。作者也将 Access_JDBC30.jar 文件放在了教学资源的源代码文件夹中，也可以到作者的网盘下载：

```
https://pan.baidu.com/s/1Lt6tQ8Cqsz3 - 5MhbPGvefQ
```

应用程序连接 Access 数据库的步骤如下：

❶ 加载 Access 数据库连接器程序

加载 Access 数据库连接器程序的代码是：

```
Class.forName("com.hxtt.sql.access.AccessDriver");
```

其中，com.hxtt.sql.access 包是 Access_JDBC30.jar 提供的，该包中的 AccessDriver 类封装着驱动。

❷ 连接已有的数据库

连接 Book.accdb 的数据库的代码是(Book.accdb 在当前目录下，即 C:/ch14 下)：

```
String databasePath = "./Book.accdb";
String loginName = "";
String password = "";
con =
DriverManager.getConnection("jdbc:Access://" + databasePath,
                                         loginName, password); //连接
```

例 14.9 和例 14.1 类似,仅仅是把 MySQL 数据库更换成了 Access 数据库,效果如图 14.22 所示。

```
C:\ch14>java -cp Access_JDBC30.jar; Example14_9
 7-352-01465-8,大学英语,58.50,1999-12-26
7-302-01465-5,高等数学,28.67,2020-12-10
```

图 14.22 Access 数据库

例 14.9

Example14_9.java

```
import java.sql.*;
public class Example14_9 {
    public static void main(String args[]) {
      Connection con = null;
      Statement sql;
      ResultSet rs;
      try{                          //加载 JDBC-Access 连接器
          Class.forName("com.hxtt.sql.access.AccessDriver");
      }
      catch(Exception e){ }
      String databasePath = "./Book.accdb";
      String loginName = "";
      String password = "";
      try{
        con =
        DriverManager.getConnection("jdbc:Access://" + databasePath,
                                    loginName, password);     //连接
      }
      catch(SQLException e){
         System.out.println(e);
      }
      try{
          sql = con.createStatement();
          rs = sql.executeQuery("SELECT * FROM bookList");      //查表
          while(rs.next()) {
             String number = rs.getString(1);
             String name = rs.getString(2);
             float price = rs.getFloat(3);
             Date date = rs.getDate(4);
             System.out.printf("%s,%s,%.2f,%s\n",
                               number,name,price,date);
          }
          con.close();
      }
     catch(SQLException e) {
         System.out.println(e);
     }
   }
}
```

例 14.9 中的源文件保存在 C:\ch14 中,编译通过后,如下运行主类(如图 14.22 所示)。

```
C:\ch14>java -cp Access_JDBC30.jar; Example14_9
```

注:使用-cp 参数加载 jar 文件中的类,要特别注意在 jar 文件和主类名之间用分号分隔,而且分号和主类名之间必须至少留有一个空格。

扫一扫

视频讲解

14.14 注册与登录

注册与登录是软件中经常遇到的模块,本节结合数据库,讲解怎样实现注册与登录。

▶ 14.14.1 设计思路

❶ 数据库设计

数据库设计是软件开发中一个非常重要的环节，在清楚了用户的需求之后，就需要进行数据库设计。数据库设计好之后才能进入软件的设计阶段，因此当一个应用问题的需求比较复杂时，数据库的设计(主要是数据库中各个表的设计)就显得尤为重要(要认真学习好数据库原理这门课程)。

❷ 数据模型

程序应当将某些密切相关的数据封装到一个类中。例如，把数据库的表的结构封装到一个类中，即为表建立数据模型。其目的是用面向对象的方法来处理数据。

❸ 数据处理者

程序应尽可能地将数据的存储与处理分开，数据模型仅仅存储数据，数据处理者根据数据模型和需求处理数据。例如，当用户需要注册时，数据处理者将数据模型中的数据写入数据库的表中。

❹ 视图

程序尽可能提供给用户交互方便的视图，用户可以使用该视图修改模型中的数据，并利用视图提供的交互事件(例如 ActionEvent 事件)，将模型交给数据处理者(即所谓的 MVC 设计理念)。

▶ 14.14.2 具体设计

❶ user 数据库和 register 表

使用 MySQL 客户端管理工具(见 14.3 节)创建名字是 user 的数据库，在该库中新建名字是 register 的表，表的设计结构为：

```
(id char(20) primary key,password varchar(30),birth date)
```

其中，id 字段的值是用户注册的 id(是主键，即要求表中各个记录的 id 值不能相同)；password 字段的值是用户注册的密码；birth 字段的值是用户注册的出生日期。

将 register.sql 文件(知识点见 14.3 节)：

```
create database user;
use user
CREATE TABLE register(
id char(20) not null ,
password varchar(30),
birth date ,
PRIMARY KEY (id)
);
```

保存到 C:\ch14 中，然后启动 mysql 命令行客户端，导入 register.sql 文件(source c:\cha14\register.sql)，建立 user 数据库以及 register 表，如图 14.23 所示。

```
mysql> source c:\ch14\register.sql
Query OK, 1 row affected (1.47 sec)

Database changed
Query OK, 0 rows affected (2.70 sec)
```

图 14.23 建立 user 数据库和 register 表

❷ 模型

1) 注册模型

数据模型的作用是存放数据，一般不参与数据的操作，大部分情况下，数据模型只需提供设置数据和获取数据的方法。

2）登录模型

登录模型只存放用户名、密码和登录是否成功的数据。

3）代码

模型的包名都是 geng. model，需按照包名形成的目录结构存放（见 4.8.2 节），例如将下述注册模型 Register. java 保存到 C:\ch14\geng\model 中，如下编译 Register. java：

```
C:\ch14 > javac geng\model\Register.java
```

- 注册模型的代码

Register. java

```
package geng.model;
public class Register {
    String id;
    String password;
    String birth;
    public void setID(String id){
       this.id = id;
    }
    public void setPassword(String password){
       this.password = password;
    }
    public void setBirth(String birth){
       this.birth = birth;
    }
    public String getID() {
       return id;
    }
    public String getPassword(){
       return password;
    }
    public String getBirth(){
       return birth;
    }
}
```

- 登录模型的代码

Login. java

```
package geng.model;
public class Login {
    boolean loginSuccess = false;
    String id;
    String password;
    public void setID(String id){
       this.id = id;
    }
    public void setPassword(String password){
       this.password = password;
    }
    public String getID() {
       return id;
    }
    public String getPassword(){
       return password;
    }
    public void setLoginSuccess(boolean bo){
```

```
        loginSuccess = bo;
    }
    public boolean getLoginSuccess(){
        return loginSuccess;
    }
}
```

❸ 数据处理

1）注册处理者

本问题中需要把数据处理单独交给一个 HandleInsertData 类去完成，该类要负责将模型中的数据写入 user 数据库的 register 表中，即负责向 rigister 表插入记录。

2）登录处理者

本问题中需要把数据处理单独交给一个 HandleLogin 类去完成，该类要负责查询 user 数据库的 register 表，检查用户是否是已经注册的用户。

3）代码

数据处理者的包名都是 geng. handle，需按照包名形成的目录结构存放。例如，将下述注册处理者 HandleRegister. java 保存到 C:\ch14\geng\handle 中，如下编译：

```
C:\ch14 > javac geng\model\HandleRegister.java
```

• 注册处理者的代码

HandleRegister. java

```
package geng.handle;
import geng.model.Register;
import java.sql.*;
import javax.swing.JOptionPane;
public class HandleRegister {
    Connection con;
    PreparedStatement preSql;
    public HandleRegister(){
        try{            //加载 JDBC - MySQL8.0.15 连接器
              Class.forName("com.mysql.cj.jdbc.Driver");
        }
        catch(Exception e){}
        String uri = "jdbc:mysql://localhost:3306/user?" +
        "useSSL = false&serverTimezone = CST&characterEncoding = utf - 8";
        String user = "root";
        String password = "";
        try{
           con = DriverManager.getConnection(uri,"root","");      //连接代码
        }
        catch(SQLException e){}
    }
    public void writeRegisterModel(Register person) {
        String sqlStr = "insert into register values(?,?,?)";
        int ok = 0;
        try {
            preSql = con.prepareStatement(sqlStr);
            preSql.setString(1,person.getID());
            preSql.setString(2,person.getPassword());
            preSql.setString(3,person.getBirth());
            ok = preSql.executeUpdate();
            con.close();
        }
        catch(SQLException e) {
```

```
            JOptionPane.showMessageDialog(null,"id不能重复","警告",
                                          JOptionPane.WARNING_MESSAGE);
        }
        if(ok!= 0) {
            JOptionPane.showMessageDialog(null,"注册成功",
                                    "恭喜",JOptionPane.WARNING_MESSAGE);
        }
    }
}
```

- 登录处理者的代码

HandleLogin.java

```
package geng.handle;
import geng.model.Login;
import java.sql.*;
import javax.swing.JOptionPane;
public class HandleLogin {
    Connection con;
    PreparedStatement preSql;
    ResultSet rs;
    public HandleLogin(){
        try{            //加载 JDBC-MySQL8.0.15 连接器
              Class.forName("com.mysql.cj.jdbc.Driver");
         }
         catch(Exception e){}
         String uri = "jdbc:mysql://localhost:3306/user?" +
        "useSSL = false&serverTimezone = CST&characterEncoding = utf-8";
         String user = "root";
         String password = "";
         try{
           con = DriverManager.getConnection(uri,"root","");          //连接代码
        }
        catch(SQLException e){}
    }
    public Login queryVerify(Login loginModel) {
        String id = loginModel.getID();
        String pw = loginModel.getPassword();
        String sqlStr = "select id,password from register where " +
                        "id = ? and password = ?";
        try {
            preSql = con.prepareStatement(sqlStr);
            preSql.setString(1,id);
            preSql.setString(2,pw);
            rs = preSql.executeQuery();
            if(rs.next() == true) {
               loginModel.setLoginSuccess(true);
               JOptionPane.showMessageDialog(null,"登录成功",
                                    "恭喜",JOptionPane.WARNING_MESSAGE);
            }
            else {
               loginModel.setLoginSuccess(false);
               JOptionPane.showMessageDialog(null,"登录失败",
                  "登录失败,重新登录",JOptionPane.WARNING_MESSAGE);
            }
            con.close();
        }
        catch(SQLException e) {}
        return loginModel;
    }
}
```

4）简单的测试

有了模型和数据处理者，现在就可以用命令行（也算是简单视图）实现注册和登录。先体会一下，后面我们将继续提供更好的视图。主类 Cheshi 的包名是 geng. cheshi，实现了一个注册并登录，如果登录成功，就输出语句："登录成功了！"。

Cheshi. java

```
import geng.handle.*;
import java.sql.*;
public class Cheshi {
    public static void main(String args[]) {
        Register user = new Register();
        user.setID("moonjava");
        user.setPassword("123456");
        user.setBirth("1979-12-10");
        HandleRegister handleRegister = new HandleRegister();
        handleRegister.writeRegisterModel(user);            //注册一个用户
        Login login = new Login();
        login.setID("moonjava");
        login.setPassword("123456");
        HandleLogin handleLogin = new HandleLogin();
        login = handleLogin.queryVerify(login);             //该用户登录
        if(login.getLoginSuccess() == true) {
           System.out.println("登录成功了！");
        }
    }
}
```

将上述 Cheshi. java 保存到 C:\ch11\geng\cheshi 中，如下编译和运行：

```
C:\ch14 > javac geng\cheshi\Cheshi.java
C:\ch14 > java -cp mysqlcon.jar; geng.cheshi.Cheshi
```

用 MySQL 客户端管理工具就可以看到 register 表里有了一条记录：

```
(moonjava,123456,'1999-12-10')
```

❹ 视图

1）注册视图

注册视图提供显示模型和修改模型中数据的功能。这里用 JPanel 的子类作为注册视图。该视图中，用户可以输入注册信息，存放到模型中，单击"注册"按钮，将模型交给注册处理者。

2）登录视图

用 JPanel 的子类作为登录视图。在该视图中用户可以输入注册的 id 和密码。单击"登录"按钮，将有关数据，例如 id 和密码，交给登录数据处理者。

3）集成视图

首先将注册视图和登录视图集成到 JTabbedPane 容器，即分别作为 JTabbedPane 容器中的两个选项卡对应的组件，然后把 JTabbedPane 容器添加到 JPanel 中。

4）代码

视图的包名都是 geng. view，需按照包名形成的目录结构存放，例如将下述注册视图 RegisterView. java 保存到 C:\ch14\geng\view 中，如下编译：

```
C:\ch14 > javac geng\view\RegisterView.java
```

- 注册视图

RegisterView. java

```
package geng.view;
import java.awt.*;
import javax.swing.*;
import java.awt.event.*;
import geng.model.*;
import geng.handle.*;
public class RegisterView extends JPanel implements ActionListener {
    Register register;
    JTextField inputID,inputBirth;
    JPasswordField inputPassword;
    JButton buttonRegister;
    RegisterView() {
        register = new Register();
        inputID = new JTextField(12);
        inputPassword = new JPasswordField(12);
        inputBirth = new JTextField(12);
        buttonRegister = new JButton("注册");
        add(new JLabel("ID:"));
        add(inputID);
        add(new JLabel("密码:"));
        add(inputPassword);
        add(new JLabel("出生日期(****-**-**):"));
        add(inputBirth);
        add(buttonRegister);
        buttonRegister.addActionListener(this);
    }
    public void actionPerformed(ActionEvent e) {
        register.setID(inputID.getText());
        char [] pw = inputPassword.getPassword();
        register.setPassword(new String(pw));
        register.setBirth(inputBirth.getText());
        HandleRegister handleRegister = new HandleRegister();
        handleRegister.writeRegisterModel(register);
    }
}
```

- 登录视图

LoginView. java

```
package geng.view;
import java.awt.*;
import javax.swing.*;
import java.awt.event.*;
import geng.model.*;
import geng.handle.*;
public class LoginView extends JPanel implements ActionListener {
    Login login;
    JTextField inputID;
    JPasswordField inputPassword;
    JButton buttonLogin;
    boolean loginSuccess;
    LoginView() {
        login = new Login();
        inputID = new JTextField(12);
        inputPassword = new JPasswordField(12);
        buttonLogin = new JButton("登录");
```

```
        add(new JLabel("ID:"));
        add(inputID);
        add(new JLabel("密码:"));
        add(inputPassword);
        add(buttonLogin);
        buttonLogin.addActionListener(this);
    }
    public boolean isLoginSuccess() {
        return loginSuccess;
    }
    public void actionPerformed(ActionEvent e) {
        login.setID(inputID.getText());
        char [] pw = inputPassword.getPassword();
        login.setPassword(new String(pw));
        HandleLogin handleLogin = new HandleLogin();
        login = handleLogin.queryVerify(login);
        loginSuccess = login.getLoginSuccess();
    }
}
```

• 集成视图

RegisterAndLoginView.java

```
package geng.view;
import javax.swing.*;
import java.awt.*;
public class RegisterAndLoginView extends JPanel{
    JTabbedPane p;
    RegisterView registerView;
    LoginView loginView;
    public RegisterAndLoginView(){
        registerView = new RegisterView();
        loginView = new LoginView();
        setLayout(new BorderLayout());
        p = new JTabbedPane();
        p.add("我要注册",registerView);
        p.add("我要登录",loginView);
        p.validate();
        add(p,BorderLayout.CENTER);
    }
    public boolean isLoginSuccess() {
        return loginView.isLoginSuccess();
    }
}
```

14.14.3 用户程序

下列程序提供一个猜数字游戏(见第10章的例10.14),但希望用户登录后才可以玩游戏。因此,程序决定引入geng.view包中的RegisterAndLoginView类,以便提示用户登录或注册(RegisterAndLoginView类就可以满足用户的这个需求)。

应用程序的主类没有包名,将主类MainWindow.java保存到C:\ch14中即可(但需要把第10章的例10.14中的WindowGuessNumber.class与主类保存到同一目录中)。注意:需如下运行主类,即别忘记.jar文件:

```
C:\ch14> java -cp mysqlcon.jar; MainWindow
```

程序运行效果如图14.24所示。

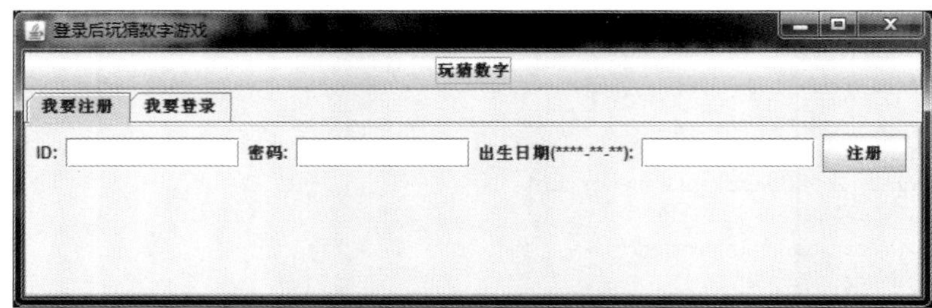

图 14.24　注册与登录

MainWindow.java

```
import geng.view.RegisterAndLoginView;
import javax.swing.*;
import java.awt.*;
import java.awt.event.*;
public class MainWindow extends JFrame implements ActionListener{
    JButton computerButton;
    RegisterAndLoginView view;
    MainWindow() {
        setBounds(100,100,800,260);
        view = new RegisterAndLoginView();
        computerButton = new JButton("玩猜数字");
        computerButton.addActionListener(this);
        add(view,BorderLayout.CENTER);
        add(computerButton,BorderLayout.NORTH);
        setDefaultCloseOperation(JFrame.DISPOSE_ON_CLOSE);
        setVisible(true);
    }
    public void actionPerformed(ActionEvent e) {
        if(view.isLoginSuccess() == false){
          JOptionPane.showMessageDialog(null,"请登录","登录提示",
                                        JOptionPane.WARNING_MESSAGE);
        }
        else {
          WindowGuessNumber win = new WindowGuessNumber();
             win.setTitle("猜数字");
        }
    }
    public static void main(String args[]) {
        MainWindow window = new MainWindow();
        window.setTitle("登录后玩猜数字游戏");
    }
}
```

14.15　小结

(1) JDBC技术在数据库开发中占有很重要的地位，JDBC操作不同的数据库仅仅是连接方式上的差异而已，使用JDBC的应用程序一旦和数据库建立连接，就可以使用JDBC提供的API操作数据库。

(2) 当查询ResultSet对象中的数据时，不可以关闭和数据库的连接。

(3) 使用PreparedStatement对象可以提高操作数据库的效率。

习 题 14

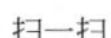

扫一扫

习题

扫一扫

自测题

第 15 章 Java 多线程机制

主要内容：

❖ Java 中的线程；
❖ 用 Thread 子类创建线程；
❖ 使用 Runnable 接口；
❖ 线程的常用方法；
❖ GUI 线程；
❖ 线程的同步；
❖ 在同步方法中使用 wait()、notify()和 notifyAll()方法；
❖ 计时器线程；
❖ 线程的联合；
❖ 守护线程。

难点：

❖ 线程的同步。

之前我们开发的程序大多是单线程的，即一个程序只有一条从头至尾的执行线索。然而现实世界中很多过程都具有多条线索同时动作的特性。例如，一个网络服务器可能需要同时处理多个客户端的请求。

Java 语言的一大特点就是内置了对多线程的支持。多线程是指同时存在几个执行体，按几条不同的执行线索共同工作的情况，它使得编程人员可以很方便地开发出具有多线程功能、能同时处理多个任务的功能强大的应用程序。虽然执行线程给人一种几个事件同时发生的感觉，但这只是一种错觉，因为我们的计算机在任何给定的时刻只能执行这些线程中的一个。为了建立这些线程正在同步执行的感觉，Java 快速地从一个线程切换到另一个线程。

观察下列代码：

```
class Hello {
    public static void main(String args[]) {
      while(true) {
        System.out.println("hello");
      }
      while(true) {
        System.out.println("您好");
      }
    }
}
```

上述代码是有问题的，因为第二个 while 语句是永远没有机会执行的。如果能在程序中创建两个线程，每个线程分别执行一个 while 循环，那么两个循环就都有机会执行，即一个线程中的 while 语句执行一段时间后，就会轮到另一个线程中的 while 语句执行一段时间。这是因为 Java 虚拟机(JVM)负责管理这些线程，这些线程将被轮流执行，使得每个线程都有机会使用 CPU 资源，如图 15.1 所示。

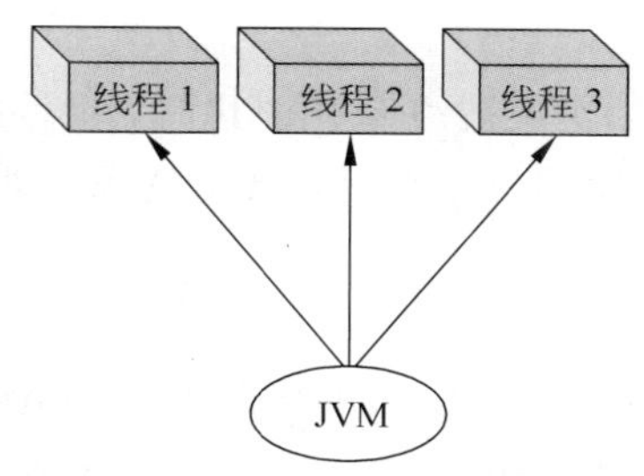

图 15.1 JVM 让线程轮流执行

15.1 Java 中的线程

▶ 15.1.1 程序、进程与线程

程序是一段静态的代码，它是应用软件执行的蓝本。

进程是程序的一次动态执行过程，它对应了从代码加载、执行至执行完毕的一个完整过程，这个过程也是进程本身从产生、发展至消亡的过程。线程是比进程更小的执行单位。一个进程在其执行过程中可以产生多个线程，形成多条执行线索，每条线索，即每个线程有它自身的产生、存在和消亡的过程，也是一个动态的概念。我们知道，每个进程都有一段专用的内存区域，与此不同的是，线程间可以共享相同的内存单元(包括代码与数据)，并利用这些共享单元来实现数据交换、实时通信与必要的同步操作。多线程的程序能更好地表达和解决现实世界中的具体问题，是计算机应用开发和程序设计的必然发展趋势。

我们知道，操作系统分时管理各个进程，按时间片轮流执行每个进程。Java 的多线程就是在操作系统每次分时给 Java 程序一个时间片的 CPU 时间内，在若干独立的可控制的线程之间进行切换。如果机器有多个 CPU 处理器，那么 JVM 就能充分利用这些 CPU，使得 Java 程序在同一时刻能获得多个时间片，Java 程序就可以获得真实的线程并发执行效果。

每个 Java 程序都有一个默认的主线程。我们知道，Java 应用程序总是从主类的 main 方法开始执行。当 JVM 加载代码，发现 main 方法之后，会启动一个线程，这个线程称为“主线程”，该线程负责执行 main 方法。那么，在 main 方法的执行中再创建的线程，就称为程序中的其他线程。如果 main 方法中没有创建其他的线程，那么当 main 方法执行完最后一个语句，即 main 方法返回时，JVM 就会结束 Java 应用程序。如果 main 方法中又创建了其他线程，那么 JVM 就要在主线程和其他线程之间轮流切换，以保证每个线程都有机会使用 CPU 资源，main 方法即使执行完最后的语句(主线程结束)，JVM 也不会结束程序，JVM 一直要等到程序中的所有线程都结束之后才结束 Java 应用程序，如图 15.2 所示。

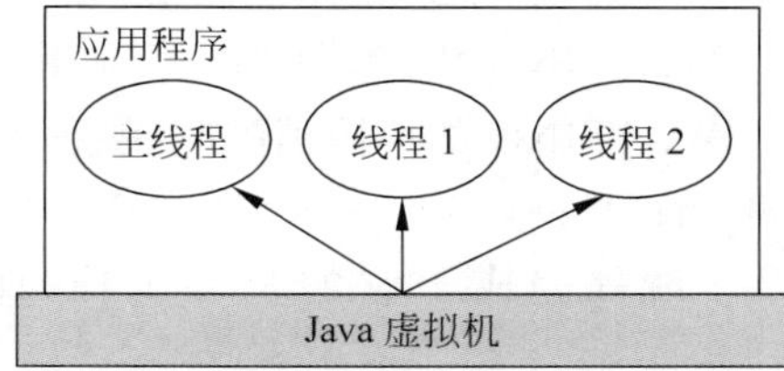

图 15.2 在主线程和其他线程之间轮流切换

▶ 15.1.2 线程的状态与生命周期

Java 语言使用 Thread 类及其子类的对象来表示线程。Thread 提供 getState()方法返回

枚举类型 Thread.State 的下列枚举常量之一。

❶ 新建状态(NEW)

当一个 Thread 类或其子类的对象被声明并创建时,新生的线程对象处于 NEW 状态,称作新建状态。此时它已经有了相应的内存空间和其他资源。即尚未启动(没有调用 start()方法)的线程处于此状态。

❷ 可运行状态(RUNNABLE)

处于 NEW 状态的线程,必须调用 Thread 类提供的 start()方法,进入 RUNNABLE 状态,称为可运行状态。处于 NEW 状态的线程仅仅是占有了内存资源,在 JVM 管理的线程中还没有这个线程,此线程必须调用 start(),让自己进入 RUNNABLE 状态,这样 JVM 就会知道又有一个新线程排队等候切换了。当 JVM 将 CPU 使用权切换给 RUNNABLE 状态的线程时,如果线程是 Thread 的子类创建的,该类中的 run()方法就立刻执行。所以我们必须在子类中重写父类的 run()方法,Thread 类中的 run()方法没有具体内容,程序要在 Thread 类的子类中重写 run()方法来覆盖父类的 run()方法,run 方法规定了该线程的具体使命。

❸ 中断状态(BLOCKED、WAITING、TIMED_WAITING)

BLOCKED、WAITING、TIMED_WAITING 状态都属于中断状态,当中断的线程重新进入 RUNNABLE 状态后,一旦 JVM 将 CPU 使用权切换给该线程,run()方法将从中断处继续执行。

- JVM 将 CPU 资源从当前 RUNNABLE 线程切换给其他线程,使本线程让出 CPU 的使用权进入 BLOCKED 状态,进入 BLOCKED 状态的线程必须等 JVM 解除它的 BLOCKED 状态,再次进入 RUNNABLE 状态。
- 线程使用 CPU 资源期间,执行了 sleep(int millsecond)方法,使当前线程进入休眠状态。sleep(int millsecond)方法是 Thread 类中的一个类方法,线程一旦执行了 sleep(int millsecond)方法,就立刻让出 CPU 的使用权,使当前线程处于 TIMED_WAITING 状态。经过至多参数 millsecond 指定的毫秒数之后,该线程再次进入 RUNNABLE 状态。
- 线程使用 CPU 资源期间,执行了 wait()方法,使得当前线程进入 WAITING 状态。WAITING 状态的线程不会主动进入 RUNNABLE 状态,必须由其他线程调用 notify()方法通知它,使得它进入 RUNNABLE 状态(有关 wait、notify 和 notifyAll 方法将在 15.7 节、15.8 节详细讨论)。线程使用 CPU 资源期间,执行某个操作导致进入 WAITING 状态,例如,等待用户从键盘输入数据(见 2.3 节),那么只有当引起 WAITING 的原因消除时,线程才重新进入 RUNNABLE 状态。

❹ 死亡状态(TERMINATED)

一个线程完成了它的全部工作,即执行完 run()方法,该线程进入 TERMINATED 状态。

注: 只有处于 NEW 状态的线程可以调用 start()方法,处于其他状态的线程都不可以调用 start()方法,否则将触发 IllegalThreadStateException 异常。

例 15.1 在主线程中用 Thread 的子类创建了两个线程,这两个线程在命令行窗口分别输出 5 句"老虎"和"小猫";主线程在命令行窗口输出 6 句"主人"。程序运行效果如图 15.3 所示。

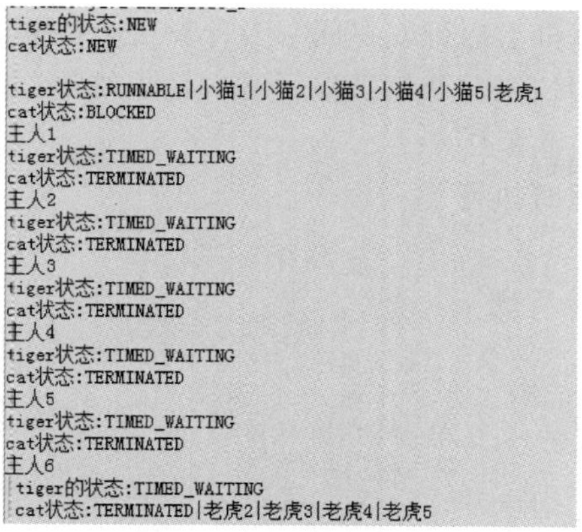

```
tiger的状态:NEW
cat状态:NEW

tiger状态:RUNNABLE|小猫1|小猫2|小猫3|小猫4|小猫5|老虎1
cat状态:BLOCKED
主人1
tiger状态:TIMED_WAITING
cat状态:TERMINATED
主人2
tiger状态:TIMED_WAITING
cat状态:TERMINATED
主人3
tiger状态:TIMED_WAITING
cat状态:TERMINATED
主人4
tiger状态:TIMED_WAITING
cat状态:TERMINATED
主人5
tiger状态:TIMED_WAITING
cat状态:TERMINATED
主人6
 tiger的状态:TIMED_WAITING
 cat状态:TERMINATED|老虎2|老虎3|老虎4|老虎5
```

图 15.3　轮流执行线程

例 15.1

Example15_1.java

```
public class Example15_1 {
    public static void main(String args[]) {                  //主线程
        Tiger tiger;
        Cat cat;
        tiger = new Tiger() ;                                  //创建线程
        cat = new Cat();                                       //创建线程
        System.out.println("tiger 的状态:" + tiger.getState());
        System.out.println("cat 状态:" + cat.getState());
        tiger.start();                                         //启动线程
        cat.start();                                           //启动线程
        for(int i = 1;i <= 6;i++) {
           System.out.printf("\n%s","tiger 状态:" + tiger.getState());
           System.out.printf("\n%s","cat 状态:" + cat.getState());
           System.out.printf("\n%s","主人" + i);
        }
        System.out.printf("\n%s","|tiger 的状态:" + tiger.getState());
        System.out.printf("\n%s","|cat 状态:" + cat.getState());
    }
}
```

Cat.java

```
public class Cat extends Thread {
    public void run() {
       for(int i = 1;i <= 5;i++) {
          System.out.print("|小猫" + i);
       }
    }
}
```

Tiger.java

```
public class Tiger extends Thread {
    public void run() {
       for(int i = 1;i <= 5;i++) {
          System.out.print("|老虎" + i);
          try {
             sleep(1000);
          }
          catch(Exception exp){}
       }
    }
}
```

注意,程序在不同的计算机上运行或在同一台计算机上反复运行的结果不尽相同,输出结果依赖当前CPU资源的使用情况。我们选取了某次输出结果(如图15.3所示)给予说明。

1) JVM首先将CPU资源给主线程

主线程在使用CPU资源时执行了

```
ger tiger;
Cat cat;
tiger = new Tiger() ;                     //创建线程
cat = new Cat();                          //创建线程
System.out.println("tiger的状态:" + tiger.getState());
System.out.println("cat状态:" + cat.getState());
tiger.start();                            //启动线程
cat.start();                              //启动线程
```

等6个语句后,并将for循环语句

```
for(int i = 1;i <= 15;i++) {
   System.out.println(" 我是主线程 ");
}
```

执行到第1次循环,但在本次循环只执行了循环体中的

```
System.out.printf("\n%s","tiger状态:" + tiger.getState());
```

语句。因此,首先看到的输出结果是:

```
tiger的状态:NEW
cat状态:NEW
tiger状态:RUNNABLE;
```

主线程为什么没有将这个for循环语句执行完呢?这是因为主线程在使用CPU资源时,已经执行了

```
tiger.start();
cat.start()
```

那么,JVM这时就知道已经有3个线程——主线程、tiger和cat需要轮流切换使用CPU资源了。因而,在主线程使用CPU资源执行到for语句的第1次循环过程中,即执行了循环体中的第1条语句之后,JVM就将CPU资源切换给cat线程了。

2) 在tiger、cat和主线程之间切换

JVM让cat线程使用CPU资源,再输出下列结果:

```
|小猫1|小猫2|小猫3|小猫4|小猫5
```

然后,JVM中断cat线程(让其进入BLOCKED状态),让tiger线程使用CPU资源,输出下列结果:

```
|老虎1
```

Tiger线程主动进入中断状态(进入TIMED_WAITING状态)。

JVM再让主线程使用CPU资源,主线程将从上次中断处继续运行(第1次循环执行了循环体中的第1条语句后被中断),输出了

```
cat状态:BLOCKED
```

JVM中断主线程,再让cat线程使用CPU资源,cat线程执行run方法的最后一个return语句结束了run方法,进入死亡状态(TERMINATED状态),对于void方法,默认最后一条语

句是 return 语句。

JVM 再让主线程使用 CPU 资源，主线程将从上次中断处继续运行（第 1 次循环执行了循环体中的第 2 条语句后被中断），首先输出了

```
主人 1
tiger 状态:TIMED_WAITING
cat 状态:TERMINATED
主人 2
tiger 状态:TIMED_WAITING
cat 状态:TERMINATED
主人 3
tiger 状态:TIMED_WAITING
cat 状态:TERMINATED
主人 4
tiger 状态:TIMED_WAITING
cat 状态:TERMINATED
主人 5
tiger 状态:TIMED_WAITING
cat 状态:TERMINATED
主人 6
|tiger 的状态:TIMED_WAITING
|cat 状态:TERMINATED
```

这时，主线程运行的 main 方法返回，即主线程结束，因此，JVM 不再将 CPU 资源切换给主线程。但是，Java 程序没有结束，因为还有一个线程没有结束，即 tiger 线程。

3）JVM 让 tiger 线程使用 CPU 资源

JVM 已经知道主线程不再需要 CPU 资源，因此，JVM 让 tiger 使用 CPU 资源，再输出下列结果：

```
|老虎 2|老虎 3|老虎 4|老虎 5
```

然后 JVM 将 Java 程序退出虚拟机，即 Java 程序结束。

▶ 15.1.3 线程的调度与优先级

处于就绪状态的线程首先进入就绪队列排队等候 CPU 资源，同一时刻在就绪队列中的线程可能有多个。Java 虚拟机中的线程调度器负责管理线程，调度器把线程的优先级分为 10 个级别，分别用 Thread 类中的类常量表示。每个 Java 线程的优先级都为常数 1～10，即 Thread.MIN_PRIORITY 和 Thread.MAX_PRIORITY 之间。如果没有明确地设置线程的优先级别，每个线程的优先级都为常数 5，即 Thread.NORM_PRIORITY。

线程的优先级可以通过 setPriority(int grade)方法调整，这一方法需要一个 int 类型的参数。如果此参数不在 1～10 的范围内，那么 setPriority 便会产生一个 IllegalArgumentException 异常。getPriority 方法返回线程的优先级。需要注意的是，有些操作系统只能识别 3 个级别，即 1、5 和 10。

通过前面的学习读者已经知道，在采用时间片的系统中，每个线程都有机会获得 CPU 的使用权，以便使用 CPU 资源执行线程中的操作。当线程使用 CPU 资源的时间到了后，即使线程没有完成自己的全部操作，Java 调度器也会中断当前线程的执行，把 CPU 的使用权切换给下一个排队等待的线程，当前线程将等待 CPU 资源的下一次轮回，然后从中断处继续执行。

Java 调度器的任务是使高优先级的线程能始终运行，一旦时间片有空闲，则使具有同等优先级的线程以轮流的方式顺序使用时间片。也就是说，如果有 A、B、C、D 这 4 个线程，且 A

和 B 的级别高于 C 和 D,那么,Java 调度器首先以轮流的方式执行 A 和 B,一直等到 A、B 都执行完毕进入死亡状态,才会在 C、D 之间轮流切换。

在实际编程时,不提倡使用线程的优先级来保证算法的正确执行。如果要编写正确、跨平台的多线程代码,必须假设线程在任何时刻都有可能被剥夺 CPU 资源的使用权。

扫一扫

视频讲解

15.2 用 Thread 的子类创建线程

在 Java 语言中,用 Thread 类或子类创建线程对象。本节讲述怎样用 Thread 子类创建线程对象。在编写 Thread 类的子类时,需要重写父类的 run()方法,其目的是规定线程的具体操作,否则线程什么也不做,因为在父类的 run()方法中没有任何操作语句。

在下面的例 15.2 中除主线程外还有两个线程,这两个线程共享一个 StringBuffer 对象,两个线程在运行期间将修改 StringBuffer 对象中的字符。为了使结果尽量不依赖于当前 CPU 资源的使用情况,应当让线程主动调用 sleep(int n)方法让出 CPU 的使用权进入中断状态。sleep(int n)方法是 Thread 类的静态方法,线程在占有 CPU 资源期间,通过调用 sleep(int n)方法来使自己放弃 CPU 资源,休眠一段时间,见例 15.2。程序运行效果如图 15.4 所示。

```
我是张三,字符串为:张三,
我是李四,字符串为:张三,李四,
我是张三,字符串为:张三,李四,张三,
我是李四,字符串为:张三,李四,张三,李四,
我是张三,字符串为:张三,李四,张三,李四,张三,
我是李四,字符串为:张三,李四,张三,李四,张三,李四,
```

图 15.4 使用 Thread 的子类创建线程

例 15.2

Example15_2.java

```
public class Example15_2 {
    public static void main(String args[]) {
        People personOne,personTwo;
        StringBuffer str = new StringBuffer();          //线程共享 str
        personOne = new People("张三",str);
        personTwo  = new People("李四",str);
        personOne.start();
        personTwo.start();
    }
}
```

People.java

```
public class People extends Thread {
    StringBuffer str;
    People(String s,StringBuffer str) {
        setName(s);                         //调用从 Thread 类继承的 setName 方法为线程起名字
        this.str = str;
    }
    public void run() {
        for(int i = 1;i <= 3;i++ ) {
            str.append(getName() + ","); //将当前线程的名字尾加到 str
            System.out.println("我是" + getName() + ",字符串为:" + str);
            try { sleep(200);               //中断 200ms
            }
            catch(InterruptedException e){}
        }
    }
}
```

15.3　使用 Runnable 接口

使用 Thread 子类创建线程的优点是可以在子类中增加新的成员变量，使线程具有某种属性；也可以在子类中新增方法，使线程具有某种功能。但是，Java 不支持多继承，Thread 类的子类不能再扩展其他的类。

▶ 15.3.1　Runnable 接口与目标对象

创建线程的另一个途径是用 Thread 类直接创建线程对象。在使用 Thread 创建线程对象时，通常使用的构造方法如下：

```
Thread(Runnable target)
```

该构造方法中的参数是一个 Runnable 类型的接口，因此，在创建线程对象时必须向构造方法的参数传递一个实现 Runnable 接口类的实例，该实例对象称为所创建线程的目标对象。在线程调用 start()方法后，一旦轮到它来享用 CPU 资源，目标对象就会自动调用接口中的 run()方法（接口回调），这一过程是自动实现的，用户程序只需要让线程调用 start 方法即可。也就是说，当线程被调度并转入运行状态时，所执行的就是 run()方法中所规定的操作。

线程间可以共享相同的内存单元（包括代码与数据），并利用这些共享单元来实现数据交换、实时通信与必要的同步操作。对于 Thread(Runnable target)构造方法创建的线程，当轮到它享用 CPU 资源时，目标对象就会自动调用接口中的 run()方法，因此，对于使用同一目标对象的线程，目标对象的成员变量自然就是这些线程共享的数据单元。另外，创建目标对象类在必要时还可以是某个特定类的子类，因此，使用 Runnable 接口比使用 Thread 的子类更具有灵活性。

在例 15.3 中，threadOne 和 threadTwo 两个线程使用同一个目标对象，两个线程共享目标对象的成员变量 number。threadOne 负责递增 number，threadTwo 负责递减 number，而且递减的速度大于递增的速度。当 number 的值小于 150 时，线程 threadOne 结束自己的 run()方法进入死亡状态；当 number 的值小于 0 时，线程 threadTwo 结束自己的 run()方法进入死亡状态。程序运行效果如图 15.5 所示。

```
我是One现在number=310
我是Two现在number=210
我是One现在number=220
我是Two现在number=120
One进入死亡状态
我是Two现在number=20
我是Two现在number=-80
Two进入死亡状态
```

图 15.5　使用 Runnable 接口

例 15.3

Example15_3.java

```
public class Example15_3 {
    public static void main(String args[]) {
        Bank bank = new Bank();
        bank.setMoney(300);
        Thread threadOne,threadTwo;
        threadOne = new Thread(bank);
        threadOne.setName("One");
        threadTwo = new Thread(bank);                    //threadTwo 和 threadOne 的目标对象相同
        threadTwo.setName("Two");
        threadOne.start();
        threadTwo.start();
    }
}
```

Bank. java

```
public class Bank implements Runnable {
    private int number = 0;
    public void setMoney(int m) {
        number = m;
    }
    public void run() {                           //重写 Runnable 接口中的方法
        while(true) {
            String name = Thread.currentThread().getName();
            if(name.equals("One")) {
                if(number <= 150) {
                    System.out.println(name + "进入死亡状态");
                    return;                       //threadOne 的 run 方法结束
                }
                number = number + 10;
                System.out.println("我是" + name + "现在 number = " + number);
            }
            if(Thread.currentThread().getName().equals("Two")) {
                if(number <= 0) {
                    System.out.println(name + "进入死亡状态");
                    return;                       //threadTwo 的 run 方法结束
                }
                number = number - 100;
                System.out.println("我是" + name + "现在 number = " + number);
            }
            try{ Thread.sleep(800);
            }
            catch(InterruptedException e){}
        }
    }
}
```

▶ 15.3.2 run()方法中的局部变量

对于具有相同目标对象的线程，当其中一个线程享用 CPU 资源时，目标对象自动调用接口中的 run()方法，run()方法中的局部变量被分配内存空间，当轮到另一个线程享用 CPU 资源时，目标对象会再次调用接口中的 run()方法，那么，run()方法中的局部变量会再次分配内存空间。也就是说，run()方法已经运行了两次，分别运行在不同的线程中，即运行在不同的时间片内。不同线程的 run()方法中的局部变量互不干扰，一个线程改变了自己的 run()方法中局部变量的值不会影响其他线程的 run()方法中的局部变量，见例 15.4。程序运行效果如图 15.6 所示。

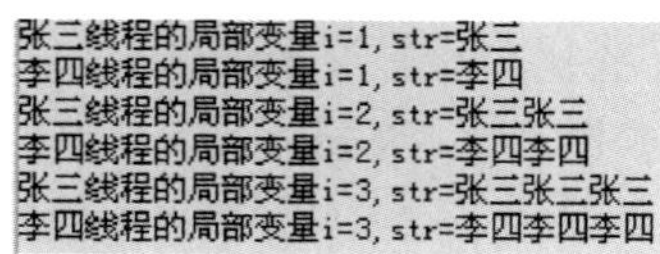

张三线程的局部变量i=1, str=张三
李四线程的局部变量i=1, str=李四
张三线程的局部变量i=2, str=张三张三
李四线程的局部变量i=2, str=李四李四
张三线程的局部变量i=3, str=张三张三张三
李四线程的局部变量i=3, str=李四李四李四

图 15.6　线程的局部变量

例 15.4

Example15_4. java

```
public class Example15_4 {
    public static void main(String args[]) {
        Move move = new Move();
        Thread zhangsan, lisi;
        zhangsan = new Thread(move);
        zhangsan.setName("张三");
        lisi = new Thread(move);
        lisi.setName("李四");
        zhangsan.start();
```

```
            lisi.start();
        }
    }
```

Move.java

```
public class Move implements Runnable {
    public void run() {
        String name = Thread.currentThread().getName();    //局部变量 name
        StringBuffer str = new StringBuffer();              //局部变量 str
        for(int i = 1;i <= 3;i++ ) {                        //局部变量 i
            if(name.equals("张三")) {
                str.append(name);
                System.out.println(name + "线程的局部变量 i = " + i + ",str = " + str);
            }
            else if(name.equals("李四")) {
                str.append(name);
                System.out.println(name + "线程的局部变量 i = " + i + ",str = " + str);
            }
            try{ Thread.sleep(800);
            }
            catch(InterruptedException e){}
        }
    }
}
```

▶ 15.3.3 在线程中启动其他线程

线程通过调用 start()方法启动，使其从新建状态进入就绪队列排队，一旦轮到它来享用 CPU 资源，就可以脱离创建它的主线程独立开始自己的生命周期了。在前面的例子中，都是在主线程中启动其他线程，实际上，也可以在任何一个线程中启动另外一个线程。在例 15.5 中，两个线程共同完成 1 + 2 + … + 10，一个线程计算完 1 + 2 + … + 5 后启动另一个线程。程序运行效果如图 15.7 所示。

```
张三开始计算
 1 3 6 10 15张三完成任务了！ i=5
李四开始计算
 21 28 36 45 55
```

图 15.7 在线程中启动其他线程

例 15.5

Example15_5.java

```
public class Example15_5 {
    public static void main(String args[]) {
        ComputerSum computer = new ComputerSum();
        Thread threadOne;
        threadOne = new Thread(computer);
        threadOne.setName("张三");
        threadOne.start();
    }
}
```

ComputerSum.java

```
public class ComputerSum implements Runnable {
    int i = 1,sum = 0;                                 //线程共享的数据
    public void run() {
        Thread thread = Thread.currentThread();
        System.out.println(thread.getName() + "开始计算");
        while(i <= 10) {
          sum = sum + i;
```

```
                System.out.print(" " + sum);
                if(i == 5) {
                    System.out.println(thread.getName() + "完成任务了!i = " + i);
                    Thread threadTwo = new Thread(this);  //threadTwo 与 threadOne 的目标对象相同
                    threadTwo.setName("李四");
                    threadTwo.start();                    //启动 threadTwo
                    i++;                                  //在死亡之前将 i 变成 6
                    return;                               //threadOne 死亡
                }
                i++;
                try{ Thread.sleep(300);
                }
                catch(InterruptedException e){}
            }
        }
    }
```

扫一扫

视频讲解

15.4 线程的常用方法

❶ start()

线程调用该方法将启动线程，使之进入 RUNNABLE 状态，并等待 JVM 提供 CPU 资源，一旦轮到它来使用 CPU 资源时，就可以脱离创建它的线程独立开始自己的生命周期了。

❷ run()

Thread 类的 run()方法与 Runnable 接口中的 run()方法的功能和作用相同，都用来定义线程对象获得 CPU 资源后所执行的操作，都是系统自动调用而无须用户调用的方法。用户程序需要重写 run()方法，定义线程需要完成的任务。当 run 方法执行完毕，线程就变成死亡状态。

❸ sleep(int millsecond)

主线程在 main 方法或用户线程在它的 run()方法中调用 sleep 方法（Thread 类提供的 static 方法）放弃 CPU 资源，休眠一段时间。休眠时间的长短由 sleep 方法的参数决定，millsecond 是以毫秒为单位的休眠时间。如果线程在休眠时被打断，JVM 就抛出 InterruptedException 异常。因此，必须在 try…catch 语句块中调用 sleep 方法。

❹ isAlive()

线程处于 NEW 状态时，线程调用 isAlive()方法返回 false。当一个线程调用 start()方法后，没有进入 TERMINATED(死亡)状态之前，线程调用 isAlive()方法返回 true。当线程进入 TERMINATED 状态后，线程仍可以调用方法 isAlive()，这时返回的值是 false。

需要注意的是，一个已经运行的线程在没有进入 TERMINATED(死亡)状态时，不要再给线程分配实体，由于线程只能引用最后分配的实体，先前的实体就会成为“垃圾”，并且不会被垃圾收集机收集掉。例如：

```
Thread thread = new Thread(target);
thread.start();
```

如果线程 thread 占有 CPU 资源进入了运行状态，这时再执行：

```
thread = new Thread(target);
```

那么，先前的实体就会成为“垃圾”，并且不会被垃圾收集机收集掉，因为 JVM 认为那个“垃圾”实体正在运行状态，如果突然释放，可能引起错误甚至设备的毁坏。

现在让我们分析一下线程分配实体的过程，执行代码

```
Thread thread = new Thread(target);
thread.start();
```

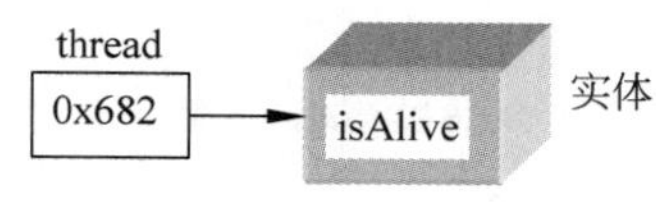

图 15.8 初建线程

后的内存示意图如图 15.8 所示。

再执行代码

```
thread = new Thread(target);
```

后的内存示意图如图 15.9 所示。

例 15.6 中线程每隔 1s 在命令行窗口输出本地机器的时间，该线程又被分配了实体，新实体又开始运行。因为垃圾实体仍然在工作，因此，在命令行每秒钟能看见两行同样的本地机器时间。程序运行效果如图 15.10 所示。

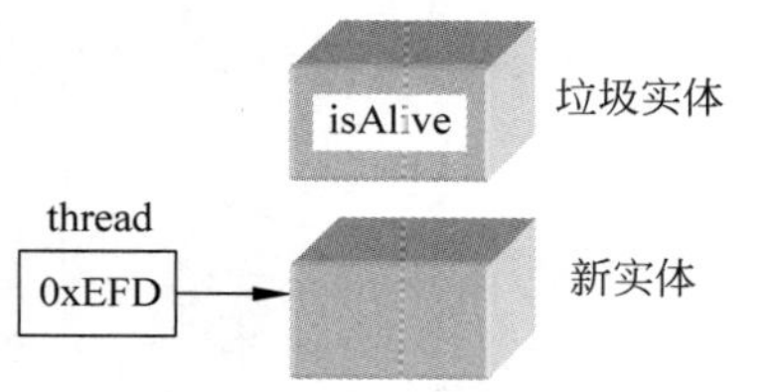

图 15.9 重新分配实体的线程

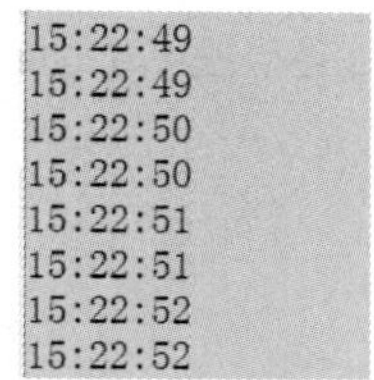

```
15:22:49
15:22:49
15:22:50
15:22:50
15:22:51
15:22:51
15:22:52
15:22:52
```

图 15.10 分配了两次实体的线程

例 15.6

Example15_6.java

```
public class Example15_6 {
    public static void main(String args[]) {
       Target target = new Target();
       Thread thread = new Thread(target);
       thread.start();
       thread = new Thread(target);
       thread.start();
    }
}
```

Target.java

```
import java.time.*;
public class Target implements Runnable {
     public void run() {
        while(true) {
            LocalTime time = LocalTime.now();
            System.out.printf("%d:%d:%d\n",
            time.getHour(),time.getMinute(),time.getSecond());
            try{ Thread.sleep(1000);
            }
            catch(InterruptedException e){}
        }
     }
}
```

❺ currentThread()

currentThread()方法是 Thread 类中的 static 方法，可以用类名调用，该方法返回当前正在使用 CPU 资源的线程的引用。

❻ interrupt()

interrupt 方法经常用来“吵醒”休眠的线程。当一些线程调用 sleep 方法处于休眠状态

时，一个占有 CPU 资源的线程可以让休眠的线程调用 interrupt()方法“吵醒”自己，即导致休眠的线程发生 InterruptedException 异常，从而结束休眠，进入 RUNNABLE 状态，重新排队等待 CPU 资源。

```
张爱睡正在睡觉，不听课
上课!
上课!
上课!
张爱睡被老师叫醒了
张爱睡开始听课
```

图 15.11　吵醒休眠的线程

在例 15.7 中，有两个线程：student 和 teacher，其中，student 准备睡一小时后再开始上课，teacher 在输出 3 句“上课”后，吵醒休眠的线程 student。程序运行效果如图 15.11 所示。

例 15.7

Example15_7.java

```
public class Example15_7 {
    public static void main(String args[]) {
       ClassRoom room = new ClassRoom();
       room.student.start();
       room.teacher.start();
    }
}
```

ClassRoom.java

```
public class ClassRoom implements Runnable {
    Thread student,teacher;
    ClassRoom() {
      teacher = new Thread(this);
      student = new Thread(this);
      teacher.setName("雷老师");
      student.setName("张爱睡");
    }
    public void run() {
       if(Thread.currentThread() == student) {
         try{ System.out.println(student.getName() + "正在睡觉,不听课");
              Thread.sleep(1000 * 60 * 60);
         }
         catch(InterruptedException e) {
              System.out.println(student.getName() + "被老师叫醒了");
         }
         System.out.println(student.getName() + "开始听课");
       }
       else if(Thread.currentThread() == teacher) {
         for(int i = 1;i <= 3;i++) {
             System.out.println("上课!");
             try { Thread.sleep(500);
             }
             catch(InterruptedException e){}
         }
         student.interrupt();                //吵醒 student
       }
    }
}
```

扫一扫

视频讲解

15.5　GUI 线程

当 Java 程序包含图形用户界面(GUI)时，Java 虚拟机在运行应用程序时会自动启动更多的线程，其中有两个重要的线程，即 AWT-EventQueue 和 AWT-Windows。AWT-EventQueue 线程负责处理 GUI 事件；AWT-Windows 线程负责将窗体或组件绘制到桌面。JVM 要保证各个线程都有使用 CPU 资源的机会。例如，程序中发生 GUI 界面事件时，JVM 会将 CPU 资源切换给 AWT-EventQueue 线程，AWT-EventQueue 线程就会处理这个事件。单击程序中的按钮触发 ActionEvent 事件，AWT-EventQueue 线程会立刻排队等候执行处理事件的代码。

例 15.8 实现了带滚动字幕的小字典，当用户在一个文本框中输入英文单词并按 Enter 键时，另一个文本框显示汉语解释。程序中的一个线程对象 scrollWord 负责滚动显示“欢迎使用本字典”。用户通过单击 fast 按钮吵醒休眠的 scrollWord 线程，以便加快字幕的滚动速度。通过在文本框中输入 end 单词使线程死亡，即让线程结束 run 方法，进入死亡状态。

程序在运行时需要读入单词文件 word.txt，该文件中单词的组织格式为英文单词对应汉语解释，单词之间用空白分隔。例如：

```
boy 男孩
sun 太阳
moon 月亮
```

程序运行效果如图 15.12 所示。

图 15.12 在 AWT-Windows 线程中启动其他线程

例 15.8

Example15_8.java

```
public class Example15_8 {
    public static void main(String args[]) {
        WindowWord win = new WindowWord();
        win.setTitle("带滚动字幕的小字典");
    }
}
```

WindowWord.java

```
import java.awt.*;
import java.awt.event.*;
import javax.swing.*;
public class WindowWord extends JFrame implements ActionListener,Runnable {
    JTextField inputText,showText;
    JLabel label = new JLabel("欢迎使用本字典");
    JButton fast = new JButton("加速滚动");
    Thread scrollWord = null;      //负责滚动字幕
    Police police;                 //监视器
    WindowWord() {
        setLayout(new FlowLayout());
        scrollWord = new Thread(this);
        inputText = new JTextField(6);
        showText = new JTextField(6);
        label.setFont(new Font("楷体_GB2312",Font.BOLD,24));
        add(inputText);
        add(showText);
        add(fast);
        add(label);
        police = new Police();
        police.setJTextField(showText);
        inputText.addActionListener(police);
        fast.addActionListener(this);
        setBounds(100,100,400,280);
        setVisible(true);
        setDefaultCloseOperation(JFrame.EXIT_ON_CLOSE);
```

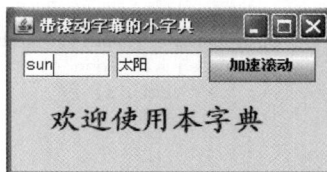

```
        scrollWord.start();              //在 AWT-Windows 线程中启动 scrollWord 线程
    }
    public void run() {
        while(true) {
            int x = label.getBounds().x;
            int y = 50;
            x = x + 5;
            label.setLocation(x,y);
            if(x > 380) {
              x = 10;
              label.setLocation(x,y);
            }
            try{ Thread.sleep(200);
            }
            catch(InterruptedException e){}
            String str = inputText.getText();
            if(str.equals("end")) {
                     return;             //结束 run 方法,导致 scrollWord 线程死亡
            }
        }
    }
    public void actionPerformed(ActionEvent e) {
        scrollWord.interrupt();          //吵醒休眠的线程,以便加快字幕的滚动
    }
}
```

Police.java

```
import java.awt.event.*;
import javax.swing.*;
import java.io.*;
import java.util.*;
public class Police implements ActionListener {
   JTextField showText;
   HashMap<String,String> hashtable;
   File file = new File("word.txt");
   Scanner sc = null;
   Police() {
      hashtable = new HashMap<String,String>();
      try{ sc = new Scanner(file);
            while(sc.hasNext()){
                String englishWord = sc.next();
                String chineseWord = sc.next();
                hashtable.put(englishWord,chineseWord);
            }
      }
      catch(Exception e){}
   }
   public void setJTextField(JTextField showText) {
      this.showText = showText;
   }
   public void actionPerformed(ActionEvent e) {
      String englishWord = e.getActionCommand();
      if(hashtable.containsKey(englishWord)) {
         String chineseWord = hashtable.get(englishWord);
         showText.setText(chineseWord);
      }
      else {
         showText.setText("没有此单词");
      }
   }
}
```

在例 15.9 中，单击 Start 按钮线程开始工作：每隔一秒钟显示一次当前时间；单击 Stop 按钮后，线程就结束 run()方法，进入 TERMINATED(死亡)状态。每当单击 Start 按钮时，都让线程调用 isAlive()方法，判断线程是否是 TERMINATED(死亡)状态；如果线程是死亡状态，就再分配实体给线程(重新进入 NEW 状态)。

当把一个线程委派给一个组件事件时要格外小心，例如单击一个按钮让线程开始运行，那么这个线程在执行完 run()方法之前，客户可能随时再次单击该按钮，这时就会发生 IllegalThreadStateException 异常。程序运行效果如图 15.13 所示。

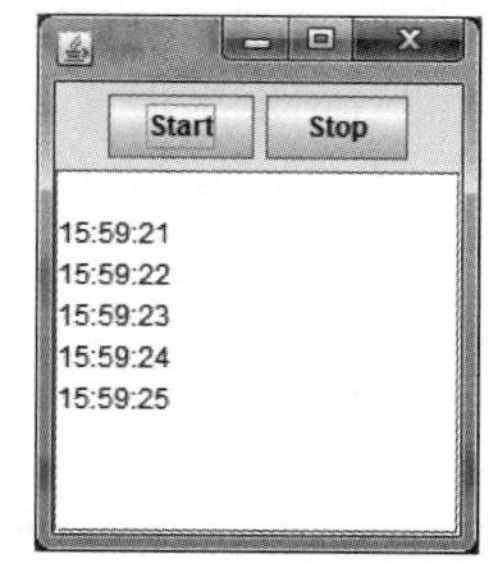

图 15.13　用事件控制线程

例 15.9

Example15_9.java

```
public class Example15_9 {
    public static void main(String args[]) {
        Win win = new Win();
    }
}
```

Win.java

```
import java.awt.event.*;
import java.awt.*;
import java.util.Date;
import javax.swing.*;
import java.text.SimpleDateFormat;
public class Win extends JFrame implements Runnable,ActionListener {
    Thread showTime = null;
    JTextArea text = null;
    JButton buttonStart = new JButton("Start"),
            buttonStop = new JButton("Stop");
    boolean die;
    SimpleDateFormat m = new SimpleDateFormat("hh:mm:ss");
    Date date;
    Win() {
      showTime = new Thread(this);
      text = new JTextArea();
      add(new JScrollPane(text),BorderLayout.CENTER);
      JPanel p = new JPanel();
      p.add(buttonStart);
      p.add(buttonStop);
      buttonStart.addActionListener(this);
      buttonStop.addActionListener(this) ;
      add(p,BorderLayout.NORTH);
      setVisible(true);
      setSize(500,500);
      setDefaultCloseOperation(JFrame.EXIT_ON_CLOSE);
    }
    public void actionPerformed(ActionEvent e) {
      if(e.getSource() == buttonStart) {
        if(!(showTime.isAlive())) {
             showTime = new Thread(this);
             die = false;
        }
        try { showTime.start();      //在 AWT - EventQuecue 线程中启动 showTime 线程
        }
```

```
            catch(Exception e1) {
                  text.setText("线程没有结束 run 方法之前,不要再调用 start 方法");
            }
        }
        else if(e.getSource() == buttonStop)
            die = true;
    }
    public void run() {
        while(true) {
            date = new Date();
            text.append("\n" + m.format(date));
            try { Thread.sleep(1000);
            }
            catch(InterruptedException ee){}
            if(die == true)
               return;
        }
    }
}
```

注：当一个线程没有进入死亡状态时，不要再给线程分配实体，由于线程只能引用最后分配的实体，先前的实体会成为“垃圾”，并且不会被垃圾收集机收集掉。所以，在上面的例 15.9 中，每当单击 Start 按钮时，都让线程调用 isAlive()方法，判断线程是否还有实体，如果线程是死亡状态，就再分配实体给线程。

扫一扫

视频讲解

15.6 线程的同步

通过 Java 可以创建多个线程，用户在处理多线程问题时，必须注意这样一个问题：当两个或多个线程同时访问同一个变量，并且一个线程需要修改这个变量时，应对这样的问题做出处理，否则可能发生混乱。例如，一个工资管理负责人正在修改雇员的工资表，而一些雇员正在领取工资，如果允许这样做，必然会出现混乱。因此，工资管理负责人正在修改工资表时（包括他喝杯茶休息一会儿），不允许任何雇员领取工资，也就是说，这些雇员必须等待。

在处理线程同步时，要做的第一件事就是把修改数据的方法用关键字 synchronized 进行修饰。一个方法使用关键字 synchronized 修饰后，当一个线程 A 使用这个方法时，其他线程想使用这个方法就必须等待，直到线程 A 使用完该方法。所谓线程同步，就是若干个线程都需要使用一个 synchronized 修饰的方法。

在例 15.10 中有两个线程，即会计和出纳，它们共同拥有一个账本。它们都可以使用存取方法对账本进行访问，在会计使用存取方法时，向账本上写入存钱记录；在出纳使用存取方法时，向账本写入取钱记录。因此，当会计正在使用账本时，出纳被禁止使用，反之亦然。例如，会计使用账本时，在账本上存入 270 万元，但在存入这笔钱时，每存入 90 万元就喝口茶，那么会计喝茶休息时（注意，这时存钱这件事还没结束，即会计还没有使用完存取方法），出纳仍不能使用账本；出纳使用账本时，在账本上取出 60 万元，但在取出这笔钱时，每取出 30 万元就喝口茶，那么出纳喝茶休息时，会计不能使用账本。也就是说，程序要保证其中一个人使用账本时，另一个人必须等待。程序运行效果如图 15.14 所示。

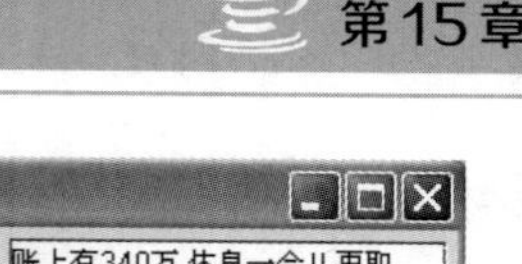

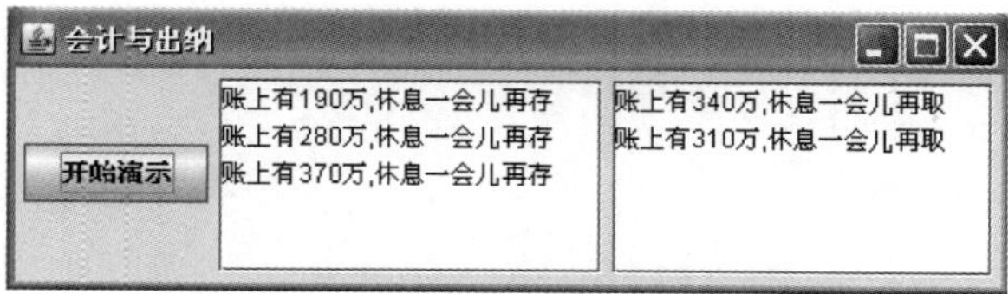

图 15.14　线程同步

例 15.10

Example15_10.java

```
public class Example15_10 {
    public static void main(String args[]) {
        WindowMoney win = new WindowMoney();
        win.setTitle("会计与出纳");
    }
}
```

WindowMoney.java

```
import java.awt.*;
import java.awt.event.*;
import javax.swing.*;
public class WindowMoney extends JFrame implements ActionListener {
    JTextArea text1,text2;
    Bank bank;
    Thread 会计,出纳;
    JButton startShowing = new JButton("开始演示");
    WindowMoney() {
        bank = new Bank();
        会计 = new Thread(bank);
        出纳 = new Thread(bank);
        会计.setName("会计");
        出纳.setName("出纳");
        text1 = new JTextArea(5,16);
        text2 = new JTextArea(5,16);
        bank.setShowText(text1,text2);
        bank.setMoney(100);
        setLayout(new FlowLayout());
        add(startShowing);
        add(new JScrollPane(text1));
        add(new JScrollPane(text2));
        setVisible(true);
        setSize(570,300);
        startShowing.addActionListener(this);
        setDefaultCloseOperation(JFrame.EXIT_ON_CLOSE);
    }
    public void actionPerformed(ActionEvent e) {
        if(!(出纳.isAlive())&&!(会计.isAlive())) {
                会计 = new Thread(bank);
                出纳 = new Thread(bank);
                会计.setName("会计");
                出纳.setName("出纳");
                bank.setMoney(100);
                text1.setText(null);
                text2.setText(null);
        }
        try{
                会计.start();
```

```
            出纳.start();
        }
        catch(Exception exp){}
    }
}
```

Bank.java

```
import javax.swing.*;
public class Bank implements Runnable {
    int money = 100;
    String name;
    JTextArea text1,text2;
    public void setShowText(JTextArea t1,JTextArea t2) {
        text1 = t1;
        text2 = t2;
    }
    public void setMoney(int n) {
        money = n;
    }
    public synchronized void 存取(int number) {          //存取方法
        if(name.equals("会计")) {
            for(int i = 1;i <= 3;i++ ) {                    //会计使用存取方法存入 270 万元
                money = money + number;                      //每存入 90 万元,稍歇一下
                text1.append("账上有" + money + "万,休息一会儿再存\n");
                try { Thread.sleep(1000);                    //这时出纳仍不能使用存取方法
                }                                            //因为会计还没使用完存取方法
                catch(InterruptedException e){}
            }
        }
        else if(name.equals("出纳")) {
            for(int i = 1;i <= 2;i++ ) {                    //出纳使用存取方法取出 60 万元
                money = money - number;                      //每取出 30 万元,稍歇一下
                text2.append("账上有" + money + "万,休息一会儿再取\n");
                try { Thread.sleep(1000);                    //这时会计仍不能使用存取方法
                }                                            //因为出纳还没使用完存取方法
                catch(InterruptedException e){}
            }
        }
    }
    public void run() {
        name = Thread.currentThread().getName();
        if(name.equals("会计"))
            存取(90);
        else if(name.equals("出纳"))
            存取(30);
    }
}
```

扫一扫

视频讲解

15.7 在同步方法中使用 wait()、notify()和 notifyAll()方法

在 15.6 节大家已经知道,当一个线程正在使用一个同步方法时(用 synchronized 修饰的方法),其他线程不能使用这个同步方法。对于同步方法,有时涉及某些特殊情况,例如当你在一个售票窗口排队购买电影票时,如果你给售票员的钱不是零钱,而售票员又没有零钱找给你,那么你就必须等待,并允许你后面的人买票,以便售票员获得零钱给你。如果第 2 个人仍

没有零钱,那么你们两个必须等待,并允许后面的人买票。

当一个线程使用的同步方法中用到某个变量,而此变量又需要其他线程修改后才能符合本线程的需要,可以在同步方法中使用 wait()方法。使用 wait()方法可以中断方法的执行,使本线程等待,暂时让出 CPU 的使用权,并允许其他线程使用这个同步方法。其他线程如果在使用这个同步方法时不需要等待,那么它在使用完这个同步方法的同时,应当用 notifyAll()方法通知所有的由于使用这个同步方法而处于等待的线程结束等待,曾中断的线程就会从刚才的中断处继续执行这个同步方法,并遵循"先中断先继续"的原则。如果使用 notify()方法,那么只是通知处于等待的某一个线程结束等待。

wait()、notify()和 notifyAll()都是 Object 类中的 final 方法,被所有的类继承,且不允许重写。

在例 15.11 中,为了避免复杂的数学算法,我们模拟张平和李明两个人买电影票,售票员只有两张 5 元的人民币,电影票 5 元一张。张平拿一张 20 元的人民币排在李明的前面买票,李明拿一张 5 元的人民币买票,因此张平必须等待。程序运行效果如图 15.15 所示。

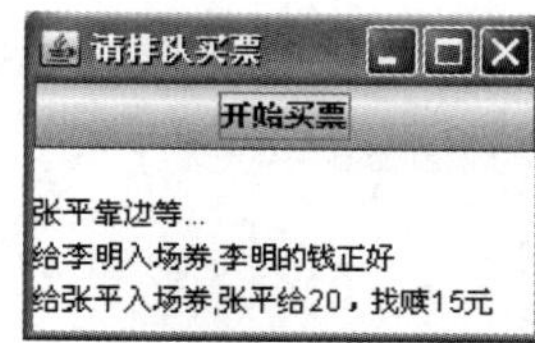

图 15.15 wait 与 notifyAll 方法

例 15.11

Example15_11. java

```
public class Example15_11 {
    public static void main(String args[]) {
        WindowTicket win = new WindowTicket();
        win.setTitle("请排队买票");
    }
}
```

WindowTicket. java

```
import java.awt.*;
import java.awt.event.*;
import javax.swing.*;
public class WindowTicket extends JFrame implements Runnable,ActionListener {
    SellTicket ticketAgent;
    Thread 张平,李明;
    static JTextArea text;
    JButton startBuy = new JButton("开始买票");
    WindowTicket() {
        ticketAgent = new SellTicket();                //售票员
        张平 = new Thread(this);
        张平.setName("张平");
        李明 = new Thread(this);
        李明.setName("李明");
        text = new JTextArea(10,30);
        startBuy.addActionListener(this);
        add(text,BorderLayout.CENTER);
        add(startBuy,BorderLayout.NORTH);
        setVisible(true);
        setSize(360,300);
        setDefaultCloseOperation(JFrame.EXIT_ON_CLOSE);
    }
    public void actionPerformed(ActionEvent e) {
        try{  张平.start();
```

```
            李明.start();
        }
        catch(Exception exp) {}
    }
    public void run() {
        if(Thread.currentThread() == 张平) {
            ticketAgent.售票规则(20);
        }
        else if(Thread.currentThread() == 李明) {
            ticketAgent.售票规则(5);
        }
    }
}
```

SellTicket.java

```
public class SellTicket {
    int 5元的个数 = 2,10元的个数 = 0,20元的个数 = 0;
    String s = null;
    public synchronized void 售票规则(int money) {
        String name = Thread.currentThread().getName();
        if(money == 5) {                    //如果使用该方法的线程传递的参数是5,就不用等待了
            5元的个数 = 5元的个数 + 1;
            s = "给" + name + "入场券," + name + "的钱正好";
            WindowTicket.text.append("\n" + s);
        }
        else if(money == 20) {
            while(5元的个数<3) {
                try { WindowTicket.text.append("\n" + name + "靠边等...");
                      wait();          //如果使用该方法的线程传递的参数是20,需等待
                }
                catch(InterruptedException e){}
            }
            5元的个数 = 5元的个数 - 3;
            20元的个数 = 20元的个数 + 1;
            s = "给" + name + "入场券," + name + "给20,找赎15元";
            WindowTicket.text.append("\n" + s);
        }
        notifyAll();
    }
}
```

例15.12 用两个线程来实现猜数字游戏,第一个线程负责随机给出0～99的一个整数,第二个线程负责猜出这个数,每当第二个线程给出自己的猜测后,第一个线程会提示“你猜小了”、“你猜大了”或“恭喜,你猜对了”。第二个线程首先要等待第一个线程设置好要猜测的数。在第一个线程设置好猜测数之后,两个线程还要互相等待,其原则是第二个线程给出自己的猜测后,等待第一个线程给出的提示;第一个线程给出提示后,等待第二个线程给出猜测,如此进行,直到第二个线程给出正确的猜测,两个线程进入死亡状态。程序运行效果如图15.16所示。

```
随机给你一个0至99的数,猜猜是多少?
我第1次猜这个数是:50
你猜大了
我第2次猜这个数是:25
你猜大了
我第3次猜这个数是:12
你猜大了
我第4次猜这个数是:6
恭喜,你猜对了
```

图15.16 双线程猜数字游戏

例15.12

Example15_12.java

```
public class Example15_12 {
    public static void main(String args[]) {
```

```
        Number number = new Number();
        number.giveNumberThread.start();
        number.guessNumberThread.start();
    }
}
```

Number.java

```
public class Number implements Runnable {
    final int SMALLER = -1,LARGER = 1,SUCCESS = 8;
    int realNumber,guessNumber,min = 0,max = 100,message = SMALLER;
    boolean pleaseGuess = false,isGiveNumber = false;
    Thread giveNumberThread,guessNumberThread;
    Number() {
        giveNumberThread = new Thread(this);
        guessNumberThread = new Thread(this);
    }
    public void run() {
        for(int count = 1;true;count++) {
            setMessage(count);
            if( message == SUCCESS)
                return;
        }
    }
    public synchronized void setMessage(int count) {
        if(Thread.currentThread() == giveNumberThread&&isGiveNumber == false) {
            realNumber = (int)(Math.random() * 100);
            System.out.println("随机给你一个 0 至 99 的数,猜猜是多少?");
            isGiveNumber = true;
            pleaseGuess = true;
        }
        if(Thread.currentThread() == giveNumberThread) {
            while(pleaseGuess == true)
                try { wait();                    //让出 CPU 使用权,让另一个线程开始猜数
                }
                catch(InterruptedException e){}
                if(realNumber > guessNumber) {   //结束等待后,根据另一个线程的猜测给出提示
                    message = SMALLER;
                    System.out.println("你猜小了");
                }
                else if(realNumber < guessNumber) {
                    message = LARGER;
                    System.out.println("你猜大了");
                }
                else {
                    message = SUCCESS;
                    System.out.println("恭喜,你猜对了");
                }
                pleaseGuess = true;
        }
    if(Thread.currentThread() == guessNumberThread&&isGiveNumber == true) {
                while(pleaseGuess == false)
                    try { wait();              //让出 CPU 使用权,让另一个线程给出提示
                    }
                    catch(InterruptedException e){}
                    if(message == SMALLER) {
                        min = guessNumber;
                        guessNumber = (min + max)/2;
                        System.out.println("我第" + count + "次猜这个数是:" + guessNumber);
                    }
```

```
            else if(message == LARGER) {
                max = guessNumber;
                guessNumber = (min + max)/2;
                System.out.println("我第" + count + "次猜这个数是:" + guessNumber);
            }
            pleaseGuess = false;
        }
        notifyAll();
    }
}
```

扫一扫

视频讲解

15.8 计时器线程 Timer

Java 提供了一个很方便的 Timer 类,该类在 javax.swing 包中。当某些操作需要周期性地执行时可以使用计时器,用户可以使用 Timer 类的构造方法 Timer(int a,Object b)创建一个计时器。其中,参数 a 的单位是毫秒,用于确定计时器每隔 a 毫秒“震铃”一次; 参数 b 是计时器的监视器。计时器发生的震铃事件是 ActionEvent 类型事件。当震铃事件发生时,监视器会监视到这个事件,并回调 ActionListener 接口中的 actionPerformed(ActionEvent e)方法。因此,当震铃每隔 a 毫秒发生一次时,方法 actionPerformed(ActionEvent e)就会被执行一次。当想让计时器只震铃一次时,可以让计时器调用 setRepeats(boolean b)方法,参数 b 的值取 false 即可。当使用 Timer(int a,Object b)创建计时器时,对象 b 自动地成了计时器的监视器,不必像其他组件那样(如按钮),使用特定的方法获得监视器,但负责创建监视器的类必须实现 Actionlistener 接口。如果使用 Timer(int a)创建计时器,计时器必须明显地调用 addActionListener(ActionListener listener)方法获得监视器。另外,计时器还可以调用 setInitialDelay(int delay)设置首次震铃的延时,如果没有使用该方法进行设置,首次震铃的延时为 a。

图 15.17　计时器线程

计时器创建后,使用 Timer 类的 start()方法启动计时器,即启动线程; 使用 Timer 类的 stop()方法停止计时器,即挂起线程; 使用 restart()方法重新启动计时器,即恢复线程。

例 15.13 中,单击“开始”按钮启动计时器,并将时间显示在文本框中; 单击“暂停”按钮暂停计时器; 单击“继续”按钮重新启动计时器。程序运行效果如图 15.17 所示。

例 15.13

Example15_13.java

```
public class Example15_13 {
    public static void main(String args[ ]) {
        WindowTime win = new WindowTime();
        win.setTitle("计时器");
    }
}
```

WindowTime.java

```
import java.awt.*;
import java.awt.event.*;
import javax.swing.*;
import javax.swing.Timer;
```

```
import java.time.LocalTime;
public class WindowTime extends JFrame implements ActionListener {
    JTextField text;
    JButton bStart,bStop,bContinue;
    Timer time;
    int n = 0,start = 1;
    WindowTime() {
       time = new Timer(1000,this);           //WindowTime 对象作计时器的监视器
       text = new JTextField(10);
       bStart = new JButton("开始");
       bStop = new JButton("暂停");
       bContinue = new JButton("继续");
       bStart.addActionListener(this);
       bStop.addActionListener(this);
       bContinue.addActionListener(this);
       setLayout(new FlowLayout());
       add(bStart);
       add(bStop);
       add(bContinue);
       add(text);
       setSize(500,500);
       validate();
       setVisible(true);
       setDefaultCloseOperation(JFrame.DISPOSE_ON_CLOSE);
    }
    public void actionPerformed(ActionEvent e) {
       if(e.getSource() == time) {
            LocalTime dateTime  =  LocalTime.now();
            String timeStr  =
            dateTime.getHour() + ":" + dateTime.getMinute() + ":" + dateTime.getSecond();
            text.setText(timeStr);
       }
       else if(e.getSource() == bStart)
            time.start();
       else if(e.getSource() == bStop)
            time.stop();
       else if(e.getSource() == bContinue)
            time.restart();
    }
}
```

15.9 线程的联合

扫一扫
视频讲解

一个线程 A 在占有 CPU 资源期间，可以让其他线程调用 join()和本线程联合。例如：

```
B.join();
```

称 A 在运行期间联合了 B。如果线程 A 在占有 CPU 资源期间联合了线程 B，那么线程 A 将立刻中断执行，一直等到它联合的线程 B 执行完毕，线程 A 再重新排队等待 CPU 资源，以便恢复执行。如果 A 准备联合的线程 B 已经结束，那么 B.join()不会产生任何效果。

在例 15.14 中，一个线程在运行期间联合了另外一个线程。程序运行效果如图 15.18 所示。

```
顾客等汽车制造厂生产汽车
汽车制造厂开始生产汽车，请等...
汽车制造厂生产完毕
顾客买了一辆汽车：红旗轿车 价钱:288000.0
```

图 15.18 线程联合

例 15.14

Example15_14.java

```
public class Example15_14 {
    public static void main(String args[]) {
        ThreadJoin a = new ThreadJoin();
        a.customer.start();
    }
}
```

ThreadJoin.java

```
public class ThreadJoin implements Runnable {
    Car car;
    Thread customer,carMaker;
    ThreadJoin() {
        customer = new Thread(this);
        customer.setName("顾客");
        carMaker = new Thread(this);
        carMaker.setName("汽车制造厂");
    }
    public void run() {
        if(Thread.currentThread() == customer) {
            System.out.println(customer.getName() + "等" + carMaker.getName() + "生产汽车");
            try{   carMaker.start();
                   carMaker.join();   //线程 customer 开始等待 carMaker 结束
            }
            catch(InterruptedException e){}
            System.out.println(customer.getName() +
                                "买了一辆汽车: " + car.name + " 价钱:" + car.price);
        }
        else if(Thread.currentThread() == carMaker) {
            System.out.println(carMaker.getName() + "开始生产汽车,请等...");
            try { carMaker.sleep(2000);
            }
            catch(InterruptedException e){}
            car = new Car("红旗轿车",288000) ;
            System.out.println(carMaker.getName() + "生产完毕");
        }
    }
}
```

Car.java

```
public class Car {
    float price;
    String name;
    Car(String name,float price) {
        this.name = name;
        this.price = price;
    }
}
```

扫一扫

视频讲解

15.10 守护线程

线程默认是非守护线程,非守护线程也称用户(user)线程,一个线程调用 void setDaemon(boolean on)方法可以将自己设置成一个守护(daemon)线程。例如:

```
thread.setDaemon(true);
```

当程序中的所有用户线程都结束运行时，即使守护线程的 run()方法中还有需要执行的语句，守护线程也立刻结束运行。可以用守护线程做一些不是很严格的工作，线程的随时结束不会产生什么不良的后果。注意，一个线程必须在运行之前设置自己是否是守护线程。

例 15.15 中有一个守护线程。

例 15.15

Example15_15.java

```
public class Example15_15 {
    public static void main(String args[]) {
        Daemon a = new Daemon ();
        a.A.start();
        a.B.setDaemon(true);
        a.B.start();
    }
}
```

Daemon.java

```
public class Daemon implements Runnable {
    Thread A,B;
    Daemon() {
        A = new Thread(this);
        B = new Thread(this);
    }
    public void run() {
        if(Thread.currentThread() == A) {
            for(int i = 0;i < 8;i++ ) {
                System.out.println("i = " + i) ;
                try{ Thread.sleep(1000);
                }
                catch(InterruptedException e) {}
            }
        }
        else if(Thread.currentThread() == B) {
            while(true) {
                System.out.println("线程 B 是守护线程 ");
                try{ Thread.sleep(1000);
                }
                catch(InterruptedException e){}
            }
        }
    }
}
```

15.11　小结

（1）线程是比进程更小的执行单位。一个进程在其执行过程中可以产生多个线程，形成多条执行线索，每条线索，即每个线程有它自身的产生、存在和消亡的过程，也是一个动态的概念。

（2）Java 虚拟机中的线程调度器负责管理线程，在采用时间片的系统中，每个线程都有机会获得 CPU 的使用权。当线程使用 CPU 资源的时间到了后，即使线程没有完成自己的全部操作，Java 调度器也会中断当前线程的执行，把 CPU 的使用权切换给下一个排队等待的线程,当前线程将等待 CPU 资源的下一次轮回,然后从中断处继续执行。

(3) 线程创建后仅仅是占有了内存资源,在 JVM 管理的线程中还没有这个线程,此线程必须调用 start()方法(从父类继承的方法)通知 JVM,这样 JVM 就能知道又有一个新线程排队等候切换了。

(4) 线程同步是指几个线程需要调用同一个同步方法(用 synchronized 修饰的方法)。一个线程在使用同步方法时,可能根据问题的需要,必须使用 wait()方法暂时让出 CPU 的使用权,以便其他线程使用这个同步方法。如果其他线程在使用这个同步方法时不需要等待,那么它在用完这个同步方法的同时,应当执行 notifyAll()方法通知所有由于使用这个同步方法处于等待的线程结束等待。

习题 15

扫一扫

习题

扫一扫

自测题

第 16 章 Java 网络基础

主要内容：

- ❖ URL 类；
- ❖ InetAddress 类；
- ❖ 套接字；
- ❖ UDP 数据报；
- ❖ 广播数据报；
- ❖ Java 远程调用。

难点：

- ❖ 套接字；
- ❖ Java 远程调用。

很少有人接触了 Internet，能拒绝它的诱惑，大量和多样的信息太吸引人了。通过网络与其他人交流和共享信息，其重要性已无可争议。本章重点介绍 URL、Socket、InetAddress 和 DatagramSocket 类在网络编程中的重要作用，以及远程调用的基础知识。

16.1 URL 类

java.net 包中的 URL(Uniform Resource Locator)类是对统一资源定位符的抽象，使用 URL 创建对象的应用程序称为客户端程序。一个 URL 对象存放着一个具体的资源的引用，表明客户要访问这个 URL 中的资源，客户利用 URL 对象可以获取 URL 中的资源。一个 URL 对象通常包含最基本的三部分信息，即协议、地址和资源。协议必须是 URL 对象所在的 Java 虚拟机支持的协议，许多协议我们并不常用，而常用的 http、ftp、file 协议都是虚拟机支持的协议；地址必须是能连接的有效 IP 地址或域名；资源可以是主机上的任何一个文件。

▶ 16.1.1 URL 的构造方法

URL 类通常使用以下构造方法创建一个 URL 对象：

```
public URL(String spec) throws MalformedURLException
```

该构造方法使用字符串初始化一个 URL 对象。例如：

```
try { url = new URL("http://www.tup.tsinghua.edu.cn");
}
catch(MalformedURLException e) {
    System.out.println ("Bad URL:" + url);
}
```

该 URL 对象中的协议是 http 协议，即用户按照这种协议和指定的服务器通信，该 URL 对象包含的地址是 www.tup.tsinghua.edu.cn，所包含的资源是默认的资源（主页）。

另一个常用的构造方法如下：

```
public URL(String protocol, String host,String file) throws MalformedURLException
```

该构造方法构造使用的协议、地址和资源，分别由参数 protocol、host 和 file 指定。

16.1.2 读取 URL 中的资源

URL 对象调用 InputStream openStream()方法可以返回一个输入流，该输入流指向 URL 对象所包含的资源。通过该输入流可以将服务器上的资源信息读入客户端。

例 16.1 读取服务器上的资源。由于网络速度或其他因素，URL 资源的读取可能会引起堵塞，因此，程序需要在一个线程中读取 URL 资源，以免堵塞主线程。程序运行效果如图 16.1 所示。

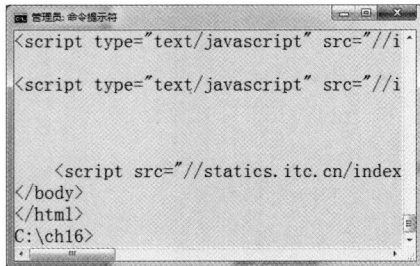

```
<script type="text/javascript" src="//i
<script type="text/javascript" src="//i
    <script src="//statics.itc.cn/index
</body>
</html>
C:\ch16>
```

图 16.1　读取 URL 资源

例 16.1

Example16_1.java

```
import java.net.*;
import java.io.*;
import java.util.*;
public class Example16_1 {
    public static void main(String args[]) {
        Scanner scanner;
        URL url;
        Thread readURL;
        Look look = new Look();
        System.out.println("输入 URL 资源,例如:http://www.sohu.com");
        scanner = new Scanner(System.in);
        String source = scanner.nextLine();
        try { url = new URL(source);
              look.setURL(url);
              readURL = new Thread(look);
              readURL.start();
        }
        catch(Exception exp){
           System.out.println(exp);
        }
    }
}
```

Look.java

```
import java.net.*;
import java.io.*;
public class Look implements Runnable {
    URL url;
    public void setURL(URL url) {
       this.url = url;
    }
    public void run() {
       try {
         InputStream in = url.openStream();
         byte [] b = new byte[1024];
```

```
            int n = -1;
            while((n = in.read(b))!= -1) {
                String str = new String(b,0,n);
                System.out.print(str);
            }
        }
        catch(IOException exp){}
    }
}
```

▶ 16.1.3 显示 URL 资源中的 HTML 文件

在 16.1.2 节的例 16.1 中，可以将 URL 资源内容显示在文本区中，但是，对于网页（HTML 文件），用户可能想看到网页的运行效果，而不是网页的源代码。Javax.swing 包中的 JEditorPane 容器可以解释、执行 HTML 文件，也就是说，如果把 HTML 文件读入 JEditorPane，该 HTML 文件就会被解释、执行，显示在 JEditorPane 容器中，这样用户就能看到网页的运行效果。

用户可以使用 JEditorPane 类的下列构造方法：

```
public JEditorPane()
public JEditorPane(URL initialPage) throws IOException
public JEditorPane(String url) throws IOException
```

构造 JEditorPane 对象，其中，后两个构造方法使用参数 initialPage 或 url 指定该对象最初显示的 URL 中的资源。JEditorPane 对象调用 public void setPage(URL page) throws IOException 方法可以显示新的 URL 中的资源。

在例 16.2 中，用 JEditorPane 对象显示网页。程序运行效果如图 16.2 所示。

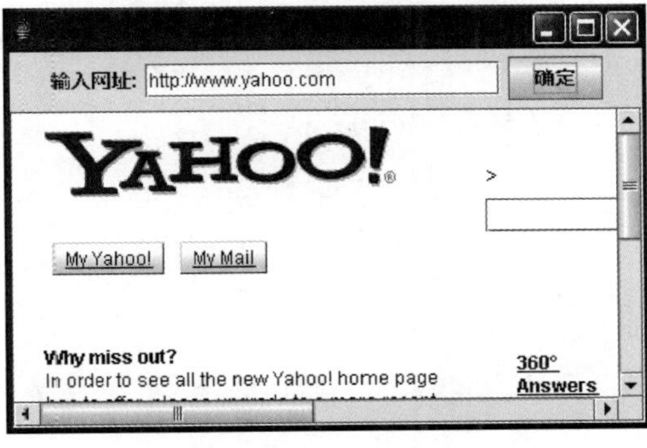

图 16.2　显示网页

例 16.2

Example16_2.java

```
public class Example16_2 {
    public static void main(String args[]) {
        WindowHTML win = new WindowHTML();
    }
}
```

Window HTML.java

```
import java.awt.*;
import java.awt.event.*;
```

```
import java.net.*;
import java.io.*;
import javax.swing.*;
public class WindowHTML extends JFrame implements ActionListener,Runnable {
    JButton button;
    URL url;
    JTextField text;
    JEditorPane editPane;
    byte b[] = new byte[118];
    Thread thread;
    public WindowHTML(){
        text = new JTextField(20);
        editPane = new JEditorPane();
        editPane.setEditable(false);
        button = new JButton("确定");
        button.addActionListener(this);
        thread = new Thread(this);
        JPanel p = new JPanel();
        p.add(new JLabel("输入网址:"));
        p.add(text);
        p.add(button);
        JScrollPane scroll = new JScrollPane(editPane);
        add(scroll,BorderLayout.CENTER);
        add(p,BorderLayout.NORTH);
        setBounds(160,60,420,300);
        setVisible(true);
        validate();
        setDefaultCloseOperation(JFrame.EXIT_ON_CLOSE);
    }
    public void actionPerformed(ActionEvent e) {
        if(!(thread.isAlive()))
            thread = new Thread(this);
        try{ thread.start();
        }
        catch(Exception ee) {
            text.setText("我正在读取" + url);
        }
    }
    public void run() {
        try { int n = -1;
              editPane.setText(null);
              url = new URL(text.getText().trim());
              editPane.setPage(url);
        }
        catch(Exception e1) {
              text.setText("" + e1);
              return;
        }
    }
}
```

16.1.4 处理超链接

当JEditorPane对象调用setEditable方法将编辑属性设置为false时,不仅可以显示网页的运行效果,而且用户单击网页中的超链接还可以使JEditorPane对象触发HyperlinkEvent事件,程序可以通过处理HyperlinkEvent事件显示新的URL资源。JEditorPane对象调用addHyperlinkListener(HyperlinkListener listener)获得监视器,监视器需实现HyperlinkListener接口，该接口中的方法如下：

```
void hyperlinkUpdate(HyperlinkEvent e)
```

在例 16.3 中，当单击超链接时，JEditorPane 对象将显示超链接所链接的网页。

例 16.3

Example16_3. java

```
public class Example16_3 {
    public static void main(String args[]) {
        WindowLink win = new WindowLink();
    }
}
```

WindowLink. java

```
import java.awt.*;
import java.awt.event.*;
import java.net.*;
import java.io.*;
import javax.swing.event.*;
import javax.swing.*;
public class WindowLink extends JFrame implements ActionListener,Runnable {
    JButton button;
    URL url;
    JTextField text;
    JEditorPane editPane;
    byte b[] = new byte[118];
    Thread thread;
    public WindowLink(){
        text = new JTextField(20);
        editPane = new JEditorPane();
        editPane.setEditable(false);
        button = new JButton("确定");
        button.addActionListener(this);
        thread = new Thread(this);
        JPanel p = new JPanel();
        p.add(new JLabel("输入网址:"));
        p.add(text);
        p.add(button);
        JScrollPane scroll = new JScrollPane(editPane);
        add(scroll,BorderLayout.CENTER);
        add(p,BorderLayout.NORTH);
        setBounds(60,60,460,300);
        setVisible(true);
        validate();
        setDefaultCloseOperation(JFrame.EXIT_ON_CLOSE);
        editPane.addHyperlinkListener(new HyperlinkListener() {
                              public void hyperlinkUpdate(HyperlinkEvent e){
                                if(e.getEventType() == HyperlinkEvent.EventType.ACTIVATED){
                                      try{ editPane.setPage(e.getURL());
                                      }
                                      catch(IOException e1){}
                                }
                              }});
    }
    public void actionPerformed(ActionEvent e) {
        if(!(thread.isAlive()))
            thread = new Thread(this);
```

```
            try{ thread.start();
            }
            catch(Exception ee){}
        }
        public void run() {
            try { int n = -1;
                  editPane.setText(null);
                  url = new URL(text.getText().trim());
                  editPane.setPage(url);
            }
            catch(Exception e1) {
                  return;
            }
        }
    }
```

16.2 InetAddress 类

16.2.1 地址的表示

Internet 上的主机可以用下列两种方式表示地址。

(1) 域名：例如 www.tsinghua.edu.cn。

(2) IP 地址：例如 202.108.35.210。

java.net 包中的 InetAddress 类对象含有一个 Internet 主机地址的域名和 IP 地址 www.sina.com.cn/202.108.35.210。

域名容易记忆,在连接网络时输入一个主机的域名后,域名服务器(DNS)负责将域名转化成 IP 地址,这样才能和主机建立连接。

16.2.2 获取地址

❶ 获取 Internet 上主机的地址

可以使用 InetAddress 类的静态方法：

```
getByName(String s);
```

将一个域名或 IP 地址传递给该方法的参数 s,获得一个 InetAddress 对象,该对象含有主机地址的域名和 IP 地址,该对象用以下格式表示它包含的信息：

```
www.sina.com.cn/202.108.37.40
```

例 16.4 分别获取域名是 www.sina.com.cn 的主机域名及 IP 地址,同时获取了 IP 地址是 166.111.222.3 的主机域名及 IP 地址。

例 16.4

Example16_4.java

```
import java.net.*;
public class Example16_4 {
    public static void main(String args[]) {
        try{ InetAddress address_1 = InetAddress.getByName("www.sina.com.cn");
                System.out.println(address_1.toString());
                InetAddress address_2 = InetAddress.getByName("166.111.222.3");
```

```
            System.out.println(address_2.toString());
        }
        catch(UnknownHostException e) {
            System.out.println("无法找到 www.sina.com.cn");
        }
    }
}
```

在运行上述程序时应保证程序所在的计算机已经连接到 Internet 上。上述程序的运行结果如下：

```
www.sina.com.cn/202.108.37.40
maix.tup.tsinghua.edu.cn/166.111.222.3
```

另外，InetAddress 类中还有两个实例方法。

- public String getHostName()：获取 InetAddress 对象所含的域名。
- public String getHostAddress()：获取 InetAddress 对象所含的 IP 地址。

❷ 获取本地机的地址

用户可以使用 InetAddress 类的静态方法 getLocalHost()获得一个 InetAddress 对象，该对象含有本地机的域名和 IP 地址。

16.3 套接字

扫一扫

视频讲解

▶ 16.3.1 套接字 Socket

IP 地址标识 Internet 上的计算机，端口号标识正在计算机运行的进程(程序)。端口号被规定为一个 16 位的 0～65 535 的整数，其中，0～1023 被预先定义的服务通信占用(如 telnet 占用端口 23、http 占用端口 80 等)，除非需要访问这些特定服务，否则应该使用 1024～65 535 这些端口中的某一个进行通信，以免发生端口冲突。当两个程序需要通信时，它们可以通过 Socket 类建立套接字对象并连接在一起(端口号与 IP 地址的组合得出一个网络套接字)。本节将讲解怎样将客户端和服务器端的套接字对象连接在一起来交互信息。

熟悉生活中的一些常识对于学习、理解以下套接字的讲解非常有帮助，例如，有人让你去"中山广场邮局"，你可能反问"我去做什么"，因为他没有告知你"端口"，你不知处理何种业务。他说："中山广场邮局，8 号窗口"，那么你到达地址"中山广场邮局"，找到"8 号窗口"，就知道 8 号窗口处理特快专递业务，而且必须有个先决条件，就是你到达"中山广场邮局，8 号窗口"时，该窗口必须有一位业务员在等待客户，否则无法建立交互业务。

▶ 16.3.2 客户端的套接字对象

客户端的程序使用 Socket 类建立负责连接到服务器的套接字对象。

Socket 的构造方法是 Socket(String host，int port)，参数 host 是服务器的 IP 地址，port 是一个端口号。建立套接字对象可能发生 IOException 异常，因此应该像下面这样建立连接到服务器的套接字对象：

```
try{ Socket mysocket = new Socket("http://192.168.0.78",1880);
}
catch(IOException e){}
```

在套接字对象 mysocket 建立后，可以想象一条通信“线路”已经建立起来。mysocket 可以使用方法 getInputStream()获得一个输入流，然后用这个输入流读取服务器放入“线路”的信息(但不能读取自己放入“线路”的信息，就像打电话只能听到对方放入线路的声音一样)。mysocket 还可以使用方法 getOutputStream()获得一个输出流，然后用这个输出流将信息写入“线路”。

在实际编写程序时，把 mysocket 使用方法 getInputStream()获得的输入流接到另一个数据流(回忆在文件输入/输出流所进行的连接，道理是一样的)，然后就可以从这个数据流读取来自服务器的信息了，之所以这样做是因为后面的 DataInputStream 流有更好的从流中读取信息的方法。同样，把 mysocket 使用方法 getOutputStream()得到的输出流接到另一个 DataOutputStream 数据流上，然后向这个数据流写入信息，发送给服务器端，之所以这样做是因为后面的 DataOutputStream 流有更好的向流中写入信息的方法。

16.3.3 ServerSocket 类

已知客户负责建立连接到服务器的套接字对象，即客户负责呼叫。为了使客户成功地连接到服务器，服务器必须建立一个 ServerSocket 对象，该对象通过将客户端的套接字对象和服务器端的一个套接字对象连接起来，从而达到连接的目的。

ServerSocket 的构造方法是 ServerSocket(int port)，其中，port 是一个端口号，port 必须和客户呼叫的端口号相同。在建立 ServerSocket 对象时可能发生 IOException 异常，因此应该像下面这样建立 ServerSocket 对象：

```
try{ ServerSocket server_socket = new ServerSocket(1880);
}
catch(IOException e){}
```

这样，当 1880 端口已被占用时，就会发生 IOException 异常。

当服务器的 ServerSocket 对象 server_socket 建立后，就可以使用 accept()方法将客户的套接字和服务器端的套接字连接起来，代码如下：

```
try{ Socket sc = server_socket.accept();
}
catch(IOException e){}
```

所谓“接收”客户的套接字连接，就是 accept()方法会返回一个和客户端 Socket 对象相连接的 Socket 对象。服务器端通过 accept()方法得到的这个 Socket 对象 sc 使用方法 getOutputStream()获得的输出流将指向客户端 Socket 对象 mysocket 使用方法 getInputStream()获得的那个输入流；同样，服务器端的这个 Socket 对象 sc 使用方法 getInputStream()获得的输入流将指向客户端 Socket 对象 mysocket 使用方法 getOutputStream()获得的那个输出流。因此，当服务器向这个输出流写入信息时，客户端通过相应的输入流就能读取，反之亦然，如图 16.3 所示。

需要注意的是，从套接字连接中读取数据和从文件中读取数据有着很大的不同，尽管二者都是输入流，但从文件中读取数据时，所有的数据都已经在文件中了；而使用套接字连接时，可能在另一端数据发送出来之前，就已经开始试着读取了，这时，就会堵塞本线程，直到该读取方法成功读取到信息，本线程才继续执行后续的操作。

另外，需要注意的是，accept 方法也会堵塞线程的继续执行，直到接收到客户的呼叫。也就是说，如果没有客户呼叫服务器，那么下述代码中的“System.out.println("ok");”不会被执行：

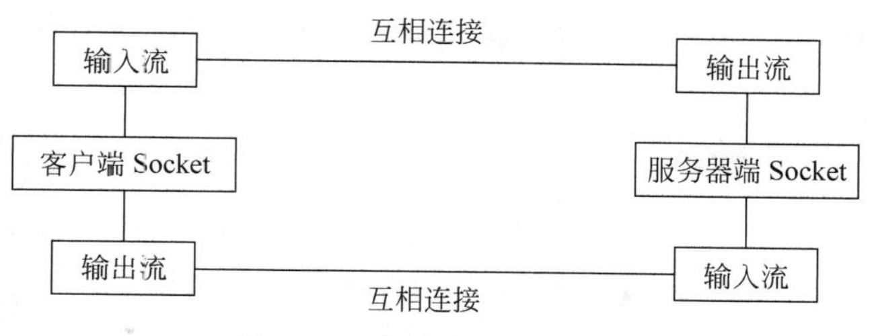

图 16.3　套接字连接示意图

```
try{   Socket sc = server_socket.accept();
       System.out.println("ok")
}
catch(IOException e){}
```

连接建立后，服务器端的套接字对象调用 getInetAddress()方法可以获取一个 InetAddess 对象，该对象含有客户端的 IP 地址和域名；同样，客户端的套接字对象调用 getInetAddress()方法可以获取一个 InetAddess 对象，该对象含有服务器端的 IP 地址和域名。

双方通信完毕后，套接字应使用 close()方法关闭套接字连接。

注：ServerSocket 对象可以调用 setSoTimeout(int timeout)方法设置超时值(单位是毫秒)，timeout 是一个正值，当 ServerSocket 对象调用 accept 方法堵塞的时间超过 timeout 时将触发 SocketTimeoutException。

下面通过一个简单的例子说明上面讲的套接字连接。在例 16.5 中，客户端每隔 500ms 向服务器发送一个英文小写字母，服务器收到小写字母后，将对应的大写字母发给客户。首先将例 16.5 中服务器端的 Server.java 编译通过并运行，等待客户的呼叫，然后运行客户端程序。客户端运行效果如图 16.4 所示，服务器端运行效果如图 16.5 所示。

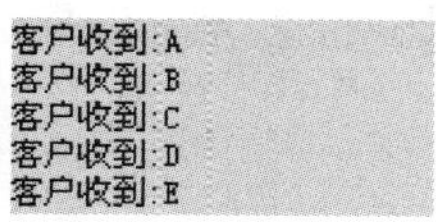

客户收到:A
客户收到:B
客户收到:C
客户收到:D
客户收到:E

图 16.4　客户端

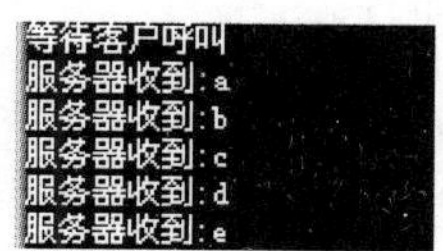

图 16.5　服务器端

例 16.5

❶ 客户端

Client.java

```
import java.io.*;
import java.net.*;
public class Client {
   public static void main(String args[]) {
      Socket mysocket;
      DataInputStream in = null;
      DataOutputStream out = null;
      try{   mysocket = new Socket("127.0.0.1",4331);
             in = new DataInputStream(mysocket.getInputStream());
             out = new DataOutputStream(mysocket.getOutputStream());
             char c = 'a';
             while(true) {
                if(c>'z')
                   c = 'a';
                out.writeChar(c);
```

```
                char s = in.readChar();          //in 读取信息,堵塞状态
                System.out.println("客户收到:" + s);
                c++;
                Thread.sleep(500);
            }
        }
        catch(Exception e) {
            System.out.println("服务器已断开" + e);
        }
    }
}
```

❷ 服务器端

Server.java

```
import java.io.*;
import java.net.*;
public class Server {
    public static void main(String args[]) {
        ServerSocket server = null;
        Socket you = null;
        DataOutputStream out = null;
        DataInputStream in = null;
        try { server = new ServerSocket(4331);
        }
        catch(IOException e1) {
            System.out.println(e1);
        }
        try{ System.out.println("等待客户呼叫");
            you = server.accept();               //堵塞状态,除非有客户呼叫
            out = new DataOutputStream(you.getOutputStream());
            in = new DataInputStream(you.getInputStream());
            while(true) {
                char c = in.readChar();          //in 读取信息,堵塞状态
                System.out.println("服务器收到:" + c);
                out.writeChar((char)(c - 32));
                Thread.sleep(500);
            }
        }
        catch(Exception e) {
            System.out.println("客户已断开" + e);
        }
    }
}
```

▶ 16.3.4 把套接字连接放在一个线程中

在下面的例子中,客户使用 Socket 类不带参数的构造方法 Socket()创建一个套接字对象,该对象需调用:

```
public void connect(SocketAddress endpoint) throws IOException
```

请求和参数 SocketAddress 指定地址的套接字建立连接。为了使用 connect 方法,可以使用 SocketAddress 的子类 InetSocketAddress 创建一个对象。InetSocketAddress 的构造方法如下:

```
public InetSocketAddress(InetAddress addr, int port)
```

在例 16.6 中，输入圆的半径并发送给服务器，服务器把计算出的圆的面积返回给客户。因此，可以将计算量大的工作放在服务器端，客户负责计算量小的工作，实现客户-服务器交互计算，从而完成某项任务。首先将例 16.6 中服务器端的程序编译通过并运行，等待客户的呼叫。客户端的运行效果如图 16.6 所示，服务器端的运行效果如图 16.7 所示。

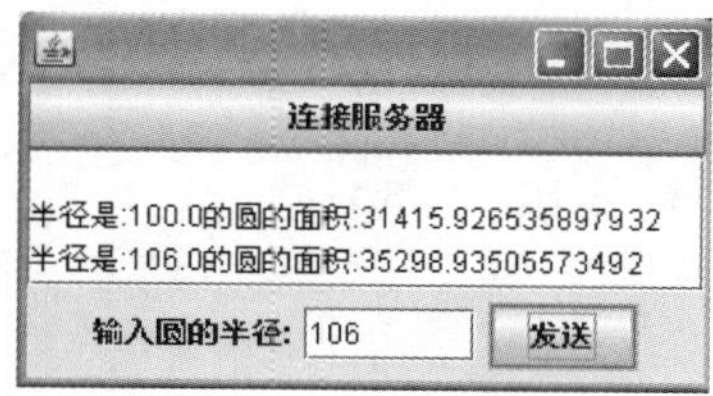

图 16.6　客户端

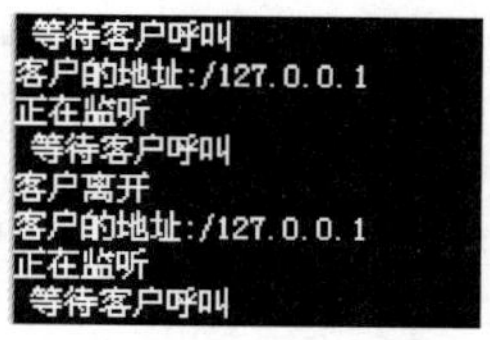

图 16.7　服务器端

例 16.6

❶ 客户端

Client.java

```
import java.net.*;
import java.io.*;
import java.awt.*;
import java.awt.event.*;
import javax.swing.*;
public class Client {
   public static void main(String args[]) {
      new WindowClient();
   }
}
class WindowClient extends JFrame implements Runnable,ActionListener {
   JButton connection,send;
   JTextField inputText;
   JTextArea showResult;
   Socket socket = null;
   DataInputStream in = null;
   DataOutputStream out = null;
   Thread thread;
   WindowClient() {
      socket = new Socket();
      connection = new JButton("连接服务器");
      send = new JButton("发送");
      send.setEnabled(false);
      inputText = new JTextField(6);
      showResult = new JTextArea();
      add(connection,BorderLayout.NORTH);
      JPanel pSouth = new JPanel();
      pSouth.add(new JLabel("输入圆的半径:"));
      pSouth.add(inputText);
      pSouth.add(send);
      add(new JScrollPane(showResult),BorderLayout.CENTER);
      add(pSouth,BorderLayout.SOUTH);
      connection.addActionListener(this);
      send.addActionListener(this);
      thread = new Thread(this);
      setBounds(10,30,460,400);
      setVisible(true);
      setDefaultCloseOperation(JFrame.EXIT_ON_CLOSE);
   }
```

```
    public void actionPerformed(ActionEvent e) {
        if(e.getSource() == connection) {
            try {                               //请求和服务器建立套接字连接
                if(socket.isConnected()){}
                else{
                    InetAddress address = InetAddress.getByName("127.0.0.1");
                    InetSocketAddress socketAddress = new InetSocketAddress(address,4331);
                    socket.connect(socketAddress);
                    in = new DataInputStream(socket.getInputStream());
                    out =  new DataOutputStream(socket.getOutputStream());
                    send.setEnabled(true);
                    if(!(thread.isAlive()))
                        thread = new Thread(this);
                    thread.start();
                }
            }
            catch (IOException ee) {
                System.out.println(ee);
                socket = new Socket();
            }
        }
        if(e.getSource() == send) {
            String s = inputText.getText();
            double r = Double.parseDouble(s);
            try { out.writeDouble(r);
            }
            catch(IOException e1){}
        }
    }
    public void run() {
        String s = null;
        double result = 0;
        while(true) {
            try{ s = in.readUTF();
                    showResult.append("\n" + s);
            }
            catch(IOException e) {
                    showResult.setText("与服务器已断开" + e);
                    socket = new Socket();
                    break;
            }
        }
    }
}
```

❷ 服务器端

Server.java

```
import java.io.*;
import java.net.*;
import java.util.*;
public class Server {
    public static void main(String args[]) {
        ServerSocket server = null;
        ServerThread thread;
        Socket you = null;
        while(true) {
          try{ server = new ServerSocket(4331);
          }
```

```
        catch(IOException e1) {
                System.out.println("正在监听");    //ServerSocket 对象不能重复创建
        }
        try{   System.out.println(" 等待客户呼叫");
                you = server.accept();
                System.out.println("客户的地址:" + you.getInetAddress());
        }
        catch (IOException e) {
                System.out.println("正在等待客户");
        }
        if(you! = null) {
                new ServerThread(you).start();      //为每个客户启动一个专门的线程
        }
      }
   }
}
class ServerThread extends Thread {
   Socket socket;
   DataOutputStream out = null;
   DataInputStream in = null;
   String s = null;
   ServerThread(Socket t) {
      socket = t;
      try {   out = new DataOutputStream(socket.getOutputStream());
              in = new DataInputStream(socket.getInputStream());
      }
      catch (IOException e){}
   }
   public void run() {
      while(true) {
         try{   double r = in.readDouble();             //堵塞状态,除非读取到信息
                double area = Math.PI * r * r;
                out.writeUTF("半径是:" + r + "的圆的面积:" + area);
         }
         catch (IOException e) {
                System.out.println("客户离开");
                 return;
         }
      }
   }
}
```

本程序为了调试的方便，在建立套接字连接时，使用的服务器地址是 127.0.01，如果服务器设置过有效的 IP 地址，就可以用有效的 IP 代替程序中的 127.0.0.1，可以在命令行窗口中检查服务器是否具有有效的 IP 地址。例如：

```
ping 192.168.2.100
```

注： 套接字对象在网络编程中扮演着重要的角色，用户可以练习使用套接字技术编写一个聊天室，服务器为每个客户启动一个线程，在该线程中通过套接字和客户交流信息，当客户向服务器发送一条聊天信息“大家好”时，服务器要让所有这些线程中的输出流写入信息“大家好”，这样所有客户的套接字的输入流就都读取到了这一条信息。如果想把信息“你好”发送给特定的用户，服务器就让特定线程中的输出流写入信息“你好”，那么只有特定客户的套接字的输入流可以读取到这条信息。

扫一扫

视频讲解

16.4 UDP 数据报

前面学习了基于 TCP 的网络套接字(socket),把套接字形象地比喻为打电话,一方呼叫,另一方接听,一旦建立了套接字连接,双方就可以进行通信了。本节将介绍 Java 中基于 UDP(用户数据报协议)的网络信息传输方式。基于 UDP 的通信和基于 TCP 的通信不同,基于 UDP 的信息传递更快,但不提供可靠性保证。也就是说,数据在传输时,用户无法知道数据能否正确地到达目的地主机,也不能确定数据到达目的地的顺序是否和发送的顺序相同。可以把 UDP 通信比作邮递信件,不能肯定所发的信件一定能够到达目的地,也不能肯定到达的顺序是发出时的顺序,可能因为某种原因导致后发出的先到达,另外,也不能确定对方收到信一定会回信。既然 UDP 是一种不可靠的协议,为什么还要使用它呢?如果要求数据必须绝对准确地到达目的地,显然不能选择 UDP 来通信。但有时人们需要较快速地传输信息,并能容忍小的错误,这时就可以考虑使用 UDP。

基于 UDP 通信的基本模式如下:

(1) 将数据打包,称为数据包(好比将信件装入信封一样),然后将数据包发往目的地。

(2) 接收别人发来的数据包(好比接收信封一样),然后查看数据包中的内容。

▶ 16.4.1 发送数据包

用 DatagramPacket 类将数据打包,即用 DatagramPacket 类创建一个对象,称为数据包。用 DatagramPacket 的以下两个构造方法创建待发送的数据包:

```
DatagramPacket(byte data[], int length, InetAddress address, int port);
```

使用该构造方法创建的数据包对象具有下列两个性质:

(1) 含有 data 数组指定的数据。

(2) 该数据包将发送到地址是 address、端口号是 port 的主机上。

通常称 address 是这个数据包的目标地址,port 是这个数据包的目标端口。

```
DatagramPack(byte data[], int offset, int length, InetAddress address, int port);
```

使用该构造方法创建的数据包对象含有数组 data 中从 offset 开始的 length 字节,该数据包将发送到地址是 address、端口号是 port 的主机上。例如:

```
byte data[] = "近来好吗".getByte();
InetAddress address = InetAddress.getName("www.sian.com.cn");
DatagramPacket data_pack = new DatagramPacket(data,data.length, address,980);
```

注:用上述方法创建的用于发送的数据包 data_pack 如果调用方法 public int getPort()可以获取该数据包的目标端口;调用方法 public InetAddress getAddress()可以获取这个数据包的目标地址;调用方法 public byte[] getData()可以返回数据包中的字节数组。

用 DatagramSocket 类的不带参数的构造方法 DatagramSocket()创建一个对象,该对象负责发送数据包。例如:

```
DatagramSocket mail_out = new DatagramSocket();
mail_out.send(data_pack);
```

▶ 16.4.2 接收数据包

首先用 DatagramSocket 的另一个构造方法 DatagramSocket(int port)创建一个对象，其中的参数必须和待接收的数据包的端口号相同。例如，如果发送方发送的数据包的端口是 5666，那么如下创建 DatagramSocket 对象：

```
DatagramSocket mail_in = new DatagramSocket(5666);
```

然后对象 mail_in 使用方法 receive(DatagramPacket pack)接收数据包。该方法有一个数据包参数 pack，方法 receive 把收到的数据包传递给该参数。因此，用户必须预备一个数据包，以便收取数据包。这时需使用 DatagramPack 类的另外一个构造方法 DatagramPack(byte data[ ], int length)创建一个数据包，用于接收数据包。例如：

```
byte data[ ] = new byte[100];
int length = 90;
DatagramPacket pack = new DatagramPacket(data, length);
mail_in.receive(pack);
```

该数据包 pack 将接收长度是 length 字节的数据放入 data。

注：① receive 方法可能会堵塞，直到收到数据包。

② 如果 pack 调用方法 getPort()可以获取所收数据包是从远程主机上的哪个端口发出的，即可以获取包的始发端口号；调用方法 getLength()可以获取收到的数据的字节长度；调用方法 InetAddress getAddress()可以获取这个数据包来自哪个主机，即可以获取包的始发地址。通常称主机发出数据包使用的端口号为该包的始发端口号，称发送数据包的主机地址为数据包的始发地址。

③ 数据包中数据的长度不要超过 8192KB。

在例 16.7 中，两个主机(可用本地机模拟)互相发送和接收数据包，程序运行时“北京”主机的效果如图 16.8 所示，“上海”主机的效果如图 16.9 所示。

图 16.8 “北京”主机

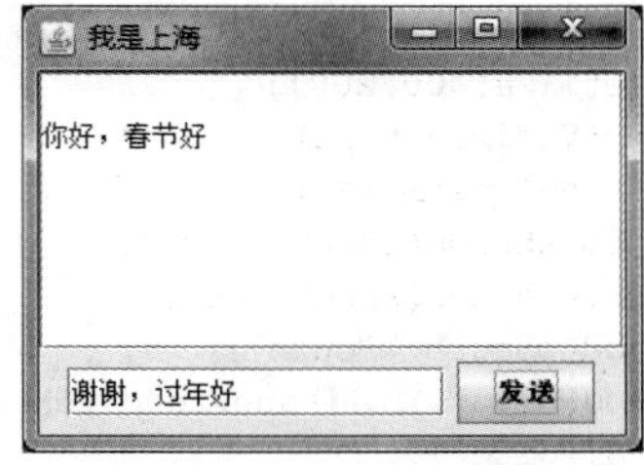

图 16.9 “上海”主机

例 16.7

❶ “北京”主机

Beijing. java

```
public class Beijing extends DatagramPacketWindow {
    Beijing() {
        setTitle("我是北京");
        sendDataPacket.setIP("127.0.0.1");
        sendDataPacket.setPort(666);
        receiveDatagramPacket.setPort(888);
        receiveDatagramPacket.receiveMess();
    }
```

```
    public static void main(String args[]) {
        Beijing beijing = new Beijing();
    }
}
```

❷ “上海”主机

Shanghai.java

```
public class Shanghai extends DatagramPacketWindow {
    Shanghai() {
        setTitle("我是上海");
        sendDataPacket.setIP("127.0.0.1");
        sendDataPacket.setPort(888);
        receiveDatagramPacket.setPort(666);
        receiveDatagramPacket.receiveMess();
    }
    public static void main(String args[]) {
        Shanghai shanghai = new Shanghai();
    }
}
```

❸ “北京”主机和“上海”主机都需要的类

DatagramPacketWindow.java

```
import java.awt.*;
import java.awt.event.*;
import javax.swing.*;
public class DatagramPacketWindow extends JFrame {
    JTextField sendMessage = new JTextField(6);
    JTextArea receiveMessage = new JTextArea();
    JButton sendButton = new JButton("发送");
    SendDataPacket sendDataPacket;                       //负责发送数据包
    ReceiveDatagramPacket receiveDatagramPacket;         //负责接收数据包
    DatagramPacketWindow() {
        sendDataPacket = new SendDataPacket();
        receiveDatagramPacket = new ReceiveDatagramPacket();
        receiveDatagramPacket.setJTextArea(receiveMessage);
        setSize(400,200);
        setVisible(true);
        JPanel pSouth = new JPanel();
        pSouth.add(sendMessage);
        pSouth.add(sendButton);
        add(pSouth,"South");
        add(new JScrollPane(receiveMessage),"Center");
        validate();
        setDefaultCloseOperation(JFrame.DISPOSE_ON_CLOSE);
        sendButton.addActionListener((ActionEvent event) ->{
                    byte buffer[] = sendMessage.getText().trim().getBytes();
                    sendDataPacket.setMessBySend(buffer);
                    sendDataPacket.sendMess();});
    }
}
```

SendDataPacket.java

```
import java.net.*;
public class SendDataPacket {
    public byte messBySend [];          //存放要发送的数据
    public String IP;                   //目标 IP 地址
    public int port;                    //目标端口
```

```
        public void setPort(int port){
            this.port = port;
        }
        public void setIP(String IP){
            this.IP = IP;
        }
        public void setMessBySend(byte messBySend []){
            this.messBySend = messBySend;
        }
        public void sendMess(){
            try{
                InetAddress address = InetAddress.getByName(IP);
                DatagramPacket dataPack =
                new DatagramPacket(messBySend,messBySend.length,address,port);
                DatagramSocket datagramSocket = new DatagramSocket();
                datagramSocket.send(dataPack);
            }
            catch(Exception e){}
        }
}
```

ReceiveDatagramPacket.java

```
import java.net.*;
public class ReceiveDatagramPacket implements Runnable {
    javax.swing.JTextArea receiveMess;                    //存放收到的信息
    Thread thread;
    public int port;                                      //接收信息的端口
    public ReceiveDatagramPacket(){
        thread = new Thread(this);
    }
    public void setJTextArea(javax.swing.JTextArea text){
        receiveMess = text;
    }
    public void setPort(int port){
        this.port = port;
    }
    public void receiveMess(){
        thread.start();
    }
    public void run() {
        DatagramPacket pack = null;
        DatagramSocket datagramSocket = null;
        byte data[] = new byte[8192];
        try{ pack = new DatagramPacket(data,data.length);
             datagramSocket = new DatagramSocket(port);
        }
        catch(Exception e){}
        if(datagramSocket == null) return;
        while(true) {
            try{ datagramSocket.receive(pack);
                String message = new String(pack.getData(),0,pack.getLength());
                receiveMess.append("\n" + message);
                System.out.println(message);
            }
            catch(Exception e){}
        }
    }
}
```

扫一扫

视频讲解

16.5 广播数据报

广播数据报类似于电台广播,进行广播的电台需要在指定的波段和频率上广播信息,接收者只有将收音机调到指定的波段、频率才能收到广播的内容。

广播数据报涉及地址和端口。已知 Internet 的地址是 a. b. c. d 的形式,该地址的一部分代表用户自己的主机,另一部分代表用户所在的网络。如果 a<128,b. c. d 用来表示主机,这类地址称为 A 类地址;如果 128≤a<192,则 a. b 表示网络地址,c. d 表示主机地址,这类地址称为 B 类地址;如果 a≥192,则网络地址是 a. b. c,d 表示主机地址,这类地址称为 C 类地址;224. 0. 0. 0～239. 255. 255. 255 是保留地址,称为 D 类地址。

广播数据报是一种较新的技术,要广播或接收广播的主机都必须加入到同一个 D 类地址。一个 D 类地址也称为一个组播地址,D 类地址并不代表某个特定主机的位置,一个具有 A、B 或 C 类地址的主机要广播数据或接收广播,必须加入到同一个 D 类地址。

在例 16.8 中,一个主机不断地重复广播天气预报(如图 16.10 所示),加入到同一组的主机都可以随时接收广播的信息。接收者将正在接收的信息放入一个文本区,把已接收到的所有信息放入另一个文本区。在调试例 16.8 时,必须保证进行广播的 BroadCast. java 所在的机器具有有效的 IP 地址。用户可以在命令行窗口中检查自己的机器是否具有有效的 IP 地址。例如:

```
ping 192.168.2.100
```

广播端的运行效果如图 16.10 所示,接收端的运行效果如图 16.11 所示。

天气预报,最高温度32度,最低温度25摄氏度
天气预报,最高温度32度,最低温度25摄氏度
天气预报,最高温度32度,最低温度25摄氏度
天气预报,最高温度32度,最低温度25摄氏度
天气预报,最高温度32度,最低温度25摄氏度
天气预报,最高温度32度,最低温度25摄氏度
天气预报,最高温度32度,最低温度25摄氏度
天气预报,最高温度32度,最低温度25摄氏度

图 16.10　广播端

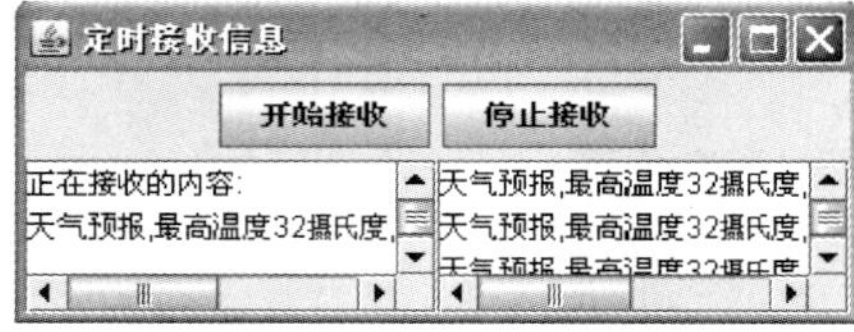

图 16.11　接收端

例 16.8

❶ 广播端

BroadCast. java

```
import java.net. * ;
public class BroadCast extends Thread {
    String s = "天气预报,最高温度 32 摄氏度,最低温度 25 摄氏度";
    int port = 5858;                          //组播的端口
    InetAddress group = null;                 //组播组的地址
    MulticastSocket socket = null;            //多点广播套接字
    BroadCast() {
        try {
            group = InetAddress.getByName("239.255.8.0");//设置广播组的地址为 239.255.8.0
            socket = new MulticastSocket(port);   //多点广播套接字将在 port 端口广播
            socket.setTimeToLive(1); //多点广播套接字发送数据报范围为本地网络
            socket.joinGroup(group); //加入 group 后,socket 发送的数据报被 group 中的成员接收到
        }
        catch(Exception e) {
            System.out.println("Error: " + e);
```

```
        }
    }
    public void run() {
        while(true) {
          try{   DatagramPacket packet = null;      //待广播的数据包
                 byte data[] = s.getBytes();
                 packet = new DatagramPacket(data,data.length,group,port);
                 System.out.println(new String(data));
                 socket.send(packet);               //广播数据包
                 sleep(2000);
          }
          catch(Exception e) {
                 System.out.println("Error: " + e);
          }
        }
    }
    public static void main(String args[]) {
        new BroadCast().start();
    }
}
```

❷ 接收端

Receiver. java

```
import java.net.*;
import java.awt.*;
import java.awt.event.*;
import javax.swing.*;
public class Receive extends JFrame implements Runnable,ActionListener {
    int port;                                    //组播的端口
    InetAddress group = null;                    //组播组的地址
    MulticastSocket socket = null;               //多点广播套接字
    JButton 开始接收,停止接收;
    JTextArea 正在接收的内容,已接收的内容;
    Thread thread;                               //负责接收信息的线程
    boolean 停止 = false;
    public Receive() {
        setTitle("定时接收信息");
        thread = new Thread(this);
        开始接收 = new JButton("开始接收");
        停止接收 = new JButton("停止接收");
        停止接收.addActionListener(this);
        开始接收.addActionListener(this);
        正在接收的内容 = new JTextArea(10,10);
        已接收的内容 = new JTextArea(10,10);
        JPanel north = new JPanel();
        north.add(开始接收);
        north.add(停止接收);
        add(north,BorderLayout.NORTH);
        JPanel center = new JPanel();
        center.setLayout(new GridLayout(1,2));
        center.add(new JScrollPane(正在接收的内容));
        center.add(new JScrollPane(已接收的内容));
        add(center,BorderLayout.CENTER);
        port = 5858;                                  //设置组播组的监听端口
        try{
            group = InetAddress.getByName("239.255.8.0");  //设置广播组的地址为 239.255.8.0
            socket = new MulticastSocket(port);            //多点广播套接字将在 port 端口广播
            socket.joinGroup(group);                       //加入 group
        }
```

```
        catch(Exception e){}
        setBounds(100,50,360,380);
        setVisible(true);
        setDefaultCloseOperation(JFrame.EXIT_ON_CLOSE);
    }
    public void actionPerformed(ActionEvent e) {
        if(e.getSource() == 开始接收) {
            if(!(thread.isAlive()))
                thread = new Thread(this);
            try{   thread.start();
                   停止 = false;
            }
            catch(Exception ee) {}
        }
        if(e.getSource() == 停止接收)
            停止 = true;
    }
    public void run() {
        while(true) {
            byte data[] = new byte[8192];
            DatagramPacket packet = null;
            packet = new DatagramPacket(data,data.length,group,port);    //待接收的数据包
            try { socket.receive(packet);
                    String message = new String(packet.getData(),0,packet.getLength());
                    正在接收的内容.setText("正在接收的内容:\n" + message);
                    已接收的内容.append(message + "\n");
            }
            catch(Exception e) {}
            if(停止 == true)
                break;
        }
    }
    public static void main(String args[]) {
        new Receive();
    }
}
```

扫一扫

视频讲解

16.6 Java 远程调用

Java 远程调用(Remote Method Invocation,RMI)是一种分布式技术,使用 RMI 可以让一个虚拟机(JVM)上的应用程序请求调用位于网络上另一处的 JVM 上的对象方法。习惯上称发出调用请求的虚拟机(JVM)为(本地)客户机,称接受并执行请求的虚拟机(JVM)为(远程)服务器。Java 8 之后,使得 RMI 更加简洁方便。

16.6.1 远程对象

❶ 远程对象

驻留在(远程)服务器上的对象是客户要请求的对象,称作远程对象,即客户程序请求远程对象调用方法,然后远程对象调用方法并返回必要的结果,如图 16.12 所示。

❷ Remote 接口

RMI 为了标识一个对象是远程对象,即可以被客户请求的对象,要求远程对象必须实现 java.rmi 包中的 Remote 接口,也就是说只有实现该接口的类的实例才被 RMI 认为是一个远程对象。Remote 接口中没有方法,该接口仅仅起到一个标识作用,因此,必须扩展 Remote 接

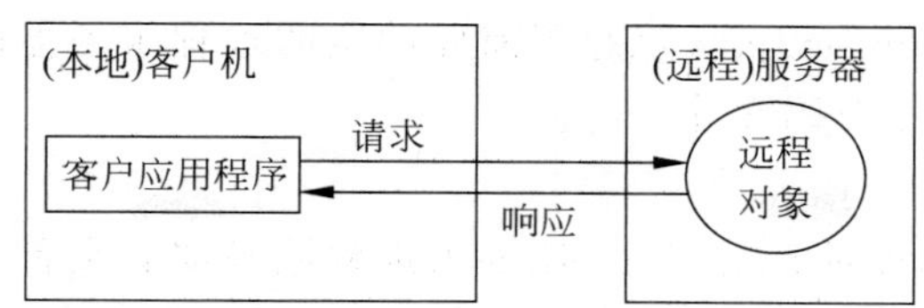

图 16.12 客户机与远程对象

口,以便规定远程对象的哪些方法是客户可以请求的方法。

▶ 16.6.2 RMI 的设计细节

为了叙述的方便,假设本地客户机存放有关类的目录是 D:\Client;远程服务器的 IP 是 127.0.0.1,存放有关类的目录是 D:\Server。

❶ 扩展 Remote 接口

定义一个接口是 java.rmi 包中 Remote 的子接口,即扩展 Remote 接口。

RemoteSubject 是我们定义的 Remote 的子接口。RemoteSubject 子接口中定义了计算面积的方法,即要求远程对象为用户计算某种几何图形的面积。RemoteSubject 的代码如下:

RemoteSubject.java

```
import java.rmi.*;
public interface RemoteSubject extends Remote {
    public double getArea() throws RemoteException;
}
```

该接口需要保存在前面约定的远程服务器的 D:\Server 目录中,并编译它生成相应的 .class 字节码文件。由于客户端也需要该接口,因此需要将生成的字节码文件复制到前面约定的客户机的 D:\Client 目录中(在实际项目设计中,可以提供 Web 服务让用户下载该接口的.class 文件)。

❷ 远程对象

创建远程对象的类必须实现 Remote 接口,RMI 使用 Remote 接口来标识远程对象,但是 Remote 中没有方法,因此创建远程对象的类需要实现 Remote 接口的一个子接口。另外,RMI 为了让一个对象成为远程对象还需要进行一些必要的初始化工作,因此,在编写创建远程对象的类时,让该类是 RMI 提供的 java.rmi.server 包中的 UnicastRemoteObject 类的子类即可。

以下是创建远程对象的类:RemoteConcreteSubject,该类实现了上述 RemoteSubject 接口,所创建的远程对象可以计算矩形的面积。RemoteConcreteSubject 的代码如下:

RemoteConcreteSubject.java

```
import java.rmi.*;
import java.rmi.server.UnicastRemoteObject;
public class RemoteConcreteSubject extends UnicastRemoteObject implements RemoteSubject {
    double width, height;
    RemoteConcreteSubject(double width, double height) throws RemoteException {
        this.width = width;
        this.height = height;
    }
    public double getArea() throws RemoteException {
        return width * height;
    }
}
```

将 RemoteConcreteSubject.java 保存到前面约定的远程服务器的 D:\Server 目录中,并编译它生成相应的.class 字节码文件。

❸ 启动注册:rmiregistry

在远程服务器创建远程对象之前,RMI 要求远程服务器必须首先启动注册 rmiregistry,只有启动了 rmiregistry,远程服务器才可以创建远程对象,并将该对象注册到 rmiregistry 所管理的注册表中。

在远程服务器开启一个终端,例如在 MS-DOS 命令行窗口进入 D:\Server 目录,然后执行 rmiregistry 命令:

```
rmiregistry
```

启动注册,如图 16.13 所示。也可以后台启动注册:

```
start rmiregistry
```

❹ 启动远程对象服务

远程服务器启动注册 rmiregistry 后,远程服务器就可以启动远程对象服务了,即编写程序来创建和注册远程对象,并运行该程序。

远程服务器使用 java.rmi 包中的 Naming 类调用其类方法:

```
rebind(String name, Remote obj)
```

绑定一个远程对象到 rmiregistry 所管理的注册表中,该方法的 name 参数是 URL 格式,obj 参数是远程对象,将来客户端的代理会通过 name 找到远程对象 obj。

以下是编写的远程服务器上的应用程序:BindRemoteObject,运行该程序就启动了远程对象服务,即该应用程序可以让用户访问它注册的远程对象。

BindRemoteObject.java

```
import java.rmi.*;
public class BindRemoteObject {
   public static void main(String args[]) {
      try{
         RemoteConcreteSubject remoteObject = new RemoteConcreteSubject(12,88);
         Naming.rebind("rmi://127.0.0.1/rect",remoteObject);
         System.out.println("be ready for client server...");
      }
      catch(Exception exp){
         System.out.println(exp);
      }
   }
}
```

将 BindRemoteObject.java 保存到前面约定的远程服务器的 D:\Server 目录中,并编译它生成相应的 BindRemoteObject.class 字节码文件,然后运行 BindRemoteObject,效果如图 16.14 所示。

```
D:\server>rmiregistry
```

图 16.13 启动注册

```
D:\server>java BindRemoteObject
be ready for client server...
```

图 16.14 启动远程对象服务

❺ 运行客户端程序

远程服务器启动远程对象服务后,客户端就可以运行有关程序,访问远程对象。

客户端使用 java.rmi 包中的 Naming 类调用其类方法：

```
lookup(String name)
```

lookup(String name)方法中的 name 参数的取值必须是远程对象注册的 name，例如 "rmi://127.0.0.1/rect"。

客户程序可以使用 lookup(String name)方法返回的远程对象的引用。例如，下面的客户应用程序 ClientApplication 中的

```
Naming.lookup("rmi://127.0.0.1/rect");
```

返回远程对象的引用(见本节标题 1 中的 RemoteSubject 接口)。

ClientApplication 请求远程对象计算矩形的面积。将 ClientApplication.java 保存到前面约定的客户机的 D:\Client 目录中，然后编译、运行该程序。程序的运行效果如图 16.15 所示。

```
D:\client>java ClientApplication
面积:1056.0
```

图 16.15 运行客户端程序

ClientApplication.java

```
import java.rmi.*;
public class ClientApplication {
    public static void main(String args[]) {
        try{
            Remote remoteObject = Naming.lookup("rmi://127.0.0.1/rect");
            RemoteSubject remoteSubject = (RemoteSubject)remoteObject;
            double area = remoteSubject.getArea();
            System.out.println("面积:" + area);
        }
        catch(Exception exp){
            System.out.println(exp.toString());
        }
    }
}
```

16.7 小结

(1) java.net 包中的 URL 类是对统一资源定位符的抽象，使用 URL 创建对象的应用程序称为客户端程序，客户端程序的 URL 对象调用 InputStream openStream()方法可以返回一个输入流，该输入流指向 URL 对象所包含的资源，通过该输入流可以将服务器上的资源信息读入客户端。

(2) 网络套接字是基于 TCP 的有连接通信，套接字连接就是客户端的套接字对象和服务器端的套接字对象通过输入流、输出流连接在一起。服务器建立 ServerSocket 对象，ServerSocket 对象负责等待客户端请求建立套接字连接，而客户端建立 Socket 对象向服务器发出套接字连接请求。

(3) 基于 UDP 的通信和基于 TCP 的通信不同，基于 UDP 的信息传递更快，但不提供可靠性保证。

(4) 在设计广播数据报网络程序时，必须将要广播或接收广播的主机加入到同一个 D 类地址。D 类地址也称为组播地址，D 类地址并不代表某个特定主机的位置，一个具有 A、B 或 C 类地址的主机要广播数据或接收广播，都必须加入到同一个 D 类地址。

(5) RMI 是一种分布式技术，使用 RMI 可以让一个虚拟机上的应用程序请求调用位于网

络上另一处 JVM 上的对象方法。RMI 是一种分布式技术，使用 RMI 可以让一个虚拟机上的应用程序请求调用位于网络上另一处 JVM 上的对象方法。

习题 16

扫一扫

习题

扫一扫

自测题

第 17 章 基于嵌入式数据库的单词字典

主要内容：

❖ 设计要求；
❖ 数据模型；
❖ 简单测试；
❖ 视图设计；
❖ GUI 程序；
❖ 程序发布。

本章采用内嵌数据库实现一个单词字典，属于比较综合的内容，其目的是训练程序设计和代码编写的能力。内嵌数据库不仅可以让 Java 程序更方便地管理、处理关系型的数据，而且是程序的一部分。因此，随着数据的日积月累，使得程序所具有的数据变得更加丰富。例如，用户每天使用单词字典输入单词，那么单词字典所拥有的单词数量就不断增加，而且单词数量的增加依赖于时间的增长。如果将单词字典改成类似的记账簿，那么随着时间的增加，记账簿中的数据就具有某种历史价值。就本章而言，读者的主要任务是读懂和调试代码，因此，本章不再提供习题。教师讲解时可以挑选关键的代码模块，其他类似的代码可由学生自己阅读（见作者的视频讲解）。

17.1 设计要求

设计 GUI 界面的单词字典，具体要求如下：

(1) 使用内置 Derby 数据库。在数据库中使用表存储单词和该单词的翻译解释，例如 (sun，太阳)、(moon，月亮)等。

(2) 通过 GUI 界面管理单词字典。可以向单词字典添加单词，可以修改单词字典中的单词，可以删除单词字典中的单词。

(3) 通过 GUI 界面查询单词。可以查询一个，随机查询若干个或全部单词。

程序运行的参考效果如图 17.1 所示。

图 17.1 单词字典

注：我们按照MVC-Model View Control(模型，视图，控制器)的设计思想，展开程序的设计和代码的编写。数据模型部分相当于MVC中的Model角色；视图设计部分给出的界面部分相当于MVC中的View；视图设计部分给出的事件监视器相当于MVC中的Control。

17.2 数据模型

根据系统设计要求，在数据模型部分编写了如下的类。

- CreateDatabaseAndTable类：负责创建数据库和表。
- Word类：负责封装单词。
- ConnectDatabase类：负责连接数据库。
- AddWord类：负责向表中添加单词。
- UpdateWord类：负责修改表中单词。
- DelWord类：负责删除表中单词。
- QueryOneWord类：负责查询表中一个单词。
- QueryAllWord类：负责查询表中全部单词。
- RandomQueryWord类：负责随机查询表中单词。

数据模型部分涉及的主要类的UML图如图17.2所示。

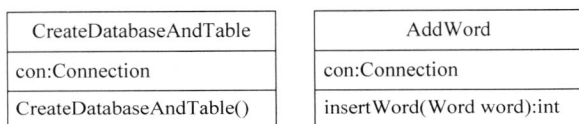

CreateDatabaseAndTable
con:Connection
CreateDatabaseAndTable()

AddWord
con:Connection
insertWord(Word word):int

图17.2 主要类的UML图

❶ 数据库相关类

Derby是一个纯Java实现、开源的数据库管理系统，有关知识点见14.12节。将JDBC-Derby连接器derby.jar文件复制到C:/ch17中。

当涉及数据库时，数据库中的表以及表的结构是十分重要的，因为后续的代码依赖于这些结构，例如，向数据库表中插入记录，更新、删除数据库表中的记录等，都需要知道表的名字以及结构。即某些代码会和数据库表的结构形成紧耦合关系，因此，表的结构一旦更改，必然引起代码的修改。

根据设计要求，建立名字为MyEnglishBook的数据库，在该库中建立名字为word_table的表，其结构如下：

```
(word varchar(50) primary key,meaning varchar(200))
```

在表的记录中，一条记录的word字段的值是单词，meaning字段的值是单词的解释，其中word是主键(primary key)，即不允许表中任何两条记录的word字段值相同。

1) 封装单词数据的Word类

在数据库设计中，需要用类来封装表的基本结构，这对于后续代码的设计是非常有利的。下面是Word类封装表结构。

Word.java

```
package project.data;
public class Word{
```

```
    String englishWord;                     //单词
    String meaning;                         //单词的解释
    public void setEnglishWord(String englishWord){
       this.englishWord = englishWord;
    }
    public String getEnglishWord() {
       return englishWord;
    }
    public void setMeaning(String meaning){
       this.meaning = meaning;
    }
    public String getMeaning() {
       return meaning;
    }
}
```

2）创建数据库和表

通过创建 CreateDatabaseAndTable 对象来创建 MyEnglishBook 数据库并在数据库中创建 word_table 表。如果数据库 MyEnglishBook 不存在，就创建该数据库，并建立连接。如果数据库 MyEnglishBook 已经存在，那么不再创建 MyEnglishBook 数据库，而直接与其建立连接。运行环境会在当前应用程序所在目录下建立名字是 MyEnglishBook 的文件夹作为 Derby 数据库（也是特色），该子目录下存放着和该数据库相关的配置文件。例如，如果程序的包名目录是 project\data，运行环境在包名路径的父目录中（例如 C:\ch17）建立名字是 MyEnglishBook 的文件夹。

CreateDatabaseAndTable.java

```
package project.data;
import java.sql.*;
public class CreateDatabaseAndTable{
    Connection con;
    public CreateDatabaseAndTable(){
       try{Class.forName("org.apache.derby.jdbc.EmbeddedDriver");
       }
       catch(Exception e){}
       try{ //创建名字是 MyEnglishBook 的数据库:
          String uri = "jdbc:derby:MyEnglishBook;create = true";
          con = DriverManager.getConnection(uri);              //连接数据库代码
          //如果已经知道数据存在,可以直接让 create 取值 false
       }
       catch(Exception e){}
       try {
         Statement sta = con.createStatement();
           String SQL = "create table word_table" +
           "(word varchar(50) primary key,meaning varchar(200))";
           sta.executeUpdate(SQL);                             //创建表
           con.close();
       }
       catch(SQLException e) {              //如果表已经存在,将触发 SQL 异常,即不再创建该表
       }
    }
}
```

3）连接数据库的类

由于后续很多类的实例都需要连接 MyEnglishBook 数据库，因此将连接 MyEnglishBook 数据库的有关代码封装到 ConnectDatabase 类中。

ConnectDatabase.java

```
package project.data;
import java.sql.*;
public class ConnectDatabase{
    public static Connection connectDatabase() {
       Connection con = null;
       try{Class.forName("org.apache.derby.jdbc.EmbeddedDriver");
       }
       catch(Exception e){}
       try{
         String uri = "jdbc:derby:MyEnglishBook;create=false";
         con=DriverManager.getConnection(uri); //连接数据库代码
       }
       catch(Exception e){}
       return con;
    }
}
```

❷ 添加、更新和删除单词的类

1）添加单词的类

AddWord 类的实例使用 int insertWord(Word word)方法向 word_table 表添加单词。

AddWord.java

```
package project.data;
import java.sql.*;
public class AddWord {
     int isOK ;
     public int insertWord(Word word) {
        Connection con = ConnectDatabase.connectDatabase();      //连接 MyEnglishBook 数据库
        if(con == null)
           return 0;
        try {
            String SQL ="insert into word_table values(?,?)";
            PreparedStatement sta = con.prepareStatement(SQL);
            sta.setString(1,word.getEnglishWord());
            sta.setString(2,word.getMeaning());
            isOK = sta.executeUpdate();
            con.close();
        }
        catch(SQLException e) {
            isOK = 0;            //word_table 表中 word 字段是主键,即不允许单词重复
        }
        return isOK;
     }
}
```

2）更新单词的类

UpdateWord 类的实例使用 int updateWord(Word word)方法更新 word_table 表中的单词。

UpdateWord.java

```
package project.data;
import java.sql.*;
public class UpdateWord {
     int isOK ;
     public int updateWord(Word word) {
```

```
        Connection con = ConnectDatabase.connectDatabase();      //连接 MyEnglishBook 数据库
        if(con == null)
           return 0;
        try {
            String SQL ="update word_table set meaning = ? where word = ? ";
            PreparedStatement sta = con.prepareStatement(SQL);
            sta.setString(1,word.getMeaning());
            sta.setString(2,word.getEnglishWord());
            isOK = sta.executeUpdate();
            con.close();
        }
        catch(SQLException e) {
            isOK = 0;
        }
         return isOK;
    }
}
```

3）删除单词的类

DelWord 类的实例使用 int delWord(Word word)方法删除 word_table 表中的单词。

DelWord.java

```
package project.data;
import java.sql.*;
public class DelWord extends ConnectDatabase{
    int isOK;
    public int delWord(Word word) {
        Connection con = ConnectDatabase.connectDatabase();      //连接 MyEnglishBook 数据库
        if(con == null)
           return 0;
        try {
            String SQL ="delete from word_table where word = ? ";
            PreparedStatement sta = con.prepareStatement(SQL);
            sta.setString(1,word.getEnglishWord());
            isOK = sta.executeUpdate();
            con.close();
        }
        catch(SQLException e) {
            isOK = 0;
        }
        return isOK;
    }
}
```

❸ 查询单词相关的类

1）查询一个单词的类

QueryOneWord 类的实例使用 Word queryOneWord(Word word)方法查询 word_table 表中的一个单词。

QueryOneWord.java

```
package project.data;
import java.sql.*;
public class QueryOneWord {
    public Word queryOneWord(Word word) {
        Connection con = ConnectDatabase.connectDatabase();      //连接 MyEnglishBook 数据库
        if(con == null)
           return null;
```

```
        Word foundWord = null;
        Statement sql;
        ResultSet rs;
        String str =
        "select * from word_table where word = '" + word.getEnglishWord() + "'";
        try {
          sql = con.createStatement();
          rs = sql.executeQuery(str);
          if(rs.next()){
            foundWord = new Word();
            foundWord.setEnglishWord(rs.getString(1));
            foundWord.setMeaning(rs.getString(2));
          }
          con.close();
        }
        catch(SQLException e) {}
        return foundWord;
    }
}
```

2）查询全部单词的类

QueryAllWord 类的实例使用 Word[] queryAllWord()方法查询 word_table 表中的全部单词。

QueryAllWord.java

```
package project.data;
import java.sql.*;
public class QueryAllWord {
    public Word[] queryAllWord() {
        Connection con = ConnectDatabase.connectDatabase();    //连接 MyEnglishBook 数据库
        if(con == null)
          return null;
        Word [] word = null;
        Statement sql;
        ResultSet rs;
        try {
          sql = con.createStatement
           (ResultSet.TYPE_SCROLL_INSENSITIVE,ResultSet.CONCUR_READ_ONLY);
          rs = sql.executeQuery("select * from word_table");
          rs.last();
          int recordAmount = rs.getRow();                      //结果集中的全部记录
          word = new Word[recordAmount];
          for(int i = 0;i < word.length;i++){
            word[i] = new Word();
          }
          rs.beforeFirst();
          int i = 0;
          while(rs.next()){
            word[i].setEnglishWord(rs.getString(1));
            word[i].setMeaning(rs.getString(2));
            i++;
          }
          con.close();
        }
        catch(SQLException e) {}
        return word;
    }
}
```

3）随机查询单词的类

RandomQueryWord 类的实例使用 Word[] randomQueryWord()方法随机查询 word_table 表中的单词。

RandomQueryWord.java

```
package project.data;
import java.sql.*;
import java.util.*;
public class RandomQueryWord {
    int count = 0;                                              //随机抽取的数目
    public void setCount(int n){
        count = n;
    }
    public int getCount(){
        return count;
    }
    public Word[] randomQueryWord() {
        Connection con = ConnectDatabase.connectDatabase();    //连接 MyEnglishBook 数据库
        if(con == null)
            return null;
        Word [] word = null;
        Statement sql;
        ResultSet rs;
        try {
            sql = con.createStatement
            (ResultSet.TYPE_SCROLL_INSENSITIVE,ResultSet.CONCUR_READ_ONLY);
            rs = sql.executeQuery("select * from word_table");
            rs.last();
            int recordAmount = rs.getRow();          //结果集中的记录数目
            count = Math.min(count,recordAmount);
            word = new Word[count];
            for(int i = 0;i < word.length;i++){
                word[i] = new Word();
            }
            //得到 1 至 recordAmount 的 count 个互不相同的随机整数(存放在数组 index 中):
            int [] index = getRandomNumber(recordAmount,count);
            int m = 0;
            for(int randomNumber:index){             //randomNumber 依次取数组 index 每个单元的值
                rs.absolute(randomNumber);           //查询游标移动到第 randomNumber 行
                word[m].setEnglishWord(rs.getString(1));
                word[m].setMeaning(rs.getString(2));
                m++;
            }
            con.close();
        }
        catch(SQLException e) {
            System.out.println(e);
        }
        return word;
    }
    public int [] getRandomNumber(int max,int count) {
      //得到 1 至 max 的 anount 个互不相同的随机整数(包括 1 和 max)
      int [] randomNumber = new int[count];
      Set < Integer > set = new HashSet < Integer >();      //set 不允许有相同的元素
      int size = set.size();
      Random random = new Random();
      while(size < count){
          int number = random.nextInt(max) + 1;
          set.add(number);                                  //将 number 放入集合 set 中
          size = set.size();
      }
```

```
        Iterator<Integer> iter = set.iterator();
        int i = 0;
        while(iter.hasNext()) {                         //把集合中的随机数放入数组
            Integer te = iter.next();
            randomNumber[i] = te.intValue();
            i++;
        }
        return randomNumber;
    }
}
```

17.3 简单测试

按照源文件中的包语句,将相关的 Java 源文件保存到:

```
C:\> ch17\projectdata
```

目录中。编译各个源文件,例如:

```
C:\ch17 > javac project/data/ConnectDatabase.java
```

也可以编译全部源文件:

```
C:\ch17 > javac project/data/*.java
```

把 17.2 节给出的类看作一个小框架,下面用框架中的类编写一个简单的应用程序,测试单词字典,即在命令行表述对象的行为过程,如果表述成功(如果表述困难,说明数据模型不是很合理),那么就为以后 GUI 程序设计提供了很好的对象功能测试,在后续的 GUI 设计中,重要的工作是为某些对象提供视图界面,并处理相应的界面事件而已。

将下列 AppTest.java 源文件按照包名保存到

```
C:\> ch17\project\test
```

目录中,并编译源文件:

```
D:\> javac ch17/project/test/AppTest.java
```

如下运行 AppTest 类,运行效果如图 17.3 所示(不要忘记把 derby.jar 文件复制到 C:/ch17 中,见 17.2 节的说明)。

```
java -cp derby.jar; project.test.AppTest
```

```
C:\ch17>java -cp derby.jar;  project.test.AppTest
查询到的一个单词:
boy        男孩
全部单词:
sun        太阳
moon       月亮
book       n.书籍,卷,账簿,名册,工作簿 vt.预订,登记
water      水
boy        男孩
girl       女孩
随机抽取3个单词:
moon       月亮
book       n.书籍,卷,账簿,名册,工作簿 vt.预订,登记
water      水
更新、删除操作后:
sun        太阳
moon       月亮
book       n.书籍,卷,账簿,名册,工作簿 vt.预订,登记
water      水
```

图 17.3 简单测试

需要特别注意的是,-cp 参数给出的 jar 文件 derby.jar 和主类名 project.test.AppTest 之间用分号分隔,而且分号和主类名之间必须留有至少一个空格(分号前面不能有空格)。如果 -cp 参数需要使用多个 jar 文件中的类,需将这些 jar 文件用分号分隔(有关知识点见 4.13 节)。

AppTest.java

```
package project.test;
import java.sql.*;
import project.data.*;
public class AppTest {
    public static void main(String []args) {
       new CreateDatabaseAndTable();                    //创建数据库和表
       Word word = new Word();
       String [][] a = { {"boy","男孩"},{"girl","女孩"},
                         {"sun","太阳"},{"moon","月亮"},
                         {"book","书籍"},{"water","水"}
                       };
       AddWord addWord = new AddWord();
       for(int i=0;i<a.length;i++){
           word.setEnglishWord(a[i][0]);
           word.setMeaning(a[i][1]);
           addWord.insertWord(word);
       }
       QueryOneWord q = new QueryOneWord();
       word.setEnglishWord("boy");
       Word re = q.queryOneWord(word);
       System.out.println("查询到的一个单词:");
       System.out.printf("%-10s",re.getEnglishWord());
       System.out.printf("%-10s\n",re.getMeaning());
       QueryAllWord query = new QueryAllWord();
       Word [] result = query.queryAllWord();
       System.out.println("全部单词:");
       output(result);
       RandomQueryWord random = new RandomQueryWord();
       random.setCount(3);                              //随机抽取 3 个单词
       result = random.randomQueryWord();
       System.out.println("随机抽取" + random.getCount() + "个单词:");
       output(result);
       UpdateWord update = new UpdateWord();
       word.setEnglishWord("book");
       word.setMeaning("n. 书籍,卷,账簿,名册,工作簿 vt. 预订,登记");
       update.updateWord(word);
       DelWord del = new DelWord();
       word.setEnglishWord("boy");
       del.delWord(word);
       word.setEnglishWord("girl");
       del.delWord(word);
       System.out.println("更新、删除操作后:");
       query = new QueryAllWord();
       result = query.queryAllWord();
       output(result);
    }
    static void output(Word [] result){
       for(int i=0;i<result.length;i++){
           System.out.printf("%-10s",result[i].getEnglishWord());
           System.out.printf("%-10s",result[i].getMeaning());
           System.out.println();
       }
    }
}
```

17.4 视图设计

设计 GUI 程序除了使用 4.2 节给出的类以外，还需要使用 javax.swing 包提供的视图（也称为 Java Swing 框架）以及处理视图上触发的界面事件。GUI 程序与 17.3 节中简单的测试相比，可以提供更好的用户界面，完成 17.1 节提出的设计要求。

GUI 部分设计的类如下（主要类的 UML 图如图 17.4 所示）。

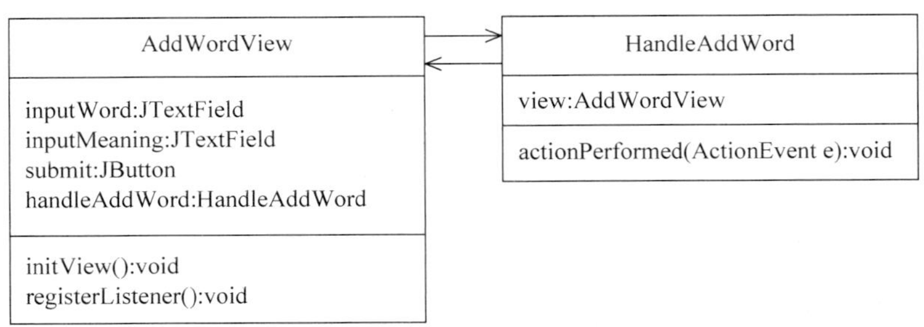

图 17.4 主要类的 UML 图

- AddWordView 类：其实例为添加单词提供视图。
- UpdateWordView 类：其实例为更新单词提供视图。
- DelWordView 类：其实例为删除单词提供视图。
- QueryOneWordView 类：其实例为查询一个单词提供视图。
- QueryAllWordView 类：其实例为查询全部单词提供视图。
- RandomQueryView 类：其实例为随机查询单词提供视图。
- IntegrationView 类：其实例将其他视图集成为一个视图。
- HandleAddWord 类：其实例处理 AddWordView 视图上的界面事件。
- HandleUpdateWord 类：其实例处理 UpdateWordView 视图上的界面事件。
- HandleDelWord 类：其实例处理 DelWordView 视图上的界面事件。
- HandleQueryOneWord 类：其实例处理 QueryOneWordView 视图上的界面事件。
- HandleQueryAllWord 类：其实例处理 QueryAllWordView 视图上的界面事件。
- HandleRandomQueryWord 类：其实例处理 RandomQueryView 视图上的界面事件。

❶ 视图相关的类

1）添加、更新和删除视图

- AddWordView

AddWordView 类是 JPanel 类的子类，其实例提供了添加单词的视图，用户可以在视图提供的文本框中输入要添加的单词，然后单击“添加单词”按钮（如图 17.5 所示）。

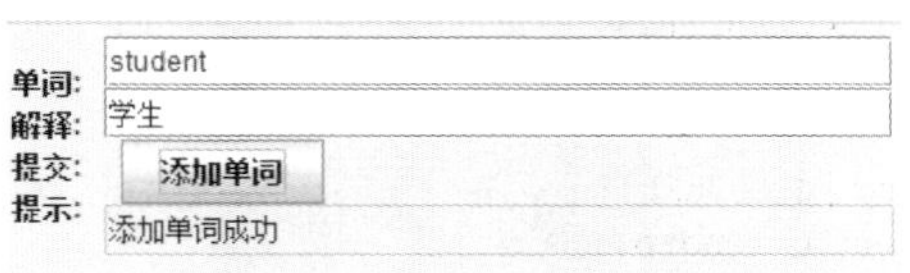

图 17.5 添加单词视图

AddWordView.java

```
package project.view;
import javax.swing.*;
```

```
import project.data.*;
public class AddWordView extends JPanel {
    JTextField inputWord;                        //输入单词
    JTextField inputMeaning;                     //输入单词的解释
    JButton submit;                              //提交按钮
    JTextField hintMess;
    HandleAddWord handleAddWord;                 //负责处理添加单词
    AddWordView() {
        initView();
        registerListener();
    }
    private void initView() {
        Box boxH;                                //行式盒
        Box boxVOne,boxVTwo;                     //列式盒
        boxH = Box.createHorizontalBox();
        boxVOne = Box.createVerticalBox();
        boxVTwo = Box.createVerticalBox();
        inputWord = new JTextField(30);
        inputMeaning = new JTextField(30);
        submit = new JButton("添加单词");
        hintMess = new JTextField(20);
        hintMess.setEditable(false);
        boxVOne.add(new JLabel("单词:"));
        boxVOne.add(new JLabel("解释:"));
        boxVOne.add(new JLabel("提交:"));
        boxVOne.add(new JLabel("提示:"));
        boxVTwo.add(inputWord);
        boxVTwo.add(inputMeaning);
        boxVTwo.add(submit);
        boxVTwo.add(hintMess);
        boxH.add(boxVOne);
        boxH.add(Box.createHorizontalStrut(10));
        boxH.add(boxVTwo);
        add(boxH);
    }
    private void registerListener() {
        handleAddWord = new HandleAddWord();
        handleAddWord.setView(this);
        submit.addActionListener(handleAddWord);
    }
}
```

- UpdateWordView

UpdateWordView 类是 JPanel 类的子类，其实例提供了更新单词的视图，用户可以在视图提供的文本框中输入要更新的单词，然后单击"提交新的解释"按钮（如图 17.6 所示）。

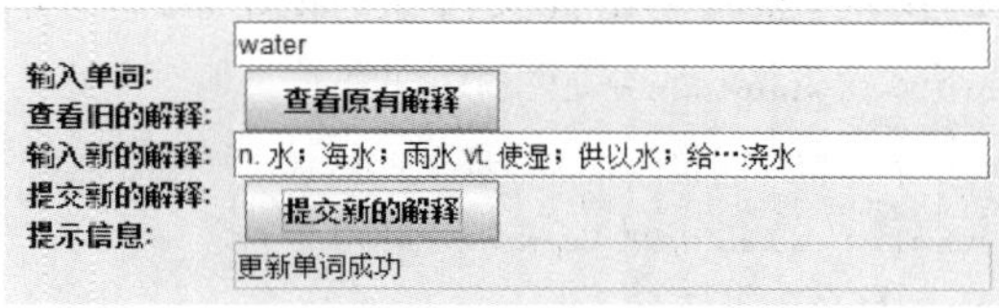

图 17.6　更新单词视图

UpdateWordView.java

```
package project.view;
import javax.swing.*;
public class UpdateWordView extends JPanel {
```

```
    JTextField inputWord;                          //输入要更新的单词
    JTextField inputNewMeaning;                    //输入单词的新解释
    JButton lookWord;                              //提交查看
    JButton submit;                                //提交更新按钮
    JTextField hintMess;
    HandleUpdateWord handleUpdateWord;             //负责处理更新单词
    UpdateWordView() {
       initView();
       registerListener() ;
    }
    private void initView() {
       Box boxH;                                   //行式盒
       Box boxVOne,boxVTwo;                        //列式盒
       boxH = Box.createHorizontalBox();
       boxVOne = Box.createVerticalBox();
       boxVTwo = Box.createVerticalBox();
       inputWord = new JTextField(30);
       inputNewMeaning = new JTextField(30);
       submit = new JButton("提交新的解释");
       lookWord = new JButton("查看原有解释");
       hintMess = new JTextField(20);
       hintMess.setEditable(false);
       boxVOne.add(new JLabel("输入单词:"));
       boxVOne.add(new JLabel("查看旧的解释:"));
       boxVOne.add(new JLabel("输入新的解释:"));
       boxVOne.add(new JLabel("提交新的解释:"));
       boxVOne.add(new JLabel("提示信息:"));
       boxVTwo.add(inputWord);
       boxVTwo.add(lookWord);
       boxVTwo.add(inputNewMeaning);
       boxVTwo.add(submit);
       boxVTwo.add(hintMess);
       boxH.add(boxVOne);
       boxH.add(Box.createHorizontalStrut(10));
       boxH.add(boxVTwo);
       add(boxH);
    }
    private void registerListener() {
       handleUpdateWord = new HandleUpdateWord();
       handleUpdateWord.setView(this);
       submit.addActionListener(handleUpdateWord);
       lookWord.addActionListener(handleUpdateWord);
    }
}
```

- DelWordView

DelWordView 类是 JPanel 类的子类，其实例提供了删除单词的视图，用户可以在视图提供的文本框中输入要删除的单词，然后单击提交按钮(如图 17.7 所示)。

```
D:\mysql-8.0.15-winx64\bin>mysql  -u root -p
Enter password:
Welcome to the MySQL monitor.  Commands end with ; or \g.
Your MySQL connection id is 19
Server version: 8.0.15 MySQL Community Server - GPL

Copyright (c) 2000, 2019, Oracle and/or its affiliates. All rights r

Oracle is a registered trademark of Oracle Corporation and/or its
affiliates. Other names may be trademarks of their respective
owners.

Type 'help;' or '\h' for help. Type '\c' to clear the current input

mysql>
```

图 17.7　删除单词视图

DelWordView. java

```
package project.view;
import javax.swing.*;
public class DelWordView extends JPanel {
    JTextField inputWord;                        //输入要删除的单词
    JButton submit;                              //提交按钮
    JTextField hintMess;
    HandleDelWord handleDelWord;                 //负责处理删除单词
    DelWordView(){
       initView();
       registerListener() ;
    }
    private void initView() {
       inputWord = new JTextField(12);
       submit = new JButton("删除单词");
       hintMess = new JTextField(20);
       hintMess.setEditable(false);
       add(new JLabel("输入要删除的单词:"));
       add(inputWord);
       add(submit);
       add(new JLabel("提示:"));
       add(hintMess);
    }
    private void registerListener() {
       handleDelWord = new HandleDelWord();
       handleDelWord.setView(this);
       submit.addActionListener(handleDelWord);
    }
}
```

2）查询视图

- QueryOneWordView

QueryOneWordView 类是 JPanel 类的子类，其实例提供了查询一个单词的视图，用户可以在视图提供的文本框中输入要查询的单词，然后单击“查询单词”按钮（如图 17.8 所示）。

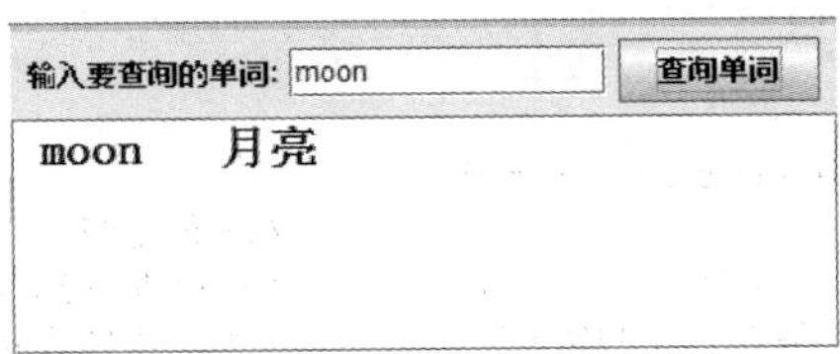

图 17.8 查询一个单词视图

QueryOneWordView. java

```
package project.view;
import javax.swing.*;
import java.awt.*;
public class QueryOneWordView extends JPanel {
    JTextField inputWord;                        //输入要查询的单词
    JButton submit;                              //提交按钮
    JTextArea showWord;                          //显示查询结果
    HandleQueryOneWord handleQueryOneWord;       //负责处理查询单词
    QueryOneWordView(){
       initView();
       registerListener() ;
    }
```

```
    private void initView() {
        setLayout(new BorderLayout());
        JPanel pNorth = new JPanel();
        inputWord = new JTextField(12);
        submit = new JButton("查询单词");
        showWord = new JTextArea();
        showWord.setFont(new Font("宋体",Font.BOLD,20));
        pNorth.add(new JLabel("输入要查询的单词:"));
        pNorth.add(inputWord);
        pNorth.add(submit);
        add(pNorth,BorderLayout.NORTH);
        add(new JScrollPane(showWord),BorderLayout.CENTER);
    }
    private void registerListener() {
        handleQueryOneWord = new HandleQueryOneWord();
        handleQueryOneWord.setView(this);
        submit.addActionListener(handleQueryOneWord);
    }
}
```

- QueryAllWordView

QueryAllWordView 类是 JPanel 类的子类,其实例提供了查询全部单词的视图,用户可以单击视图提供的“查询全部单词”按钮来查询全部的单词(如图 17.9 所示)。

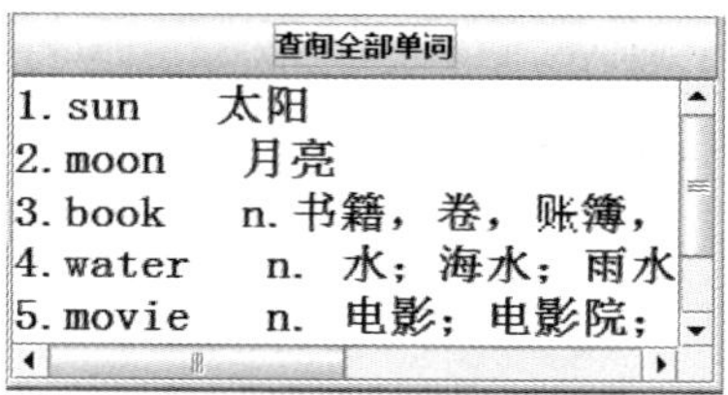

图 17.9 查询全部单词视图

QueryAllWordView.java

```
package project.view;
import java.awt.*;
import javax.swing.*;
public class QueryAllWordView extends JPanel {
    JButton submit;                                  //查询按钮
    JTextArea showWord;                              //显示查询结果
    HandleQueryAllWord handleQueryAllWord;           //负责处理查询全部单词
    QueryAllWordView() {
        initView();
        registerListener() ;
    }
    public void initView() {
        setLayout(new BorderLayout());
        submit = new JButton("查询全部单词");
        add(submit,BorderLayout.NORTH);
        showWord = new JTextArea();
        showWord.setFont(new Font("宋体",Font.BOLD,20));
        add(new JScrollPane(showWord),BorderLayout.CENTER);
    }
    private void registerListener() {
        handleQueryAllWord = new HandleQueryAllWord();
        handleQueryAllWord.setView(this);
```

```
        submit.addActionListener(handleQueryAllWord);
    }
}
```

- RandomQueryView

RandomQueryView 类是 JPanel 类的子类，其实例提供了随机查询的视图，用户可以在视图提供的文本框中输入要随机查询的单词的个数，然后单击“查询”按钮（如图 17.10 所示）。

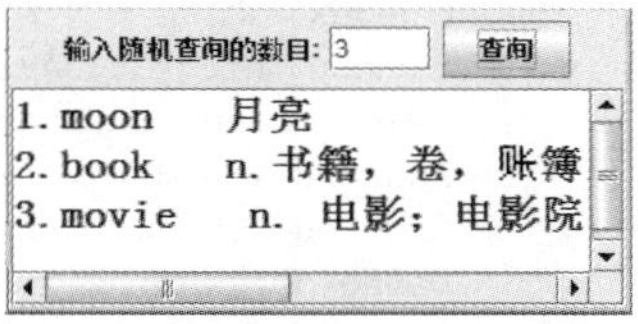

图 17.10　随机查询视图

RandomQueryView.java

```
package project.view;
import java.awt.*;
import javax.swing.*;
public class RandomQueryView extends JPanel {
    JTextField inputQueryNumber;
    JButton submit;                                          //查询按钮
    JTextArea showWord;                                      //显示查询结果
    HandleRandomQueryWord handleRandomQueryWord;             //负责处理随机查询单词
    RandomQueryView() {
        initView();
        registerListener() ;
    }
    public void initView() {
        setLayout(new BorderLayout());
        JPanel pNorth = new JPanel();
        inputQueryNumber = new JTextField(4);
        showWord = new JTextArea();
        showWord.setFont(new Font("宋体",Font.BOLD,20));
        submit = new JButton("查询");
        pNorth.add(new JLabel("输入随机查询的数目:"));
        pNorth.add(inputQueryNumber);
        pNorth.add(submit);
        add(pNorth,BorderLayout.NORTH);
        add(new JScrollPane(showWord),BorderLayout.CENTER);
    }
    private void registerListener() {
        handleRandomQueryWord = new HandleRandomQueryWord();
        handleRandomQueryWord.setView(this);
        submit.addActionListener(handleRandomQueryWord);
    }
}
```

- IntegrationView

IntegrationView 类是 JFrame 类的子类，其实例使用 JTabbedPane 将各个视图集成到当前 IntegrationView 窗体中（如图 17.11 所示）。

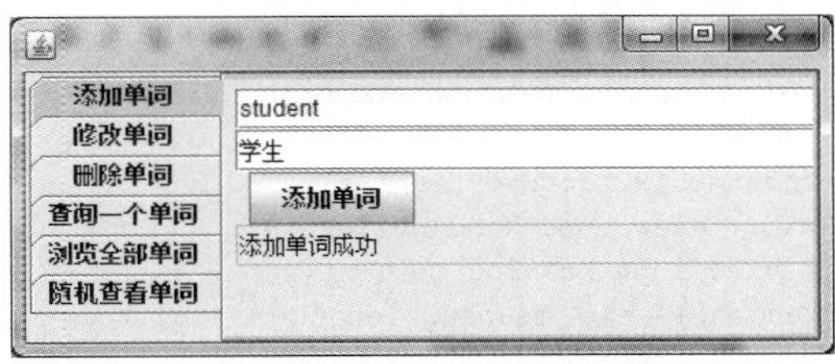

图 17.11　集成视图的窗体

IntegrationView. java

```
package project.view;
import java.awt.*;
import javax.swing.*;
public class IntegrationView extends JFrame{
    JTabbedPane tabbedPane;                    //用选项卡集成下列各个视图
    AddWordView addWordView;
    UpdateWordView updateWordView;
    DelWordView delWordView;
    QueryOneWordView oneWordView;
    QueryAllWordView queryAllWordView;
    RandomQueryView queryRandomView;
    public IntegrationView(){
        setBounds(100,100,1200,560);
        setVisible(true);
        tabbedPane =
        new JTabbedPane(JTabbedPane.LEFT);  //卡在左侧,默认是 JTabbedPane.TOP
        addWordView = new AddWordView();
        updateWordView = new UpdateWordView();
        delWordView = new DelWordView();
        oneWordView = new QueryOneWordView();
        queryAllWordView = new QueryAllWordView();
        queryRandomView = new RandomQueryView();
        tabbedPane.add("添加单词",addWordView);
        tabbedPane.add("修改单词",updateWordView);
        tabbedPane.add("删除单词",delWordView);
        tabbedPane.add("查询一个单词",oneWordView);
        tabbedPane.add("浏览全部单词",queryAllWordView);
        tabbedPane.add("随机查看单词",queryRandomView);
        tabbedPane.validate();
        add(tabbedPane,BorderLayout.CENTER);
        validate();
        setDefaultCloseOperation(JFrame.DISPOSE_ON_CLOSE);
    }
}
```

❷ 事件监视器

事件监视器负责处理视图上触发的用户界面事件，以便完成相应的任务。

1）处理添加、更新和删除视图上触发的用户界面事件

• HandleAddWord

HandleAddWord 类实现了 ActionListener 接口，其实例负责处理用户单击按钮触发的 ActionEvent 事件。当用户在添加单词界面（AddWordView 视图）单击提交按钮后，由 HandleAddWord 的实例负责将单词添加到数据库的表中。

HandleAddWord. java

```
package project.view;
import java.awt.event.*;
import project.data.*;
public class HandleAddWord implements ActionListener {
    AddWordView view ;
    public void actionPerformed(ActionEvent e) {
        String englishWord = view.inputWord.getText();
        String meaning = view.inputMeaning.getText();
        if(englishWord.length() == 0||meaning.length() == 0)
            return;
        Word word = new Word();
```

```
        AddWord addWord = new AddWord();                    //负责添加单词的对象
        word.setEnglishWord(englishWord);
        word.setMeaning(meaning);
        int isOK = addWord.insertWord(word);                //向数据库中的表添加单词
        if(isOK!= 0)
           view.hintMess.setText("添加单词成功");
        else
           view.hintMess.setText("添加单词失败,也许单词已经在表里了");
     }
     public void setView(AddWordView view) {
        this.view = view;
     }
}
```

• HandleUpdateWord

HandleUpdateWord 类实现了 ActionListener 接口,其实例负责处理用户单击按钮触发的 ActionEvent 事件。当用户在更新单词界面(UpdateWordView 视图)单击提交按钮后,由 HandleUpdateWord 的实例负责更新数据库的表中单词。

HandleUpdateWord.java

```
package project.view;
import java.awt.event.*;
import project.data.*;
public class HandleUpdateWord implements ActionListener {
    UpdateWordView view ;
    public void actionPerformed(ActionEvent e) {
       if(e.getSource() == view.lookWord){
          lookWord();
       }
       else if(e.getSource() == view.submit){
          updateWord();
       }
    }
    private void updateWord(){
       String englishWord = view.inputWord.getText();
       String meaning = view.inputNewMeaning.getText();
       if(englishWord.length() == 0||meaning.length() == 0)
          return;
       Word word = new Word();
       UpdateWord update = new UpdateWord();               //负责更新的对象
       word.setEnglishWord(englishWord);
       word.setMeaning(meaning);
       int isOK = update.updateWord(word);                 //更新单词
       if(isOK!= 0)
          view.hintMess.setText("更新单词成功");
       else
          view.hintMess.setText("更新失败,单词不在表里");
    }
    private void lookWord() {
        String englishWord = view.inputWord.getText();
        if(englishWord.length() == 0)
          return;
        Word word = new Word();
        word.setEnglishWord(englishWord);
        QueryOneWord query = new QueryOneWord();
        Word result = query.queryOneWord(word);
        if(result!= null){
```

```
            view.inputNewMeaning.setText(result.getMeaning());
          }
          else
            view.hintMess.setText("单词不在表里");
      }
      public void setView(UpdateWordView view) {
         this.view = view;
      }
}
```

• HandleDelWord

HandleDelWord 类实现了 ActionListener 接口,其实例负责处理用户单击按钮触发的 ActionEvent 事件。当用户在删除单词界面(DelWordView 视图)单击提交按钮后,由 HandleDelWord 的实例负责删除数据库的表中的单词。

HandleDelWord.java

```
package project.view;
import java.awt.event.*;
import project.data.*;
public class HandleDelWord implements ActionListener {
     DelWordView view ;
     public void actionPerformed(ActionEvent e) {
         String englishWord = view.inputWord.getText();
         if(englishWord.length() == 0)
            return;
         Word word = new Word();
         DelWord del = new DelWord();                    //负责删除单词的对象
         word.setEnglishWord(englishWord);               //删除单词
         int isOK = del.delWord(word);
         if(isOK!= 0)
            view.hintMess.setText("删除单词成功");
         else
            view.hintMess.setText("删除失败,单词不在表里");
     }
     public void setView(DelWordView view) {
         this.view = view;
     }
}
```

2) 处理查询视图上触发的用户界面事件

• HandleQueryOneWord

HandleQueryOneWord 类实现了 ActionListener 接口,其实例负责处理用户单击按钮触发的 ActionEvent 事件。当用户在查询一个单词界面(QueryOneWordView 视图)单击提交按钮后,由 HandleQueryOneWord 的实例负责查询数据库的表中的一个单词。

HandleQueryOneWord.java

```
package project.view;
import java.awt.event.*;
import project.data.*;
public class HandleQueryOneWord implements ActionListener {
     QueryOneWordView view ;
     public void actionPerformed(ActionEvent e) {
         String englishWord = view.inputWord.getText();
         if(englishWord.length() == 0)
            return;
         Word word = new Word();
```

```
            word.setEnglishWord(englishWord);
            QueryOneWord query = new QueryOneWord();               //负责查询的对象
            Word result = query.queryOneWord(word);                //执行查询操作
            if(result == null)
                return;
            view.showWord.append(" " + result.getEnglishWord());
            view.showWord.append(" " + result.getMeaning());
            view.showWord.append("\n");
        }
        public void setView(QueryOneWordView view) {
            this.view = view;
        }
    }
```

- HandleQueryAllWord

HandleQueryAllWord 类实现了 ActionListener 接口，其实例负责处理用户单击按钮触发的 ActionEvent 事件。当用户在查询全部单词界面（QueryAllWordView 视图）单击提交按钮后，由 HandleQueryAllWord 的实例负责查询数据库的表中的全部单词。

HandleQueryAllWord.java

```
package project.view;
import java.awt.event.*;
import project.data.*;
public class HandleQueryAllWord implements ActionListener {
    QueryAllWordView view ;
    public void actionPerformed(ActionEvent e) {
        view.showWord.setText("");
        QueryAllWord query = new QueryAllWord();                    //查询对象
        Word [] result = query.queryAllWord();                      //执行查询
        for(int i = 0;i < result.length;i++){
            int m = i + 1;
            view.showWord.append(m + "." + result[i].getEnglishWord());
            view.showWord.append(" " + result[i].getMeaning());
            view.showWord.append("\n");
        }
    }
    public void setView(QueryAllWordView view) {
        this.view = view;
    }
}
```

- HandleRandomQueryWord

HandleRandomQueryWord 类实现了 ActionListener 接口，其实例负责处理用户单击按钮触发的 ActionEvent 事件。当用户在随机查询一个单词界面（RandomQueryWordView 视图）单击提交按钮后，由 HandleRandomQueryWord 的实例负责随机查询数据库的表中的单词。

HandleRandomQueryWord.java

```
package project.view;
import java.awt.event.*;
import project.data.*;
public class HandleRandomQueryWord implements ActionListener {
    RandomQueryView view ;
    public void actionPerformed(ActionEvent e) {
        view.showWord.setText("");
        String n = view.inputQueryNumber.getText().trim();
```

```
        if(n.length() == 0)
          return;
        int count = 0;
        try{
           count = Integer.parseInt(n);
        }
        catch(NumberFormatException exp){
           view.showWord.setText("请输入正整数");
        }
        RandomQueryWord random = new RandomQueryWord();          //查询对象
        random.setCount(count);                                  //随机抽取 count 个单词
        Word [] result = random.randomQueryWord();               //执行查询
        for(int i = 0;i < result.length;i++){
           int m = i + 1;
           view.showWord.append(m + "." + result[i].getEnglishWord());
           view.showWord.append(" " + result[i].getMeaning());
           view.showWord.append("\n");
        }
     }
     public void setView(RandomQueryView view) {
        this.view = view;
     }
}
```

17.5 GUI 程序

按照源文件中的包语句,将 17.4 节中相关的源文件保存到

```
C:\> ch17\project\view
```

目录中。编译各个源文件,例如:

```
C:\ch17 > javac project/view/IntegrationView.java
```

也可以一次编译多个源文件:

```
C:\ch17 > javac project/view/ * .java
```

把 17.2 节和 17.4 节给出的类看作一个小框架,下面用框架中的类编写 GUI 应用程序,完成 17.1 节给出的设计要求。

将下列 AppWindow.java 源文件按照包名保存到

```
C:\> ch17\project\gui
```

目录中,并编译源文件:

```
C:\ch17 > javac project/gui/AppWindow.java
```

如下运行 AppWindow 类(运行效果如图 17.1 所示)。

```
C:\ch17 > java -cp derby.jar; project.gui.AppWindow
```

AppWindow.java

```
package project.gui;
import project.view.IntegrationView;
import project.data.CreateDatabaseAndTable;
public class AppWindow {
```

```
    public static void main(String [] args) {
        new CreateDatabaseAndTable();
        IntegrationView win = new IntegrationView();
    }
}
```

17.6　程序发布

可以使用 jar. exe 命令制作 JAR 文件来发布 GUI 软件(有关知识点见 10.9 节)。

❶ 清单文件

编写如下的清单文件(用记事本保存时需要将保存类型选择为“所有文件(＊.＊)”)。

word. mf

```
Manifest - Version: 1.0
Class - Path: derby.jar
```

```
Main - Class: project.gui.AppWindow
Created - By: 11
```

将 word. mf 保存到 C:\ch17,即保存在包名路径的父目录中。

注：清单中的 Manifest-Version：和 1.0 之间、Main-Class：和主类 project. gui. AppWindow 之间以及 Created-By：和 11 之间、Class-Path：和 derby. ja 之间必须有且只有一个空格。另外,不要忘记将 JDBC-Derby 连接器 derby. jar 文件复制到 C:/ch17 中。

❷ 用批处理文件发布程序

首先使用 jar 命令创建. jar 文件。

```
C:\ch17 > jar cfm EnglishBook.jar word.mf project/data/ * .class project/view/ * .class project/
gui/ * .class
```

其中,参数 c 表示要生成一个新的 jar 文件；f 表示要生成的 jar 文件的名字；m 表示清单文件的名字。如果没有任何错误提示,C:\ch17 下产生一个名字为 EnglishBook. jar 的文件。

建立一个新的文件夹,例如名字为“软件发布”的文件夹(可以在任何目录下)。把上述 jar 命令生成的 C:\ch17 下的 EnglishBook. jar、C:\ch17 下的数据库 MyEnglishBook 文件夹、数据库连接器 derby. jar、Java 运行环境 JDK 安装目录下\bin 和\lib 文件夹(Java 运行环境,见 1.3.2 节)复制到“软件发布”的文件夹中。

编写如下的 startRun. bat,保存该文件时需要将保存类型选择为“所有文件(＊.＊)”。

```
path ./bin
pause
start javaw - jar EnglishBook.jar
```

将 startRun. bat 保存到“软件发布”文件夹中。“软件发布”文件夹作为软件发布,也可以用压缩工具将“软件发布”文件夹的所有文件压缩成. zip 发布。用户解压后,双击 startRun. bat 即可运行程序。

如果客户计算机上有 Java SE 11 或后续版本的运行环境,可以不把\bin 和\lib 复制到“软件发布”文件夹中,同时去除 startRun. bat 文件中的 path ./bin 内容。

注：正常情况下,双击 EnglishBook. jar 文件也可以运行程序,但在安装某些压缩软件后,双击 EnglishBook. jar 导致解压操作。

参考文献

[1] 耿祥义，张跃平. Java 2 实用教程[M]. 6 版. 北京：清华大学出版社，2021.

[2] Eckel B. Java 编程思想[M]. 4 版. 北京：机械工业出版社，2007.

[3] Horstmann C S，Cornell G. Java 核心技术，卷 1[M]. 叶乃文，邝劲筠，译. 8 版. 北京：机械工业出版社，2008.

[4] Block J. Effective Java 中文版[M]. 杨春花，俞黎敏，译. 2 版. 北京：机械工业出版社，2009.

[5] 耿祥义，张跃平. Java 设计模式[M]. 2 版. 北京：清华大学出版社，2023.

图书资源支持

感谢您一直以来对清华版图书的支持和爱护。为了配合本书的使用，本书提供配套的资源，有需求的读者请扫描下方的“书圈”微信公众号二维码，在图书专区下载，也可以拨打电话或发送电子邮件咨询。

如果您在使用本书的过程中遇到了什么问题，或者有相关图书出版计划，也请您发邮件告诉我们，以便我们更好地为您服务。

我们的联系方式：

清华大学出版社计算机与信息分社网站：https://www.shuimushuhui.com/

地　　址：北京市海淀区双清路学研大厦 A 座 714

邮　　编：100084

电　　话：010-83470236　010-83470237

客服邮箱：2301891038@qq.com

QQ：2301891038（请写明您的单位和姓名）

资源下载：关注公众号“书圈”下载配套资源。

资源下载、样书申请

书圈

图书案例

清华计算机学堂

观看课程直播